KB187730

대통령을 위한 물리학

나에게 과학적 발견을 추구하는 방법을 가르쳐 준 스승 루이스 앨버레즈와
어떻게 국가안보에 기여할 수 있는지를 보여 준 딕 가윈,
그리고 에너지 절약에 관심을 갖도록 영감을 불어넣어 준 아서 로젠펠트에게
이 책을 바칩니다.

10년 후 세계를 움직일 5가지 과학 코드

대통령을 위한 물리학

리처드 뮬러 지음 | 장종훈 옮김

살림

차례

제4부: **우주**

제5부: **지구 온난화**

추천사

현대 수학과 공학 기술은 세상을 더 좋게 만들수도, 안 좋게 만들 수도 있다. 기발하고 대단한 과학자인 리처드 뮬러는 가장 중요한 과학 지식만을 추려내 조목조목 깔끔하게 설명해 놓았다. 대통령은 물론이거니와 기업의 수장들과 사회 지도층, 그리고 과학적 지식을 바탕으로 현명한 결정을 내리고자 하는 사려 깊은 시민들이라면 이 책에 있는 내용쯤은 알아 두어야 한다.

_프랭크 윌첵(2004년도 노벨 물리학상 수상)

대통령, 혹은 지식인 사회에서 리더를 꿈꾸는 사람, 또한 그런 지식이 있는 사람을 리더로 삼고자 하는 사람이라면 모두 이 책을 읽어야 한다. 만약 외계인들이 지구인들은 "과학과 공학에 아는 것이 없다"고 자랑삼아 떠드는 후보자를 대통령으로 뽑는 것을 알게 된다면 무척 의아하게 여길 것이다. 언젠가는 대통령 후보 토론회에 이 책의 내용을 바탕으로 한 논쟁들이 등장하길 바란다.

_앤서니 지(프린스턴 대학 교수, 『Fearful Symmetry』저자)

모든 점에서 의심할 여지없이 최고의 책이다. 여태껏 이렇게 책 제목과도 딱 들어맞는, 개념이 완벽한 책은 보지 못했다. 과학 전공자들에게는 흥미롭고 비전공자들에게는 교과서 같은 책이다.

_브라이언 클레그, 「파퓰러 사이언스」

그렇다. 『대통령을 위한 물리학』은 강의 이름이다(교수님의 베스트셀러와 곧 출간될 속편을 교재로 곁들인). 하지만 이는 하나의 역작에 가깝다. 리처드 뮬러는 원자, 반물질과 같은 주제에 대해서 놀라울 정도로 많은 정보를 알려 준다. 이 강의가 UC버클리의 캠퍼스에서 진행되는 수업임을 감안하면 책에 나온 모든 내용을 바로 이해하기는 힘들 것 같다. 하지만 매우 재미있고 교육적이다. 이 수업은 과학을 전공하지 않은 학생들을 위해 개설되었다. 개념을 너무 길게 설명하지도 않고 최소한의 수식만으로 방사능, 기후변화, 지구 온난화 같은 다양한 주제를 가르친다. 그러면서도 세세한 중요 정보들을 빠짐없이 전달하고 있다.

_헨리 파운틴, 「뉴욕타임스」

쉽게 구할 수 있고, 교과서로도 쓰이는 이 소중한 책은 핵무기, 테러리스트 감시 시스템, 지구 온난화를 이해하기 위해 필요한 물리 지식을 잘 설명해 준다.

_카일라 던(스탠퍼드 의과대학 심혈관 센터 교수, 프리랜서 과학 기자)

리처드 뮬러는 대단히 고난도의 지식이 가득하면서도 재미있는 책을 썼다. 그리고 그것은 '대통령 혹은 대통령이 될 수 있는 사람들'만이 아니라 모든 이들이 읽을 수 있는 과학 교양서다. 심지어 수학적 설명을 곁들이지 않고도 물리학자들의 귀를 쫑긋하게 만드는 재미있는 이야기도 포함하고 있다. 눈을 즐겁게 만드는 아주 멋진 책이며 모두가 읽어야 하는 책이다.

_데이비드 구스타인(캘리포니아 공과대학 교수)

명쾌하고, 흥미를 끄는 책이다. 비공학적 책으로는 처음으로 물리의 모든 주제를 다루고 있다. 현대의 사회·정치적인 사건의 요점을 잘 짚어 주고 있는 제대로 된 과학 교양서다. 읽기 시작하면 서론부터 단 한 글자도 놓치고 싶지 않을 것이다.

_마크 오레글리아(시카고 대학 교수)

이 책은 오랫동안 풀리지 않는 숙제 같았던 '비전공자들에게 물리를 전달하는 방식'에 대해 새로운 해결책을 제시한다. 리처드 뮬러는 물리 이론을 쉽게 설명하는 데에만 집착하지 않는다. 뮬러 교수는 그것들을 다 건너뛰어 사람들로 하여금 물리적인 원리에서 비롯된 결론에 집중하게 만든다. 이 책은 물리에 관련된 여러 가지 분야의 흥미로운 사실들을 어떤 독자들이라도 쉽게 접근할 수 있게 해 주고, 독자에게 재미까지 선사해 준다.

_바딤 카플룹노브스키(텍사스 오스틴 대학 교수)

간단하고 명쾌한 논리로 일반인들도 납득할 수 있도록 설득력 있게 쓰여졌다. 미래의 지도자를 꿈꾸는 사람이라면 반드시 읽어야 할 책이다.

_「뉴 사이언티스트」

신기할 정도로 편하게 술술 잘 읽힌다. 기초 과학에 대한 설명과 그것이 현실에 어떤 연관이 있는지를 잘 알려 준다.

–「뉴욕타임스」

UC버클리의 물리 교수는 세계가 돌아가는 이치를 명쾌하게 설명한다.

–「인디펜던트」

리처드 뮬러 교수는 이 책을 통해 우리 사회의 물리를 기반으로 하는 과학기술의 구조들을 종합적으로 아주 잘 설명했다.

–「초이스」

서론

과학이라는 말을 듣기만 해도 거부감이 드는가? 지구 온난화, 첩보 위성, 대륙간탄도탄(ICBM), 탄도요격 미사일(ABM), 핵융합, 핵분열 같은 용어들을 접하면 머리가 복잡해지는가? 핵폭탄에 쓰이는 재료나 원자력 발전에 사용되는 핵 원료나 결국 똑같이 위험한 것이라고 생각하고 있지는 않은가? 화석연료가 곧 바닥날 것이라는 예측과 아니라는 주장 사이에서 혼란스러워 하고 있는가? 몇몇 저명한 과학자들이 지구 온난화에 대한 논의가 이미 끝났다고 하는데도, 지금까지 논란이 이어지는 것 때문에 혼란스러운가? 물리학과 여러 첨단기술 때문에 정신이 하나도 없는가?

그렇다면 당신은 아직 세계적인 지도자가 될 준비가 안 되었다는 뜻이다. 세계적인 지도자가 되려면 당연히 이런 이슈들에 대해서 이해하고 있어야 한다. 테러리스트들이 방사능 폭탄을 맨해튼 한가운데에 설치했다는 소식을 접하고 난 후에야 과학 자문을 불러 상황이 얼마나 심각한지 물어보는 것은 현명하지 못하다. 또는 최악의 상황을 가정하고 다른 일에 들어갈 정부의 자원까지 모두 끌어다 이 상황을 대처하는 것도 별로 좋은 선택은 아니다. 지도자라면 이런 상황에 현명하게, 빠르게, 적절하게 대처할 수 있을 만큼의 지식을 갖춰야 한다.

어쩌면 당신은 물리학을 배웠을 수도 있고, 과학을 좋아할 수도 있고, 그중 하나를 전공했을지도 모른다. 그러나 학위를 받은 후에도 우라늄 폭탄과 플루토늄 폭탄, 혹은 오존 구멍과 온실효과의 중요한 차이점에 대해서는 아는 것이 거의 없을 것이다. 친구가 첩보위성에 대해서 물어본다면, 신문에서 읽은 것 정도나 이야기해 줄 수 있을 것이다. 그런 건 학교에서 가르쳐 주지 않기 때문이다.

오늘날 정부에서 이루어지는 많은 중요한 결정들은 이런 첨단기술과 관련이 있다. 태양열 발전에 대해서도, 석탄을 가솔린으로 가공하는 방법에 대해서도 모르면서 어떻게 자기 나라를 청정에너지 국가로 바꿀 수 있을까? 여러 이슈들의 정치적인 면만 이해하고 기술적인 면을 모른다면 어떻게 연구자금, 무기감축, 북한이나 이란의 위협, 첩보, 감시활동에 대한 결정을 내릴 수 있을 것인가? 설사 세계적인 지도자가 되려는 뜻이 없다고 해도, 이런 이슈들에 대해서 알지 못한 채 현명한 투표를 할 수 있을까?

현대 과학을 이해하는 것도 중요하지만 진실이라고 잘못 알려진 것들을 잊는 것도 중요하다. 마크 트웨인은 다음과 같이 말했다.

> 사람들의 문제는 무지가 아니다.
> 문제는 잘못된 것을 옳다고 믿는 것이다.

아이러니하게도, 이것이 시사하는 바와 같이, 이 말은 마크 트웨인이 한 말이 아니다. 19세기의 코미디언인 조시 빌링이 한 말이다.

당신이 알아야 하는 과학이 어떤 것인지 감이 안 잡히는가? 운 좋게도 당신은 이미 그 해결책을 찾았다. 혹은 적어도 그 해결에 한 발자국 가까워졌다고 할 수 있다. 이 책은 지도자들이 반드시 알아야 할 고급 과학지식을 다루고 있다. 수학적인 부분까지 마스터할 시간은 없기 때문에 넘어가기로 하고 곧바로 중요한 이슈들을 다루려고 한다. 그런 이슈들의 바탕에 깔린 법칙과 과학을 이해한다면 두 번 다시 첨단기술 용어들 때문에 머리가 아플 일은 없을 것이다. 만약 복잡한 계산을 할 필요가 생기면 그냥 과학자를 고용하면 된다.

당신이 물리학을 싫어한다면 그건 선생님을 잘못 만났기 때문이지 당신 탓이 아니다. 어떤 물리학자들은 수학적 지식을 동원해서 문외한들을 괴롭힌다. 자기들끼리는 수학과 물리를 분리하려고 애를 쓰면서 말이다. 대학원생들은 종종 "수학이 아니라 물리를 생각하라"는 충고를 듣는다. 그렇지만 설명이 좀 막힌다 싶으면 어김없이 물리 선생들은 간편한 면죄부를 들이민다. "그럼 이 방정식 한번 봐. 이걸 보고 나면 내가 못 가르쳐서 그런 게 아니란 걸 이해할 걸."

미리 한 가지만 말해 두겠다. 이 책은 어떤 것을 전반적으로 다룰 수 있을 만큼 길지 않다. 즉, 이 책의 주제인 테러리즘과 대테러 정책, 에너지, 인공위성, 지구 온난화에 대해서 아주 자세하게는 다루지 않을 것이다. 미래의 지도자들은 물리 말고도 알아야 할 것이 산더미같이 많다. 많은 사람은 대통령이 기술적 분야에서도 전문가 수준이기를 기대하겠지만 난 좀 더 현실적으로 봤으면 한다. 이 책에서는 가장 핵심 사실과 아이디어, 대통령이 결정을 내릴 때 도움이 될 수 있을 만한 핵심적인 개념들만 다루고자 한다. 훨씬 더 긴 책을 쓸 수도 있겠지만, 과연 대통령들이 그런 걸 읽고 공부할 수 있을 만큼 한가할까?

우선은 테러리즘에 관한 이야기로 시작하고자 한다.

테러리즘은 매우 급박한 사안이며 에너지의 문제로도 이어진다. 결국, 폭탄이라는 것도 좁은 공간에 엄청난 에너지를 풀어놓는 방법이지 않은가? 물리를 이해하고 나면 세계 무역 센터에서 벌어졌던 일도 좀 더 명확하게 보일 것이다. 생화학 무기도 관련된 물리를 알고 나면 훨씬 이해하기 쉬워진다.

두 번째는 세상 모든 지도자들이 가장 관심 있는 주제인 에너지 문제를 다룰 것이다. 에너지로 인해 한 나라의 경제가 흥하기도 망하기도 한다. 세계 여러 나라들은 에너지 때문에 전쟁을 벌이며, 에너지 낭비는 생태계를 파괴할 수도 있다. 에너지를 어디서 얻을 것이며, 어떻게 쓸 것이며, 어떻게 하면 낭비를 줄일 수 있을까? 에너지에 관해서는 미래의 수소경제로부터 석탄, 석유, 태양열 에너지의 전망까지 놀라운 이야기들이 많이 있다. 우리가 화석연료를 두고 벌이는 온갖 해프닝들의 이면에도 물리가 있다.

세 번째는 원자력에 대한 이야기를 할 것이다.

이 책의 두 번째 주제인 에너지와도 밀접한 관계를 가진 것이 방사능, 원자폭탄, 핵발전소, 핵폐기물, 즉 원자력이다. 정부는 자국민을 보호하기 위해 핵을 이용해야 하는가, 아니면 배제해야 하는가? 대답은 간단하지 않으며 그 결정은 구체적인 과학적 지식에 기초해야 한다.

우리의 미래는 우주에 달려 있다. 아폴로 11호가 발사된 이후로 39년이 지났지만 우린 아직 달에 가지 못하고 있다. 왜? 어째서 달에 가지 못하고 있을까? 경제적인 문제? 인간의 의지? 아니면 과학? 우주의 가치는 무엇일까? 궤도에 오른다는 것은 무엇을 뜻하는가? 진정한 한계란 무엇일까? 이 책의 네 번째 부분은 우주, 인공위성 그리고 중력을 이해하는 데 할애할 것이다.

마지막으로는 가장 뜨거운 이슈인 지구 온난화에 대해서 다룰 것이다. 굉장히 다양하게 걸쳐 있는 물리학 분야에서 온난화 문제는 한 부분을 할애해야 마땅하다. 또한, 그만큼 잘못된 정보가 진실처럼 알려진 분야이기도 하다. 진실이라고 믿고 있던 몇몇 잘못된 사실들을 잊어야 할 수도 있다. 하지만 그것은 당신이 지도자가 되었을 때 현명한 결정을 내리기 위해서 반드시 필요한 과정이다.

이 모든 것에 물리가 있다. 헷갈리는 부분이 있더라도 너무 오래 멈추지 말고, 그저 외국어를 배우는 것처럼 그 안에 뛰어들어 뒹굴고 헤엄치고 즐겨라. 어떤 내용들은 여기저기서 다뤄질 것이다. 원자력이 테러, 에너지, 우주, 지구 온난화와 얽혀 있는 것처럼, 세상에서 다루는 대부분의 주제들은 서로 얽혀 있기 때문이다. 아쉽겠지만 이 책에선 가장 시급한 주제들만 다루기도 부족하기 때문에 당신이 좋아하는 주제들이 없을 수도 있다(UFO 같은 주제들은 다음 책을 기대하시라). 나는 되도록이면 정치, 경제, 외교 문제와는 거리를 두려고 노력했다. 이 책은 세계적인 지도자가 되기 위해서 알아야 할 물리학을 다룬다. 나머지는 당신에게 달려 있다.

제1부

테러리즘

다음엔 어떤 테러가 일어날까? 핵폭발? 방사능 공격? 비행기 연쇄 폭파? 아니면 평범하게…… 비행기가 고층 빌딩에 충돌할까?

안전을 위협하는 테러를 예측하고 방지하는 일이야말로 지도자의 최우선 과제 중 하나다. 물론 지도자는 국가 안보자문위원, 국가정보원, 에너지부, 각종 자료, 수백 명의 신문기자들에게서 도움을 받을 수 있다. 그렇지만 지도자가 이 모든 것들의 책임을 진다. 지도자가 올바른 결정을 내리지 못한다면 그는 스스로를 용서할 수 없을 것이며 역사도 그러할 것이다. 그에 대한 책임은 막중하다. 정말로 이런 일을 하고 싶은가?

대통령이 된다는 것은 정말 쉬운 일이 아니다. 하지만 과학을 알면 도움이 될 것이다. 테러가 일어날 가능성, 위험한 정도, 대처 방법도 종류별로 각기 다르다. 지금부터 우리가 잘 알고 있는 9·11 테러의 전말을 다시 짚어 갈 것인데, 앞으로 일어날 수 있는 위험을 예상하고 이를 대처하는 실질적 방법을 찾을 수 있도록 이 사건을 과학적인 시각으로 다루려고 한다.

1장 9·11 테러의 재구성

2001년 9월 11일에 테러가 일어나리라고는 누구도 예측하지 못했다. 알카에다가 이 테러에 사용한 무기는 북한이 2006년 10월에 실시한 핵실험에서 나온 에너지보다 훨씬 더 큰 TNT 1.8kt에 달하는 에너지를 지니고 있었다.

건물은 비행기의 충돌로 무너진 것이 아니었다. 131t의 이 비행기는 당시 시속 960km의 속도로 날고 있었다. 물리의 운동에너지 방정식 '$E=1/2mv^2$'를 이용해 운동에너지를 계산할 수 있다. 이 방정식을 이용해서* 계산해 보면, 실제 위력보다 1,800배 낮은 TNT 1t에 해당하는 정도의 에너지라는 계산이 나온다. 따라서 운동에너지로 빌딩을 파괴한 것이 아님을 알 수 있다. 사실, 비행기가 충돌했을 때 세계 무역 센터의 쌍둥이 빌딩은 거의 흔들리지도 않았다. 이번엔 비행기가 충돌한 윗부분인 건물 꼭대기에 주목해 당시 사건 영상을 다

* 지도자들이 꼭 알아야 할 만큼 중요하지는 않으니 그냥 넘어가도 된다. 계산에서 단위를 잘 맞추는 것이 가장 어렵고 지루한 부분이다. 이 책의 계산 대부분은 반올림으로 숫자를 맞추었다. 에너지는 줄(J)로, 질량은 kg으로, 속도는 m/s로 계산한다. 131t은 131,000kg, 시속 960km는 270m/s이므로 에너지는 $1/2mv^2=4.7\times10^9J=10^6kcal$이고 TNT로 환산하면 10^6g=TNT 1t이 된다.

시 보면(눈 뜨고 볼 수 있다면) 건물의 윗부분은 거의 움직이지 않는 것을 알 수 있다. 충돌 자체로는 별로 큰 충격을 주지 못했다는 말이다.

빌딩을 파괴한 엄청난 에너지의 원인은 아주 단순한 것이었다. 바로 미국을 횡단하기 위해 싣고 있던 60여 톤의 항공연료였다. 이 사건에서 중요한 과학적 사실은 바로 1t의 항공연료(혹은 가솔린)가 공기 중에서 연소할 때 TNT 15t의 에너지를 낸다는 것이다. 각 비행기에 실린 60t의 연료는 TNT 900t에 해당한다. 즉, 두 대의 비행기에 실려 있던 것은 TNT 1,800t의 에너지인 셈이다. 가솔린이 지닌 에너지가 TNT보다 더 많을까? 그렇다, 사실 훨씬 더 많다. 사실은 편의점에서 파는 초코칩 쿠키도 TNT보다는 많은 에너지를 갖고 있다. 차 한 대 박살 내고 싶다면 TNT 한 개를 던져 넣어도 되지만 똑같은 무게의 초코칩 쿠키를 쇠파이프를 든 십 대 아이들에게 먹인다면 훨씬 더 확실하게 부술 수 있다. 초코칩 쿠키는 1g당 5cal인 데 반해, TNT는 1/9인 0.65cal밖에 안 된다.

저런 게 놀라울 수도 있겠지만, 잘 생각해 보면 말이 된다는 것을 알 수 있다. TNT가 가솔린보다 무서운 것은 에너지를 많이 지니고 있기 때문이 아니라, 순간적으로 매우 빠르게 에너지를 방출할 수 있기 때문이다. TNT는 가솔린이나 초코칩 쿠키와는 다르게 공기와 결합할 필요가 없기 때문에 훨씬 강하고 빠른 폭발이 가능하다. TNT 분자의 구조는 꽉 눌린 채로 고정된 스프링과 유사하다. 고정된 것을 풀면 에너지가 튀어나오게 된다. TNT분자를 하나 깨뜨리면 그 에너지가 이웃에 있는 다른 분자의 결합을 깨뜨리면서 화학 연쇄반응으로 폭발한다. 1백만 분의 1초 안에 스프링에 담긴 에너지는 운동에너지로 전환된다. 운동에너지는 속력에 비례하며, 분자의 속력이 빠르다는 것은 곧 온도가 높다는 뜻이다.

에너지를 측정하는 방법은 다양하다. 핵무기 협약에서는 TNT 1t에 해당하는 에너지를 기본 단위로 쓴다. 정의된 것에 따르면 TNT 1t은 1백만 cal에 해당한다. 실제 TNT가 낼 수 있는 것은 그 2/3밖에 안 되지만 말이다. 물리학자들이 좋아하는 단위는 칼로리가 아닌 J이다. 1킬로칼로리(kcal)는 4,200J에 해당한다. 물질의 에너지 함량은 폭탄뿐만 아니라 일반적인 응용분야에서도 중요한 양이다. 흔히 쓰는 고성능 노트북 배터리는 같은 질량의 가솔린에 비해 3%의 에너지밖에 담지 못한다. 이렇게 낮은 에너지 함량은 바로 우리가 왜 아직도 전기자동차를 타고 다니지 못하는지를 설명해 준다. 배터리에 대해서는 3부에서 좀 더 이야기하기로 하고, 지금은 계속 9·11 테러를 물리적으로 살펴보자.

엄청난 에너지 함량 덕분에 가솔린은 예전부터 이상적인 무기 재료로 쓰여 왔다. 이런 역사는 비잔틴 시대까지 거슬러 올라가는데 아마 가솔린이 '그리스의 불'의 정체였을 것이다. 가솔린은 또한 1930년대의 스페인 내전에서 쓰인 몰로토프 칵테일(이 이름은 실제로는 나중에 붙여졌다)의 주원료이기도 하다. 1, 2차 세계대전 동안 쓰인 화염방사기는 사실 불타는 가솔린을 분사하는 것이었다. 가솔린을 기본 원료로 만든 화염폭탄인 네이팜napalm은 베트남전에서 악명을 떨쳤으며, 아프가니스탄에서는 연료 혼합공기를 이용한 폭발물로 탈레반에 수많은 사상자를 내고 그들을 무력화시켰다. 이런 예들과 9·11 테러의 공통점은 가솔린의 에너지 함량 밀도가 매우 높다는 사실에 바탕을 두고 있다. 7t의 가솔린이 공기와 혼합되어 낙하산을 타고 내려오면서 폭발해 TNT 100t에 버금가는 에너지를 방출했다. 괜히 폭탄 투하한다고 비행기 적재량 공간을 낭비할 것 없다. 그냥 가솔린을 싣고 다니다가 투하하면 되니까. 그게 15배 정도 화력이 세다.

9·11 테러에서 세계 무역 센터를 박살 내는 데는 많은 화력이 들지 않았다. 그들은 항공연료가 가진 막대한 에너지를 이용했다. 방출된 에너지는 고열을 만들고, 철골을 구성하는 철의 분자는 점차 빠른 속도로 움직이게(진동하게) 된다. 분자가 점점 빠르게 진동하면 주변의 분자를 조금씩 밀어내게 되는데, 이것이 뜨거운 물체가 팽창하는 이유다. 하지만, 이렇게 분자 간의 간격이 벌어지면 철 분자들 사이의 인력도 약해지기 때문에 뜨거운 철은 차가운 철보다 물러진다. 철 구조물의 약화는 결국 건물의 붕괴로 이어진다.

테러리스트들은 이런 점들을 무서울 정도로 잘 활용했다. 모하메드 아타Mohamed Atta는 보스턴에서 아메리칸 항공AA 11편에 탑승할 당시, 테러 의도를 제외하고는 총, 폭약, 도검류 같은 어떤 불법 소지품도 지니지 않았다. 그들은 비행기 탑승 수속의 보안상태를 잘 알고 있었지만 그런 기회를 노리기엔 무기를 소지하고 붙잡혔을 때의 위험이 너무 컸다. 사실 그럴 필요도 없었다.

이 작전이 성공할 수 있었던 것은 그들이 비교적 안전한 방법을 택했기 때문이다. 폭발물이나 무기를 소지할 필요가 없었다. 사실 어떤 조직의 도움도 필요 없었다. 계획의 세부적인 부분을 알고 있어야 할 사람은 파일럿들(테러범)뿐이었으므로 이 계획이 발각될 위험은 매우 낮았다. 아타의 계획이 성공한 이유는 비행기가 납치당했을 경우 파일럿이 납치범들의 뜻을 거스르지 말라는 항공사의 정책 덕분이었다. 따지지 말고, 위협하지 말고 시키는 대로 해라. 과거에는 그런 방식이 수많은 탑승객들(과 그들의 비행기)을 살렸다.

아타와 동료들은 아침 비행기를 이용해, 작전 일정이 지연될 위험성을 줄이고 뉴욕과 워싱턴을 동시에 공격하기 쉽도록 했다. 더욱 중요한 점은, 그들은 연료를 가득 채운 비행기를 이용하기 위해 대륙을 횡단하는 장거리 운항기를 탔다는 것이다.

아타는 9월 11일을 작전을 손쉽게 실행할 수 있는 마지막 기회로 생각했다. 9월 11일 이후로는 정책이 변경되어 파일럿들이 테러리스트에 협조하지 않게 될 예정이었기 때문이었다. 만일 테러리스트들이 파일럿들을 죽인다고 하더라도 승객과 승무원들이 가만히 있진 않을 터였다. 세계 무역 센터가 공격받은 후 1시간 15분 뒤, 유나이티드 항공 93번기에서는 승객들이 조종석으로 쳐들어가 테러리스트들을 제압했다.

1단계: 탑승객 검문대 통과하기

테러리스트들은 공항의 보안에 대해 잘 알고 있었다. 그렇지만 보안의 구체적인 부분까지 알고 있었던 것은 아니다. 과거의 비행기 납치사건을 알고 있는 관련 종사자라면 누구나 알 만한 것들이었다. 그럼 9·11 이전의 보안절차가 어땠는지 알아보자. 승객이 비행기에 탑승하기 전에 수하물은 엑스선 기계를 통과하게 되어 있다. 이런 기계들은 모양을 분석함으로써 숨겨진 물체들을 찾을 수 있지만 잘 위장된 물건들을 구분해 낼 만큼 엑스선 촬영 해상도가 높지는 않다. 이를테면 칼집을 칼과 똑같은 재질로 된 평범한 물건 모양으로 만들고 그 안에 칼을 숨기는 것은 그다지 어렵지 않다. 테러리스트들은 그들이 갖고 있던 작은 무기들로도 충분했으니, 굳이 그런 위장이 필요하지도 않았을 것이다. 큼지막한 나이프를 들고 검문에 걸렸다면 납치

작전에 대한 경보가 발령될 것이다. 여러 대의 비행기를 동시에 납치하는 것이 작전 목표였으므로, 실제로 납치가 성공할 때까지는 사람들이 전혀 눈치 채지 못하게 하는 것이 중요했다.

금속 탐지기는 금속성 칼과 권총을 탐지하도록 설계되어 있다. 금속은 다른 물질과 달리 쉽게 전기가 흐르는 점을 이용한다. 승객들이 통과하는 금속 탐지기를 물리적인 관점에서 보면 전선을 감은 커다란 코일과 같다. 여기에 전류를 흘리면 가운데가 비어 있는 커다란 전자석이 된다. 이 전자석은 이것을 통과하는 금속성 물체 내부에 유도전류를 발생시켜 그 물체를 순간적으로 자석으로 만들고, 코일(검문대)에 이 자석의 존재가 감지된다. 당신이 세라믹으로 된(금속이 아닌 부도체) 자석을 가지고 검문대를 통과하더라도 '금속' 탐지기는 그것을 탐지해 낸다. 서점의 책들에 작은 띠로 된 자석이 들어있는 것도 서점 입구의 도난방지기들이 자기력을 이용해 도난당한 책을 탐지하기 위해서다.

금속 탐지기는 총이나 칼을 알아보고 탐지하는 것이 아니라, 전기 전도체와 자석을 탐지할 뿐이다. 금속 탐지기를 너무 민감하게 만들기도 곤란한 것이, 인간도 어느 정도는 도체의 성질을 갖고 있기 때문이다(혈액 속에 녹아 있는 전해질 때문이다). 이런 부분이 무기를 몰래 갖고 들어올 수 있는 틈이 된다. 세라믹으로도 살상용 나이프를 만들 수 있는데, 이런 것들은 감지기에 걸리지 않고 통과한다. 비록 금속 용기는 금속 탐지기나 엑스선 검사기에 걸릴 수도 있지만 요즘은 총도 부품의 대부분을 세라믹으로 만들 수 있다.

테러리스트들은 굳이 고성능 무기들을 숨기고 들어올 필요도 없었고, 사실 칼 같은 것도 숨길 필요가 없었다. 그들은 4인치 미만의 칼은 소지할 수 있다는 안전 규정을 이용했다. 이 규정은 그 기준을 임의로 적용할 소지가 있었다. 4인치짜리 칼이 허용된다면 10인치짜리라고 안될 것이 있는가? 사실 이는 단도를 가진 보이스카우트 같은 승객들에 대한 양해차원의 규정이었다. 9·11 테러 이전까지만 하더라도 나 같은 실험물리학자들은 항상 몇 개의 작은 칼과 드라이버 등이 달린 맥가이버 칼을 갖고 다녔다.

테러리스트들은 그런 것들 대신에 박스커터*를 선택했다. 주머니칼처럼 접히거나 찌를 때 갑자기 부러지거나 하지 않는 쓸 만한 무기다('스위치 칼'처럼 날이 고정되는 것들은 그런 이유에서 불법이다). 박스커터의 날은 뒤로 넣을 수 있어서 실제로 흉기가 되기 전까지는 별로 위험해 보이지 않는다. 박스커터는 사실 무기로 보이지도 않고, 미대 학생들이 들고 다니는 도구 정도로 보인다. 그들의 선택은 현명했다. 9·11 테러 이전까지는 테러범도 비행기에서 일을 저지르기 전까지는 완벽하게 합법이었으니까.

공항 검문원이 보기에 수상하다 싶으면(예를 들어 엑스선 검사기에서 뭔가 수상한 것이 발견되면), 우선은 수색을 해 보겠지만 아마도 스니퍼 sniffer**로 보낼 것이다. 스니퍼 담당은 소독면으로 승객의 짐이나 옷가지를 문질러서 여러 가지 일반적인 폭약에 사용되는 물질을 검출할 수 있는 장치에 넣는다. 폭탄을 만든 적이 있다면 폭발물에서 나온 성분이 검출될 것이다. 스니퍼가 폭탄 자체를 찾을 필요는 없다. 게다가 잘 밀봉되어 있다면 찾아내기도 어려울 것이다. 하지만 옷, 머리카

* 작은 커터칼이 아니라 작업용 대형 커터칼이다.

** 공항에서 위험물질 탐지용으로 쓰이는 기계. 마약이나 폭발물 탐지를 담당하는 스니퍼 견의 이름을 따서 붙였다.

락, 손톱 등에 묻어 있는 폭탄의 냄새는 없애기가 매우 어렵다. 대부분의 일반인들은 이런 냄새랑 거리가 멀다. 언제나 폭발물 주변에서 얼쩡거리는 테러리스트들은 그런 고약한 냄새를 풍기지만 말이다.

이런 것을 감안해 보면, 테러리스트들은 굳이 폭발물이나 검문에 걸릴 만한 무기들이 필요하지 않은 작전을 세웠던 것이다. 박스커터는 그냥 검문대에서 통과시켰을 것이고, 그냥 검문 요원에게 건넸다가 금속 탐지기를 통과한 후에 다시 돌려받았을 수도 있다. 이는 9·11 테러 당시의 공항 검문 요원들에게 잘못이 있었던 것이 아니라 출입국 보안 규정의 문제였다. 테러에 대한 우리의 예측에 본질적 결함이 있었던 것이다. 미국인들은 자살테러를 위해 항공기를 납치할 정도로 치밀한 테러범이 있으리라고는 상상하지 못했다.

2단계: 조종석을 장악하라

이륙 직후, 테러범들은 작전대로 비행기를 장악했다. 너무 간단한 일이라 굳이 무기가 필요하지도 않았다. 앞에서 언급했듯이, 2001년에는 테러범의 지시에 협력하라는 것이 항공사 정책이었다. 왜 항공사들은 자살 테러를 예상하지 않았을까? 물론 그러한 경고도 있었고 소설 속에서 어떻게 그런 일이 벌어질 수 있는지에 대한 묘사도 있었다. 하지만 실제로 소설 속에 묘사된 모든 상황에 대비하는 것은 불가능하다. 경고라는 것이 말하기는 쉬워도 대처하기는 어려운 법이다. 보안 요원들은 과거에 경험했던 일에 대해서는 잘 대처할 수 있었다. 2001년 당시 미국인들은 그 직전에 있었던 항공기 납치 사건을 잘 해결한 것에 기뻐하고 있었다. 몇 차례에 걸쳐 납치범들은 비행기를 쿠바로 향하도록 요구했었고 결국은 그렇게 되었다. 그때마다, 비행기가 착륙하자마자 피델 카스트로Fidel Castro는 납치범들을 즉시 체포해 쿠바 감옥에 처넣었다. 카스트로는 미국의 우방은 아니었지만, 쿠바가 모든 납치범들의 최종 목적지가 되는 것은 쿠바에 그다지 좋지 않다고 생각했다. 카스트로는 즉시 비행기를 미국으로 돌려보냈다.

9·11 테러 당시, 테러범들은 조종석 문으로 들어가서 간단하게 비행기를 장악했다(9·11 이전에는 보통 그냥 열려 있었다). 만약 그들이 무기를 갖고 있다고 했어도 조종사는 그들의 말을 믿었을 것이다. 굳이 총을 숨기고 탑승할 이유도 없었으니 총을 갖고 타는 건 불필요했다.

3단계: 비행기 조종-항로 설정과 GPS

대부분의 파일럿 훈련은 이착륙, 이상 점검, 비상대처로 구성되어 있다. 고도를 유지한 채로 비행하는 것은 상대적으로 간단한 일이다. 많은 항공재난 영화 중 하나라도 봤다면 이미 알고 있을 것이다. 나는 물리 스승이자 아마추어 파일럿인 루이 앨버레즈 씨와 함께 작은 비행기를 몇 번 몰아 본 적이 있다. 이륙 직후 그는 내게 조종을 넘겼다. 내 옆자리에 앉은 파일럿을 제외하고는 특별한 안전장치 없이, 별다른 지적도 없이 우리는 수백 마일을 비행했다. 납치범들은 파일럿 학교에 다닌 적이 있었다. 대형 여객기는 좀 더 몰기 어려울지도 모르지만, 고도를 유지하는 것은 심지어 공항 활주로를 향하는 것이라고 해도 그리 어렵지 않다. 착륙이 제일 어려운 부분이다. 적어도 목숨을 부지하길 바란다면 말이다.

내비게이션도 마찬가지로 비교적 쉬운 편이다. 특히 당신이 세계 무역 센터의 쌍둥이 빌딩 같은 큰 건물을 향해서 날아가고 있다면. 비록 소형 비행기를 몬다고 할지라도 항법장치를 쓰는 법은 반드시 배워야 하며, 몇몇 테러리스트들은 그런 훈련을 받았다. 그들은 또한 조종석에 있는 간단한 GPS 사용법도 알고 있었다. 2001년엔 200달러 미만으로 구입할 수 있었지만 지금은 더 싸게 구할 수 있다. GPS는 당신의 위치, 속도, 방향, 그리고 목적지(예를 들면, 세계 무역 센터)까지의 거리를 알려 준다. 나도 비행기의 창가 자리에서 GPS를 써 본 일이 있다. GPS가 동작하려면 시야에 최소한 3개의 위성이 있어야 하는데, GPS는 각 위성까지 거리를 측정해 지구상의 위치를 계산해서 알려 준다.

물론, 테러리스트들은 지형지물을 이용하는 가장 원시적인 항법을 쓸 수도 있었다. 아메리칸 항공 11편의 납치범들은 단순히 허드슨 강을 따라가다가 뉴욕 시를 찾아냈는지도 모른다.

반면에, 당신이 워싱턴 D. C. 위를 날고 있다면 특별한 표지를 집어내기가 어려울 텐데 아마 워싱턴 기념비조차도 찾지 못할 것이다. 공중에서 내려다보면 그런 것들은 생각 외로 작다. 백악관조차도 공중에서는 작아서 찾기 힘들다. 하지만 펜타곤이라면 얘기가 다르다. 펜타곤은 매우 크고 독특하고 쉬운 목표물이다. 펜타곤과 충돌하는데 문제가 있다면 건물 높이가 너무 낮다는 점이다. 세계 무역 센터와 충돌하려면 비행기를 그쪽으로 향하게 하고 대강 고도를 유지하면 되는데 반해, 펜타곤을 치려면 고도까지 정확히 맞춰야 한다. 펜타곤 같은 건물을 노리는 것은 그래서 어려운 일이며, 아메리칸 항공 77편의 757기는 지면을 먼저 들이받고 바닥을 끌면서 펜타곤의 측면을 들이받은 것으로 보인다.

맨해튼 중심가의 배터리 파크에서 찍은 영상을 보면 비행기가 세계 무역 센터의 남쪽 건물을 급경사로 들이받는 것을 확실히 볼 수 있다. 어떤 이들은 그런 것이 파일럿이 숙련되었음을 보여 주는 증거라고 하지만 웃기는 이야기다. 이는 그저 파일럿이 비행기를 목표물로 제대로 향하지 못했음을 보여 주는 것이며 급경사는 마지막 순간에 빌딩으로 선회하려는 급박한 기동이었다. 불행하게도 그 시도는 성공했다.

충돌, 그 이후

비행기가 세계 무역 센터에 충돌했을 때, 빌딩의 상층부를 지지하고 있던 적지 않은 수의 외측 기둥이 무너졌다. 창문과 외벽이 산산이 부서졌고, 비행기 또한 파편이 되었고, 날개에 저장되어 있던 60여 톤의 연료가 뿜어져 나왔다. 하지만 기둥은 상층부를 지지할 만큼 충분히 남아 있었다. 빌딩의 설계는 훌륭했다.

연료를 발화시켰을 만한 원인으로는 충돌에서 오는 에너지, 전기 스파크, 엔진의 열 등 여러 가지가 있다. 차량 사고의 화재는 제법 흔한데, 특히 연료통이 손상되었을 경우에 자주 일어난다. 하지만 액션 영화처럼 폭발하진 않는다.

연료가 공기와 섞일 시간이 충분하지 않았기에, 사건 현장의 화구는 실제로 어마어마한 피해를 가져오는 그런 종류의 폭발은 아니었다. 실제 폭발에서는 고압의 가스가 콘크리트도 부술 정도의 힘으로 팽창한다. 세계 무역 센터 현장의 화구에서 발생한 가스는 아음속(음속보다 느린 속도)이었고 일반적인 아음속 폭발처럼 그저 지지하는 기둥 주변을 빗겨 지나갔을 뿐이다. 그 폭발은 하중이 걸리지 않은 벽을 날려 버렸을 뿐 대부분의 구조물은 별 손상 없이 남겨 두었다. 전문용어로 이런 현상은 폭발이 아닌 폭연(爆燃, 갑작스러운 연소. 자동차의 노킹현상이 대표적이다-옮긴이)이라고 할 수 있다. 당시에 폭발음이 아니라 우르릉거리는 소리가 들렸던 것도 바로 이 때문이다. 어떤 사람들은 작은 폭발이 있었다고 하는데, 아마 방이나 엘리베이터 같은 폐쇄된 공간에서 연료가스가 폭발한 상황일 것이다.

세계 무역 센터의 강철 기둥은 단열재로 싸여 있어서 일반적인 화재에 두세 시간 정도는 버틸 수 있도록 설계되어 있었다. 그러나 불이 붙은 것은 일반적인 사무실 집기나 종이 따위가 아니라 항공연료였다. 연소 속도는 연료의 양이 아니라 산소 공급량에 달려 있다. 공기가 부족하면 연소 시간이 길어져 열이 단열벽을 통과해 강철 벽에 전달될 만한 시간을 벌어 준다.

고온에서는 철도 녹는다. 하지만 그보다 낮은 온도에서도 약간씩 흐물흐물해진다. 그보다 더 낮은 온도에서는 그저 강도가 낮아진다. 이런 변화들은 온도에 따라 분자의 진동이 원자들 사이의 평균거리를 증가시켜 분자결합이 느슨해지기 때문에 일어난다. 항공기 연료로 인한 화재는 건물 설계자가 상상한 것 이상의 진짜 불지옥을 만들어냈다. 설계할 때만 해도 초고층 빌딩 꼭대기에서 60t이나 되는 항공연료에 불이 붙어 한 시간 넘게 화재가 지속되는 상황은 상상도 못했을 것이다.

강철 기둥은 약 800℃가 되면 좌굴현상(수직압축에 의해 기둥이 휘어지는 현상-옮긴이)이 일어날 만큼 약해진다. 좌굴현상은 천천히 일어나는 붕괴현상이 아니다. 종이를 말아서 빨대를 만들어 양쪽 끝을 밀어보자. 빨대는 종이라는 것이 믿기지 않을 정도로 잘 버텨내지만 어느 순간 갑자기 우그러든다. 이런 것을 압축강도가 높다고 하는데, 어쨌든 조금이라도 옆으로 휘기 시작하면 바로 좌굴현상으로 이어진다.

종이는 휘어짐에 대한 강도가 매우 약하다.

기둥이 무너지면 더 이상 그 자리에서 자기 몫의 무게를 지탱할 수 없게 된다. 이제 상층부의 무게는 나머지 기둥들로 분산되지만 이 기둥들도 방금 무너진 기둥과 마찬가지로 약화된 상태다. 하중이 분산되는 순간, 첫 번째로 무너진 기둥과 가장 가까운 두 번째 기둥도 무너질 것이다. 그런 식으로 연속해서 산사태처럼 무너지기 시작한다. 점점 더 많은 기둥이 무너짐에 따라 나머지 기둥들이 전체 무게를 감당할 수 없게 된다. 한 층 전체가 무너지는 데는 1초가 채 걸리지 않는다. 무너진 층 위쪽의 상층부가 내려앉으며 거대한 해머처럼 아래층을 때리게 된다. 붕괴를 다른 시각에서 보자면 그림 1.1과 같다. 상층부가 기울어진 것은 한쪽 기둥이 먼저 무너지기 시작했음을 보여 준다.

이런 식의 붕괴는 망치를 쓸 때와 마찬가지로 힘을 증폭시킨다. 보통 망치를 휘두를 때, 망치를 가속시키기 위해 힘을 주는 거리는

그림 1.1_2001년 9월 11일. 알카에다의 테러리스트들에게 납치된 비행기가 충돌한 직후 세계 무역 센터 남쪽 건물의 붕괴 현장

한 뼘(24cm) 정도다. 망치로 못을 때리면 못은 1cm 박히는 정도로 그 에너지를 흡수한다. 이때 못에 가해지는 힘(마찰력)은 두 이동거리의 비율이 된다. 24:1이므로 우리가 망치를 휘두를 때 든 힘의 24배가 못에 작용하는 셈이다.* 이것이 '힘을 증폭시킨다'는 말의 의미다. 단단한 나무에서는 못이 2mm쯤 박히는데 이 경우 증폭된 비율은 120배가 된다. 단단한 나무에 못을 박을 때는 더 짧은 시간에 더 큰 힘을 가하게 되는 것이다.

세계 무역 센터의 상층부가 아래층 위로 무너져 내릴 때도 같은 방식으로 힘이 작용했다. 상층부의 무게는 앞서 예로 들었던 망치의 경우와 같이 제법 큰 배수로 증폭되어 아래층에 가해지게 된다. 아래층은 그런 큰 힘을 지탱할 수 없으므로 아래층의 기둥도 처음과 마찬가지로 거의 즉시 무너진다. 이제 무너진 층의 무게마저 상층부에 더해져 다시 아래층을 때리게 되므로 연쇄 붕괴가 이어진다. 빌딩은 이런 식으로 한 층씩 붕괴되지만 실제로는 거의 자유낙하의 속도로 무너진다. 각 층은 거대한 파일 드라이버로 말뚝을 박는 것처럼 부서지는데, 한 층이 무너질 때마다 한 층의 무게가 무게추에 더해지는 셈이다. 당시 상황을 촬영한 영상을 보면 이런 현상을 볼 수 있다.

테러리스트들이 여기까지 예상했을 것 같진 않다. 아마도 충돌로 빌딩을 쓰러뜨리거나 꼭대기를 날려 버리려고 했을 것이다. 좀 더 가능성 높은 것은 고층 빌딩 화재가 일으키는 공포의 효과를 기대했을 거라는 점이다. 소방관들도 이런 종류의 붕괴 사태는 예상하지 못했

* 여기서는 에너지 보존법칙을 사용했다. 여기서 망치의 에너지는 힘 f과 거리 D의 곱으로 나타나는데, 이 에너지가 모두 못으로 전달된다고 가정하고 못이 움직인 거리 d를 사용하면 못에 가해진 힘은 F×D=f×d로부터 F=f(D/d)로 구할 수 있다.

다(고층 빌딩의 화재에 대해서는 어느 정도 알고 있었다). 만약 그랬다면 화재가 난 건물의 1층에 대책본부를 설치하진 않았을 것이다. 1974년의 영화 〈타워링〉에서도 빌딩 전체가 붕괴될 수도 있다는 얘기는 나오지 않았다. 대형 빌딩이 붕괴한다는 것은 완전히 예상 밖이었다. 만약 두 번째 건물까지 붕괴하지 않았더라면 이런 유의 재난이 다시 발생할 가능성에 대해서 아직도 논란을 벌이고 있었을 것이다.

TV에서 화재를 지켜본 건축설계사들은 곧바로 이런 붕괴 사태를 예상할 수 있었다. 그러나 그 아수라장에서, 소방 관계자들에게 건물 하층부에서 즉시 대피해야 한다는 것을 말해 줄 방법이 없었다.

빌딩은 연소되지 않은 항공연료와 함께 그대로 무너져 내렸고 이 연료는 계속 연소되면서 근처에 있던 7번 빌딩이 무너지게 만들었다(마찬가지로, 열 때문에 기둥이 약해졌기 때문이다). 세계 무역 센터 건물을 무너뜨린 것은 폭발도, 비행기의 충돌도 아닌 화재였다.

2장 테러리스트들이 방사능 폭탄을 좋아하지 않는 이유

많은 사람들은 알카에다의 다음 공격이 핵무기나 방사능 무기(방사능 물질을 뿌리는)와 같은 방사능 테러일지도 모른다는 두려움에 떨고 있다. 현대의 핵폭탄은 개인 휴대가 가능할 정도로 놀랄 만큼 작게 만들 수 있다. 소형 선박이나 경비행기 혹은 화물 컨테이너에 숨겨서 밀반입할 수도 있다. 소련이 미국을 향한 기습공격의 일환으로 밀반입이 가능한 초소형 폭탄을 개발, 제작했다는 주장도 제기되었다. 1960년대 초반에 미국은 데이비 크로켓Davy Crokett이라 불리는 소형 핵무기를 만들었는데 약 20kg 정도의 무게에 TNT 수백 킬로그램에 달하는 파괴력을 지니고 있었다. 또한 개인화기로 휴대가 가능했으며 무반동포로 발사할 수도 있었다. 그림 2.1은 이 무기의 사진과 1962년에 실시된 핵실험의 결과다(당시는 대기권 핵실험을 금지하지 않았다).

핵 연쇄반응은 보통 같은 양의 TNT에 비해서 2천만 배 정도 크기 때문에 이토록 작은 데이비 크로켓도 이런 엄청난 폭발력을 가질 수 있는 것이다. 역사상 가장 큰 핵폭발은 1961년 10월 30일 소련에서 이루어졌는데 히로시마 원자폭탄의 3천 배에 달하는 50Mt급의

(A)

(B)

그림 2.1_세계에서 가장 작은 핵무기: 데이비 크로켓
(A) 정부요원들이 장치를 점검하고 있다. (B) 1962년 7월의 데이비 크로켓 폭발 실험.

폭발로 뉴욕 전체를 날려 버릴 만큼 큰 규모였다. 대부분의 사람들이 핵무기를 바라보는 시선은 그런 재앙일 것이다.

그러나 모든 핵무기가 그렇게 엄청난 것은 아니다. 그림 2.1의 (B)에 나타난 데이비 크로켓의 폭발은 무시무시해 보이지만 사실 사진 안에는 폭발의 크기를 추측할 만한 비교 대상이 없다. 사실 1/4kt급의 데이비 크로켓은 양키 스타디움을 날려 버리기엔 충분하지만 그 이상은 아니다. 데이비 크로켓은 동서독 국경선과 남북한의 DMZ(비무장지대)에도 배치되었다.* 적이 군사 분계선을 넘어왔을 때 사람이 살 수 없는 무인지대로 만들지 않으면서 적을 물러서게 만들기 위함이었다.

데이비 크로켓은 핵무기 설계의 진정한 천재라 불리는 테드 테일러Ted Taylor가 설계한 것이다. 이런 무기를 만드는 데는 천재성뿐만 아

* 한반도를 포함한 특정지역에 있어서 핵무기가 존재하는지의 여부에 대해 시인도 부인도 하지 않는 미국의 NCND 정책(Neither Confirm Nor Deny Policy) 때문에 당시에는 알려지지 않았으나 1991년 9월 조지 부시 대통령이 새로운 핵 정책을 발표하면서 주한미군이 전술핵 미사일을 보유했던 사실이 드러났다.

니라, 핵무기에 관련된 물리학, 정교한 컴퓨터 분석, 대규모 시험 프로그램의 결과에 대한 깊은 지식이 필요하다. 핵무기 설계에 대해 알 만한 사람들 중에서는 테러리스트가 그런 것을 만들 수 있다고 믿는 사람은 없다.

테러리스트는 뭘 할 수 있을까? 몇 년에 한 번씩, 한 고등학생이 핵무기를 설계했다는 뉴스가 등장한다. 그리고 그 설계를 원자력 연구소의 전문가 중 한 명에게 보여 주면서 그것이 잘 작동할지를 물어본다. 대답은 언제나 한결같다. "안 될 거라고 말할 수는 없겠군요." 그러면 신문기사에는 "실제로 작동 가능하다."고 실린다.

고등학생이 초음속 비행기를 설계했다고 상상해 보자. 그 스케치에는 제트 엔진, 후퇴익, 조종석이라고 쓰인 화살표들이 있을 것이다. 언론에서 이 그림을 항공기술자에게 들고 가서 "이거 날 수 있을까요?" 하고 물어보면, 변함없이 "안 된다고는 말 못하겠네요."라는 대답이 돌아올 것이다.

스케치는 설계가 아니다.

몇몇 전문가들의 견해에 따르면, 수십 킬로그램 이상의 우라늄이나 플루토늄을 구할 수 있다는 전제 하에 전문적인 테러리스트들이라면 몇 킬로톤급 핵무기를 '만들 수도' 있다고 한다. 하지만 이런 재료를 구하는 것은 그리 간단하지 않다.

전문적인 테러 집단이라는 것은 무슨 뜻일까? 아마도 핵무기 개발 프로젝트에서 일해 본 경력이 있는(아마도 대우에 불만이 많은) 물리학자를 위시한 집단일 것이다. 또한 폭발하는 물질의 움직임을 전문적으로 연구한 경험이 있는 박사급 기술자도 있어야 한다. 전문적인 기계공학자와 기술자도 필요하다. 테러리스트들이 그런 드림팀을 만들 가능성도 배제할 수는 없지만 미래의 지도자를 꿈꾸는 이들이라면 이것이 모하메드 아타와 같은 단순한 테러범들 이야기가 아니라는 것 정도는 알 것이다.

나는 핵무기의 기밀 사항에 대해서 많은 것을 알고 있으며(여기서 밝힐 수는 없다) 실제로 그것을 설계한 사람들의 설계도를 보기도 했다. 내 판단으로는 최고의 멤버로 구성된 팀의 설계가 아니라면 대부분 실패할 것 같다. 지난 2006년 10월 9일, 북한은 첫 번째 핵실험을 수행했다. 빈곤한 국가임에도 불구하고 북한은 이 핵실험을 위해 어마어마한 자원을 모아 왔다. 핵폭탄의 위력은 1kt에 못 미치는 정도였는데 내가 아는 모든 전문가들은 원래 20kt급 이상으로 설계되었다는 것에 동의했다. 그 핵실험은 실패였다.

그림 2.2_샌프란시스코에 1kt의 폭발이 일어났을 경우의 효과. 내부 원(A)은 파괴반경, 외부 원은 낙진에 의해 사망자가 발생하는 반경(B)이다.

어쨌든, 북한의 핵폭탄이 미국의 대도시(예를 들어 샌프란시스코)에 밀반입되어 터졌다고 생각해 보자. 그림 2.2는 그런 상황을 보여 준다. 내부의 원은 파괴 반경이고, 외부의 원은 방사능 낙진에 의해 사망자가 발생할 지역의 반경을 보여 주는 것이다. 그림은 전미 과학자 연합 홈페이지의 특수무기 입문 코너*의 자료로 만든 것이다.

피해 반경원이 너무 작아서 놀랐는가? 아마도 당신은 지구의 멸망을 일으킬 만한 대륙 간 핵탄두를 상상했을 것이다. 1kt급 탄두의 폭발 반경은 약 100m다. 뉴욕 센트럴파크 한가운데서 폭발했다면, 공원 바깥쪽 건물조차 파괴되지 않는 정도다. 방사능은 좀 더 멀리까지 영향을 미쳐 주변 건물까지는 영향이 미치겠지만, 첫 번째 거리를 뚫고 지나갈 순 없을 것이다. 사상자 대부분은 공원 주변의 충격파로 인해 건물에서 뿌려질 유리 파편의 희생자들일 것이다.

내가 테러리스트의 핵무기에 의한 위험을 축소하려는 것 같겠지만, 그렇지 않다. 반경 100m의 폭발은 거대한 폭발이다. 그것은 세계무역 센터에서 일어났던 것과 비슷한 피해를 일으킬 수 있는 정도다. 9·11 테러 당시 가솔린의 연소에 의한 에너지가 1.8kt에 달한다고 했던 것을 되새겨 보면, 실제로 북한의 핵실험보다 더 큰 규모였던 것을 알 수 있다. 그러나 테러리스트들의 소형 핵무기는 그보다 훨씬 조악할 것이다. 핵무기보다 테러리스트들이 보다 손쉽게 쓸 수 있는 다른 형태의 테러로 그 이상의 사상자와 피해가 발생할 수 있다는 것을 인식해야 한다.

사상자와 피해 규모는 시간과 장소에 따라 다르다. 로즈 볼**에서

* www.fas.org/nuke/intro/nuke/effects.htm

** 매년 1월 1일에 캘리포니아에서 열리는 대학 미식축구 대회

새해맞이를 하는 동안 1kt의 폭발이 일어난다면 10만 명은 족히 사망할 수 있다. 그렇지만 한산한 뉴욕 항에서 그런 폭발이 일어난다면 기껏해야 근처의 보트 몇 척을 부술 뿐, 사실상 아무런 피해도 없을 것이다.

대형 핵폭탄

하지만 대형 핵탄두라면 얘기가 다르다. 핵미사일에 탑재되는 핵탄두는 사람 정도의 크기지만 100kt 이상의 위력을 자랑한다. 폭발 반경은 1km 이상이며, 복사열 또한 반경 3km가 넘는 곳까지 전달된다. B-52 폭격기에 탑재되는 M83 핵폭탄은 파괴 반경 3km, 열 효과는 반경 8km에 달하는 메가톤급 탄두를 장착하고 있다. 그런 폭탄이라면 맨해튼 아래쪽 절반 전체를 통째로 날려 버릴 수 있다.

물론 테러리스트들이 그런 걸 만들 수 있을 것 같지는 않다. 뒤에 핵무기 부분에서 다루겠지만, 그 정도의 거대한 폭발을 일으키기 위해서는 핵폭발이 수소 핵융합을 유도하는 2중 구조의 폭탄이 필요하다. 전문가들에 따르면 그런 구조의 폭탄을 설계하는 것은 테러리스트의 수준을 넘어서는 것이라고 한다. 그 정도 무기를 제조하기 위한 대규모 프로젝트는 대부분 국가 차원의 능력마저 넘어서는 것이기도 하다.

실제 일어날 수 있는 우려할 만한 상황은 핵무기가 도난당해 테러리스트들의 손에 팔려가는 경우다. 이런 무시무시한 시나리오도 가능하다. '구소련이 붕괴될 당시에 몰래 빼돌린 무기를 관리하는 저장고 직원이 있다. 높은 값을 쳐주는 사람에게 언제든 팔아먹을 무기 몇 개를 가지고 있다. 그리고 알카에다가 그를 방문한다.'는.

다행스럽게도, 알카에다가 그런 무기를 갖고 있다고 해도 성공적으로 써먹을 수 있을지는 미지수다. 미국과 소련은 허가받지 않은 사람들이 무기를 분해하지 못하도록 교묘한 장치를 만들었다. 맨해튼 프로젝트에 참여했던 물리학자 중 한 명인 루이스 앨버레즈Luis Alvarez에 따르면 소련의 핵무기들은 누군가 분해를 시도할 경우 자폭해서 내부의 구조를 알 수 없도록 만들어져 있다고 한다.

도난당한 무기는 여전히 큰 위협이 된다. 이런 위협에 대처하는 방법은 암시장에서 테러리스트들에게 무기를 판매하거나, 도난당한 무기를 갖고 있을 만한 이들로부터 무기를 구입하는 요원들을 많이 배치하는 것이다. 러시아도 이미 비슷한 활동을 하고 있다. 이 복잡하고 위험한 암시장에서, 구매자들과 판매자들이 서로 진짜를 찾기 어렵게 만들 필요가 있다.

많은 이들이 방사능 폭탄이 테러리스트들에게 쉬운 대안이 될 것이라고 생각한다. 물론 그것이 쉬울지도 모르지만, 그만큼 실패할 가능성도 높다.

방사능 폭탄*이란

방사능 폭탄은 다른 핵무기처럼 핵폭발을 하는 게 아니라, 일반적인 폭발을 이용해서 내부의 방사능 물질을 퍼트린다. 소문에 따르면 사담 후세인Saddam Hussein도 1987년에 그런 무기를 실험했으나 그 조잡함을 보고는 개발을 포기했다고 한다. 1995년에는 체첸 반군이 모스크바 이스마일로프스키 공원에 방사성 물질인 세슘-137과 함

* 이 부분은 대부분 나의 과학 에세이 「방사능 폭탄 소동」에서 가져왔다. (2004년 6월 23일. http://muller.lbl.gov/TRessays/29-Dirty_Bombs.htm)

께 폭약을 묻은 사건이 있었다. 그들은 방송국에 설치 장소를 알렸다. 아마도 폭발하기 전에 발견되어 뉴스가 되는 것이 더 영향력이 크다는 사실을 알고 있었을 것이다. 그런 무기가 주는 심리적인 공포는 실제로 일으킬 수 있는 피해보다 훨씬 크다. 한때 알카에다의 요원으로 테러훈련을 받았던 호세 파딜라José Padilla는 미국에서 방사능 폭탄을 터뜨릴 계획을 세웠다. 2004년 미국 법무부에서의 증언에 따르면 알카에다는 파딜라의 방사능 폭탄 계획의 실효성을 의심했다고 한다. 그들은 그에게 방사능 폭탄 대신 도시가스로 아파트 두 개를 날려 버리라는 지시를 내렸다. 방사능 무기보다는 그런 사건이 더욱 죽음과 파괴의 공포를 전파하는 데 효과적이라는 것을 명확하게 인식하고 있었던 것이다. 과학적으로 보면 알카에다가 옳았다. 사실 그 점이 더욱 무서운 것이다. 알카에다는 대부분의 정부 인사, 언론, 과학자들보다 그런 무기의 장단점을 잘 이해하고 있는 것 같다.

방사능 무기가 무해하다고 얘기하려는 게 아니다. 실례로, 1987년에 브라질 고이아니아Goiania에서 방사선 치료 장비를 발견하고 분해했던 고물상들의 이야기를 살펴보자. 그 기계에는 약 1,400Curie(퀴리)의 세슘-137이 들어 있었는데, 1퀴리는 1g의 라듐으로부터 나오는 방사선의 양이다. 남성 2명, 여성 1명, 어린이 1명이 치사량의 방사선 중독으로 사망했고 250여 명이 방사선에 오염되었으며, 정화불가능 지역으로 선포되어 41가구가 철거되었다.

만약 이런 방사능 오염이 몇몇 가구에 국한되지 않고 폭발에 의해 전체 도시로 확산되었다고 생각해 보자. 더 위험해질까? 놀랍게도 그렇지 않다. 방사능이 그런 식으로 확산되었을 경우, 보다 넓은 지역에 대피령을 내려야겠지만, 확실히 얘기하자면 이것 때문에 사망할 일은 없다.

파딜라가 제작하려고 했던 방사능 폭탄의 설계를 더 자세히 살펴보자. 브라질의 사고와 같은 1400퀴리의 세슘-137이 있다고 가정해 보자. 방사선 피폭량은 렘rem이라는 단위로 측정되는데, 이 정도 양의 세슘과 1m 정도 떨어져 있다고 한다면 1시간 동안 450rem 정도의 방사능을 받게 된다. 이 방사선 피폭량은 세슘-137의 LD 50*보다 50% 높은 양이다. LD 50은 50% 치사량이라는 뜻으로, 방사능에 노출된 후 몇 달 안에 죽을 확률이 50% 이상이라는 뜻이다.

더 큰 피해를 주기 위해서, 약 $1km^2$ 정도의 넓이에 확산되도록 폭발시켰다고 해 보자. 결과적으로는 $1m^2$당 1.3밀리퀴리 정도의 방사능이고, 이 지역에서 한 시간 동안 받는 피폭량은 0.013rem 정도, 13mrem이다.** 이것은 매우 작은 양으로 방사선병에 걸릴 최소량인 100rem보다 한참 적은 양이며, 전혀 해가 되지 않는다. 한 달간 그곳에 서 있다 해도 4rem 정도의 피폭을 받을 뿐이다. 어쨌든 폭발에 휘말려 죽은 게 아니라면 현장에 시체가 널려 있을 일은 없다. 나는 그것이 알카에다가 호세에게 방사능 폭탄을 그만두고 도시가스 폭발을 계획해 보라고 지시한 이유가 아닐까 한다. 사실, 저준위 방사능도 암을 유발할 위험이 있다(비록 몇 년이 걸리겠지만) 알카에다가 테러로 암을 유발한 숫자 따위를 떠벌리고 싶어 하진 않을 것 같다. 그들은 쌓아올린 시체 더미의 사진이 필요할 뿐이다.

그럼 암의 위험에 대해서 살펴보도록 하자. 보통 수준의 방사능 피폭량에 의해 암이 발생할 위험은 rem당 0.04% 정도다. 4rem에 0.04%를 곱하면 이로 인해 유발된 암의 위험은 0.16%가 된다. 미국

* LD 50(lethal dose 50): 피실험 동물에 실험 대상물질을 투여할 때 피실험 동물의 절반이 죽게 되는 양

** 1년 동안 받는 자연방사선은 약 250mrem이다.

에서 자연적인 암 발생률이 20%라고 근사하면 방사능 폭탄이 터진 지역에 1년 정도 거주한 사람의 암 발생률은 20.16% 정도가 된다. 나쁜 소식이긴 하지만 그것이 집을 버리고 떠나야 할 정도일까(1년 뒤에는 방사능이 정화된다고 가정했다)?

물론 방사능이 한곳에 집중되어 있으면 위험은 커지겠지만, 앞서 말했듯이 근처에 있는 소수의 사람들만이 피해를 입는다. 방사능은 폭탄이 폭발하기 전이 가장 높은데, 그 점이 바로 테러리스트들에게는 큰 위험 부담이 된다. 그들은 폭탄을 제조한 후에 폭탄에서 나오는 방사능 때문에 죽기 전에 목표물 근처로 폭탄을 옮겨야 한다. 쏟아져 나오는 감마선***은 쉽게 차폐되지 않기 때문에 폭탄을 제조할 때는 두꺼운 납 차폐벽을 두고 작업해야 한다. 이런 차폐벽 없이 작업한다면 방사선병에 걸리기 전에 가능한 빨리 옮기는 수밖에 없다.

9·11 테러에서는 미국의 정책과 편견을 이용했다. 테러리스트들은 파일럿들이 납치범들에게 협력하도록 되어 있다는 사실로부터 비행기를 탈취하는 데 굳이 무기가 필요하지 않다는 것을 알았고, 당시의 항공 정책은 아무도 비행기 자체를 테러의 무기로 사용할 거라고 생각하지 못했다는 허점을 보여 준다. 비슷한 이유로, 오늘날의 테러리스트들은 방사능 폭탄을 쓸 수도 있겠지만, 그것은 실제로 일어나는 피해보다는 그것이 불러올 상상 이상의 대혼란과 경제적 공황을 목적으로 삼는다. 방사능 폭탄에 의한 공격이 발생했을 때 국민이 혼란에 빠지지 않도록 설득하는 것은 지도자의 몫이다. 사람들은 과학자들의 설명만으로는 만족하지 않을 것이다.

*** 방사선의 일종으로 알파선은 ^{4}He원자핵이 아주 빠르게 흐르고 있는 상태를 말하며, 베타선은 고에너지 전자, 감마선은 고에너지 엑스선으로 입자가 아니라 전자기파에 해당한다.

혹시 다른 방사능 폭탄은 우리가 앞에서 가정했던 세슘-137보다 좀 더 쓸 만하지 않을까? 일례로, 러시아의 버려진 등대에서 약 40만 퀴리의 스트론튬-90이 들어 있는 동위원소 발전기가 발견된 적이 있다. 그러나 스트론튬-90은 감마선을 방출하지 않으며, 주로 흡입하거나 먹었을 때 매우 해를 끼친다. 스트론튬-90을 에어로졸로 만들어 공기 중에 살포한다면 살상도 가능하지만, 금방 바닥으로 가라앉아 공기 중에 오래 머무르지 못한다. 스트론튬이 내려앉은 음식을 먹지 않고, 그 지역의 풀을 먹은 동물들과 젖을 먹지 않으면 안전하다.

마찬가지 이유로 방사능 폭탄은 심지어 플루토늄으로 만들어졌다 하더라도 크게 위험하지 않다. 오히려 탄저균이 훨씬 무시무시하고, 제조와 수송에 더 용이하다. 핵폐기물 저장시설과 원자력 발전소가 훨씬 더 방사능이 높으며, 이것들이 수송되고 확산된다면 그 위험은 무시할 수 없는 수준이 된다. 핵폐기물에 대해서는 한 장을 할애해 설명할 것이다. 어쨌든 방사능 폭탄은 공통된 문제점을 갖고 있다. 막 제조된 폭탄의 강한 방사능에 테러리스트들이 가장 먼저 희생될 수 있으며, 폭발한 후에는 방사능이 방사선 피폭 치사량 이하로 약해진다는 점이다(폭탄의 범위가 좁다면 몰라도).

방사능 폭탄이 그렇게 별로 위력이 좋지 않다면, 왜 다른 대량 살상 무기처럼 다뤄지는 것일까? 그 이유는 1997 미국방수권법(Public Law 104-201)과 캘리포니아 주 형법 제11417조(California Penal Code Section 11417) 등의 기타 법률 때문이다. 그러나 이런 식의 규정은 국가 자원을 잘못 배분하게 할 뿐만 아니라 방사능 무기가 사용되었을 때 통상적으로 과잉대처를 하게 만드는 원인이 된다.

방사능 무기의 가장 큰 위험은 그것이 야기하는 혼란과 과잉반응이다. 방사능 무기는 굳이 따지자면 대량 살상무기가 아니라 대량 혼란무기다.

불량 국가*의 핵무기

여러 면에서, 실제적으로 위협이 되는 것은 테러리스트들이 만들 핵무기가 아니라 불량 국가rogue nation들이 만드는 핵무기다. 이런 단어는 다소 모호하며 많은 이들이 반대하는 이름이지만(이스라엘이나 인도도 불량 국가인가?), 나름대로 유용한 개념이며 미래의 지도자들이 자주 듣게 될 이름이다. 그것은 주로 핵확산금지조약NPT을 어기거나 비밀리에 핵무기를 개발한 개발도상국들을 지칭한다. 대표적인 예로는 미국의 공격을 받기 직전의 이라크, 몇 년 전의 북한, 현재의 이란과 같은 국가들이 있다. 불량 국가는 무기를 제조하고 있다는 것을 부인하며, 평화적인 목적에 사용할 기술개발이라고 주장하면서(따라서 핵확산금지조약의 적용을 받지 않는다) 마지막에는(핵 실험 후에) 국가 안보를 위협받는 상황에서 취할 수 있는 당연한 권리라고 주장한다.

이 문제에 대해서 지도자가 알아야 할 과학적인 지식은 정보부가 포착할 수 있는 징후와 증거에 관한 것들이다. 가장 큰 걱정거리는 불량 국가가 미국이 히로시마와 나가사키에 떨어뜨렸던 것 같은 '소형' 핵무기를 개발할 가능성에 관한 것이다. 그들이 우라늄이나 플루토늄 폭탄 제조의 첫 단계를 통과하지 못한다면 핵무기를 제조할 가능성은 없는 것과 마찬가지다. 그들에게 그런 무기가 있다면 전쟁에 이용하거나 테러리스트들에게 공급할 수 있다. 이 두 가지 핵분열식 무

* 테러 지원국을 통칭하는 말로 미국 국무부에 의해 '국제 테러 행위에 반복적으로 지원을 제공한 국가'로 규정된 국가들을 말한다.

기-우라늄 폭탄과 플루토늄 폭탄-는 여러 면에서 요구하는 기술이 다른데, 각각의 경우를 살펴보자.

우라늄 폭탄

우라늄 폭탄의 설계는 간단하다. 문제는 농축 우라늄-235를 얻는 것이다. 자세한 내용은 핵무기 부분에서 설명할 것인데, 우라늄을 얻어 내는 현대적인 방법은 가스 원심분리법이다. 최근 이란은 가스 원심분리기 개발을 시인했으며 우라늄 원자로의 부분적인 농축에 이용할 뿐이라고 주장했다. 현대 원심분리기에 필요한 핵심 물질은 머레이징강*이다. 미국의 2차 공격 직전의 이라크가 특수강 튜브를 수입한 것은 가스 원심분리법을 시도했음을 의미할 수 있었다. 1990년으로 돌아가서, 이라크는 좀 다른 방법으로 우라늄 농축을 시도했었는데 제2차 세계대전 당시 미국이 사용했던 것과 같은 칼루트론calutron이라는 장치였다.

우라늄 폭탄 제작을 감시하려면 고속회전을 버틸 수 있는 특수 베어링이나 회전 원심력을 감당할 수 있는 머레이징강과 같은 원심분리기의 제작에 필요한 부품들을 감시하면 된다. 그렇지만 칼루트론 같은 좀 더 조잡하지만 손쉬운 분리법도 주시해야 한다.

플루토늄 폭탄

플루토늄은 상대적으로 얻기 쉽다. 많은 국가에서 원자력 발전소를 운영하고 있으며 연료봉 내부에 풍부한 우라늄-238U238이 지속

* 초강력강의 일종으로 강도, 인성이 뛰어나다.

적으로 플루토늄Pu으로 변화한다. 핵확산금지조약은 가입국들이 핵 폐기물로부터 플루토늄을 분리하는 것을 금지하고 있다. 이것을 핵연료 재처리라고 부른다. 몰래 핵연료를 재처리하는 것을 막기 위해 원자력 발전소는 국제 핵사찰 기구IAEA로부터 감시를 받고 있다. 북한이 이런 사찰을 거부했을 당시 우려했던 점은 북한이 핵연료 재처리를 시작했다는 것인데, 우려는 사실로 드러났다. 2002년 10월 15일, 북한은 미국 국무성 짐 캘리 차관보에게 이 사실을 통보했다. 미국의 핵무기 전문가인 마이클 메이Michael May는 재처리된 플루토늄을 확인하기 위해 북한을 방문했다. 그는 시료를 손에 쥐어 보게 해 달라고 요구했다. 그는 방출되는 알파선이 피부의 각질을 뚫고 지나가지 못한다는 것을 알고 있었다. 그는 시료의 무게(밀도)와 방사선 붕괴로 인한 샘플의 온기를 기준으로 판단했다. 북한이 그가 핵연료 물질을 가리지 않고 손으로 직접 검사할 것을 예상하지 못했다는 것을 볼 때 의표를 찌르는 좋은 검사 방법이었다. 메이는 자신의 관찰을 근거로 플루토늄이 진짜라고 결론지었다.

원자력 발전소를 가진 불량 국가라면 핵연료 재처리를 통해 플루토늄을 얻는 것은 쉬운 일이다. 뒤의 핵무기 부분에서 설명할 테지만 플루토늄 폭탄은 정교하게 조정된 내폭implosion을 일으켜야 하는데 이것이 매우 어렵다. 내폭을 위해서는 매우 정확한 모양으로 만들어진 폭발물뿐만 아니라 정확하게 동시 점화시키는 기술과 방대한 양의 실험 계획이 필요하다. 이것들을 다 충족한다고 하더라도 실제로 작동시켰을 때 성공할 거라는 보장은 없다. 2006년 10월 9일, 북한은 성공적으로 핵실험을 시행했다고 발표했다. 전문가들은 폭발의 지진파 분석을 통해 북한의 폭탄은 폭발력이 매우 낮은 실패작이었으며 그 원인으로는 플루토늄 코어의 내폭이 실패했기 때문일 것으로 결론을 내렸다.

플루토늄 폭탄의 제작을 감시하기 위해서는 원자로에서 나오는 폐연료봉, 고준위 방사성 물질을 다루기 위한 화학적 재처리 시설, 내폭 실험 프로그램을 감시해야 한다.

3장 구식으로 돌아가는 앞으로의 테러 공격

테러리스트의 핵 테러도 가능한 이야기이긴 하지만, 사실상 큰 위협이 될 수는 없다. 알카에다는 집요하고 집중력 있는 공격성을 보여주었다. 세계 무역 센터 공격은 그때가 두 번째 시도고, 그들이 예상했던 것보다 훨씬 큰 성공을 거두었다.* 테러리스트처럼 생각하는 건 어렵겠지만, 어쨌든 한번 시도해 보자. 그들은 새롭거나 엄청나게 어려운 방법을 쓰려고 할까, 아니면 이미 훌륭하게 성공적이라는 것이 증명된 방법을 선호할까? 나는 후자라고 생각한다. 테러리스트들의 다음 공격은 서구의 최신기술을 이용하지 않을 수도 있다. 그 대신 우리의 복잡한 시스템을 악용할 가능성이 더 크다. 그럼 알카에다가 구식 기술을 이용해서 무엇을 할 수 있는지 살펴보자.

* 알카에다의 테러는 너무 크게 성공한 것 같다. 테러 이후 잠시 동안이지만 미국민들이 이라크와 아프가니스탄 파병을 지지할 정도였으니까. 그 지역에 파병을 포기하게 할 작정이었으면 차라리 소규모 테러가 나았을지도 모른다.

항공기 연료*를 이용한 공격

가솔린은 여전히 테러리스트들에게 손쉽게 쓸 수 있는 구식 무기로 애용될 것 같다. 하지만 앞으로 항공사의 대형 여객기를 납치하는 계획은 실패할 가능성이 매우 높기 때문에 별로 시도될 것 같지 않다. 9·11 테러에 4번째로 사용된 비행기인 유나이티드 항공 93편 승객들의 행동이 그것을 보여 준다. 신발 안에 폭탄을 숨겼던 리처드 리드Richard Reid가 눈치 빠른 승객들에게 어떻게 제압당했는지를 보면 승객들이 화나면 어떻게 되는지 알 수 있다.

어쨌든 가솔린을 이용해서 하늘에서 공격할 방법은 아직도 남아 있다. 9·11 테러리스트들의 행적을 다시 살펴보자. 세계 무역 센터 테러 이전에, 모하메드 아타는 농약 살포용 비행기 조종법을 익히기 위해서 시골에 있는 공항을 자주 찾았다. 웬 농약 살포? 많은 사람들은 그가 대도시에 생화학 테러를 일으키는 데에 흥미가 있었을 거라고 생각한다. 그렇지만 알카에다가 테러를 위해 그런 물질을 비축했다는 증거는 없다. 아프가니스탄에서 수색 작전을 벌인 결과, 그들에게는 생화학 물질을 대량으로 가공하기 위한 장비도 없었으며, 미국에 있는 비축분에 접근했던 적도 없었던 것으로 밝혀졌다.

다른 정보들도 알카에다가 농약 살포기에 관심을 갖고 있음을 강하게 시사하고 있다. 9·11 테러 당시 항공기를 납치하려고 했던 혐의로 체포된 재커리어스 무사위Zacarias Moussaoui는 농약 살포기에 관한 정보가 담긴 CD를 갖고 있었다. 1998년 케냐와 탄자니아에서 일어난 미국 대사관 폭파사건으로 기소된 4명의 재판에서 연방 증인인

* 농약살포기로 쓰이는 소형 프로펠러기종은 흔히 말하는 휘발유를 연료로 쓴다. 제트엔진으로 움직이는 대형 비행기의 경우 나프타, 등유, 가솔린 성분이 적당히 혼합된 항공 연료를 사용한다.

에삼 알 리디Essam al Ridi는 오사마 빈 라덴이 농약 살포기를 구매하려고 한 적이 있다고 증언했다. 농무부의 조넬 브라이언트Johnelle Bryant는 9·11 테러의 주범인 모하메드 아타가 미국 농무부를 방문해서 농약 살포기를 구매하기 위해 대출을 받으려고 했으며 연료를 추가로 실을 수 있게 개조허가를 받으려고 했다고 말했다.**

과학적으로 생각해 보면 테러리스트가 농약 살포기에 관심을 갖는 건 그럴 법한 일이다. 농약 살포기인 에어 트랙터 502 기종은 767보다는 훨씬 작지만, 어쨌든 그것도 날아다니는 탱커다. 비료 탱크에는 1200L, 연료 탱크에는 490L가 들어간다. 낮은 고도로 비행하기 때문에 대부분의 레이더에 잡히지 않는다. 만약 여기에 약 1700L의 가솔린을 싣는다면, 약 2.1~2.4t의 연료를 싣는 셈이고 이것은 32~36t의 TNT와 맞먹는 에너지를 낼 수 있다.

테러범은 연료를 가득 채운 농약 살포기로 뭘 하려고 했을까? 월드 시리즈가 열리고 있는 양키 스타디움, 미식축구 경기장이나 올림픽 개막식 경기장을 들이받을 수 있을 것이다. 깔려 죽는 사람까지 포함하면 사상자 규모는 9·11을 훨씬 초과할 것이고, 그 장면이 전세계 TV로 생중계될 것이다. 아니면 석유 화학 공장이나 대도시의 핵폐기물 저장고를 노릴 수도 있다(네바다 주의 유카 산에 있는 것과 같은 저장고들이 허가되기 전까지는 대부분의 핵폐기물이 현재 그런 곳에 저장되어 있고 앞으로도 그럴 것이다).

우리에게는 다행한 일이지만 에어 트랙터 502 기종은 조종하기 어

** 브라이언트의 주장은 다소 논란이 있었다. 그녀가 아타를 만났다고 주장한 2000년 초에 그는 미국에 없었던 것으로 알려져 있었기 때문이다. 하지만 뒤에 발견된 증거로 아타가 미국에 있었음이 증명되어 논란은 잠잠해졌다. 브라이언트와 ABC 뉴스의 인터뷰는 http://www.muller.lbl.gov/pages/Atta-Bryant.htm에 나온다.

렵기로 악명이 높은데, 특히 연료를 가득 채운 상태로 레이더를 피할 만큼 저고도 비행을 유지한다는 것은 훨씬 더 어려운 일이다. 그런 이유로 따져 보면, 테러리스트들이 앞으로 에어 트랙터를 테러에 이용할 가능성은 낮다. 이착륙하지 않을 거라면 보잉 767을 조종하는 것이 상대적으로 쉬운 편이다. 게다가 농약 살포기를 모는 사람들은 서로 매우 가깝게 지내며, 경계심이 강하다. 9·11 이전에도 그들은 아타가 사진을 찍거나 조종석에 앉지도 못하게 했다. 나는 이 문제를 농약 살포기 조종사 커뮤니티에서 토의한 적이 있었는데, 내가 말할 필요도 없이 그들은 테러리스트들의 위협에 매우 민감했다. 앞으로도 농약 살포 시설에 접촉하는 수상한 이들은 즉각 FBI에 보고된다고 생각하면 된다.

이런 비행기를 타거나 조종하는 것이 어렵다고 해서 안심할 수는 없다. 다른 종류의 경비행기들도 있다. 가솔린은 위험이 낮은 다루기 쉬운 폭발물이며, 구입하는 데에 아무런 제약도 없다. 그러니 경계할지어다. 알카에다 조직원이 누군가를 죽이거나 테러를 하려고 한다면 그들이 사용할 것은 어디서든 살 수 있는 휘발유일 가능성이 가장 높으니까.

항공기 폭파

가솔린을 가득 실은 비행기를 띄워서 사람이 많이 모이는 시설물에 충돌시키는 일은 비행기를 조종하는 기술뿐만 아니라, 이착륙 기술도 필요하다. 대부분의 이륙 훈련은 아슬아슬한 착륙 직후 이륙을 반복하는 식이기 때문이다. 게다가 항공기를 구입하는 과정에서 의심을 사는 것도 조심해야 할 부분이다. 여러 면에서 경비행기를 이용하는 것이 항공사 여객기를 납치하는 것보다 복잡하다. 그래서 그들이 택한 보다 현실적인 방법은 여러 명의 자살폭탄 테러리스트가 폭탄을 숨기고 곳곳의 여객기에 탑승하여 동시다발적으로 폭발시키는 것이다.

2001년 12월 22일, 알카에다의 조직원인 리처드 리드는 아메리칸 항공 63편에서 신발에 감춰 둔 폭탄에 불을 붙이려 했었다. 기내에서 친구들의 사진을 찍어 주던 한 승객이(그림 3.1) 그를 발견하고 함께 달려들어 그의 시도를 저지했다.

정보부 관계자는 그가 그 신발을 설계하진 않았을 것이라고 발표했다. 리드는 알카에다의 테러 작전을 수행 중이었을까? 나는 아니라고 생각한다. 리드는 조직으로부터 명령이 오지 않아 안절부절하던 차에(적어도 미국 내의 알카에다 조직은 거의 와해되어 있었다) 혼자서 제멋대

그림 3.1_아메리칸 항공 63편의 승객들이 폭탄을 점화시키려던 리처드 리드에게 달려들어 저지하고 있다.

로 비행기와 함께 자폭하려고 생각했을 것이다. 그것은 매우 어리석은 행동이었으며, 알카에다는 한 대의 비행기를 날려 버리는 일보다는 여러 대의 비행기를 동시에 날려 버리려는 계획에 초점을 두고 있었다. 하지만 리드의 조급함 때문에 계획이 탄로나 버렸다. 나머지 11켤레의 폭탄 신발은 여전히 어딘가의 신발장에 있을 것이다. 이제는 공항 검문대마다 구두를 검사할 것이고, 더 이상 그런 야심찬 계획을 실행하기란 불가능할 것이다.

공항 검문대에서 신발을 벗어 달라고 하는 것은 그런 이유 때문이다. 그들은 금속 탐지기 통과 여부에는 별로 관심이 없다. 신발에 든 폭탄이 금속일 필요는 없으니까. 그들은 또 다른 폭탄 구두를 찾고 있는 것이다. 미국 교통 안전청은 안전 요원들이 무엇을 찾아야 하는

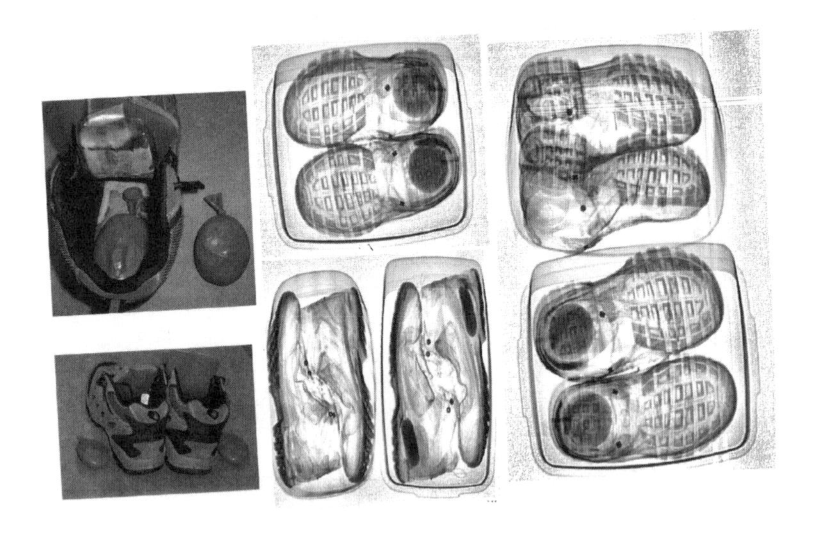

그림 3.2_신발 폭탄의 엑스선 사진. 교통 안전청은 리처드 리드의 폭탄을 기본으로 이 자료를 제작했다. 이 사진은 안전 요원들에게 배포되었다.

지 알리기 위해서 사진을 배포했다(그림 3.2). 파란색 작은 봉지는 플라스틱 폭탄이다. 많은 양은 아니고, 객실 한가운데에서 폭발했을 때는 몇 명의 승객이 다치는 정도다. 좀 더 효과를 보려면 비행기 내부의 특정 위치에 폭발물을 설치해야 한다. 리드의 경우, 창측 좌석과 비행기 벽 사이에 신발을 끼워 넣어서 벽에 구멍을 내려고 했다. 그렇게 되면 비행기 구조를 순식간에 약화시켜 결과적으로 비행기를 추락시키게 된다.

2006년 8월 영국에서 20여 명이 액체 폭탄으로 항공기를 폭파하려 한 혐의로 구속되었다. 폭발물의 정체는 공식적으로 알려지지 않았고, 액체가 고체보다 어떤 장점이 있는지도 확실하지 않다. 어떤 이는 섞이기 전까지는 폭발성을 갖지 않는 두 종류의 액체가 있었다고 한다. 이런 시도는 각각의 액체가 공항의 스니퍼에 걸리지 않을 때에나 의미가 있는 것이다.

용의주도하게 준비된 폭탄 앞에는 왕도가 없다. 지금까지는 폭발물에 포함된 질소 원자를 검출하는 중성자 방사화 분석 방법이 가장 많은 주목을 받았다. 그러나 이 기술은 가죽이나 질소를 많이 포함한 다른 물질에서 잘못된 경보를 울리는 경우가 많았다. 만약 폭발물 경보에 걸린 수하물이 있다면 어떻게 할 것인가? 열어 보겠는가? 어디서? 그러다 터지기라도 하면? 오경보가 자주 울린다면 이런 경우에 대책이 없다.

차세대 폭발물 경보기는 아직 개발중이다. 핵전자 사중극자 공명–질소 원자 주변의 화학적 환경을 알 수 있는–은 경보 오류를 줄일 수 있는 희망적인 대안이지만 공항에 실제로 배치되기에는 아직 시기상조다. 오늘날 가장 좋은 방법은 이온 비행 시간법을 이용하는 분광기Ion mobility time-of-flight spectrometer다. 이것은 공항에서 널리 사용되는 스니퍼의 한 종류다. 일단 행동이 의심스럽다는 생각이 들면, 안전 요원이 짐에서 표본을 가져가고, 심한 경우 승객마저 기계에 통과시켜 분석을 한다. 이 장치는 5만 달러 정도지만 경보 오류율은 1/1000 미만이다. 하지만 잘 밀봉된 폭탄의 경우에는 포장 밖으로 비어져 나오거나 운반하는 사람에게 묻어 있지 않은 이상 놓칠 수도 있다.

얼마 전 프랑스 여행 때, 나는 엑스선 검문대에서 내 짐에 수상한 것이 있다는 이유로 제지를 받았다(내 가방에는 비디오 카메라 충전기, 디지털 카메라, 휴대전화, 아이팟, 노트북, 변압기, 보조 배터리, 전선 등이 가득했다). 내 짐 전부를 다 조사할 수 있었을까? 안전 요원은 대신 내 신발을 벗어 달라고 하더니 그것을 스니퍼에 넣었다. 대단한데! 정말 내가 테러리스트라면 폭발물의 잔여물이 내 신발에 묻었을 테니까 말이다.

검문대를 통과한 수하물에 폭탄을 넣을 수는 없을까? 물론 가능하다. 그래서 공항에서는 수하물이 탑승할 때의 짐과 동일한지를 확인한다. 이 절차는 온갖 종류의 불편을 야기한다. 얼마 전에 비행기를 탔을 때는 수속 후에 비행 일정을 변경한 사람의 짐을 찾기 위해 모든 수하물을 다 내려야 했었다. 어떤 사람들은 다른 승객들과 문제없는 수하물까지 확인하느라 시간을 낭비한다고 생각할 수도 있다. 테러리스트들은 그냥 폭탄을 터트려서 자폭테러를 하니까. 그러나 그런 비판은 중요한 점을 놓치는 것이다. 알카에다로 하여금 자폭 테러 외에는 다른 것은 아무것도 시도하지 못하게 하는 것은 우리에겐 큰 장점이 있다. 그런 점이 테러리스트가 되려는 사람들의 숫자를 제한할 수 있다. 그리고 죽음의 두려움을 극복한 이들이 한때 우리가 소수의 최정예 테러리스트라고 부르던 사람들이다.

나름 성공했다던 자살 테러범들의 면면을 살펴보자. 농약 살포기에 대해서 인터뷰하려고 모하메드 아타를 만나던 조넬 브라이언트의 증언에 따르면, 그는 요즘 같은 세상에 눈에 띄지 않을 수 없는 인물이었다. 그를 인터뷰하려고 했을 때, 그는 조넬이 여성이라는 이유로 인터뷰를 거절하려고 했으며, 그다음엔 목숨을 위협하기까지 했다. 요즘은 그런 것들도 보도되지 않은 채로 지나치는 법이 없다. 이 일이 9·11 테러 이전에 일어났었다는 사실이 놀라울 뿐이다. 나머지 테러리스트들도 똑같이 골치 아픈 놈들이다. 리처드 리드는 자기 신발 폭탄에 불도 붙이지 못했고, 방사능 폭탄을 만들려고 했던 호세 파딜라는 감옥깨나 들락거린 시카고의 조직원이었다. 재커리어스 무사위는 비행 학교의 간단한 필기시험도 통과하지 못했는데, 교관들에게는 자기는 대형 항공기를 몰고 싶지만 이착륙하는 데에는 별로 관심이 없다고 말했다. 그는 곧바로 FBI에 신고되어 체포되었다. 무사위는 심지어 스스로 변호에 나서기도 했는데 이는 자신이 바보라는 것을 확정하는 짓이나 마찬가지였다. 요즘의 자살테러 작전에서 이런 성격은 썩어 들어가는 손가락처럼 선명하게 눈에 띈다. 알카에다가 그런 인간들을 조직원으로 쓰는 이상 우리는 그런 활동을 미리 눈치 챌 수 있으며(9·11 이전에는 그렇지 못하긴 했지만) 정교하게 계획된 작전도 무용지물일 수밖에 없다. 이것이 바로 9·11 이후에 미국에서 이렇다 할 규모의 테러-다음 장에서 이야기할 탄저균을 제외하면-가 없었던 이유 중 하나다.

공항 검문에서 날붙이를 검사하는 것은 어떨까? 그렇게 해서 얻은 것은 거의 없다. 위험한 것은 폭발물이며, 폭발물 검색에 쓸모 있는 기술이 빨리 개발되었으면 한다. 그러나 그런 기술이 나타나기 전까지는, 우리는 자살 폭탄테러 외에는 다른 걸 선택하지 못하는 극렬 테러리스트들을 공항에서 직접 잡아낼 수밖에 없다. 보안 검색의 성공을 과소평가하지 말자. 2001년 이후 지금까지 수년간 하늘에서의 테러가 한 건도 성공하지 못할 것이라고 누가 예측이나 했었는가?

4장 탄저균 테러의 의문점

9·11 테러 일주일 후, 미국은 두 번째 테러로 고생을 겪었다. 수백만 명을 죽이기에 충분한 양의 탄저균이 든 우편물이 ABC, NBC, CBS와 「뉴욕 포스트」, 「내셔널 인콰이어러」 등의 언론사에 배달되었다. 그 직후 인콰이어러 빌딩에서 일하던 로버트 스티븐스Robert Stevens가 감염으로 인해 사망했을 때 미국 국민들은 생화학 테러에 의한 첫 희생자를 애도했다. 10월 9일, 또 다른 탄저균 우편물이 패트릭 레히Patrick Leahy와 톰 다쉴Tom Daschle 의원에게 배달되었다(그림 4.1). 22명이 감염 징후를 보였으며 그중 5명이 사망했다. 우편국은 마비되었고, 미국 정부는 테러를 일으킨 조직에 관한 정보의 현상금으로 250만 달러를 내걸었다. 이 책을 쓰고 있는 이 시점에도 범인은 밝혀지지 않았다.* 비슷한 장난편지는 많았지만 추가로 발생한 사건은 없었다. 세계 무역 센터 사건은 탄저균 사건에 비하면 명확하게 밝혀진 편이다.

왜 이 책에서 탄저균 테러를 다루는 걸까? 탄저균 포자의 확산 현

* 탄저균 테러의 범인은 미 육군 연구원 생화학전 연구소에서 근무한 미생물학자 브루스 아이빈스(Bruce Ivins)로 밝혀져 지난 2008년 8월 수사가 종결되었다.

4TH GRADE
GREENDALE SCHOOL
FRANKLIN PARK NJ 08852

SENATOR DASCHLE
509 HART SENATE OFFICE
BUILDING
WASHINGTON D.C. 2051
20510/4103

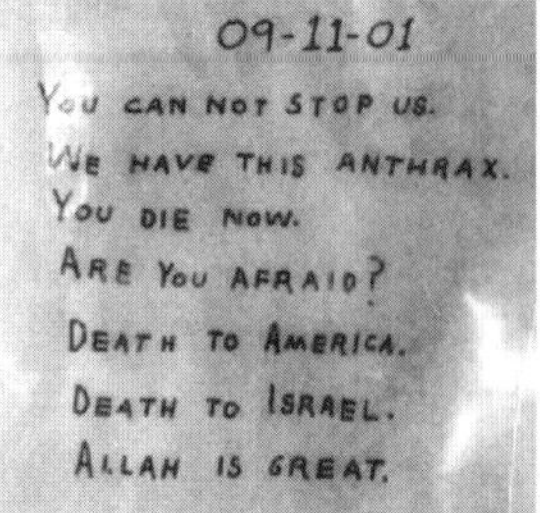
09-11-01
YOU CAN NOT STOP US.
WE HAVE THIS ANTHRAX.
YOU DIE NOW.
ARE YOU AFRAID?
DEATH TO AMERICA.
DEATH TO ISRAEL.
ALLAH IS GREAT.

그림 4.1_톰 다쉴 의원이 받은 탄저균이 든 편지.* 2001년 9월 11일

상과 대량 살상의 실패를 설명하는 데는 물리학이 더 관련이 많기 때문이다. 이 물리적인 배경 지식은 미래의 지도자들이 테러의 위협을 올바로 이해하는 것뿐만 아니라, 테러리스트들을 추적하기 위해서 FBI에 대책을 지시할 때 필요하다.

시작하기 전에, 생화학 테러의 위협에 대해서 몇 마디를 덧붙여야겠다. 많은 사람들은 탄저균이 전염병처럼 확산되지는 않을지 우려한다. 천연두는 탄저균에 비해서 훨씬 더 많은 피해를 일으킬 가능성이 있는데, 연쇄반응식으로 퍼져나가기 때문이다. 한 사람이 10명을 감염시킨다면, 각각의 감염자가 10명을 또 감염시키는 식으로 지수함수적으로 증가한다. 1, 10, 100, 1000, 10,000. 아홉 단계만 넘어가면 10억 명이 감염된다. 반면에 탄저균은 사람에서 사람으로 전염되지 않으며 처음 포자를 직접 흡입한 몇몇 사람만이 사망한다. 농장에서는 보통 탄저병으로 죽은 소가 부패할 때 탄저균이 포자를 퍼뜨린다.

천연두 같은 전염병은 실제로 위험하다. 그렇지만 나는 테러리스트

* 엽서의 내용: 2001. 09. 11 너희들은 우릴 막을 수 없다. 우리는 탄저균을 갖고 있다. 당신은 이제 죽는다. 무서운가? 미국에게 죽음을. 이스라엘에 죽음을. 알라는 위대하다.

들이 천연두 테러를 고려한다면 그것이 미국에서만 그치지 않을 것이라는 사실을 깨닫기를 바란다. 그것은 전 세계에 계속 퍼져나갈 것이다. 사실 미국은 훌륭한 보건 정책 시스템 덕분에 가장 피해가 적은 나라 중 하나가 될 것이다. 고삐 풀린 천연두의 진정한 희생자는 불쌍한 개발도상국의 국민들일 것이다.

탄저균

많은 사람들이 2001년의 탄저균 테러가 목표로 했던 사람들-5명-을 성공적으로 암살했다고 생각한다. 그렇지만 실패라고 결론 내릴 근거도 충분히 있다.

9·11 테러 이전에는 매우 적은 양의 탄저균 포자로도 난리가 날 수 있다고 생각했다. 2001년 9월 캐나다 앨버타 주의 서프필드 국방 연구소DRES(Defence Research Establishment Suffield)에서 인터넷에 올린 연구 내용에 따르면** 봉투에 묻은 탄저균 포자는 단순히 봉투를 여는 것만으로도 에어로졸 형태로 공기 중에 뿌려질 수 있다. 그 보고서는 봉투로부터 살포되는 탄저균은 처음 생각했던 것보다 훨씬 효과적이라고 언급되어 있다. 이 보고서에서는 실험 봉투가 열리면 안에 들어있는 치사량에 가까운 99% 이상의 탄저균이 매우 빠른 속도로 방 전체에 퍼져나갈 수 있다고 결론지었다. 어쩌면 인터넷에서 그 보고서를 접한 테러리스트가 실행에 옮기려고 결심했을 수도 있다.

2001년 가을의 탄저균 사태에 사용된 양을 생각해 보자. 실제로 당시에 공개되어 있던 모든 문헌과 자료가 몇 g(동전 하나의 무게)의 탄

** 탄저균 사태 직후에 삭제되었으나 지금은 다시 게재되어 있다. http://stinet.dtic.mil/oai/oai?&verb=getRecord&metadataPrefix=html&identifier=ADA399955

저균이라도 효과적으로 살포되었을 경우에 수백만의 사람을 죽일 수 있다고 했다. 테러리스트가 이런 자료와 캐나다의 연구결과를 종합해 생각했다면 우편이 수백, 수천의 일반인들을 살해하는 데 최상의 방법이라고 생각했을 것이다. 그것이 테러리스트가 생각했던 것이라면, 그 테러는 시범 케이스로 한 것이 아니었을 것이다. 우편 체계나 경제 체제를 혼란시킬 목적이 아니었다는 것이다. 그것은 정부 지도자와 언론 요직에 있는 사람들을 포함한 대량 살상을 목적으로 했던 것이다.

만약 탄저균을 이용해서 대량 살상을 하는 것이 테러리스트들의 목적이었다면, 그들의 계획은 어째서 실패로 돌아갔을까? 그들이 치사량에 대해서 잘못 알고 있었을 가능성이 있다. 이런 상황을 보자. 패트릭 레히 의원은 그에게 보내진 편지에 들어 있을 수도 있는 내용물에 대한 브리핑을 받고, 시사 프로그램에서 그 편지에 치사량의 10만 배가 들어 있다고 발표했다. 그런데 그 편지로 인해 죽은 사람은 5명뿐이다. 레히 의원이 지나치게 과장한 것일까? 사실 그는 충분히 조심스럽게 말한 것이다.

5와 10만의 차이는 어떻게 이해해야 할까. 국방정보국의 영장류를 대상으로 한 실험에 따르면, 2,500~55,000개의 포자면 노출된 수의 절반이 치명적인 호흡기 감염을 일으키기에 충분하다고 한다(LD 50). 포자 하나로도 병을 일으킬 수는 있지만 그 가능성은 매우 낮으며, 보통은 많은 수의 포자가 있어야 한다. 다섯 번째이자 마지막 희생자였던 94세의 오틸리 룬드그렌 씨는 아마도 얼마 안 되는 양의 포자에 의해 죽었을지도 모른다. 그녀의 집과 가재도구에서 탄저균이 발견되지 않았기 때문이다.

포자 혹은 포자덩어리가 폐 속 가장 민감한 부분까지 도달하려면 가는 머리카락 굵기의 1/10 정도인 3μm 이하의 크기여야 한다. 레히 의원에게 도착한 편지는 2g 정도로 2천 억 개의 탄저균이 들어 있었다. LD 50에 1만 개 정도의 탄저균이 필요하다면, 이 편지는 치사량의 2천만 배가 들어 있었던 셈이다. 그런 면에서 레히 의원이 발표한 10만 배는 사실 매우 낮은 추정치였다.

최악의 시나리오(테러리스트들에게는 최상의 시나리오)라면, 탄저균 가루가 봉투 밖으로 확 뿌려진 다음, 먼지처럼 분산되어 건물의 환기구에 빨려들어 내부를 순환하는 공기에 골고루 섞이는 것이다. 사람이 한 시간 동안 흡입하는 공기는 대략 1m^3 정도인데, 이 1m^3 안에 1만 개의 탄저균–사람이 죽고도 남을–이 희석되어 있다면 편지 안에 들어 있던 2천억 개의 탄저균 입자는 2천만 m^{3}의 공기를 오염시킬 수 있고, 이것은 거의 뉴욕 지하철 전체를 오염시킬 수 있는 정도의 양이다. 사람들이 탄저균을 두려워하는 것도 무리는 아니다.

하지만 이런 최악의 시나리오에는 크게 잘못된 부분이 많다. 탄저균을 군사적으로 이용할 때는 공기와 골고루 섞인 상태를 적이 흡입할 때까지 충분히 오래 유지하는 것이 언제나 문제였다. 대부분의 살포 방법은 지극히 비효율적이라 치사량 따위는 전혀 의미가 없는 상황이었다.

테러리스트들은 이런 민감한 부분을 충분히 고려하지 않은 것 같다. 그들이 단지 몇 g의 탄저균만을 보유하고 있었다고 해 보자. 그들이 보기엔 치사량의 수억 배에 달하는 양이었을 테니 단지 1%만(그들 나름대로는 신중한 계산이었겠지만) 효과를 보더라도 약 200만 명의 미국인을 죽일 수 있다고 생각했을 것이다. 물론, 운이 없다면, 살상 반경이 한 건물이나 주위 일부 지역에만 국한되어 수천, 수백 정도를 죽이는 것으로 그칠 수 있다. 그들이 그런 식으로 생각했다면 그런 일을 벌이는 데에 얼마나 운이 필요한가를 매우 과소평가한 것이다.

그 시나리오대로라면, 첫 테러가 실패한 것에 크게 놀랐을 것이다. 「더 선The Sun」지의 사진 편집장인 로버트 스티븐스 단 한 명만이 사망했다. 고맙게도, 캐나다의 연구결과는 실제로 탄저균이 어떻게 움직일지 예측하는 데에는 별로 효과적이지 못했다. 그 연구에서는 탄저균은 접힌 종이에 끼여 있어서 종이를 당기면 밖으로 나오게 되어 있었다. 아마도 테러리스트가 사용했던 것은 그런 방식이 아니라 그냥 봉투에 탄저균을 넣었을 것이다. 아니면 우체국에서 거칠게 옮겨지는 중에 종이 사이에서 비어져 나와서 바닥에 가라앉았을지도 모른다. 혹은 탄저균이 봉투 밖으로 흩뿌려지긴 했지만 봉투를 열었던 방에서만 퍼지는 것에서 그쳤을 수 있다. 캐나다의 연구결과는 환기구를 통한 살포에 대해서는 연구한 바 없지만, 환기구를 통해 포자가 분산되는 것이 효율적이지 못했을 수 있다. 실험에서는, 살포 후 실내에서 탄저균 노출의 반감기는 5분 정도로, 포자들이 금방 바닥으로 가라앉는다는 것을 말해 준다. 사실 5분이라는 시간은 방 안에 있는 사람이 감염되기엔 충분하지만, 포자가 멀리 이동할 수 있는 시간은 아니다.

사망자가 한 명뿐이라는 보도를 접한 테러리스트들은 패닉 상태였을 것이다. 그들은 작전에 실패했고, 이유도 알 수 없었다. 탄저균이 효력을 잃었다고 잘못 생각한 나머지, 절망적인 심정으로 결국 10월 9일에는 남아 있는 탄저균을 희석하지 않고 통째로 우편으로 보내 버렸다. 이 설명대로라면 그 이후에 왜 탄저균을 이용한 테러가 더 일어나지 않았는지를 설명할 수 있다.

후에 탄저균 포자는 미국 상원, 하원뿐만 아니라 백악관 우편시설, 대법원, CIA 우편시설, 펜타곤, 워싱턴 D.C. 전역에서 발견되었다. 그토록 많은 곳으로 포자가 퍼진 데는 우편시설의 상호 오염이 원인이라는 의견이 지배적이었다. 그렇지만 몇몇은 희석된 탄저균을 담은 첫 번째 편지에서 비롯되었을 가능성도 고려해 볼 가치가 있다. 첫 번째 테러리스트들이 처음 편지를 보낼 때는 탄저균이 여러 장소로 퍼지게 될 것을 가정했었다.

FBI는 소수의 인명을 살해함으로써 대중을 공포에 떨게 만들려던 미국인이 범인이라고 생각하고 용의자 확보에 총력을 기울였지만 그런 인물을 찾을 수가 없었다. 아마도 탄저균은 미국에 있던 탄저균 샘플들을 관리하고 없애는 임무를 맡은 이에게 도둑맞았을 것이다. 과학자일 필요도 없다. 그저, 멸균 장치를 다루는 기술자였을 수도 있다.

내 시나리오가 복잡해 보이겠지만, 현실의 시나리오는 늘 그런 식이다. 구체적인 부분까지 맞진 않더라도 말이다. 지금까지 어떤 시나리오도 전체를 명쾌하게 설명하진 못하고 있다. 모든 복잡한 상황을 설명하려면 증거로 제시된 것들을 평가해야 한다. 결론이 서로 상충할 때는 누굴 더 믿을 수 있을까? 테러의 범인은 미국인이라는 필적 감정사일까, 아니면 9·11 테러범 중 한 명인 아흐메드 알하즈나위Ahmed Alhaznaw의 다리를 치료했으며 그의 다리가 탄저균에 의한 피부 감염이라고 했던 의사 크리스토스 초나스Christos Tsonas일까?

탄저균 테러가 알카에다가 계획한 두 번째 테러라는 주장이 신빙성이 있을까? 2001년 10월 27일자 「워싱턴 포스트」지에 따르면 탄저균 테러가 그들의 두 번째 계획이었다고 믿는 사람은 아무도 없었다. "지능적이지도 않고, 알카에다의 행동 패턴과도 맞지 않는다." 그러나 그것이 알카에다의 방식인지 아닌지는 부분적으로는 그들이 계획한 살상의 규모에 따라 판단할 일이다. 그들이 단지 다섯 명을 목표로 했으며 그들의 뜻대로 되었다고 생각하는 것은 잘못일 것이다.

내 생각이 맞다면, 이번 사태로 탄저균을 이용한 테러에 대한 환상이 깨졌을 것이다. 그렇지만 안심하긴 이르다. 오사마 빈 라덴은 아프가니스탄에 몇 그램이 아니라 몇 킬로그램의 세균을 배양할 수 있는 연구소를 만들고 있었다. 소련의 연구소에서 배양된 수 톤에 달하는 탄저균이 이란과 아프가니스탄 북쪽에 있는 아랄 해의 보즈로즈데니예 섬에 매립되었다. 소련의 탄저균은 대부분의 항생제에 내성이 있는 것으로 보고되었다. 이런 점이 미국에 대한 첫 번째 탄저균 테러가 소수의 제한된 피해에 그쳤어도 낙관할 수 없는 이유다. 생화학 테러는 핵 테러에 비하면 훨씬 준비하기도, 수행하기도 쉽다는 것이 증명된 것 같다. 미래를 위협하는 미치광이 과학자는 아무래도 물리학자보다는 생물학자일 것 같다. 하지만 내가 물리학자라는 것도 그리 위안이 되진 않는다.

대통령을 위한 브리핑

테러 방지를 위한 조언

테러는 여러 지도자에게 가장 골치 아픈 문제일 것이다. 시간이 흐르고, 테러가 재발하지 않는다면 시민들은 만족할 것이다. 그들은 지도자가 그런 문제들에 늘 경계심을 곤두세웠으면 하고 바라지만 거기에 돈을 많이 쏟아 붓는 것을 바라진 않으며 인권도 존중하길 바란다. 당신이 고른 이 직업은 생각보다 힘들 것이다.

테러리스트들도 쉬운 것은 아니다. 앞선 테러(9·11)를 일으키기 위해 테러리스트들은 미국 내에 정교하고 잘 훈련된 조직을 유지해야 했고, 그런 조직이 있다는 것이 감지되고 알려진 시점부터 시민들의 경계심은 높아졌다. 공항의 보안 검색대처럼 대부분은 그다지 현실적으로 쓸모가 없는(작은 날붙이를 압수한다든가) 공항 검문도 사실 시민들의 경계 의식을 유지시켜 주는 역할을 한다. 이런 이유로, 다음에 테러가 성공하는 곳은 미국은 아닐 것이다.

그렇다면 어디에 초점을 맞출 것인가? 많은 이들이 컨테이너로 밀수되어 들어올 수 있는 핵무기에 주의를 기울여야 한다고 조언할 것이다. 어떤 이들은 미국으로 들어오는 모든 화물을 검사할 수 있는 핵 감지기나 정교한 엑스선 장치를 보유해야 한다고 주장한다. 그런 것들은 야심찬 계획이긴 하지만 비현실적이다. 그런 장치를 만들 수 있다고 하더라도(실제로 국립 연구소에서는 그런 것들을 설계하느라 바쁘다) 간단한 위장과 눈속임만으로 그것들을 무용지물로 만들 수 있다. 핵무기를 밀반입하고 싶다면 건초더미에 숨기지 말고 트랙터 부품 상자에 숨겨라. 그런 잡동사니 속이라면 웬만한 무기는 못 보고 지나칠 수도 있다.

사람들은 핵무기가 테러리스트들의 능력의 점진적인 확대를 나타내기 때문에 위험하다고 한다. 그렇지만 핵무기는 제작하기도 힘들고, 훔치기도(미국이 위장된 가짜 핵무기를 판매하는 계획을 실행하고 있을 경우) 힘들고, 폭발시키기도 어렵다. 뉴욕 항에서 소형 핵무기를 폭발시켜서는 그다지 큰 피해를 발생시킬 수 없다는 사실을 되새겨 보자. 방사능 폭탄은 더 이상 걱정할 것이 못 된다. 나는 현대적 기술을 응용한 그런 무기들의 위협에 대해서 그다지 심각하게 강조하지 않기를 추천한다. 사실 진짜 위험한 것들은 가솔린을 가득 채운 비행기가 미사일처럼 날아와서 충돌하거나, 여러 비행 노선의 항공기들이 동시에 폭탄 테러를 당하거나 하는 것들이다.

솔직하게 말해, 학계에 있는 내 동료들은 내 의견에 동의하지 않는다는 점을 고백해야겠다. 그들은 미국 내로 밀반입될 수 있는 핵무기를 막아야 한다는 점을 좀 더 강조해야 한다고 생각한다. 내 생각엔 그들이 틀렸다. 그렇지만 이것은 과학적이거나 기술적인 판단이 아니라, 테러리스트들의 생각을 이해하는 것과 관련이 깊다. 마지막 결정을 내리기 위해서는 과학 외에도 지도자의 다른 능력들을 빌려야 한다. 그렇지만, 대테러 자문들조차도 핵무기를 제조한다는 것의 실제적인 어려움을 잘 모르고 있으며, 위협을 과대평가하고 있을 수 있다는 것을 명심해야 한다.

내 생각엔 가솔린을 이용한 항공기 테러가 재발할 우려가 있다. 첫 시도가 너무도 성공적이었고 많은 사상자를 냈으며 TV로 극적인 장면이 보도되는 등의 부수적인 효과를 낳았기 때문이다. 테러리스트들은 보안 등의 문제로 대형 항공사의 여객기를 납치하는 대신, DC-3 같은 중형 개인용 비행기에 연료를 가득 채운 채로 일요일 오후에 만원인 미식축구 경기장 같은 곳을 노릴 수도 있을 것 같다. 이런 테러를 방지하는 가장 좋은 방법은 그런 비행기를 취급하는 회사들이 경계심을 늦추지 않는 것이다.

또 일어날 만한 테러는 여러 대의 여객기를 동시에 폭발시키는 것이다. 리처드 리드가 터뜨리려고 했던 신발 폭탄은 분명 훨씬 더 많이 있을 것이고, 그런 것들이야말로 실제로 위험한 것이다. 이런 방식의 테러는 여러 명으로 이루어진 조직을 일사불란하게 움직여야 하는 고로, 수상한 행동에 대한 감시와 경찰활동이 가장 좋은 대비책이다. 지속적으로 공항에서 신발을 체크하는 것은 좋은 생각이지만, 금속 탐지기는 별로 도움이 되지 않으며, 엑스선 탐지기를 이용해야 한다. 날붙이는 별로 걱정하지 말라. 승객들이 그런 시도를 가만히 두고 보진 않을 것이기 때문에 실제로는 거의 쓸모 없는 물건이다. 나라면 폭발물에 포함된 분자를 감지할 수 있는 스니퍼를 더 많이 배치할 것이다. 폭탄이 꼼꼼하게 잘 포장되었다면 폭탄 자체를 찾을 수는 없겠지만, 운반하는 사람이나 가방에 묻어 있는 잔류물을 찾아낼 수는 있다. 그리고 조종석의 출입문은 반드시 잠그도록 해야 한다.

내 머리로 가장 이해되지 않는 부분이 생화학 테러의 위험이다. 탄저균이나 돌연변이 박테리아를 배양하는 것은 핵무기를 제조하거나 작동시키는 것보다는 상대적으로 쉬운 일이다. 많은 사람을 살상하려 했으나 실패로 돌아갔던 2001년의 경우를 비춰볼 때, 탄저균이 다시 쓰일 것 같지는 않다. 만약 또 탄저균 테러가 발생한다면, 엄청난 숫자의 '치사량'을 언급하는 과잉행동을 하지 않도록 주의하라. 더 위험한 것은 한 사람으로부터 멀리 떨어진 세계 여러 지역으로까지 퍼질 수 있는 박테리아나 바이러스가 유전자 조작을 거쳐서 더욱 위험하게 만들어져 살포되는 것이다. 생물학 석사 정도면 그런 걸 만드는 데 필요한 모든 과정을 습득할 수 있다. 전염병을 이용하는 테러는 미국보다 다른 개발도상국에서 더 큰 인명피해가 생길 위험을 안고 있지만 몇몇 테러리스트들은 그런 것에 전혀 개의치 않을 것이다. 전염병의 발원지를 찾아내고 격리하기 위해서는 역학 정보 조사가 필수적이다. 이런 연구는 조류 독감과 같은 자연 전염병 연구에도 도움이 된다.

앞으로 일어날 테러에 관한 미지수 대부분은 과학적인 영역이 아니다. 그것은 테러리스트들의 사고방식과 테러가 야기할 공포, 사람들의 반응, 확률과 위험도, 비용과 관계가 있다. 핵폭탄을 만드는 것이 얼마나 어려운지, 방사능 폭탄이 얼마나 조악한지, 폭발물과 가솔린의 위험성, 생화학 테러가 위협적인 이유 등에서 과학적인 면도 함께 보는 적절한 감각이 필요하다. 정부는 국가의 여러 자원을 적절하게 배치해야 하며, 이런 일을 수행하는 방법을 결정하는 것은 대부분 기술 외적인 수많은 다른 이슈들과 연관되어 있다. 물리학 교수가 아니라 대통령에게 모든 권한과 책임을 맡기는 이유가 바로 그 때문이다.

제2부

에너지

세계는 에너지 전쟁 중이다. 일본이 1941년에 중국을 침략했을 때, 미국은 일본을 상대로 석유 수입 제재 조치를 취했다. 미국이 그런 조치를 취한 뒤, 많은 전문가들은 결국 일본과의 전쟁이 불가피하다는 것을 깨달았다. 그 다음 해에 일본은 진주만을 공습했다. 1970년대에 석유 카르텔인 OPEC이 미국에 대한 석유 수출 제재 조치를 취하자, 미국에는 석유대란이 왔다. 미국이 이라크와 전쟁을 하는 이유는, 부분적으로는 이라크 사람들에게 자유를 가져다 주기 위함이지만, 이라크가 중동 석유의 핵심이기 때문이기도 하다.

에너지는 국가의 경제와 직결되기 때문에 중요하다. 예를 들어, 미국과 중국을 보자. 미국의 국가 총 생산량은 중국의 20배다. 에너지 소비량도 거의 중국의 20배다. 부와 에너지 소비는 비례한다. 이러한 관계는 놀라운 것이며 중국도 아마 알고 있을 것이다. 중국은 미친 듯이 발전소를 건설하고 있으며, GW(기가와트, Gigawatt, 10^9W)급 발전소를 일주일에 하나 꼴로 세우고 있다.

미래의 지도자는 개발도상국의 미래에 대해서도 깊이 생각해야 한다. 중국의 경제는 1인당으로는 얼마 안 되지만 전체 규모는 엄청나고 빠르게 성장하고 있다. 대부분의 복지단체들은 그런 국가들의 빠른 경제 성장과 더불어 그들을 괴롭히는 가난, 질병, 교육 문제가 해결되는 것을 기쁘게 바라볼 것이다. 하지만 개발도상국들이 발전함에 따라 에너지 소비도 함께 증가할 것이다. 그로 인해 발생하는 공해 문제는 어떻게 해결할 것인가? 그중에서도 지구 온난화와 해양 산성화로 연결되는 악명 높은 온실가스인 이산화탄소의 배출 문제는 우려할 만한 수준이다. 중국은 이미 2007년에 미국의 배출량을 넘어섰을 것으로 추측된다. 게다가 중국은 GDP 대비 배출량으로는 1천 달러당 3톤으로 세계 어느 국가보다 높으며 이는 미국의 여섯 배에 달한다. 중국 다음으로는 인도가 GDP 1천 달러당 2톤으로 두 번째를 차지하고 있다. 이들 국가의 GDP가 증가할 시에 이 오염도가 감소해야 한다는 것은 너무나도 중요하다.

그들의 경제 규모가 커진다면 전체 공해 배출량을 주도적으로 좌우하게 될 것이다. 우리가 할 수 있는 일은 무엇일까? 이 질문에 답하기 위해서는, 우선 에너지에 대해서 현실적인 관점을 가져야 한다. 에너지는 무엇이며, 어디서 왔다가 어디로 가는 것일까?

5장 에너지에 관련된 놀라운 사실들

일반인들이 잘못 알고 있는 것들의 종류로는 어떤 분야도 에너지 분야를 따라갈 것이 없다. 일반인들에게는 놀라운 동시에 정책 입안에도 영향을 미칠 에너지에 대한 중요한 사실들을 예로 들어 보자.

- 가솔린은 같은 무게의 TNT에 비해 15배의 에너지를 지니고 있다.
- 같은 전력 에너지를 내려면 석탄이 가솔린보다 20배 싸다.
- 한낮에 3km^2 면적의 태양광은 대형 화력발전소, 원자력 발전소와 맞먹는 1GW의 에너지를 갖고 있다.*
- 1m^{2}의 태양광은 지면에 도달할 때 1마력 정도의 에너지를 가지며, 이 양은 미국 일반 가정의 평균 에너지 소비율과 같다.
- 가솔린은 같은 무게의 건전지보다 1천 배 많은 에너지를 갖고 있으며, 노트북 배터리와 비교하면 100배의 에너지에 해당한다.
- 수소 경제에 사용되는 액화수소는 같은 양의 가솔린의 에너지에 1/3에 불과하다.

* 전력 혹은 일률은 단위 시간당 전달되는 에너지를 뜻한다.

• 건전지는 콘센트 전기보다 1만 배나 비싸다.

미래의 지도자는 이슬람의 시아파와 수니파의 차이점이나 일본과 중국의 정치적 마찰의 역사에 대해서 아는 것처럼 에너지에 대해서도 수치를 알아 두고, 이해하고, 익숙해져야 한다. 일단 가장 중요한 문제부터 시작해 보자. 우리가 왜 그토록 가솔린에 집착할 수밖에 없는지를 과학적으로 알아보려고 한다.

우리가 석유를 사랑하는 이유

미국인들이 자동차를 애지중지하는 것은 누구나 다 아는 이야기지만, 사실 그 이야기는 우리가 석유, 혹은 정제된 석유인 가솔린 없이는 못 산다고 바꿔 말해도 마찬가지다. 하지만 여러 면에서 가솔린과의 관계는 불행한 결혼생활과 비슷한 것 같다. 가솔린은 냄새가 고약하다. 지구 온난화의 주범으로 일컬어지는 이산화탄소를 배출해 대기를 오염시키며 부산물인 산화질소가 스모그를 일으키기도 한다. 석유는 독재정권의 자금줄이 되며 우리를 전쟁으로 몰아가기도 한다.

이제 그만 석유와 이혼하고 싶지만 그 과정이 너무 어렵고 고통스러울 것 같다. 우리가 누리는 삶이 에너지 소비와 떼려야 뗄 수 없는 관계라면 그 이후의 우리는 어떻게 될 것인가. 정말 이미 끝나 버린 관계에 매달리고 있는 것일까? 실제로 우리에게 남은 질문은 남겨진 시간이 얼마나 되는지와 우리가 겪을 끔찍한 결과들에 대한 것뿐이다. 결국 석유는 조만간 바닥날 것 아닌가? 미칠 듯이 치솟는 유가는 다가올 재앙의 징조가 아닐까?

이런 질문들은 경제적, 정치적, 사회적, 역사적, 심리학적 측면을 두루 내포하고 있다. 어떤 이들은 여기에 '유가가 국가적, 초국가적 규모의 세력에 의해, 혹은 독과점에 의해 조종당하고 있다'는 음모론을 덧붙이기도 한다. 그렇지만 석유, 대체 에너지의 지난 흐름과 앞으로의 전망을 다루는 것에는 물리적인 측면이 많다. 때로는 이러한 물리적 측면이 다른 관점들보다 더 중요하며, 그래서 그것을 알고 이해할 필요가 있다. 대체에너지도 마찬가지로 중요한 물리적 측면이 있다. 필요할 땐 기술적, 경제적인 부분을 끌어와야 할 테지만, 이 책에서 초점을 두는 것은 과학적인 면이다. 나라의 법이 바뀔 수는 있어도, 물리 법칙은 꽤 안정적이다.

우리가 석유에 집착하는 물리적인 이유는 9·11 테러리스트들이 석유를 테러에 이용한 이유와 똑같다. 석유는 어마어마한 양의 에너지를 갖고 있기 때문이다. 시판되는 충전지 중에 제일 좋은 것도 에너지로 따지면 같은 양의 가솔린 1% 정도밖에 되지 않는다는 것을 생각해 보자. 우리는 왜 전기 자동차를 몰지 않을까? 전기 자동차 산업을 막는 어떤 음모가 도사리고 있는 것일까? 음모 같은 것은 있든 없든 문제도 아니다. 에너지 저장이라는 물리적인 문제는 기술 면에서 큰 장벽이 된다. 전기 배터리는 가솔린에 비하면 많은 에너지를 저장할 수가 없다.* 가솔린은 에너지가 가득한 만큼 사랑받는 것이다!

가솔린의 넘치는 에너지를 보여 주는 또 다른 예가 있다. 가솔린은 무게가 같은 총알의 720배에 해당하는 에너지를 낸다.** 놀랍지 않

* 전기 에너지는 가솔린을 연소시켜서 얻는 열에너지보다 에너지가 효율적으로 일로 전환되기 때문에 그 점을 감안하면 배터리의 단점이 1/3로 줄어든다. 결과적으로는 비싼 노트북 배터리가 가솔린에 비해 30배나 에너지가 낮다. 전기 자동차 부분에서 다시 다룰 예정이다.

** 초속 340미터(마하 1)로 날아가는 20g짜리 총알을 생각해 보면 운동 에너지는 $E=1/2mv^2=0.5\times0.02(kg)\times340(m/s)^2=1156J$인데, 가솔린은 g당 10kcal이므로 41,800J이며 20g이라면 83만 6천 J로 약 720배가 된다. 마하 2로 날아가는 총알이라면 에너지가 4배가 될 테니 총 180배다.

은가? 하지만, 물리적으로 충분히 말이 된다. 총알은 화약이 폭발할 때의 힘으로 추진되는데, 이런 종류의 폭약은 가솔린의 1/15 정도밖에 에너지를 내지 못한다. 게다가 이런 추진 방식으로는 모든 에너지를 총알에 전달하지 못하며 대부분은 팽창하는 가스의 열로 손실된다(총신이 긴 라이플총은 좀 더 많은 에너지가 총알에 전달된다). 화약의 양이 총알 자체보다 훨씬 적다는 점을 감안하면 총알이 같은 무게의 가솔린보다 훨씬 적은 에너지를 낸다는 것도 별로 놀랍지 않을 것이다.

가솔린이 에너지를 방출하려면 우선 산소와 혼합되어야 한다. 자동차에서는 기화기나 연료 주입기를 통해 연료와 공기가 혼합된다. 가솔린 에너지의 장점 중 하나는 따로 담아서 가지고 다닐 필요가 없을 정도로 산소가 풍부하다는 것이다. 화약과 가솔린을 화학의 관점에서 비교해 보자. 가솔린은 탄소와 수소 원자로 구성되어 있으며, 대강 탄소 하나에 수소 두 개가 붙어 있다. 가솔린이 타거나 폭발할 때, 수소는 산소와 결합하여 물이 되고, 탄소는 산소와 결합해서 이산화탄소를 만든다(연소가 불완전할 때는 일산화탄소도 함께 생성된다). 반면, 화약은 산화제로 산소 대신에 질산 칼륨을 사용하기 때문에 공기를 끌어들일 필요가 없다. 그래서 압축된 상태에서도 가솔린보다 훨씬 빠른 속도의 반응을 일으킬 수 있다. 로켓도 산화제를 반드시 탑재해야 하는데, 액체산소나 과산화수소 등을 이용한다.

가솔린은 음식보다 훨씬 좋다(물론 맛이 아니라 에너지 함량 면에서 말이다). 아주 놀랄 만큼은 아니지만 흥미로운 사실들을 소개해 보겠다. 같은 무게인 물질들과 비교한다면 가솔린은 스테이크의 4배, 초코칩 쿠키의 2배, 버터의 1.4배의 에너지를 지닌다. 아마도 가장 놀라운 것은 매일 먹는 음식들도 에너지로는 가솔린과 거의 비슷한 수준이고

TNT보다는 훨씬 많은 에너지를 낼 수 있다는 사실일 것이다. 이번에는 음식과 폭약을 직접 비교해 볼까? 스테이크는 TNT의 4배, 초코칩 쿠키는 8배의 에너지를 지니고 있다. 에너지 관점으로 생각해 보면 배고플 때 음식을 먹을 수밖에 없는 게 당연하다! 음식에 이만한 에너지가 들어 있다는 것이 믿기지 않는다면 벌새를 생각해 보자. 한 모금의 꿀을 빨기 위해서 하는 날갯짓에 엄청난 에너지를 쓴다. 당연히 이 벌새가 살아가기 위해서는 꿀을 빨아야 하고, 그러기 위해서는 꽃 앞에서 정지비행을 하는 데 쓰는 에너지보다 꿀이 가진 에너지가 더 많아야 할 것이다. 그리고 물론 실제로도 그렇다. 음식은 가솔린에 비교할 만큼 괜찮은 에너지원이다.

우리는 보통 하루에 500g~1kg의 음식을 먹는다(아마 이보다 더 많이 먹을 것이다. 20살 이하의 청소년이라면 당연히 더 많을 것이다. 일단 더해 놓고 한번 확인해 보시길. 물은 제외다). 당신이 하는 일, 생각, 업적들은 이 얼마 안 되는 양의 음식의 에너지에서 만들어지는 것이다.

반대로, 다이어트가 그토록 어려운 이유도 음식의 높은 에너지 때문이다. 350ml짜리 사이다 한 캔은 보통 150킬로칼로리다. 그 정도 칼로리를 소비하기 위해서는 30분 정도를 열심히 운동해야 하고(조깅, 야구, 골프처럼 쉬면서 하는 것 말고 달리기, 농구, 수영처럼 쉬지 않고 하는 운동 말이다) 당연히 운동 후에 사이다를 마시면 안 된다. 그러니 생각해 보면 살을 빼는 가장 좋은 방법은 운동을 열심히 하는 것이 아니라 적게 먹는 것이다.*

다른 에너지원은 어떨까? 네 가지 주요 연료와 비교해 보자. 모두

* 물론 운동은 건강 상으로는 많은 장점이 있다. 단지 살을 빼는 데는 그다지 효율적인 것이 아니라는 이야기다. 가장 중요하고 힘든 운동은 먹거리를 멀리하는 운동이라는 우스갯소리도 있다.

가 같은 무게라면, 가솔린이 만들어 내는 에너지는 다음과 같다.

석탄의 2배

메탄올(식물성 알코올)의 2배

에탄올(술)의 1.5배

부탄올(차세대 바이오연료로 기대됨)의 1.1배

이런 수치들은 가솔린을 대체할 연료를 고려할 때 매우 중요하다. 만약 에탄올이나 에탄올과 가솔린을 섞은 가소홀gasohol을 대체연료로 판매하는 지역에 살고 있다면 리터당 가격이 가솔린보다 낮으니 호기심이 동할 것이다. 하지만 위에 제시했던 숫자를 살펴보자. 무게로 비교하든 양으로 비교하든 알코올류는 에너지가 낮다. 사실 연비까지 고려하면 미국에서 판매되는 알코올계 연료들은 가솔린보다 비싼 셈이다. 물론 어떤 이들은 알코올이나 혼합 연료를 쓰는 것이 값이 싸기 때문이 아니라 친환경적이라고 생각하기 때문에 사용하기도 한다. 세상을 위해 돈을 희생하는 셈이다. 그러나 그들이 틀렸을 수도 있다. 옥수수로 만들어지는 에탄올은 바이오연료를 다루면서 마저 이야기하겠지만 공해를 아주 조금밖에 줄여 주지 못한다. 부탄올은 가솔린과 비슷한 수준의 높은 에너지 밀도 덕분에 차세대 바이오연료 후보로 떠오르고 있다.

이제 숫자 몇 개를 더 언급하면서 이 서문을 끝맺으려 한다. 그중 몇 가지는 중요한 것이고, 마지막 것은 아직 그림의 떡이다. 어쨌든 아래의 에너지원들은 가솔린을 대체할 만한 것들이다.

천연가스: 1.3배

수소가스나 액체수소: 2.6배

우라늄이나 플루토늄을 이용한 핵분열: 2백만 배

수소 핵융합: 6백만 배

반물질: 20억 배=2×10^9

수소연료의 2.6배라는 숫자는 수소경제 옹호자들의 귀를 솔깃하게 만들었다. 실제로 1kg의 수소연료가 있다면 같은 양의 가솔린보다 2.6배를 더 주행할 수 있다. 하지만 수소 1kg은 액체수소라고 해도 가솔린보다 훨씬 더 많은 공간을 차지한다. 결국 수소는 어떻게 해도 연비로 가솔린을 이길 수 없다.

핵분열 에너지는 그다지 놀랄 것도 없다. 저 정도로 에너지가 크지 않다면 핵폭탄이나 원자력 발전소에 쓰일 이유가 없으니까. 핵융합은 핵분열보다 여러 모로 훨씬 더 좋다(어려워서 문제지). 핵융합의 원료는 물속에 풍부하게 들어 있고 영원히 바닥나지 않을 중수소를 연료로 사용한다(물론 한때 숲의 나무도 그럴 거라고 생각했다).

과학소설에 자주 등장하는 반물질antimatter* 도 재미 삼아 넣어 보았다. 저 어마어마한 숫자는 동네 꼬마들에게 과학 이야기를 해줄 때 쓰면 관심을 끌 것이다. 언젠가(아마도 수백 년쯤 뒤에?) 반물질을 저장할 좋은 방법을 찾게 된다면, 반물질도 연료로 쓰일 수 있을지도 모른다. 문제는 반물질은 물질과 만나면 몽땅 에너지로 변하면서 폭발해 버

* 입자물리학에서 반입자(反粒子, antiparticle)는 어떤 주어진 입자에 대하여 그 질량과 특성, 스핀이 같고 전하가 반대인 입자를 임의로 구분해 붙인 명칭이다. 모든 입자는 반입자 짝이 있다. 통상적으로 우주에 많이 존재하는 입자를 '물질', 그 반입자를 '반물질'이라고 부른다.

린다는 것이다. 반물질과 수소가스의 공통점은 둘 다 에너지원이 아니라 에너지를 옮기는 도구라는 점이다. 반물질을 연료로 쓰기 위해서는 우선 그것을 생성시켜야 하는데, 거기에 드는 에너지는 돌려받을 수 있는 에너지보다 크다. 수소를 연료로 쓰는 것도 마찬가지다. 자연에 존재하는 물질로부터 수소를 추출해 내야 한다.

석유와는 달리, 수소가스는 땅에서 캐낼 수가 없다. 현재 존재하는 수소는 모두 '연소'된 형태로 존재하는데, 예를 들면 산소와 결합해서 물H_2O이 되거나, 탄소와 결합해 설탕이나 녹말 등의 탄수화물이 되기도 하고, 탄소와 결합해서 만들어진 또 다른 형태인 탄화수소(나무, 석유, 천연가스) 같은 것들이다. 수소를 얻기 위해서는 우선 수소와 결합하고 있는 다른 원자들을 분리해야 한다. 보통 물에 전기를 흘려서 전기분해하는 방법으로 수소를 얻을 수 있다. 그렇지만 전기분해를 하는 과정에서 에너지가 많이 드는 데다 우리가 수소를 얻을 때 들였던 에너지의 30~40%밖에 돌려받지 못하며 나머지는 열로 손실된다. 평범한 물을 연료로 사용한다고 주장하는 발명품이 있다면 일단 주의하는 것이 좋다(특히 물로 가는 자동차). 내가 조사한 바로는 그런 종류의 모든 장치는 다른 에너지를 필요로 하는 전기분해 단계가 첫 단계로 포함되어 있었다.

수소로부터 알짜로 에너지를 얻는 방법은 천연가스로부터 수소를 얻어 내는 방법뿐이다. 사실 오늘날 우리가 이 방법을 통해서 대부분의 수소를 얻는다. 천연가스는 대부분 탄소 원자 하나에 수소 원자 네 개가 붙어 있는 형태인 메탄CH_4으로 구성되어 있다. 메탄은 물과 반응해서 수소와 이산화탄소(일산화탄소도 함께)를 방출한다. 여기서 얻어 낸 수소를 연료로 사용할 수 있지만, 그 에너지는 메탄에서 바로 얻을 수 있는 에너지보다 작다.

출력

TNT가 그렇게 에너지가 적다면 어째서 그런 걸 쓰는 걸까? 해답은 엄청난 출력Power*에 있다. 일반적으로는 출력과 에너지라는 용어를 섞어서 쓰기도 하지만 과학자들은 구분해서 쓰는 편이며 미래의 지도자들 또한 이를 알고 있어야 한다. 출력은 사용되는 에너지의 비율이다. 출력은 시간당 칼로리(kcal/h) 혹은 초당 줄(Joule/s)**로 측정된다. TNT는 가솔린보다 에너지가 적지만 그 적은 에너지를 바위를 가루로 만들 수 있을 정도의 속도로 방출한다. 다시 말하면, 가솔린이 TNT보다 많은 에너지를 갖고 있지만 TNT의 출력이 훨씬 높은 셈이다.

같은 양의 에너지라 하더라도 방출되는 비율은 다를 수 있다. 즉, 출력이 다른 것이다. 앞서 9·11 테러를 이야기하면서 망치와 힘의 배율에 대해서 설명했다. 이번에는 이동 거리(d) 대신 시간(t)을 사용해서 출력 배율을 따져 보자. 망치를 가속시키는 것은 휘두르는 거리에 걸쳐 망치에 에너지를 주는 것이다. 우리의 팔은 제한적인 힘밖에 낼 수가 없으므로 상대적으로 느린 속도로 에너지를 주게 된다. 못을 때리기 직전에는 망치의 머리에 모든 에너지가 모여 있다. 망치의 운동에 저장된 에너지를 운동에너지라고 부른다. 망치의 머리가 못에 닿으면 에너지는 매우 빠른 속도로 못에 전달된다. 망치가 내놓은 에너지는 우리가 망치를 휘두를 때 가한 양과 같지만, 그것을 매우 빠른

* Power는 일반적으로는 힘으로 번역되나 여기서는 구분을 위해 출력과 일률이라는 용어로 번역한다.–옮긴이

** 열과 에너지의 관계를 연구했던 제임스 줄(James Joule)의 이름을 딴 단위로 1칼로리는 4,184J이다.

속도로 전달하기 때문에 더 큰 출력을 낸다고 말할 수 있다. 더 짧은 시간에 높은 파워를 내는 것이다. 출력이 더 크다는 것은 우리가 망치를 휘두를 때보다 망치가 못에 가하는 힘이 더 크다는 것을 의미하고, 배가된 힘이 못으로 하여금 나무에 구멍을 내게 만든다.

제임스 와트James Watt는 건강한 말이 낼 수 있는 일률을 최초로 측정한 사람으로, 그 단위를 마력Horse power이라고 이름 붙였다. 오늘날 이 용어는 말을 대체하는 탈것인 자동차의 출력을 표현하는 데 쓰이고 있다. 힘의 또 다른 단위로는 와트의 이름을 딴 와트Watt가 있다. 1000W는 대략 1마력이다.*** 이 수치는 꽤 유용하므로 꼭 외워 두도록 하라.

1 마력(HP) = 1kW

이 근사식은 일률의 단위를 실감하는 데 매우 유용하다는 걸 금방 알게 될 것이다. 예를 들어서, 태양열은 $1m^2$당 1kW다. 이제 $1m^2$ 안에 있는 일률을 1마력으로 생각해서 시각화할 수 있을 것이다. 꽤 큰 양처럼 들리겠지만 사실 차를 굴리기엔 턱도 없이 부족한 양이다. 일반적인 자동차 엔진은 대략 50~200마력을 낸다.

W(와트)는 주로 전기의 출력을 잴 때 쓰인다. 전구나 형광등에는 몇 W를 소비하는지 표시되어 있다. 만약 100W짜리 전구 10개를 켠다면, 10×100W=1000W=1kW의 전력을 사용하고 있는 것이다. 그 정도가 1마리의 말, 혹은 $1m^2$의 태양빛에 해당한다.

*** 실제로 1마력은 1000이 아닌 726W지만 정책 결정에서는 근사값으로 충분하며 외우기도 쉽다.

이제 좀 어려운 부분인 에너지의 계량 단위에 대해서 얘기해 보자. 한 시간 동안 1kW를 사용한다면, 킬로와트-시(kWh)라고 부르는 양의 에너지를 사용한 것이다. 이 용어가 혼란스러운 것은 앞에 와트가 붙어 있기 때문이다. 하지만 km와 km/h만큼이나 이 단위에 대해서도 혼란스러워 할 필요가 전혀 없다. 하나는 양이고(km) 하나는 비율(km/h)이라고 생각하면 된다. 파워와 에너지에 적용시키면 kW(킬로와트)는 에너지의 사용 비율이고, kWh(킬로와트시)는 사용된 에너지의 전체 양이다. 킬로와트시의 이름과 비슷해 사람들이 종종 헷갈리는 것이 광년light year인데, 이것은 시간의 단위가 아니고 빛이 1년 동안 가는 거리를 나타내는 단위다. 광년은 거리, kWh는 에너지의 단위다.

일반적인 미국의 가정은 대략 1kW 수준의 전력을 사용한다. 그러므로 하루 24시간 동안에는 24kWh의 에너지를 사용하게 될 것이다. 지도자인 당신은 비교적 잘 사는 편에 속할 것이고, 보통사람들보다는 전력을 많이 소비할 것이다. 한 시간 동안 1kW를 사용했다면 전력계량기의 수치는 1kWh의 에너지만큼 올라간다. 가격은 지역마다 다를 테지만 미국의 평균 전력요금은 kWh당 10센트 정도다. 말을 한 시간 동안 빌리는 것보다 훨씬 싸다! 24시간을 사용한다면 2.40달러다. 1달에는 72달러, 1년에는 876달러다. 좀 이해가 되시는지? 당신의 집에서는 아마 1kW보다는 많이 쓸 것이다.

이제 1천 가구가 사는 동네에서는 1천 킬로와트를 소비할 텐데, 보통 메가와트(MW, 10^6W)라고 부르며 100만 와트를 의미한다. 중소도시의 발전소는 약 50~100MW의 전력을 생산한다. 대형 발전소는 약 10억 와트의 전력을 생산하는데, 이 단위를 기가와트(GW, 10^9W)라고 한다. 자꾸 새로운 용어를 사용하게 되는 것을 피하기 위해서 에너지 전문가들은 GW 대신에 수천 MW라는 단위를 사용하기도 한다. 미국의 총 전력 소비율은 평균적으로 450GW 정도다. 캘리포니아의 전력 소비율은 약 40GW다. 이런 숫자들은 알아 두면 유용한데, 이제 캘리포니아 전역에 40개의 대형 발전소가 전력을 공급하는 광경을 상상할 수 있을 것이다. 미국 전체 전력을 기억하려면 앞서 말한 캘리포니아의 10배가 약간 넘는다는 사실만 기억하면 된다. 이번에는 1GW를 생산하는 대형발전소 400개를 상상해 보라.

여기서 오래된 단위인 칼로리와의 관계식을 살펴보자. 1와트시(Wh)는 약 1kcal에 해당한다.* 다시 말하면, 손전등을 한 시간 정도 켜 두면 1kcal 정도를 소비한다는 얘기다. 여기에 1,000을 곱하면 이런 계산이 나온다.

1kWh ≈ 1,000kcal

성인은 일반적으로 하루에 2,000kcal를 소비한다. 이 양은 2kWh정도 되고, 약 20센트의 전기에 해당한다고 할 수 있다. 전기에너지가 음식의 열량에서 얻는 에너지보다 훨씬 싸다는 사실이 놀라운가? 사실 기본으로 돌아가서 생각해 보면 음식은 그다지 비싸지 않다. 일일 권장량인 2,000kcal를 섭취하려면 600g의 쌀이면 넉넉한데, 보통 식료품점에서 70센트면 살 수 있는 양이다. 만약 대량(톤 단위)으로 구입한다면, 600g당 10센트까지 값이 떨어진다. 사실 우리는 100원짜리 동전 하나로도 하루를 살 수 있다! 밥값이 비싼 것은

* 정확하게는 1Wh = 0.86kcal이다.

'맛있는' 음식을 바라기 때문이다.

대체 에너지

석유나 다른 화석연료를 대체할 만한 것을 찾으려 한다면 화석연료가 어디에 쓰이는지를 아는 것이 중요하다. 전체의 5% 정도는 플라스틱, 화학약품, 비료 등을 생산하는 데 사용되며, 나머지는 에너지 생산에 이용된다. 미국의 에너지 사용량을 살펴보자.*

운송수단(휘발유와 항공유): 25%

전력 생산: 40%

난방(천연가스, 석탄)용 연료: 20%

산업용 연료: 20%

전부 합하면 100%를 넘는데, 이는 생산된 전력의 일부가 산업에 이용되는 경우처럼 서로 용도가 겹치는 부분이 있기 때문이다.

세부적인 숫자는 제쳐 두고, 알아 두어야 할 것은 연료는 크게 네 가지-운송수단, 전력, 열, 산업-분야에 비슷비슷한 정도로 이용된다는 것이다. 이것은 정책 결정에 중요한 역할을 한다. 예를 들어, 자동차로 인한 대기오염 때문에 휘발유를 바이오연료(식물성 알코올)로 대체하는 방법으로 해결하기로 했다면, 전체(석유 시장)의 25%에 영향을 미치게 되는 것이다.

* 에너지 전문가들이라면 정확한 숫자가 있어야겠지만 지도자들에게는 근사값이면 충분하다. 더 자세히 알고 싶다면 로렌스 리버모어 국립 연구소의 에너지 사용량 흐름에 관한 자료를 참고하라. (https://eed.llnl.gov/flow/02flow.php)

또한 중요하고 재밌는 것은 에너지원의 다양성이다.

수입 석유: 25%

국내 석유: 15%

석탄: 20%

천연가스(메탄가스): 20%

원자력 발전: 10%

기타(태양광, 수소, 풍력, 바이오매스, 지열): 10%

에너지원이 다양하다는 사실은 매우 중요하다. 중요한 정책 결정에 이런 숫자들을 어떤 방법으로 써먹을 수 있는지 예를 들어 보겠다. 어떤 사람이 이산화탄소 배출을 줄이기 위한 노력의 일환으로 모든 화석연료 발전소를 원자력 발전소로 대체하자는 제안을 내놓았다고 가정해 보자. 앞에서 말했듯이 에너지(화석연료)의 40%는 전력 생산에 사용된다. 두 번째 표를 보면 원자력은 이미 10%를 차지하고 있다. 따라서 그런 정책을 시행했을 때 얻을 수 있는 효과는 전체 에너지 사용량의 30% 정도에 영향을 미치게 된다.** 화석연료에 의한 이산화탄소 배출을 줄이려면 특정 분야가 아닌 다양한 분야를 다루어야 한다는 것을 염두에 두자.

손익 계산으로 따져 보는 에너지 단가

모든 에너지의 단가가 똑같은 것은 아니다. 사실 지금까지 내가 제

** 화석연료의 사용 비율이 전체의 80%이고 그중 40%가 전력생산에 이용되므로, 그것을 원자력으로 대체하면 전체 사용량 중 32%가 바뀌는 셈이다. – 옮긴이

시한 숫자들보다 훨씬 놀라운 사실들이 기다리고 있다. 가장 중요한 사실은 똑같은 에너지일 때 미국에서는 석탄이 휘발유보다 20배 싸다는 것이다. 미래의 지도자에게는 저런 숫자들은 중요하게 고려해야 할 대상이다. 그 말은 곧 개발도상국들은 증가하는 에너지 수요에 맞춰 석유나 천연가스를 쓰기보다는 석탄에 의존할 가능성이 훨씬 높다는 뜻이다.

좀 더 자세한 수치를 들여다보자. 다음은 여러 에너지원에 대해서 kWh당 가격을 비교한 것이다. 발전소 설비나 전력선에 대한 것은 포함하지 않은 순수한 생산 단가다.

석탄: 0.4센트($40/t)

천연가스: 3.4센트($10/1,000,000ft^3=28,000m^3)

휘발유: 7.5센트($2.5/갤런)

자동차 배터리: 21센트($50/교환)

컴퓨터 배터리: 4달러($100/교환)

AAA 배터리: 1,000달러(개당 $1.5)

에너지의 단가가 에너지원에 따라 엄청나게 달라지는 것이 이상할 것이다. 만약 경제학자들이 때때로 가정하는 것처럼 시장이 '효율적'이라면 모든 종류의 연료 가격은 에너지 단가가 같아지는 수준으로 맞춰질 것이다. 그렇지만 실제로는 그렇지 않다. 시장은 효율적이지 않기 때문이다.

에너지 인프라에는 엄청난 투자가 이루어지고 있으며, 에너지의 전달 방식은 중요한 문제다. 손전등은 들고 다닐 수 있고 편리하기 때문에 콘센트 전기보다 좀 더 비싸더라도 손전등용 AAA사이즈 배터리를 쓰는 것이다. 예전의 기관차는 석탄으로 달렸지만 휘발유는 같은 양에 훨씬 많은 에너지를 지니고 있는 데다가 재도 날리지 않았으므로 석탄을 연료로 사용하는 증기기관차에서 디젤기관차로 바꾸게 된 것이다. 자동차는 저유가 시절의 산물이지만 유가가 오르는 동안에도 우리는 유가가 절대로 오르지 않을 것처럼 석유를 펑펑 써 대는 것에 익숙해졌다. 고유가 국가(유럽 같은)는 보통 대중교통 수단이 훨씬 발달했다. 미국에는 교외 주택지가 많은데 이 또한 유가가 쌀 때나 부릴 수 있는 사치다. 우리 생활양식의 많은 부분이 유가가 낮은 상황에 맞추어져 있다. 우리가 생각하는 적정 에너지 단가는 에너지 그 자체뿐만 아니라 편리성과도 관련이 있다.

대체 에너지가 극복해야 할 과제는 경제적인 면에서 석탄보다 실용적이어야 한다는 것이다. 지구 온난화에 대해서 다룰 때(5부에서 다룰 것이다) 석탄이 우리가 사용하는 연료 중 이산화탄소 배출 문제가 가장 심각하다는 점을 얘기할 것이다. 석탄 사용을 줄이기 위한 방법 중 하나로 그것에 세금을 부과할 수도 있다. 그러나 개발도상국에만 그런 배출량 제한을 적용한다면 효과는 크지 않을 것이다. 가장 큰 문제는 중국과 인도의 이산화탄소 배출량이기 때문이다. 그런 국가의 지도자들은 그들 나름대로 에너지에 들이는 비용을 최소화하고 나머지 자원을 국민의 복지, 보건, 교육, 경제수준 향상에 이용할 수 있도록 하는 선택을 할 수밖에 없을 것이다.

6장 매우 값비싼 청정에너지, 태양광

몇몇 전문가들은 태양광발전의 미래가 밝지 않다고 전망한다. 그들은 마치 자연법칙에 대해서 얘기하듯 유용한 에너지원이란 모름지기 작고 경제적이어야 한다고 주장한다. 하지만 그런 자연법칙이 있는 것도 아니고 때로는 전문가라는 사람들도 엉뚱한 수치를 들고 나온다. 이번에는 태양광발전에 대한 전반적인 오해를 다루어 볼까 한다.

저녁 식사에서 있었던 일

얼마 전 UC버클리에서 내 강의를 들었던 리즈라는 학생이 내 연구실로 찾아왔다. 그녀는 며칠 전에 가족들이 로렌스 리버모어 국립연구소에서 일했던 어떤 물리학자를 저녁 식사에 초대했던 이야기를 들려 주었다. 그는 가족들의 융숭한 대접을 받으며 저녁 식사를 즐기는 동안 핵융합과 국가 안보, 미국 전력수요의 밝은 미래에 대해서 이야기했는데 가족들은 이 사람이 대단하다고 생각했다고 한다. 리즈는 내 강의에서 그 부분을 배웠기 때문에 썩 잘 알진 못해도 그녀의 부모님보다는 핵융합에 대해서 잘 알고 있었다. 가족들의 감탄이 이어지고 잠깐의 침묵이 흐른 후에 리즈는 이렇게 말했다. "태양광발전도 전망이 있죠."

"하!" 그 물리학자가 비웃듯이 말했다(이런 태도는 내게도 있는데, 그 사람이 잘난 척하려고 했다기보다는 물리학자들이 즐겨 쓰는 말투다). "만약 캘리포니아 주에서 쓸 필요한 전력을 충당하려면 주 전체를 태양전지로 도배해야 할 겁니다."

리즈는 바로 대답했다고 한다. "아뇨, 선생님이 틀린 거 같은데요. 1km²의 태양광에는 1GW 정도의 에너지가 있고 그건 원자력 발전소 하나랑 맞먹는 양이에요." 잠시 정적이 흘렀고, 그는 살짝 인상을 쓰는 것 같았다. 마침내 그는 "음……. 당신 말이 틀린 것 같진 않군요. 물론 지금 태양전지는 효율이 15% 정도밖에 안 되긴 하지만…… 그건 그다지 크게 영향을 미칠 것 같지 않아요. 음." 그리고 그는 이 문제에 대해서 다시 한 번 생각해 봐야겠다면서 이야기를 마무리했다.

야호! 내 학생이 이렇게 자랑스러웠던 적은 없을 거다! 리즈는 미래의 지도자가 무엇을 해야 하는지를 정확히 보여 줬다. 중요한 건 적분도, 롤러코스터 계산도, 과학적 방법론에 대한 그럴싸한 이야기나 양자역학의 깊은 의미 같은 것들도 아니다. 그녀가 한 행동이 훨씬 더 중요하다. 그녀는 자기 할 일을 제대로 하지 않은 잘난 척하는 물리학자의 입을 다물게 만들었다. 리즈는 그냥 숫자를 달달 외운 게 아니라, 전문가 앞에서 주눅 들지 않고 자신 있게 자기 논거를 얘기할 수 있을 정도로 에너지라는 주제에 대해서 잘 알고 있었다. 그녀는 그 중요성을 알았기 때문에 중요한 숫자들을 기억해 두었고 그것들은 언제든 필요할 때, 심지어 몇 년 후에도 꺼내 쓸 수 있는 그녀의 일부가 되었다.

미래의 지도자라면 이 정도는 되어야 한다.

태양광에 관련한 기본적인 수치들

몇 가지 기본적인 수치들을 외워 두면 태양광의 잠재력에 대해서 보다 명확하게 생각할 수 있다. 앞에서 태양광의 출력에 대해서 이야기했는데 이젠 좀 더 깊게 들어가 보자. 머리 위에서 내리쬐는 태양광은 대략 다음과 같은 에너지를 지표면에 전달한다.

feet^{2}당 100W

m^{2}당 1kW

m^{2}당 1마력

km^{2}당 1GW

mile^{2}당 3GW

나는 앞서 태양광이 1m^{2}당 1마력 정도의 에너지를 전달한다고 했다. 생각 외로 숫자가 큰 것 같은가? 그렇다면 한여름에 내리쬐는 땡볕을 생각해 보자. 빨래를 땡볕에 말리면 건조기에 돌리는 것보다 훨씬 빨리 구석구석 마른다. 추운 지방을 여행하는 사람들은 아침에 떠오르는 태양을 얼마나 반갑게 맞이하는가. 일출을 기다리다 보면 지평선에서 태양이 떠오르자마자 얼굴이 따뜻해지는 걸 느낄 수 있다. 태양빛은 엄청난 밀도의 에너지를 지니고 있다. 많은 옛날 사람들이 태양을 숭배한 것도 당연하다!

1m^{2}당 1kW라는 수치는 꽤 커 보이지만 실용적인 면으로 보자면 엄청나게 적은 값이다. 지붕에 대형 태양전지를 얹은 태양광 자동차

를 생각해 보자. 현재 시판되는 태양전지는 보통 15%의 태양광 에너지를 전기 에너지로 바꿀 수 있다. 따라서 1m²짜리 태양전지는 1마력의 15% 정도, 약 1/7마력을 낼 수 있는 셈인데, 이건 건강한 사람이 자전거만 부지런히 돌려도 만들 수 있는 수준의 전력이다.

소형차, 예를 들면 내가 몇 년 동안 몰고 다녔던 1966년식 폭스바겐 비틀은 최고 50마력 정도를 낸다. 이것은 1m²짜리 태양전지에서 나오는 것보다 350배나 많다. 힘이 좋은 차는 200마력도 낼 수 있으니 1400배나 되는 셈이다. 따라서, 비록 태양광의 에너지가 1m²에 1마력이나 된다고는 하지만 자동차를 모는 데 드는 것에 비하면 '겨우'라고 할 만한 양이다. 결론적으로 태양광 자동차는 절대로 가솔린으로 가는 자동차를 대체할 만한 실용적인 기술이 될 수 없다. 이 결론은 물리학에서 얻어 낸 결과고 사회적인 요소는 조금밖에 들어가 있지 않다. 자전거 페달을 밟는 정도의 힘밖에 낼 수 없는 차를 누가 거들떠나 보겠는가.

그럼 태양전지 기술이 발전하면 태양광 자동차도 상용화될 수 있을까? 실험실에서 만들어진 것 중 성능이 가장 좋은 것은 효율이 41% 정도인데, 가격은 1m²에 10만 달러 정도다. 좀 더 낙관적으로 봐서 언젠가 우리가 효율 100%짜리 값싼 태양전지를 쓰게 될 날이 온다고 치자. 그렇다 쳐도 우린 가격에 상관없이 1마력 정도의 출력을 내는 차밖에는 만들 수 없다. 면적을 두 배로 늘려서 2m²짜리 태양전지를 얹는다고 하면 2마력짜리를 만들 수는 있겠다. 하지만 그보다 몇 배 큰 태양전지를 올릴 자리는 없다.

출력이 겨우 몇 마력 정도라고 해서 태양광 자동차가 없으란 법은 없다. 사실은 매년 태양광 자동차를 위한 경기도 열린다. 그중 몇몇은 효율이 일반적인 것의 두 배인 30%가 넘는 고가의 태양전지를 사용한다. 참가하는 자동차들은 공기저항을 최소화하기 위해서 낮고 매끄러운 유선형으로 디자인되어 있는데, 몇 분의 1마력 정도의 출력으로는 속도를 내기가 어렵기 때문이다. 오르막을 오르기 위해서는 평지를 달리는 동안 남는 힘을 어떻게든 모아서 써야 한다. 계속 이야기하지만, 태양광 자동차는 앞으로도 볼 일이 없을 것이다.

미국의 일반 가정은 1kW, 즉 1마력 정도를 사용한다. 가정집에서 사용하는 정도라면 태양전지로 충분할까? 앞서 말했듯이 태양전지는 일반적으로 15%의 효율을 갖고 있다. 게다가 늘 해가 나는 것도 아니고 중천에 떠 있는 시간도 짧다. 이런저런 상황을 종합해 보면 태양전지는 평균적으로 겨우 몇 %의 효율을 갖는 셈이다. 어쨌든 20m² 정도의 태양전지를 설치할 수 있다면, 일반 가정의 전력수요는 충당할 수 있다. 그 정도 면적이라면 몇 가구의 지붕을 차지할 것이다. 어떤 사람들은 이미 그렇게 하고 있으며 친환경 청정에너지에 거의 공짜처럼 보인다.

그럼 왜 모든 집에 태양전지를 설치하지 않는 걸까? 비용을 한번 따져 보자. 2008년 통계로 보자면 맑은 날 정오를 기준으로, 태양전지의 단가는 W당 3.5달러다. 태양이 중천에 떠 있을 때가 아닌 태양전지의 평균 단가는 W당 14달러로, 1kW를 소비하는 가정이라면 1만 4천 달러가 된다.* 나름 그럴 듯해 보인다. 1만 4천 달러를 투자하면 더 이상 전력회사에 돈을 지불할 필요가 없어지니까. 그럼 그 결과로 얼마나 이득인지 따져 보자. 전력회사에서 공급되는 전기는 1kWh당

---

* 태양전지의 효율과 면적 당 출력을 역산한 것.

10센트라고 했다. 1년은 8,760시간이니까,[**] 1년에 876달러 정도다. 그게 지붕에 태양전지를 올려서 얻는 이득이다. 1만 4천 달러를 투자해서 1년에 876달러를 버는 셈이다. 투자로 치자면 6.2%의 이익을 회수하는 것인데, 은행에 예금하는 것보다 조금 나은 수준이다. 그렇게 치면 돈이 될 수도 있겠다. 단, 태양전지를 교체할 일이 없다면 말이다.

태양전지의 수명이 10년이라고 해 보자. 교체비용을 따지면 매년 1,400달러의 감가상각이 발생한다. 연간 전기요금 876달러를 고려해도 교체비용을 빼고 나면 매년 524달러의 적자가 발생한다. 수지타산을 맞추기 위해서 3% 이자의 복리계산[***]으로 따져 보자면 태양전지가 22년은 버텨 줘야 한다. 전지의 수명이 그 정도까지 길어진다면 그때서야 겨우 손해를 보지 않는 정도가 되는 것이다. 그 전에 수리나 교체가 필요한 상황이 온다면 그때부터는 또 적자다. 그보다 수명이 좀 더 길어진다면 경쟁력이 생길 것이다.

지금은 이런 경제적, 물리적인 이유로 태양광발전으로의 전환이 지연되고 있다. 어쨌든 그런 변화를 따를 수 있을 만큼 경제적으로 부유한 이들은 그들이 이루어 놓은 사회적인 변화에 대해서 뿌듯해하고 있다. 보다 광범위한 이용에 대한 예측은 어떨까? 효율을 높이는 것이 도움은 되겠지만 그것도 그저 작은 요소의 일부일 뿐이며 태양전지의 단가가 아주 저렴해진 후에나 경쟁력이 생길 것이다.

태양전지의 문제 중 하나는 전기로 전환하는 효율이 보통 15% 정

** 24시간 × 365일 = 8,760 시간/년, 윤년은 빼자.

*** 매년 3% 이율로 876달러씩 모은다고 하면 1만 4천 달러를 모으려면 몇 년이 걸릴까? 엑셀에서 PV함수를 응용하면 계산해 볼 수 있다.

도로 매우 낮다는 것이다. 만약 태양에너지를 전기로 전환할 필요가 없는 열을 직접 이용하는 경우라면 매우 매력적일 수 있다. 열은 그 자체로 효율이 100%*인 데다 굳이 비싼 태양전지를 쓸 필요도 없다. 그래서 태양열 난방은 많은 나라에서 경제적으로 매우 각광받고 있다. 그런데 여기에 배관, 시설비용을 포함시키면 과연 수지가 맞을까? 무엇을 대체하는가에 따라 다른데, 몇 가지 예를 살펴보도록 하자. 석탄은 1t에 겨우 40달러밖에 안 되지만, 그 정도 양이면 1년 내내 kW 단위의 열을 공급할 수 있다. 전기 난방이 가장 비싼데, 잠깐씩만 쓴다면 전력 단가도 봐줄 만하다. 예를 들면, 추운 밤에 침대를 데우는 데에 1kW를 소비하는 전기담요를 상상해 보자. 시간당 10센트이니 밤새도록 틀어도 1달러 정도다. 싼 것처럼 들리지만 하루에 1달러면 1년에 365달러다.

태양광발전소

지금까지 우리는 태양광발전을 개인적으로 사용하는 것에 대해서만 언급했다. 그렇다면 대규모 발전소를 세우면 어떨까? 태양광을 이용해서 전기를 생산하는 방법에는 크게 두 가지가 있다. 첫째는 지금까지 얘기했던 방식과 비슷하게 태양전지를 이용하는 것인데, 매우 넓은 장소에 많은 수를 설치해야 한다는 난점이 있다. 두 번째 방법은 태양열 변환이라고 불리는 것이다.

우선 태양전지부터 얘기해 보자. 태양전지의 핵심이 되는 실리콘

* 100%라는 것은 다소 오해의 여지가 있다. 만약 태양광으로 전력을 생산하고 (예를 들면, 15% 효율) 그 전력으로 열펌프(성능계수Q 〉 6.7)를 돌린다면 이론적으로는 태양광으로 할 수 있는 것보다 더 많은 열을 이동시킬 수 있다. 다른 말로 하면 열전달 효율을 100%보다 크게 만들 수 있다는 것인데, 열을 생산하는 것이 아니라 전달하는 것이기 때문에 물리법칙에 위배되지 않는다.

은 매우 풍부한 자원이고 반도체 산업의 핵심 원료이기도 하다. 현대 컴퓨터 및 전자기기들은 모두 실리콘의 전기적 특성에 기반한 것으로 실리콘밸리라는 이름도 거기서 온 것이다. 태양광이 실리콘에 내리쬐면 실리콘 결정의 전자를 때려서 그 에너지의 25% 정도를 가진 전자를 밖으로 튀어나오게 한다(나머지는 열로 전환). 그렇게 외부로 뽑혀나온 전자는 전류 공급 장치로 흘러간다. 요즘 많이 쓰이는 것이 실리콘 태양전지다. 앞에서 말했듯이 일반 상용 태양전지는 실험실에서 만들어지는 최상품보다 효율이 낮아 약 10~15% 정도밖에 전기로 전환되지 못한다.

좀 더 효율이 높은 태양전지도 만들 수 있지만 구조가 복잡해지고, 더 비싼 물질을 사용한다. 각 층마다 태양광의 스펙트럼에서 다른 색깔을 흡수하게 하는 다층구조 방식이 있다. 가장 높은 효율을 기록한 것은 CIGS**라고 불리는 조합을 이용한 것이다. CIGS모듈은 매우 비싸지만(1cm²에 10달러) 효율은 41%에 달한다. 단가를 낮출 수 있고 이걸 제작하는 데 드는 원료***가 바닥나지만 않는다면 태양광은 미래의 중요한 에너지원이 될 수 있을 것이다. 이 점에 대해서는 지구온난화와 대체 에너지를 다룰 5부에서 다시 이야기하겠다.

태양광으로부터 전기를 생산하는 두 번째 방법인 태양열 변환은 태양광을 반사경이나 렌즈를 이용해서 집속하는 것으로 시작한다. 고배율의 렌즈를 이용해서 태양광을 모아 물을 끓인다. 그리고 끓는 물에서 발생한 수증기로 증기 터빈을 돌려서 전기를 생산한다. 그림

** CIGS 명칭은 구리-인듐-갈륨-셀레늄(Copper-indium-gallium-selenide)의 머리글자를 따서 지었다. 얇은 박막 형태의 3중 접합 구조 셀이다. 보잉-스펙트로 연구소에서 제조되었으며 에너지 부의 테스트에서 41% 효율을 인증받았다.

*** 한정된 원료는 바로 인듐(Indium)이다. 현재 LCD에 가장 많이 쓰이는데 세계적으로는 연간 수백 톤이 사용된다.

그림 6.1_스페인 세비야에 세워진 태양광발전소. 주변의 거울이 태양광을 모아 보일러의 물을 끓이면 그때 발생한 수증기로 터빈을 돌려 전기를 생산한다.

6.1은 스페인 세비야Sevilla에 세워진 태양열 변환 발전소다. 여기서 생산되는 전력은 11MW로 약 6만 명이 쓸 수 있는 전력이다.*

사진으로 보면 마치 가운데의 탑에서 빛이 뿜어져 나오는 것 같지만 실제로는 지면에 세워진 하나당 100m²짜리 대형 거울 624개에서 반사된 태양광이 집속되고 있다. 반사된 태양광은 114m 높이(자유의 여신상보다 크다!)에 있는 중앙 보일러로 집속되어 보일러의 물을 400℃까지 가열한다. 전체 시스템은 집속된 태양광의 15% 정도를 전기로 변환한다. 이 시설은 조만간 300MW급으로 증설될 예정이다.

세비야의 태양광발전소는 충분히 세상이 주목할 만한 선례가 된 것 같은데 왜 여기저기서 그런 발전소를 세우지 않을까? 무슨 결함이

* 세비야 사람들의 1인당 평균 전력 소비는 미국인의 1/3인 300W 정도다.

나 태양광발전 반대 세력의 음모라도 있는 것일까? 그게 아니다. 결국은 다시 비용의 문제다. 이 발전소에서 생산하는 전력은 kWh당 28센트다(기존의 화석연료를 이용하는 발전소는 10센트). 다소 경제적이지 못하다고 할 수 있는 이 발전소는 친환경 시설에 보조금을 지급하는 스페인의 왕실 법령 제436/2004조(the Royal Degree 436/2004)에 의해서 건립된 것이다. 스페인 정부는 이산화탄소 배출을 제한하는 교토의정서의 요구사항에 맞추기 위해서 이 계획을 추진했다(교토의정서에 관해서도 지구 온난화를 다루는 5부에서 다시 설명하겠다). 한편으로는 기술이 발전하면서 경제적인 실익이 나타나길 기대한 부분도 있을 것이다.

태양 비행기

기껏해야 1마력 수준인 태양광 자동차는 한낱 취미가들을 위한 장난감에 불과하지만, 상용화된 태양 비행기도 있다. 태양 비행기를 개발하는 주요 목적은 분쟁 지역에서 급유 없이 정찰이 가능하도록 하기 위해서다.

태양 비행기(무인기)는 이미 곳곳의 하늘을 날아다니고 있다. 가장 성공적이었던 것은 그림 6.2에 있는 헬리오스라는 기체다. 태양전지가 날개의 윗면뿐만 아니라, 아래쪽에도 붙어 있는 이유는 지표에서 반사된 빛을 이용하기 위해서다. 헬리오스 기체에는 일종의 충전지인 연료 전지도 실려 있는데, 야간 비행에 필요한 전력을 낮 동안 충전하는 데 사용된다. 탑재량은 45kg으로 고급 망원경, 카메라, 통신장비를 싣기엔 충분하다. 2001년에 헬리오스는 10만 피트**라는 고고도

** 1만 피트는 3km 정도

그림 6.2_헬리오스 기체의 비행 장면. 사진에서는 망원 촬영 때문에 날개의 곡률이 과장되어 있다. 날개의 길이는 75m로 보잉747기보다 11m 길다.

비행기록을 세웠다(일반항공기는 4만 피트 정도의 고도에서 운항한다). 헬리오스는 콘도르와 알바트로스라는 인력비행기를 디자인한 엔지니어 폴 맥크레디Paul McCready가 설립한 에어로바이런먼트Aerovironment라는 회사에서 만들어졌다.

많은 후속 태양 비행기가 개발 혹은 테스트 중이다. 그중에서 가장 탁월한 것은 패스파인더Pathfinder라는 기종이다. 헬리오스보다는 다소 작은 크기로 단기 임무용으로 설계되었다. 태양전지의 최대출력은 17마력으로 시속 20마일(32km/h) 정도의 느긋한 속도로 까마득히 높은 곳을 날아다닌다.

당신이 대통령이고 특정 국가를 감시할 첩보 시스템이 필요하다고 가정해 보자. 핵실험 시설로 의심되는 곳에 감시 카메라를 보내야 하는데 목표물 상공을 선회하며 지속적으로 수상한 움직임을 감시할 수 있어야 하고 몇 달 정도 머물러 있어야 한다. 군 관계자가 그 정도 작전을 수행할 수 있는 비행기는 없다며 부정적인 의견을 낼 수도 있을 것이다. 그때 당신은 "그럼 태양 비행기는 어떻습니까?"라고 물어본다. 태양 비행기라면 밤에는 낮에 비축한 전기로 비행할 수 있고 혹은 활공비행으로 날아다닐 수도 있으며, 유인기로는 올라갈 수 없는 고고도 비행을 할 수 있다. 사실, 속도가 너무 느리고 고도가 너무 높아 레이더 탐지에도 거의 나타나지 않는지라 그것이 거기 떠 있다는 사실조차 아무도 모를 수도 있다. 군 관계자가 그 비행기가 카메라나 통신장비를 싣고 그런 임무를 수행할 수 있느냐고 물어보겠지만, "헬리오스는 45kg 정도를 탑재할 수 있는 것으로 압니다. 기술자들과 과학자들에게 탑재중량에 맞춰서 임무에 필요한 것들을 구겨 넣을 수 있을지 물어보도록 하죠."라고 대답할 수 있겠다.

7장 석유가 고갈되고 있다!

많은 이들이 석유가 곧 바닥날 것이라고 믿는다. 실제로는 1956년 매리언 허버트Marion Hubbert의 유명한 분석에 따르면* 석유가 완전히 바닥날 일은 없다고 한다. 그림 7.1의 도표는 2004년까지의 석유 생산과 2050년까지의 석유 생산 예측을 나타내고 있다. 비록 매년 채굴되는 석유의 양이 줄고 있긴 하지만 2050년까지 절반으로 떨어질 뿐이다.

허버트의 연구결과가 나오기 전까지는 석유 생산 곡선의 일반적인 형태가 잘 알려져 있지 않았지만, 지금은 당연해 보일 정도로 잘 알려져 있다. 초기에는 석유가 1차 생산물로만 사용되었고, 희귀하고 비쌌으며 생산량도 매우 적었다. 따라서 사람들은 더 많은 유전을 찾아다녔다. 생산량이 늘어나기 시작했지만(그래프의 왼쪽 부분) 지구의 면적에는 한계가 있다 보니 몇 십 년이 지나면서 점차 새로 발견되는 석유의 양은 줄어들었다(가장 근래에 발견된 매장지인 알래스카의 북쪽 사면에

* 허버트의 논문 〈원자력 에너지와 화석연료〉는 www.hubbertpeak.com/hubbert/1956/1956.pdf에서 볼 수 있다.

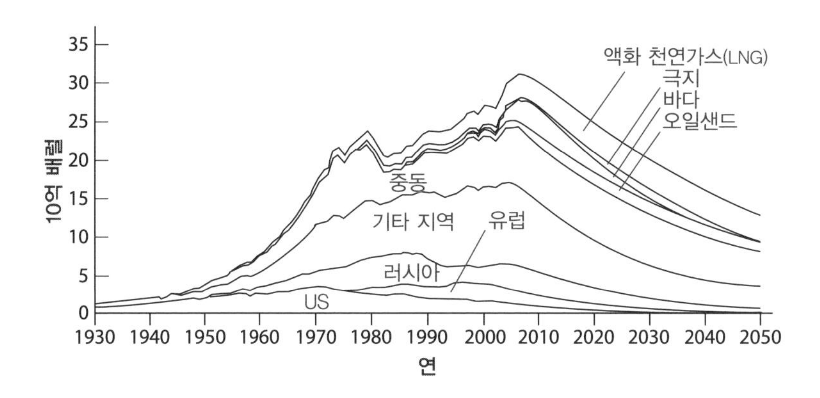

그림 7.1_석유 생산을 나타내는 허버트 곡선. 과거의 석유 소비 증가와 최고치(현재), 석유 고갈에 따라 예상되는 사용 감소를 나타내고 있다.**

서는 1년에 최고 20억 배럴을 생산할 수 있지만 현재는 10억 배럴에 조금 못 미치는 정도를 생산한다. 이 양은 전 세계 1년 생산량인 300억 배럴의 3% 정도에 불과하다). 그래서 생산량은 이미 절정을 지나 감소하는 추세다. 미국의 경우는 1970년대 중반에 생산량 감소가 일어났으며, 전 세계 생산량도 조만간, 어쩌면 올해에 생산량 감소가 일어날지도 모른다. 생산량의 최고점은 허버트 정점Hubbert Peak으로 불리며 그것은 지도자가 기억해야 할 용어다. 아마 종종 다른 정치인들(당신의 라이벌)이 박식함을 드러내려고 그 용어를 쓰는 것도 보게 될 것이다. 이 용어는 일반적인 분석에서도 꽤 널리 쓰이게 되어서 TV 드라마 〈웨스트 윙The West Wing〉의 한 에피소드도 거기서 이름을 따왔다.

그럼 이제 허버트 곡선이 얼마나 천천히 하강하는지 살펴보자. 허버트는 자기 이론의 제한적인 가정에 대해서 말을 아끼기는 했지만,

** 피크 오일 연구 협회(ASPO)의 자료

느린 하강을 직접적으로 예측하진 않았다. 생산량이 천천히 감소하는 이유 중 하나는 시간이 흘러도 유가는 여전히 높으며 신기술의 개발로 석유 채굴량이 많아졌기 때문이다. 게다가 1970년대 석유 수출 금지로 벌어진 석유파동처럼 국제 상황에 따라 석유 사용량이 급락했다가 다시 폭등하기도 한다.

지하에 매장된 석유는 동굴이나 뻥 뚫린 곳에서 발견되는 것이 아니라 다공성 바위의 미세한 구멍에 들어 있다. 처음 시추에 성공하면 석유가 묻혀 있는 지층 윗부분의 엄청난 압력에 의해 석유를 머금고 있는 바위가 쥐어짜지는 방식으로 석유가 지상으로 뿜어져 나온다. 하지만 이런 식으로 시추되는 것은 매장량의 20~30% 정도다. 나머지를 뽑아내기 위해서는 석유가 매장된 지층으로 이산화탄소나 물을 밀어넣는 방법을 사용한다(이산화탄소를 석유 매장층으로 내려보내는 것은 대기의 이산화탄소 농도를 줄이는 데에도 효과적이다. 지구 온난화 부분에서 다루도록 하겠다). 이런 방법으로, 추가로 30~60% 정도의 석유를 밖으로 뽑아낼 수 있다. 그럼 나머지는? 석유는 다공성 바위에 눌러 붙으려는 점성이 있기 때문에 더 이상 뽑아내기는 어렵다. 이 문제를 해결하기 위해서 과학자들은 세제(계면활성제)를 밀어 넣는 것부터, 석유의 점성을 낮추는 중합체Polymer를 주입하는 것까지 온갖 종류의 아이디어를 시도했다. 심지어는 박테리아를 이용해 석유와 바위의 경계면을 미끄럽게 만드는 바이오필름을 만드는 것까지도 연구되었다.

허버트는 원래 석유생산의 정점을 발생 시점보다 10여 년 앞선 1990년대 중반으로 구성했다. 정점을 찍는 시점이 10년이나 늦추어질 수 있었던 이유는 석유 채굴 기술이 발전하고 유가가 배럴당 60달러를 넘어선 결과다. 허버트가 연구하던 1956년 당시에는 채굴 가능한 전 세계의 석유가 10억 배럴 미만이라고 예상했으나 현재 채굴한 양은 이미 그 양을 넘어섰다. 셰일가스Shale gas*의 채굴과 오일샌드Oil Sand**에서의 석유 채취가 가능해짐에 따라 현재는 50억 배럴 정도가 더 늘어날 수 있는 것으로 알려져 있다.

유전에서 퍼올릴 수 있는 채굴량은 한계가 있어 현재는 수요가 공급을 초과한 상태다. 특히, 중국과 인도의 급속한 경제 성장이 석유 소비에 한몫했고, 구매자들 사이의 경쟁이 유가 상승을 부추겼다. 사우디아라비아에서 배럴당 2달러에 채굴되는 석유가 미국에서는 60달러 이상에 거래된다.

과거에는 OPEC에서 유가가 많이 상승하도록 내버려 두지 않았다. 이런 조정에 대한 OPEC의 공개적인 이유는 서구 경제가 활발하게 돌아가기를 원한다는 것이었지만, 대부분의 전문가들은 OPEC이 그런 조정을 해온 것은 어디까지나 그들의 이익 때문이었다고 보고 있다. 유가가 배럴당 50달러를 넘어서면 같은 가격 대비 더 저렴한 많은 대체자원들이 있다. 1970년대에는 OPEC에게 가장 신경 쓰이는 상대였던 에너지 절약운동으로 1980년대 초반의 유가 하락이 이어

* 셰일가스(Shale gas): 혈암가스라고도 하며 탄화수소가 풍부한 셰일층에서 개발, 생산하는 천연가스를 말한다. 전통적인 가스전과는 다른 암반층으로부터 채취하기 때문에 비전통 천연가스로 불린다. 셰일이란 우리말로 혈암(頁岩)이라고 하며, 입자 크기가 작은 진흙이 뭉쳐져서 형성된 퇴적암의 일종으로 셰일가스는 이 혈암에서 추출되는 가스를 말하는 것이다. 전문가들이 추측하고 있는 미국내 셰일가스 매장량은 미국이 100년간 사용할 수 있는 양이다. 예전에는 기술·경제적 이유로 등한시되었지만 최근 수평정시추와 수압파쇄법 등 기술적 혁신으로 활발한 개발과 생산이 진행되는 등 각광을 받고 있다. 그러나 수압파쇄에 의한 굴착과정에서 지하수에 포함되는 메탄으로 인한 지하수 오염, 셰일가스 방출을 위해 투입하는 화학약품에 의한 지하수 오염, 그리고 메탄가스 방출에 의한 지구온난화 문제 등이 문제점으로 거론되고 있다.

** 오일샌드(Oil Sand)란 말 그대로 '기름과 섞여 있는 모래'를 말한다. 사암 성분의 점토 또는 모래에 아스팔트에 사용되는 무겁고 끈적끈적한 검은색 점성질 원유인 비투멘(Bitumen)이 10% 이상 함유돼 있다. 오일샌드에서 비투멘을 분리·정제하는 기술은 이미 지난 1960년대에 개발됐지만, 몇 년 전까지만 해도 원유가 배럴당 30달러였던 것을 감안하면, 오일샌드 생산비용은 배럴당 20~25달러에 달해 경제성이 없어 수십 년간 관심 밖이었다가 최근 들어 관련 산업이 진척되고 있다.

졌다. 하지만 궁극적인 OPEC의 숙적은 석탄이다.

석탄에서 석유로: 피셔-트롭시 공정

석탄은 매우 값싸며-OPEC에게는 불행하게도-에너지를 필요로 하는 많은 국가(미국, 중국, 인도, 러시아)에 풍부하게 존재한다. 일단 유가가 배럴당 50달러 이상으로 오르면, 이들 국가에서는 매장된 석탄을 꺼내서 피셔-트롭시 공정이라는 화학 작용을 이용해서 석유로 변환한다. 이 방법의 근본 원리는 물에 있는 수소와 탄소를 결합시켜 석유의 기본 분자인 탄화수소로 만드는 것이다.* 이 공정은 제2차 세계대전 중 연합군의 봉쇄로 석유를 구할 수 없었던 나치 독일이 사용했던 것이다. 남아프리카에서도 인종차별 정책이 행해지던 시기에 비슷한 이유로 이런 공정을 이용했었는데, 현재도 이 시설들을 이용해 석탄을 석유로 변환하고 있다. 미국에서 이런 공정을 쓰지 않는 것은 피셔-트롭시 공정 시설을 만드는 것이 매우 비싸기 때문이다. 유가가 고공행진을 계속할 것이라는 확신이 없는 한은 아무도 설비에 투자하려 들지 않을 것이다. 사실 몇몇 회사들이 한발 앞서서 이런 시설을 세우고 싶어 하긴 하지만 유가가 하락했을 때 미국 정부가 손해를 메워 줄 거라는 보장이 없으니 모험을 하려 하지 않는 것이다.

석탄에서 석유를 만들 수 있다는 것은, 우리가 배럴당 60달러 정도를 쓸 수 있다면, 피셔-트롭시 공장을 갖고 있는 한 몇 세기가 지나더라도 그 가격에 살 수 있는 액체 연료가 바닥나는 일은 없다는 것을 의미한다. 석유에 대한 허버트 정점은 피셔-트롭시 공정까지는 계

* 물에서 나온 나머지 산소는 이산화탄소가 된다.

산에 넣지 않았다. 우리가 다른 종류의 연료로 눈을 돌리게 된다고 해도 아마 석유가 없기 때문은 아닐 것이다. 오히려 대체연료가 석유보다 저렴해지거나, 화석연료를 계속 사용함으로써 발생하는 환경적인 문제들 때문일 것이다.

석탄은 언제쯤 바닥날까? 미국의 석탄 매장량은 어마어마하다. 알려진 것만 2조 톤(2,000,000,000,000톤)이고 두 배쯤 더 묻혀 있을 것으로 예상하고 있다. 우리가 1년에 사용하는 석탄은 약 10억 톤 정도인데, 석탄 사용량이 급격히 증가하지 않는 한 1천 년 이상 사용할 수 있는 양이다. 만약 석유가 너무 비싸져서 석탄 사용량이 갑자기 늘어난다면 수백 년 정도밖에 쓸 수 없을지도 모른다. 물론, 그 무렵이면 핵융합이나 태양열 발전을 하고 있겠지만.

석유의 가격

석유의 실제 가격(체감 가격과 비교한)에 대해서 논하기 전에 간단한 경제 원리를 살펴보고 가자. 경제학자들은 인플레이션 효과를 고려하기 위해서 고정 달러constant dollar, C$라는 단위로 가격을 비교한다. 그림 7.2의 도표는 1970년부터 2007년까지 42갤런(160L)들이 1배럴의 유가를 달러로 나타낸 것이다. 2007년 9월에 최고 배럴당 80달러까지 올라간 것을 보면, 1980년대의 석유 파동 때의 최고기록까지는 가지 못했던 것을 알 수 있다. 1970년 이전에는 약 10년간 배럴당 20달러 미만이었다.

미래의 지도자가 에너지에 대해서 알아야 할 것은 이것 외에도 아주 많다. 다음에는 원자력 에너지라는 중요 분야에 한 부 전체를 할애할 것이다. 에너지는 지구 온난화에 대해서 다룰 5부에서도 매우

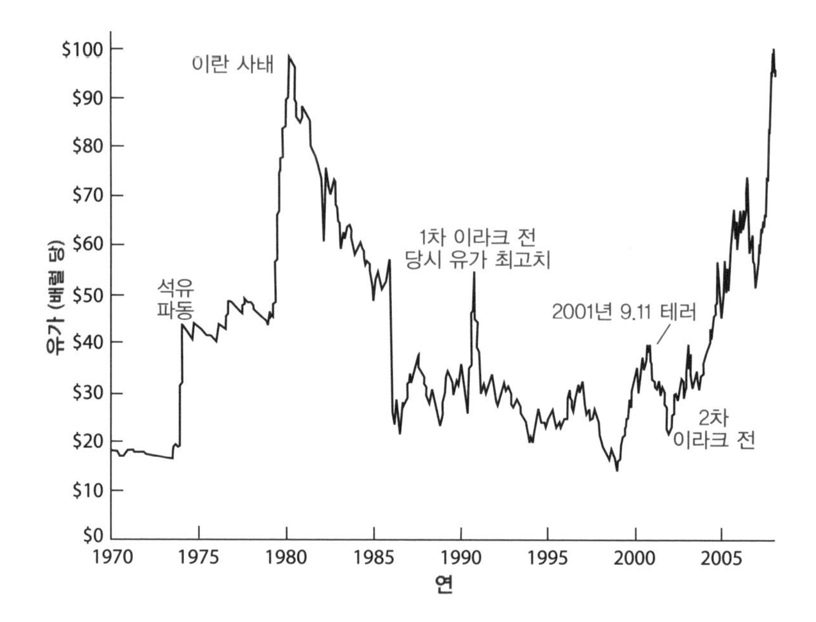

그림 7.2_1970년부터 현재까지의 유가(인플레이션을 고려한).* 고정 달러로 계산된 최고유가 시대는 1980년대 석유파동 때였다.

중요하다.

* www.chartoftheday.com

대통령을 위한 브리핑

환경적 접근 VS. 경제적 실효성

에너지 이슈를 다루다 보면, 대중들이 잘못된 정보를 숱하게 접하고 있다는 걸 알게 될 것이다. 앞선 세 장에서 언급한 대부분의 수치들은 전기 자동차든 수소연료전지에 관련된 것이든 정책 결정에 곧바로 유용하게 이용될 수 있다. 하지만 사람들이 잘못 믿고 있는 것들도 마찬가지로 중요하다. 우리가 화석연료에 집착하는 것은 결국 가격 때문이다.

석유는 몰라도 화석연료가 바닥날 일은 없다는 것을 깨닫는 것은 중요하다. 석탄의 매장량은 몇 세기를 버틸 수 있다. 그것은 한 편으로는 좋은 소식이고 한편으로는(지구 온난화 입장에서는) 나쁜 소식이다. 지구 온난화에 대한 깊은 논의는 이 책의 마지막 부분으로 미뤄 두자. 석탄은 석유로 변환될 수 있지만 그렇게 할 수 있는 공장이 현재로서는 많지 않다. 그런 공장을 더 늘리려면 투자자들이 OPEC이 피셔-트롭시 공장과 경쟁해서 유가를 낮게 조정하는 상황을 걱정하지 않도록(고전적인 유가 전쟁) 정부에서 그들의 이익을 어느 정도 보호해줘야 할 것이다.

화석연료를 대체할 연료는 매우 다양하다. 그중의 일부에 대해서는 이미 소개했는데, 뒤에서 좀 더 자세히 다룰 것이다. 여기서 중요한 것은 가격이다. 우리가 석유에 그토록 매달리는 것은 냄새가 좋다거나 다른 이유가 있어서가 아니라 가격이 매우 싸고 매장량이 풍부하기 때문이다. 석탄을 사용하는 쪽으로 옮겨 가는 것은 매우 돈이 많이 들고, 특히 환경 문제에 잠재적 위험을 동반한다. '수소 경제가 도래한다'라든가 '태양광발전의 급성장'과 같은 과대광고는 넘쳐나지만, 여전히 간단하고 명백한 해결책은 없다. 환경의 관점에서 보자면, 석탄은 최악의 에너지원이지만, 엄밀하게는 값이 가장 싼 석탄이야말로 대체 에너지 분야의 선두주자다. 미국이 환경주의의 손을 들어 주더라도 중국, 인도, 러시아와 같은 다른 나라들도 함께할 것이라는 보장은 없다. 그런 문제들이 대통령이 해결해야 할 것들이다. 모두를 만족시킬 만한 접근법은 에너지 절약뿐이다. 자세한 논의는 5부를 기대하시라.

제3부
원자력

이 책은 방사능을 띠고 있다. 그리고 당신도 마찬가지다. 사람이 죽었을 때 몸에 남은 방사능으로 그 사람이 죽은 지 얼마나 되었는지 알아낼 수 있다. 뼈 속에 남은 방사능의 감소분을 측정해서 사망 시간대를 추론하는 것이다. 이것이 바로 흔히 말하는 탄소 동위원소법이다.

알코올도 방사능을 띠고 있다. 적어도 우리가 마시는 종류는 그렇다. 식물성 알코올을 제외한 일반적인 소독용 알코올은 방사능이 없다. 실제로, 미연방 주류·담배 및 화기폭발물 관리국에서는 와인, 진, 위스키, 보드카의 방사능을 검사한다. 이 기준에 따르면 위스키 750ml에서 분당 400개의 베타선이 검출되어야 한다. 그렇지 않으면 먹기에 부적합하다고 판정한다.

바이오연료 또한 방사성이지만 화석연료는 그렇지 않다. 히로시마 원자폭탄 투하로 죽은 사람들 중에 방사능 피폭 후유증으로 암이 발병해서 죽은 사람은 대략 2% 미만이다.

위에서 말한 것들은 모두 사실이다. 대부분의 일반인들은 이러한 사실이 놀랍게 여겨지겠지만 전문가들에게는 토론할 거리조차도 못 된다. 일단 방사능에 대해서 이해하고 나면 이런 설명들도 당연하게 받아들이게 될 것이다. 처음 이런 사실들을 알았을 때 그토록 놀라는 것은 그동안 대중이 방사능에 관해 잘못 알고 있었기 때문이며, 이로 인해 혼란이 빚어졌음을 잘 보여 준다. 그러나 미래의 지도자가 이런 것에 대해서 그렇게 몰라서는 곤란하다.

마찬가지로 원자폭탄과 원자력을 포함한 핵에 대해서도 많은 오해가 퍼져 있다. 널리 퍼져 있는 두려움과는 달리 원자로는 원자폭탄처럼 폭발할 수가 없다. 물리학 박사 한 트럭을 데려다 놓고 마음대로 하도록 내버려두어도 불가능한 일이다. 그럼 체르노빌은? 고등학생이 원자폭탄을 설계한 경우도 있었다는데? 그럼 원자로에서 나온 방사성 폐기물이 그토록 위험한 이유는 무엇이란 말인가? 핵폐기물은 정말 수만 년 동안이나 안전한 곳에 저장해야 하는 걸까? 테러리스트들이나 테러 지원 국가에서 폐기물을 빼돌려서 핵을 만들면 어쩌지?

방사능과 생명체가 방사능에 노출되었을 때의 영향을 살펴보는 것으로 원자력에 관한 공부를 시작해 보자.

8장 방사능은 정말로 위험한 것일까?

방사능에 대해 사람들이 느끼는 공포는 거의 원초적이다. 융은 숨어 있는 적이나 포식자들을 향한 보이지 않는 위험에 대한 공포라는 원형archetype 이론을 제시했는데, 방사능 공포가 그것의 새로운 예가 될지도 모르겠다. 다른 예로는 마녀, 세균, 공산주의자, 침대 밑의 괴물 따위를 들 수 있겠다. 하지만 방사능은 더 심각하다. 위협이 구체적으로 나타나지 않을 뿐더러 어떤 식으로 공격하는지도 볼 수 없다. 유전자 변형은 눈에 보이지 않고, 몸의 손상이 10, 20년이 지난 후에 암으로 나타나기 전까지는 공격받는 징후조차도 알 수 없다.

방사능은 원자의 에너지와 질량 대부분을 차지하는 중심부의 원자핵이 분열하는 현상이다. 이런 분열은 갑자기, 무작위로 일어나는데 이때 원자 하나당 발생하는 에너지가 TNT의 수백만 배에 달한다. 핵융합의 경우에는 2천만 배 정도의 에너지가 발생한다. 방사능이 위험한 것은 분열할 때 나오는 이 엄청난 에너지 때문이다. 아마 유명한 방사성 원소의 이름들은 낯이 익을 것이다. 우라늄, 플루토늄, 탄소 동위원소, 스트론튬-90 그리고 최근에 전 러시아 첩보부의 알렉산드르 리트비넨코Alexander Litvinenko를 암살할 때 사용된 폴로늄-210과 같은 것들이 이 분야의 대표선수들이다.

방사선은 핵이 분열할 때 밖으로 날아가는 파편이다. 이 파편들도 수류탄 파편처럼 피해를 일으킨다. 이것들은 일종의 산탄, 파편, 탄환이라고 할 수 있으며 보통 엄청난 속도로 원자 밖으로 튀어나오는데 때로는 거의 광속에 가까운 속도나 광속으로 뿜어져 나온다.* 이 자그마한 덩어리들이 우리의 몸속을 비집고 들어오면 인체를 구성하는 분자들에 피해를 입힌다. 이로 인해 많은 양의 세포가 죽으면 곧 우리도 죽는 것이다. 설령 이보다 약한 방사능을 쬐였다 하더라도 체내에 암을 유발할 수 있다.

인체가 받은 방사선 피해 정도는 렘rem이라는 단위로 측정한다.** 만일 몸 전체에 100rem을 받는다고 하면 아마도 알아차리기 어려울 것이다. 인체는 그 정도의 손상쯤은 아프기 전에 스스로 회복한다.

더 많은 양은 좀 심각하다. 200rem 정도의 방사능에 노출되면 아프기 시작한다. 병명은 '방사선 중독'이나 '방사선병'이라고 부른다. 머리카락이 술술 빠지기 시작하고, 몸에 기운이 없고 구역질이 난다. 주변에 항암치료로 방사선 치료를 받는 사람에게 이런 증상이 나타나는 것을 본 적이 있을 것이다. 메스꺼움이 나타나는 이유는 몸이 막대한 신체손상을 회복하기 위해 노력하는 과정에서 많은 에너지를 소비하는 소화 등의 활동을 억제하기 때문이다.

---

* 이런 입자들의 에너지 단위는 흔히 백만eV(MeV)를 쓴다. 1메가 일렉트론 볼트(MeV)는 백만 볼트의 전압을 걸었을 때의 전자 에너지를 뜻한다. 1MeV의 전자는 광속의 94%의 속도를 가지며, 감마선의 경우는 광자의 일종인지라 언제나 광속이다.

** 렘(rem)은 방사선 측정의 중요 단위지만 다른 단위를 쓰기도 한다. 1밀리렘(mrem)은 1000분의 1렘이며, 치과 엑스선 한 번 찍을 때 받는 양이다. 다른 단위로는 시버트(Sv)나 그레이(gray)를 쓰는데 둘 다 100렘에 해당한다. 다 기억할 필요 없이 렘으로 외워 두었다가 필요할 때 환산하면 된다.

200rem 이상의 방사선에 노출되면 사망할 확률이 꽤 높아진다. 300rem 정도라면 수혈이나 집중적인 치료를 받지 않는 한 방사선 피폭에 의한 사망확률이 50%에 달한다. 그래서 300rem의 피폭량은 방사능에 대한 LD50(치사량 50%)으로 불린다. 1000rem의 피폭을 받으면 한 시간 내에 행동불능상태가 된다. 그 정도 피폭을 당했다면 어떤 치료를 받아도 살 수 없다.

이렇게 기억해 두자. '수백 렘 단위의 방사능은 꽤 위험하다.'

100rem 이하라면 별다른 증상이 없다. 그래서 이를 두고 '문턱효과'가 있다고 한다. 우리 몸은 제법 튼튼해서 이런 문턱효과가 뚜렷하게 나타난다. 가벼운 손상은 금방 해결책을 찾아낼 뿐만 아니라, 정상적인 신체 기능에 영향을 거의 미치지 않으면서도 손상된 것을 대부분 회복한다. 적은 양으로는 알아챌 수 없지만 수년 후에 암이 발병할 확률이 높아질 수도 있다. 많은 종류의 질병에서 비슷한 문턱효과를 볼 수 있다. 만약 바이러스가 체내에서 번식하기 전에 알아채고 제거할 수 있다면 해당 질병에 걸리지 않는다.

방사능 노출에 문턱효과가 있다는 것은 미래의 지도자들이 이해해야 할 중요한 사실이다. 만약 방사능 물질을 퍼뜨리는 방사능 폭탄에 대해서 고민하고 있다고 해 보자(테러리스트의 핵 문제를 다룰 때 다시 이야기할 것이다). 기억해야 할 점은 방사능 물질이 넓게 퍼지게 되면 피폭량은 문턱세기 이하로 떨어진다는 것이다. 이런 방식으로 넓은 지역에 살포되면 사망자가 없는 것은 당연하고 아픈 사람조차도 발생하지 않는다. 그런 점 때문에 테러 단체들에게 방사능 폭탄이 그다지 매력적이지 못한 것 같다. 알카에다가 미국에 있던 호세 파딜라José Padilla에게 방사능 폭탄은 그만두고(집어치우고) 도시가스로 아파트를 폭파시키는 작전이나 검토해 보라고 한 것도 그런 이유에서였을 것이다. 통상적인 폭파 공작이 보다 많은 피해자를 낼 수 있으며, 이것이 바로 테러리스트들이 바라는 상황이니까 말이다.

암환자들은 방사능이 무서워서 방사선 치료를 거부하기도 한다. 사실 방사능을 두려워해야 할 것은 환자들이 아니라 암세포인데 말이다. 암세포들은 일반 세포에 비해 방사능에 훨씬 취약하다. 그것은 암세포가 신진대사 에너지의 대부분을 치료에 사용하기보다는 무제한적인 성장에 쏟아 붓고 있기 때문일 것이다. 그래서 암을 치료하는 가장 효과적인 방법은 환자가 버틸 수 있을 만큼의 방사선을 쬐는 것이다.

1rem의 방사선은 어느 정도의 양일까? 가장 관통력이 강하고 핵무기, 낙진, 방사능 폭탄, 원자로 사고 등에서 주요 사망원인이 되는 감마선의 경우부터 알아보자. 감마선은 매우 강한 엑스선으로 감마선 1rem은 10조 개(10,000,000,000,000)의 감마선 입자에 해당한다.* 체르노빌 사고 현장의 소방대원들이 그 양의 수백 배인 1,000조 이상의 감마선에 노출되었다는 사실은 제법 섬뜩할 것이다. 결국 그들은 방사선병으로 죽어 갔다.

다음 장에서는 인체에서 발견되는 자연 방사능에 대해서 다룬다. 탄소만으로도 고에너지 전자(베타선)를 방출해서 세포에 손상을 입히는 방사능 붕괴가 분당 12만 번씩 일어나고 있다. 하지만 1년간 몸속에서 일어나는 방사선 붕괴에 의한 피폭량은 1/1000rem 미만이다. 중요한 것은 강력한 방사선은 매우 위협적이지만, 낮은 수준의 방

* 신체 $1cm^2$당 1 MeV의 감마선 20억 개를 입사하면 1렘에 해당한다. 사람의 단면적을 $0.5m^2$로 놓고 입사량을 계산하면 약 1000조 개의 감마선 입자가 된다.

사선은 자연환경의 일부라는 사실이다. 인공적인 것을 제외하면 일반적인 사람들이 1년 동안 자연에서 받는 방사선은 0.2rem(200mrem) 정도다.

방사선과 암 발병의 관계

태아였을 때나 성장한 후에나 우리 몸의 세포는 빠른 속도로 분열해서 새로운 세포를 만들어 낸다. 세포 하나하나는 양분을 공급받고 다 자라고 나면 또 분열한다. 성인이 되고 나면, DNA는 세포분열 중지를 명령해 성장이 멈춘다. 분열 과정은 상처를 아물게 하거나 피를 만들어 내는 등의 특별한 일이 있을 때만 다시 시작된다. 그리고 그런 작업이 끝나고 나면 조절 유전자regulatory gene가 다시 세포분열을 멈추도록 지시한다. 세포분열을 멈추는 것은 매우 중요한 일이라서 몇몇 여분의 유전자가 그 일을 중복해서 맡고 있다. 방사능에 노출되었을 때 운이 나쁘다면 조절 유전자가 모두 파괴될 수도 있다. 그렇게 되면 세포는 다시 분열과 성장을 반복하게 되는데, 이젠 이들을 조절할 것이 없다. 분열이 10번 일어나면 세포 하나는 천 개로 불어난다.* 10번 더 분열하면 100만, 또 10번을 분열하면 10억의 세포덩어리가 된다. 이러한 기하급수적인 세포 수 증가현상이 바로 암이다.

유전자가 손상되면 암이 곧바로 발생할 수도 있지만 보통은 암이 발병하려면 급속한 성장을 제어하는 유전자가 모두 없어질 때까지 두 번, 혹은 그 이상의 유전자 변이를 거쳐야 하기 때문에 암이 쉽사리 발병하지 않는다. 수십 년이 지나 방사선의 최후의 일격인 마지막

* 2를 10번 곱하면 1,024가 되는데 근사값으로 1,000을 사용한다.

세포 변이가 일어나면, 곧 암이 발병한다. 어린 시절에 방사능을 쬐였다면(예를 들면, 내가 어릴 적 신발가게에서 찍었던 엑스선처럼) 아마도 수십 년 후에 다음 변이가 일어나기 전까지는 암이 발생하지 않을 것이다. 만약 흡연자가 방사능에 노출되었을 때 암 발병률이 더 높은 까닭은 흡연자의 세포가 비흡연자에 비해 많은 변이를 겪었을 것이기 때문이다.

패러독스를 하나 살펴보자. 암을 유발할 수 있는 방사선 피폭량은 약 2,500rem으로 알려져 있다. 이정도 양이면 방사능 중독으로 몇 시간 안에 죽는다. 즉, 사람에게 이만큼의 방사선을 쏜다면 암에 걸리기도 전에 죽게 된다.

그나저나…… 암이 발생하려면 저렇게 많은 양의 방사선이 필요한데, 어떻게 방사선이 암을 유발하는 것일까? 패러독스의 답은 확률에 있다. 적은 양의 방사능, 예를 들어 25rem을 주었다고 해 보자. 이는 암 유발양의 1%에 해당하는 양으로, 사람에게 쬔다고 해도 문턱세기 이하이므로 방사선 병에 걸리는 일은 없다. 그렇지만 적은 양의 방사선으로도 세포의 무제한 증식을 막는 조절 유전자 중 하나가 파괴될 수도 있다. 결과적으로 암을 유발하는 방사선량의 1%가 실제 암을 유발시킬 확률은 1%이다. 방사선량이 많아지면 암 유발확률도 이에 비례한다. 암 유발 방사선량의 4%라면 암이 발병할 확률도 4%가 된다. 그러나 이 비례에는 한계가 있다. 이를테면 암을 유발할 수 있는 양의 100%를 받는다면 몇 시간 안에 방사성 중독으로 죽게 될 테니까.

이런 결과를 만든 실험들이 그림 8.1에 요약되어 있다.* 이 그래프는 미국 과학 아카데미NAS의 〈이온화 방사선의 생물학적 효과〉라는 제목(혹은 BEIR)의 보고서에서 인용한 것이다. 이 그래프는 방사선의 위험을 다루는 토론에서 중요한 구실을 한다.

가로축은 방사선 양(rem)을 나타내고, 세로축은 방사선에 의한 추가 암 발생률을 나타낸다. 각 점은 가로축의 위치에 해당하는 방사선에 노출돼 암이 추가로 발병하여 사망한 실제 비율이다. 점에서 세로로 그어진 선은 오차를 나타내는데, 데이터의 불확실 정도를 의미한다. 오차 막대기는 제법 긴데, 불확실성이 그만큼 크다는 뜻이다. 가장 오른쪽 마지막 점을 보자. 200rem 바로 아래에 찍혀 있는데 오차 막대기가 4%에서 12%까지 걸쳐 있다. 200rem을 받으면 추가적으로 암에 걸려 사망할 확률이 4% 또는 12%라는 뜻인가? 그렇진 않다. 현재는 다른 연구결과로 정확도가 조금은 높아졌지만 여전히 수치는 정확하지 않다. 이제 이 그래프 자체만으로도 방사선 노출에 의한 예상 사망률을 계산할 수 있는 가장 좋은 방법이 무엇인가에 관한 토론이 시작된다. 이런 사안에 대해서는 보수적이어야 하며 가장 높은 수치를 고려해야 한다고 주장하는 사람도 있고, 그런 미심쩍은 숫자 하나 때문에 막대한 비용을 들여야 하는지를 지적하는 사람도 있다.

데이터의 불확실성이 그토록 큰 것은 대부분의 암이 방사능 노출이 없어도 걸릴 수 있어서 그런 경우를 값에서 제외해야 하기 때문이다. 대각으로 가로지르는 직선을 그으면 이런 오차범위를 모두 지난

* 이온화라는 것은 방사선이 원자를 때려 전자를 떼어내는 현상이다.

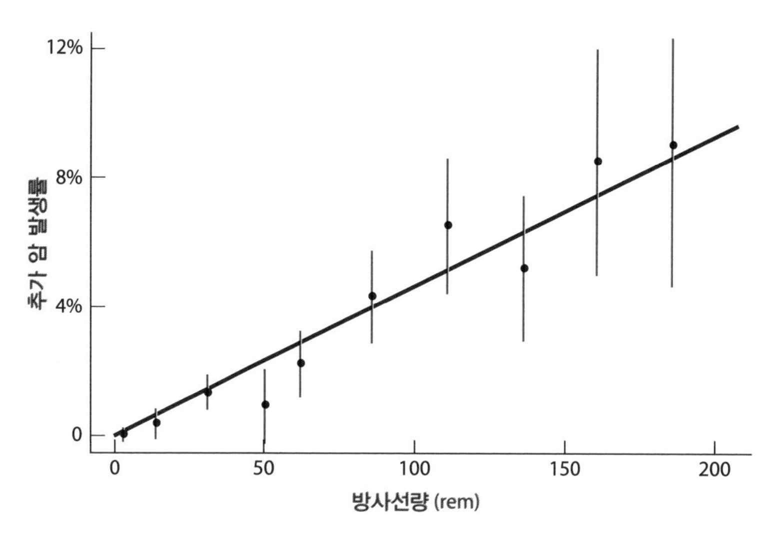

그림 8.1_방사선으로 인한 암 발생: 선형적인 효과

다. 따라서 방사선과 암 발생률은 선형적인 관계에 있다고 한다. 많은 사람들이 기억하는 저 직선이 바로 정책 결정의 기준이 되었다.

선형 효과

그림 8.1의 직선을 보자. 100rem에서 값은 4%다. 만약 이 기울기로 2,500rem까지 직선을 잇는다면 100% 지점을 통과한다. 이것이 2,500rem이 암 치사량이라 불리는 이유다. 값이 낮다고 하는 사람도 있고 높다고 하는 사람도 있지만, 2,500rem은 적당한 평균값이며 널리 인정되는 값으로, 우리가 기억해야 할 숫자다.

세로축이 암의 추가 발생확률이라는 사실에 주목하자. 왜 추가 발생이라고 할까? 인공적인 방사선에 노출되지 않더라도 이미 암 사망률은 기본적으로 20%에 달하기 때문이다. 이유는 아직 알려져 있지 않다. 지금까지 알려진 어떤 환경적 요인으로도 이 20%를 설명할 수 없었다. 자연 방사능이나 공해물질로도 그 정도를 설명할 순 없다. 도대체 어디서 오는 것일까? 이것은 여전히 과학, 의학 분야의 미스터리다.

한 가지 가능성은 세포가 노화함에 따라, 나이가 많아질수록 유전자가 고장난다는 설명이다. 저명한 생화학자인 브루스 에임스Bruce Ames는 이러한 암 중 일부는 산소에 장기간 노출되었을 때 생길 수 있다고 발표했다. 기름이 산화되는 것과 같은 원리다. 이런 방식으로 단 한 개의 세포라도 세포 내의 모든 성장 조절 유전자가 고장난다면 무제한으로 성장하고, 그 결과 암세포가 발생한다. 암에 걸리지 않으려고 산소를 포기하기는 쉽지 않지만 이 이론 때문에 항산화제를 찾는 사람들이 좀 더 늘어났다.

이 부분은 반복해서 강조할 만하다. 원인은 알 수 없지만 우리는 약 자연 발병하는 암에 걸려 사망할 확률이 20%다. 방사선이 암을 유발한다고 할 때는 이 기본 수치에 방사선에 의한 위험을 더하는 것이다. 방사능에 의한 암 발병률은 자연 발병하는 확률보다 높다는 이야기다.

구체적인 예를 살펴보자. 100rem의 방사선에 노출되었다고 하자. 이는 암 치사량의 4%인데, 암으로 사망할 확률이 일반적인 20%에서 24%로 증가한다(일반적인 비율인 20%는 집단에 따라 다르다. 여기서는 모든 사람이 똑같이 20%라고 가정했다).

이제 선형 효과를 히로시마와 나가사키에 투하한 원자폭탄 피해자들이 암으로 사망한 비율을 추정하는 데 적용해 보자.* 약 10만 명의 생존자들이 심각한 수준의 방사선에 노출되었다. 그들이 얼마만큼

* 하나의 예시가 될 수 있는 계산이지만 2,500렘이라는 숫자가 여기서 나온 것이기 때문에 따지고 보면 순환논법이 되어 버린다.

의 방사능에 노출되었는지 알 수 없기 때문에 많은 부분을 추정치에 의존하게 된다. 일반적으로는 생존자들이 20rem 정도의 방사능에 노출되었다고 본다.

그림 8.1을 보면 20rem에 해당하는 암의 추가 발생률이 0.8%임을 알 수 있다.** 10만 명의 생존자 중 약 800명이 방사능에 노출되어 추가적으로 발생한 암으로 피해를 입었다고 추측할 수 있다. 다른 원인(폭발, 화재, 방사선 중독)으로 죽은 5만~15만 사이의 사망자 수와 비교해 보자. 히로시마와 나가사키의 총 사망자 중 0.5~1.5%만이 방사능에 기인한 암으로 사망한 것을 알 수 있다. 이 장의 서두에 나열했던 놀라운 사실 중 하나다. 원자폭탄으로 암이 발병하여 사망한 사람이 적은 이유는 방사선이 위험하지 않아서가 아니다. 방사선에 많이 노출된 대부분의 사람들이 일찌감치 다른 원인으로 사망했기 때문이다.

10만여 명의 생존자 중 약 2만 명은 자연 발생한 암으로 죽었을 거라고 생각할 수 있다. 우리가 가정한 숫자들이 정확하다고 치고 더 자세히 이야기하자면, 자연적으로 발생할 수 있는 2만 명의 암환자가 2만 800명으로 늘어난 셈이다.

의사들이라면 누구나 알고 있고, 지도자들도 알아야 할 심리적 효과가 있다. 많은 환자들이 스스로 병의 원인을 알고 있다고 자신한다. 원자폭탄이 아니었더라도 자연적으로 암에 걸릴 수 있었던 2만 명 중 대부분은 다른 원인으로 암에 걸렸음에도 그 암이 원자폭탄에 의한 것이라고 생각했다. 이런 잘못된 개념은 부분적으로는 암이 발생

** 20÷2,500으로 구할 수 있다.

할 확률을 실제로 발생하는 것보다 낮게 잡는 것에서 비롯된다. 자기가 걸린 암에 대해서 잘 안다고 하는 사람이 있다면, 그 사람이 잘못 알고 있다고 하더라도 누가 뭐라고 하지 않는다. 누가 곧 죽을 사람과 말싸움을 하려고 하겠는가.

이제 히로시마와 나가사키의 원자폭탄보다 더 많은 피해자를 만들어 낸 비교적 가까운 사건에 대해서 이야기해 보자.

체르노빌 원자로 사고

1986년 우크라이나 체르노빌의 원자로에서 끔찍한 사고가 났다. 원자로의 핵 연쇄반응이 통제 불능에 빠져 엄청난 에너지를 쏟아내며 원자로 노심이 폭발했다. 나중에 이야기하겠지만 원자로는 원자폭탄처럼 폭발하지는 않는다. 폭발의 규모는 작았지만 원자로에 심각한 피해를 입히기엔 충분했고 곧 대규모 화재로 이어졌다. 엄청난 양의 방사능이 대기 중으로 누출되었으며, 그 양은 원자로 내부 방사능 총량의 30% 이상이었다. 현장에 투입되었던 많은 소방대원들이 방사선병으로 사망했다.

이 사건은 1980년대를 살았던 사람이라면 누구나 기억할 만한 대형 사고였다. 원자로에서 누출된 방사성 물질은 바람을 타고 유럽의 인구 밀집 지역으로 날아갔으며 그중 일부는 미국까지 도달했다.

정책에 관여하는 사람들이 자주 언급하는 사건인 만큼 좀 더 자세하게 다루려고 한다. 그런 부분들은 과소평가되거나 과대평가되기 쉬우므로 알아 두면 도움이 될 것이다.

사고로 인한 대부분의 피해는 사건 직후 수 주 동안 발생했다. 원자핵은 단 한 번만 붕괴할 수 있기 때문에 붕괴 후 방사능은 소진된다. 15분이 지나면 방사능은 처음의 4분의 1로 떨어지고, 하루가 지나면 15분의 1, 석 달 후에는 1% 미만으로 떨어진다.* 하지만 오늘날에도 일부는 잔류하고 있다. 대부분의 방사능은 문자 그대로 연기처럼 사라지고 지표 근처에 남아 있는 방사능만 인체에 영향을 미친다. 인체에 노출되는 전체 방사선량을 산출하기는 어렵다. 원자로 근처의 약 3만 명을 평균했을 때, 히로시마의 생존자들과 비슷한 45rem 정도의 방사선에 노출되었다고 생각한다. 이 평균값이 방사선 병을 일으키기에는 너무 적은 양이지만 암을 일으킬 확률이 45/2,500=1.8% 정도임을 고려해 보자. 6천 명이 자연적인 원인으로 암에 걸리는 동안 500명이 더 암에 걸릴 수 있다는 소리다. 소련 정부는 인간이 평생을 살면서 받는 피폭량인 35rem 이상의 방사선에 노출되는 지역에 거주하는 사람들을 대피시키기로 했다. 대부분 지역의 방사능은 2008년 현재 1년에 1rem 이하로 수치가 낮아졌으므로 이론상으로는 사람들이 그곳에서 다시 살 수 있다.

이제 껄끄러운 질문을 하나 던져 보겠다. 체르노빌 지역에서 대피한 것은 현명한 선택이었는가? 이 질문에 답하기 위해 당신이 국가의 지도자가 아니라 사고 직후의 체르노빌 주민이라고 생각해 보자. 당신이 이주하지 않는다면, 45rem의 방사능에 노출된다. 위에서 말했듯이 이 양은 암 발병률을 20%에서 21.8%로 높인다. 만약 당신이라면 암 발병률이 1.8% 높아진다는 이유로 집을 포기하겠는가? 그렇다고 대답하는 사람들은 누가 시키지 않아도 그렇게 할 것이다. 반면 어떤 사람들은 계속 사는 쪽을 택할 것이다. 부가적인 위험이 적다면

* 뒤에 반감기에 대해서 이야기하겠지만 여기서는 반감기가 다른 여러 가지 물질이 뒤섞여 있기 때문에 그 규칙을 따르지 않는다. 반감기가 짧은 물질은 먼저 사라지고 반감기가 긴 물질은 오래 남는다.

그런 결정을 내릴 수도 있다. 살아오던 터전을 포기하는 것은 큰 문제이기 때문이다.

지도자의 입장이 되어 보자. 사람들을 대피시키는 것이 옳은 것일까, 아니면 그들이 결정하게 하는 것이 옳은 것일까? 위험은 적어 보일 수도 있지만 3만 명 중에 1.8%인 500명이 추가로 암에 걸리게 될 것이다.

나는 이 문제에 직접적인 답을 제시하진 않겠다. 나도 답을 모르기 때문이다. 이건 과학적인 문제가 아니다. 과학은 선택의 결과를 설명할 수 있을 뿐, 결국 어려운 결정은 현명한 지도자들의 몫이다. 사람들이 감수할 만한 위험을 피하게 만드는 것만이 옳은 것일까? 아니면 피해갈 수도 있는 500명의 죽음을 방관하는 것이 합리적인가? 서로 상충되는 이런 이슈들을 어떻게 조화롭게 해결할 수 있을까?

만약 적은 양의 방사선이라도 영향을 받을 수 있는 세계 각지의 인구를 고려한다면 피해자의 숫자는 훨씬 많을 것이다. 2만 5천 명이 0.1rem씩 방사능에 노출되었다고 하면 추가 피해자가 한 명 늘어날 뿐이지만, 실제로는 어떨까? 그림 8.2는 유럽 여러 지역의 방사능 피폭량 추정을 나타낸 것이다.

가장 어둡게 표시된 곳은 1rem 이상의 피폭을 받은 지역이다. 체르노빌 사고로 추가로 암에 걸린 사람은 전체 몇 명이나 될까? 이걸 계산하려면 피폭량으로 구분된 지역의 인구를 고려해서 그들의 피폭량을 합해야 한다. 2,500rem당 한 명의 암환자가 추가적으로 발생한다고 생각할 수 있다. 이 숫자는 국제 사회 전체와 밀접한 관련이 있기에 방사능의 분포를 측정하는 데에 많은 노력이 들었다. 2006년 국제 원자력 기구(IAEA, UN 산하 기구)는 전체 피폭량에 대한 최적추

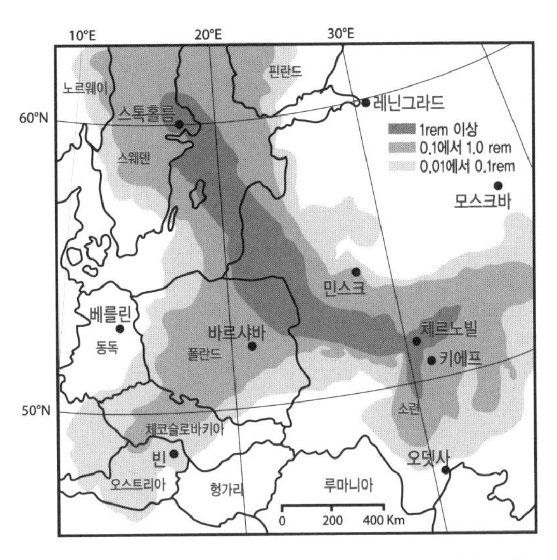

그림 8.2_체르노빌 사고에 의한 유럽 여러 지역의 방사능 피폭량

정치를 발표했는데 그 양은 약 1천만 렘에 달한다. 체르노빌 사고가 유발한 암환자는 10,000,000/2,500, 다시 말해 약 4천 명에 달한다는 것이다. 앞서 말했듯이 사고 지역 주변만 고려한 500명보다 훨씬 많은 숫자다.

이 계산이 맞고 암환자 추정치가 정확하다고 하더라도, 체르노빌 사고로 인한 사망자들을 파악하는 일이 어렵다는 것은 다소 놀라울지도 모르겠다. 수백 만의 일반 암환자들로부터 4천 명의 부가적인 암환자를 가려낸다는 것은 사실 어려운 일이다. 몇몇 희귀 암의 경우는 이 사고로 인한 것일 수도 있다. 방출된 방사능은 대부분 방사능 요오드의 형태로 체내에 들어오고 그것이 갑상선에 축적되면 갑상선암을 일으킨다. 갑상선암은 꽤 희귀한 편이라 체르노빌 지역에 살고 있는 환자 십여 명은 거의 확실하게 그 사고가 발병 원인이라고 볼 수 있다. 비록 체르노빌에서 갑상선암으로 세 명이 사망했지만, 갑상선암은 치료가 가능한 병이다. 이런 확실한 경우를 제외하면 사실 히로시마와 나가사키의 경우와 마찬가지로, 방사선으로 인한 암과 자연적으로 발병하는 암을 구분하는 것은 체르노빌 사고에서도 사실상 불가능한 일이다.

통계로도 잘 찾아내기 어려운 사망자들에 대해서도 신경을 꼭 써야 하는가? 물론이다. 이 4천 명도 아무 일이 없었다면 암으로 죽지 않았을 것이다. 참 모순적이다. 분명 비극이 일어나고 있음에도 불구하고 원인을 알 수 없는 다른 일반적인 암이라는 더 큰 비극에 가려서 잘 보이지 않게 된다니 말이다.

체르노빌 지역의 몇 가지 병으로 인한 사망률은 방사선으로 유발되는 암의 사망률보다 더 심각하다. 이 중 두 가지는 흡연과 알코올 중독으로 인한 암과 심장마비다. 사고 지역으로부터 거주자를 이주시키는 것이 사람들에게 스트레스를 주고 그로 인해 약물 남용이 증가한다면 이것은 사고 자체보다 더 큰 문제를 야기할 수 있다.

추가로 발병한 암의 희생자는 예상 외로 적을 수도 있고, 예상된 4천 명이 아니라 500명 정도로 끝날 수도 있다. 그것은 바로 방사능에 관한 가장 중요하고 열띤 토론거리가 되는 선형 가설 때문이다.

선형 가설

앞서 선형 효과에 대해서 이야기했다. 이것에 동의하지 않는 사람은 없지만 선형 가설이라 불리는 또 다른 중요한 이슈가 있다. 앞에서 그린 그래프(그림 8.1)가 아주 작은 방사선에서도 잘 맞는다는 것이다. 합리적인 가정으로 보이지만 정치적으로는 큰 차이를 가져올 수 있다. 이 가정은 '핵폐기물은 얼마나 위험한가?' '방사능 폭탄으로 얼마나 많은 사람이 죽을 수 있는가?' '방사능 누출로 인한 장기적인 결과는?' '방사능 오염지역의 대피 기준은 어떻게 정해야 하는가?'와 같은 많은 이슈의 해결책에 영향을 미칠 수 있다.

선형 가설은 아직 그것이 참인지 아닌지 알 수 없기 때문에 가설이라고 불린다. 다시 암 치사량 그래프로 돌아가 보자. 저준위 부분을 중심으로 다시 그려 볼 텐데 논쟁 중인 부분을 묘사하기 위해 선을 조금 다르게 그려 보겠다(그림 8.3). 새로 그린 선에 꺾이는 부분이 보이는가? 이것은 방사선 병이나 바이러스성 질병처럼 방사선 유발성 암에도 문턱세기가 있을 때의 그래프 모양이다. 그림에서 보듯이 0에서 6rem까지는 암이 발생하지 않는다. 6rem의 문턱을 넘어서면 선형적으로, 다시 말해 직선으로 증가한다.

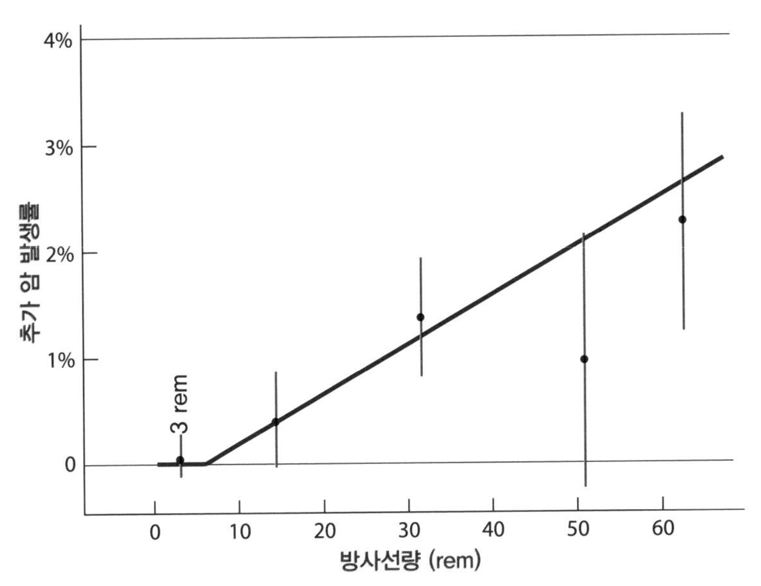

그림 8.3_그림 8.1에서 확대한 저준위 방사선에 대한 암 발병률. 꺾인 선은 암 발생에 6rem의 문턱세기가 존재할 때를 나타낸다.

이 꺾인 선이 옳고 앞의 꺾이지 않은 직선은 틀렸을까? 그렇다. 사실 앞의 꺾임 없는 직선보다 이 경우가 실제 측정 데이터와 더 잘 맞다. 어떤 과학자들은 이것이 이론적으로도 말이 된다고 한다. 대부분의 독성물질은 손상을 복구하는 생체 면역체계를 작동시킨다. 사실 적은 양이라면 면역체계를 자극하고 더 강하게 만들어서 저항력을 더 높여 준다. 당신을 죽일 정도가 아니라면 당신을 강하게 만들어 주기도 하는 것이다.

그런 사실이 꺾인 선이 맞고 이전의 직선이 틀리다는 의미일까? 꼭 그렇지는 않다. 틀릴 수도 있다는 말이지 틀렸다는 말이 아니다. 사실 통계적으로는 오차범위가 너무 커서 둘을 구분할 수가 없다. 또 어떤 과학자는 꺾인 부분이 없는 직선 그래프를 뒷받침하는 이론적 근거를 제시하기도 한다. 그들의 말에 따르면 아무리 적은 양이라도 방사선에 노출되면 유전자 변이를 일으킬 확률이 어느 정도 존재하며, 문턱세기 없이 방사선 피폭량에 비례해서 암이 유발된다는 것이다. 세포들은 항상 손상을 입고 있다. 자연적인 암 발생률 20%는 거기에 기인하는 것이다. 이 비율을 조금 증가시키는 것이 곧 암 발생을 증가시키는 것이다.

진실은 어느 쪽인가? 선형 가설은 옳은 것인가 틀린 것인가? 그게 문제가 되는가? 효과가 그토록 미미하다면 답을 찾는 것이 과연 중요한 일인가?

조금 놀랍겠지만, 그것은 매우 중요한 문제다. 체르노빌 사건에 대해서 다시 생각해 보자. 선형 가설을 바탕으로 한 UN의 추산으로는 체르노빌 사고로 인한 전 세계의 피해자는 4천 명에 달한다. 만약 6rem의 문턱세기가 존재하고 선형 가설이 잘못된 것이라면, 6rem

미만에 노출된 사람들은 암에 걸리지 않는다는 것이다. 많은 이들이 비교적 많은 양의 방사선에 노출되었으므로 암으로 인한 전체 사망자는 여전히 많겠지만 선형 가설에 근거한 4천 명보다는 적을 것이다. 체르노빌 사고는 비극적이었지만 전 세계적으로 발생하는 다른 재해들만큼은 아니었다. 사실 6rem 미만에 해당하는 광범위한 지역의 거주자들의 대피는 완전히 불필요한 것이었을지도 모른다. 만약 문턱효과가 존재한다면 저준위 방사선 노출에 의한 암의 위험은 없다고 할 수 있다.

미국에서도 이 주제는 중요하다. 문턱효과가 존재한다면 원자력 발전소에 대한 고민도 많은 부분 해결될 것이다. 핵폐기물에 대한 문제도 마찬가지다. 방사선이 누출되더라도 사람들이 피폭될 방사선은 몇 렘에 지나지 않을 것이므로 문제가 되지 않을 것이다.

현재 미국 정부는 일반인의 방사선 노출 기준을 정해 놓았다. 다음 문장을 읽기 전에 그게 어느 정도일지 한번 생각해 보시길.

정답은 0.1rem(100mrem)이다. 우리가 가정했던 문턱세기에 비하면 한참 낮은 값이다. 게다가 정부는 방사능 유출 사고가 일어났을 때, 연간 피폭량이 0.025rem(25mrem)이 될 때까지 해당지역을 정화해야 한다. 이 숫자가 나오게 된 배경은 이러하다. 선형 가설이 맞다면 0.1rem도 0.1/2,500=0.004%의 확률로 암을 유발할 수 있다. 3억 미국인 전부가 이 정도의 방사능에 노출된다면 1만 2천 명이 암에 걸릴 가능성이 있다. 매우 좋지 않은 상황이고 기준을 더 낮추어야 할 것 같다. 왜 그렇게 하지 않는가?

최선의 주의를 기울이라고 말하기는 쉽다. 그러나 기준을 더 낮추는 것은 심각한 결과를 초래할 수 있다. 만약 테러리스트들이 방사능 폭탄을 대도시에서 터트렸다고 해 보자. 평균 방사선량이 0.1rem이라고 하자. 그곳에 사는 사람들, 근무자들은 암에 걸릴 확률이 20%에서 20.004%로 증가한다. 정부는 이 사람들을 모두 대피시켜야 할까? 아니면 앞서 마련된 기준들을 변경해야 할까? 이런 결정을 내렸을 때 대중들은 어떻게 반응할까?

여기에 자연 방사능이라는 환경적 요소를 고려하면 문제가 더 복잡해진다. 이 문제에 대해서는 뒤에 다시 다루도록 하고, 지금은 덴버에 살고 있는 사람이 받는 자연 방사선이 뉴욕에 사는 사람보다 0.1rem 높다는 사실을 고려해 보자. 그럼 우리는 덴버 시 전체를 싹 비우고 정화작업을 펼쳐야 할까? 하지만 정화작업도 사실상 불가능하다. 자연 방사선은 바위와 토양에 녹아 있는 천연 라돈과 우라늄으로부터 나오는 것이기 때문이다. 사실 아무도 그런 것에는 신경 쓰지 않는다. 자연 방사선의 차이에도 불구하고 덴버의 암 발생률은 미국 다른 어느 지역보다 낮기 때문이다.

언젠가 당신이 대통령이 되는 때가 오더라도 선형 가설이 이론으로 확정되어 있을 것 같진 않다. 실험용 쥐 백만 마리를 대상으로 실험하더라도 1rem의 효과란 측정하기엔 너무도 작은 양이다.* 암의 메커니즘을 밝혀낼 수 있는 실험이 우리에겐 가장 큰 희망이다. 미국 정부는 국립 과학원(NAS)에 이 문제에 대한 검토를 요청했으며 그들은 2006년에 결과 보고서를 발간했다. 국립 과학원은 문턱효과에 대

* 논의를 위해 쥐나 사람이나 적용되는 숫자가 같다고 가정하자. 백만 마리 중 20%가 자연적인 암으로 죽는다면 20만 마리다. 통계 법칙에 의하면 불확실도는 제곱근에 비례해서 450마리의 오차가 있다. 1렘에 의한 추가 암 발생률을 따져 보면 약 400마리라는 숫자를 얻는데 통계적 오차보다 적다! 따라서 적절한 실험을 위해서는 최소 1천만 마리의 쥐를 대상으로 해야 한다(오차 약 3000, 추가 사망 4000이 된다). 물론 이런 실험이 성공한다고 해도 사람과 쥐가 똑같으라는 법도 없지만 말이다.

한 모든 연구를 검토했으나 정책을 변경할 만한 충분한 단서가 없다고 결론 내렸다. 그리하여 미국 정부는 지금도 선형 가설을 기준으로 관련 법안을 만들고 있다.

이런 결정은 과학적인 것이 아니라 정책적인 것임을 명심해야 한다. 많은 이들이 방사선 대비 정책의 효과는 보건에 국한되지 않고 국가 정책의 주요 관점에 영향을 미친다는 점을 지적한다. 원자력에 대한 두려움은 대부분 저준위 방사능으로 사망하는 암 환자 수에 기인한다. 정책의 결과가 다른 방식으로 피해자를 만들어 낸다면, 이주 문제나 전쟁 같은 선형 가설은 더 이상 보수적이고 신중한 선택이라고 할 수 없다. 이것은 과학이 아니라 정책이다. 적어도 아직까지는.

9장 방사선 붕괴 후, 삶은 어떻게 달라지는가?

비록 오랜 시간이 걸릴 수 있지만 방사능은 사라진다. 요오드-131 같은 몇몇 위험한 방사능 물질의 방사선도 겨우 몇 주 정도만 유지된다. 악명 높은 플루토늄의 경우는 2만 4천 년이 걸리지만, 고기와 음식(특히 바나나)에서 자주 발견되는 칼륨-40의 방사선은 10억 년이나 걸린다! 어느 쪽이 더 해로운 걸까? 우린 수명이 짧은 원자와 수명이 긴 원자 중 어느 쪽을 두려워해야 하는 걸까?

이 주제는 다소 복잡한 문제이긴 하지만 미래의 지도자를 꿈꿀 만한 사람에게는 그렇게 복잡한 문제가 아니다. 원자핵은 단 한 번 붕괴할 뿐, 붕괴한 후에는 사라진다. 방사성을 함유한 물질에서 방사능이 점차 소멸한다는 이야기다. 시간에 따라 감소한다. 그래서 원자핵의 폭발을 방사선 붕괴라고 부른다.

방사능 물질의 반감기는 방사능이 원래 값의 절반이 되는 데 걸리는 시간이다. 다음은 정치적인 사안에 종종 등장하는 몇 가지 원자들의 반감기다.

폴로늄(Polonium-215): 0.0018초	폴로늄(Polonium-216): 0.16초
비스무스(Bismuth-212): 1시간	나트륨(Sodium-24): 15시간
요오드(Iodine-131): 8일	인(Phosphorus-32): 2주
철(Iron-59): 6주	폴로늄(Polonium-210): 3달
코발트(Cobalt-60): 5년	삼중수소(Tritium hydrogen-3): 12년
스트론튬(Strontium-90): 30년	세슘(Cesium-137): 30년
라듐(Radium-226): 1,620 년	탄소(Carbon-14): 5,730년
플루토늄(Plutonium-239): 2만 4천 년	염소(Chlorine-36): 40만 년
우라늄(Uranium-235): 7억 년	칼륨(Potassium-40): 13억 년
우라늄(Uranium-238): 45억 년	

앞에서 요오드-131의 방사능은 몇 주 정도 지속된다고 했는데 여기서는 반감기가 8일로 나와 있다. 이 차이는 뭘까? 사실 둘 다 맞는 이야기다. 요오드-131은 체르노빌 원자로 사고에서 갑상선암의 주요 원인이기 때문에 이건 매우 중요한 부분이다. 두 숫자 사이의 차이를 설명해 보자. 8일 후, 첫 반감기가 지나고 나면 방사능의 절반이 사라진다. 그럼 반감기가 두 번 지나면 다 사라진다고 생각할 수도 있겠지만 그건 아니다. 방사능은 확률적인 현상이라 붕괴하지 않고 남아 있는 원자핵들은 처음의 원자핵들과 똑같은 확률로 붕괴될 수 있다. 두 번째 반감기에 접어든다고 해도 각 원자핵의 붕괴확률은 여전히 50%라는 말이다.

생물학자라면 살아남은 원자들의 사망률은 시간이 지나도 변함없다고 표현할지도 모르겠다. 인간의 사망률과는 완전히 대조적이다. 80세를 넘은 사람의 사망률은 20세보다 훨씬 높으니까.

두 번째 반감기를 지나면 처음의 원자들 중 25%만 남는다. 또 한 번 반감기가 지나면 12.5%로 줄어든다. 방사성 원자들이 12.5%밖에 남지 않았으므로 방출되는 방사선도 원래의 12.5%로 줄어든다. 다음은 6.25%. 10번의 반감기(80일)가 지나고 나면 1천 분의 1로 줄어든다.* 그 상태에서 또 10번의 반감기를 보내면(모두 20번의 반감기가 된다.) 또 다시 1천 분의 1로 줄어들어 맨 처음 양의 1백만 분의 1이 된다. 10번의 반감기가 지날 때마다 방사능은 1천 분의 1로 줄어든다. 이 사실은 우리가 원자폭탄의 낙진, 방사능 폭탄, 방사성 폐기물에 대해서 고려할 때 중요한 역할을 한다.

여기서 주목해야 할 것은 비록 몇 번의 반감기가 지날 동안에도 방사능은 남겠지만, 방사능의 위험은 반감기가 지날 때마다 절반으로 떨어진다는 것이다. 방사능은 마지막 남은 원자가 붕괴할 때까지 절대로 완전히 사라지지는 않는다. 그렇지만 보통 10억 분의 1 수준(30 반감기)이 되면 대부분의 방사선은 거의 측정이 불가능하며 인체에 무해한 정도가 된다.

잠시 요오드 이야기로 돌아가 보자. 그것이 그렇게 위험한 이유 중 하나는 붕괴하는 속도가 매우 빨라서 짧은 시간에 많은 양의 방사선을 방출하기 때문이다. 요오드는 갑상선에 축적되고 그 방사선은 갑상선암을 유발한다. 방사성 요오드의 갑작스러운 노출이 두렵다면 요오드제(방사성이 없는)를 복용함으로써 몸을 보호할 수 있다. 무해한 요오드를 충분히 공급받아 갑상선이 포화되면 더 이상 요오드가 몸에 흡수되지 않는다. 걱정되는 분들은 알약 하나만 먹으면 방사성 요

* 1/2의 10제곱은 1/1024이지만 근사하면 0.1%다.

오드가 갑상선에 흡수되는 것을 막을 수 있다. 몇 주만 복용하면, 그 동안에 대부분의 방사성 요오드는 붕괴되어 사라진다.

어떤 사람들은 요오드제가 핵폐기물로부터의 위험도 막아 줄 수 있다고 오해하기도 한다. 하지만 핵폐기물의 방사능은 요오드로 인해 생기는 게 아니라서 도움이 되지 않는다. 그리고 몇 달 이상 지난 폐기물이라면 방사성 요오드가 있었다고 해도 모두 사라지고 없을 것이다. 폐기물이 위험한 것은 반감기가 긴 원자들 때문이다. 다시 원래 질문으로 돌아가서, 어떤 반감기의 물질이 가장 위험할까? 반감기가 긴 것일까, 짧은 것일까? 둘 다 아니다.

짧은 반감기와 긴 반감기, 무엇이 더 위험한가?

원자력 사고에서 가장 위험한 물질은 짧거나 긴 반감기를 가진 것들보다는 중간쯤 되는 반감기를 가진 것들이다. 짧은 반감기의 원자들은 방사능이 빨리 사라지고, 긴 반감기의 원자들은 초당 붕괴 숫자가 적어서 방출하는 방사선이 적기 때문이다.** 원자폭탄의 낙진에서 인간에게 가장 치명적인 영향을 끼치는 것으로, 30년이라는 중간 정도의 반감기를 가진 스트론튬-90이 있다. 스트론튬-90의 반감기는 인간의 일생 동안에 걸쳐 대부분의 방사능을 방출할 정도로 짧으며 (1천 년과 30년을 비교해 보자), 동시에 얌전히 사라져 버리길 기다릴 수 없을 만큼 길다(8일과 30년).

알렉산드르 리트비넨코를 암살할 때 쓰였던 폴로늄-210은 반감기

** 30년의 반감기를 가진 물질 1g은 30년이 지나면 절반이 붕괴한다. 300년짜리는 방사능은 10분의 1이지만 10배의 시간이 흘러야 절반이 붕괴한다. 3,000년이라면 붕괴율은 1/100이며 인간은 어차피 살아 있는 동안만 그 영향을 받는다.

가 100일이다. 이 숫자를 한 번 곱씹어 보자. 암살범들이 이 물질의 어디에 매력을 느꼈는지 알겠는가? 암살범은 방사능 독극물이 암살 대상에게 배달되었을 때에도 여전히 방사능이 남아 있기를 바랐을 것이다. 만약 반감기가 일주일이었다면 아무래도 너무 빠르다고 느꼈을 테고, 충분한 피폭량이 안 나오는 긴 반감기의 물질도 고려대상에서 제외되었을 것이다. 결국 암살범은 100일 정도의 반감기가 적합하다고 생각했다.

원자로에서 만들어지는 플루토늄-239의 반감기는 약 2만 4천 년이다. 이런 긴 반감기 덕분에 플루토늄-239는 같은 양의 스트론튬-90보다 덜 위험하다. 하지만 이 긴 반감기는 원자로에서 나오는 핵폐기물의 경우에는 문제가 되는데, 소멸하기까지 너무도 오랜 시간이 걸리기 때문이다.

앞에서 언급했던 반감기 표를 다시 보자. 야광시계에서 숫자가 빛나게 만드는 수소의 동위원소인 삼중수소의 반감기는 12년이다. 12년 뒤면 시계 숫자의 밝기가 반으로 줄어든다는 뜻이다. 24년 뒤에는 아마도 새 시계가 필요할 거다.* 삼중수소의 반감기는 시계 정도의 수명에, 폴로늄-210의 반감기는 암살에 적합하다.

이제 45억 년이라는 긴 반감기의 우라늄-238을 살펴보자. 지구상의 모든 우라늄은 태양계를 구성하는 원소들이 만들어지던 초신성 폭발로 생성되었다고 알려져 있다. 생성된 후로 한 번의 반감기가 지났으므로 원래의 우라늄은 절반이 남아 있을 것이다. 핵폭탄에 탑재되는 우라늄-235의 반감기는 그보다 짧은 7억 년이다. 이것도 마찬

* 나는 내 시계의 방사능에 대해서 별로 걱정하지 않는다. 삼중수소에서 나오는 전자는 시계 밖으로 나올 정도로 에너지가 충분하지 않다. 붕괴율뿐만 아니라 인체에 미치는 영향도 그렇다.

가지로 초신성 폭발의 시기에 만들어졌다면 6번의 반감기를 지난 셈이므로 1/2을 6제곱한 64분의 1로 줄어 있을 것이다. 우라늄-235의 양은 이것보다 적은데, 우라늄-238만큼 많이 만들어지진 않았을 것이라고 추측할 수 있다.

플루토늄보다 반감기가 더 긴 우라늄-238은 더 위험할까? 아니, 그 정반대다. 뒤에 다룰 핵폐기물에 관한 장에서 이것과 플루토늄의 긴 반감기를 언급하면서 관심을 끌려는 사람들에 대해서 언급할 것이다.

인체에서 가장 큰 방사선 방출원은 방사탄소radiocarbon** 라고 불리는 탄소-14이다. 탄소-14는 주로 음식을 통해서 흡수되며,*** 반감기는 5,730년이다. 평균적으로 인체 내에서는 탄소-14의 방사성 붕괴가 분당 12만 번 일어나고 있다.**** 방사성 붕괴가 일어날 때마다 베타선(고에너지 전자)이 방출되어 주변의 세포를 손상시킨다. 우리 신체는 이렇게 방사능과 더불어 살고 있으며 모든 생물체가 마찬가지다. 이것은 자연적이고, 유기적이지만 인공적인 방사능보다 덜 위험한 것은 아니다.

사망 후에는 더 이상 음식을 섭취할 수 없으므로 체내의 탄소-14는 점차 붕괴하기만 하고 보충되지 않는다. 어떤 고고학자가 화석을 발견하여 방사능을 측정했더니 살아 있는 생물에서 나오는 양의 절반이었다면 이 생물은 죽은 지 1반감기, 즉 5,730년 정도 지났다는

** 라디오파 수신기를 뜻하는 그 라디오가 아니라 방사성 탄소(radioactive carbon)의 줄임말.

*** 식물은 광합성 과정에서 공기 중의 탄소-14를 흡수한다. 대기 중의 방사성 탄소는 우주선(cosmic ray)이 공기 중의 질소를 때리는 과정에서 만들어진다.

**** 생체 물질을 이루는 탄소는 탄소 1g당 1분에 12번 방사성 붕괴를 일으킨다. 탄소는 인체의 18%를 차지하므로 56kg의 사람이라면 10kg의 탄소를 가진 셈이다.

것을 알 수 있다. 이것은 고고학 연대 측정에서 가장 많이 이용하는 방법이다. 방사능이 4분의 1이라면 2반감기 전에 만들어진 화석이다. 만약 1천 분의 1 이하라면 적어도 10반감기 전에 죽은 것이다. 이렇게 작은 양은 측정이 매우 어렵기 때문에 달리 특별한 방법을 사용하지 않는 이상, 탄소-14를 이용한 연대 측정은 10반감기(57,300년) 정도까지만 유용하다.*

전 장의 서두에 언급했던 예로 돌아가 보자. 미국에서는 식용 알코올은 반드시 과일, 곡물, 혹은 다른 작물로부터 만들어야 한다. 석유로 알코올을 만드는 것은 불법이다. 식물성 알코올은 탄소-14를 포함하고 있다. 반대로 석유는 3억 년 전에 땅에 묻힌 식물로부터 만들어진다. 즉, 석유는 탄소-14가 5만 번의 반감기를 거쳐서 생성된 것이다. 여기에 측정할 수 있을 만한 양의 탄소-14가 남아 있을 리가 없다. 이런 방사능의 유무는 알코올이 석유를 가공해서 만든 것인지 아닌지를 판별하기 쉽게 해준다. 미연방 주류·담배 및 화기 폭발물 관리국에서는 유통되는 주류의 탄소-14를 분석한다. 방사능 수치가 예상대로 나오면 검사를 통과하지만, 방사능이 기준 미달일 경우 이 알코올은 곡물이나 과일로 만들어진 것이 아니라는 사실을 알게 되어 음용 부적합 판정을 받는다.**

같은 이유로 옥수수, 사탕수수, 혹은 기타 작물로부터 만들어진 바이오연료는 화석연료와는 달리 방사능을 띠고 있다. 화석연료의 탄

* 이 한계를 피해 가는 방법 중 하나는 초당 방사성 붕괴 횟수를 세는 대신 남아 있는 탄소-14의 수를 직접 세는 것이다. 붕괴 횟수는 낮더라도 남아 있는 원자의 양은 여전히 많다. 탄소 14를 찾아내는 방법은 가속기 질량 분석을 사용한다. 이 방법을 처음 제안하고 실용화한 사람이 바로 이 책의 저자다.

** 사실 이런 알코올이 더 위험하다는 물리학적, 생물학적 근거는 없다. 식용 알코올의 가격이 폭락하는 것을 막기 위한 조처라고 생각된다.

소-14가 방출하는 방사능은 너무도 긴 시간이 흘러서 사라진 지 오래다. 바이오연료에서 나오는 방사선은 매우 약해서 전혀 위험하지 않지만 곡물로부터 유기적인 방법으로 제대로 생산되었는지 검출하는 좋은 방법이 된다.

자연 방사능

대통령은 시민들의 방사선 노출 허용 안전 기준치를 정하는 법률을 결정하게 된다. 합리적인 판단을 하기 위해서는 사람들이 평소에 노출되는 자연 방사선에 대해서 알 필요가 있다. 우리 신체도 방사성일 뿐만 아니라 우리를 둘러싼 세상 모든 것이 방사성이다. 이미 우리 자신, 우리가 먹는 음식, 알코올이 방사능을 띠고 있다고 언급했지만 그 외에도 다양하다. 우리가 마주치는 대부분의 방사선은 토양과 암석 속에 있는 칼륨, 공기 중의 방사성 탄소, 천연 우라늄과 토륨과 같은 천연 자원으로부터 나온다. 지구 깊은 곳에서는 방사성 라돈 가스가 스며 나온다. 게다가 먼 거리의 초신성으로부터 우주선cosmic ray*** 이라 불리는 적지 않은 양의 방사선이 우주로부터 쏟아져 내려온다. 우리는 이런 방사선을 연간 0.2rem 정도 받으며 살고 있다. 이 양은 체내에서 생성되는 방사능보다 훨씬 많다.

이 자연 방사능도 자연적으로 암을 유발한다. 50년 동안 매년 0.2rem씩 받는다면 모두 10rem의 방사능을 받는다. 선형 가설을 그대로 수용한다면 이 수준의 방사능이 유발하는 암은 10/2,500=0.004=0.4%다. 알려진 자연 암 발생률인 20%에 비하면

*** 우주선이란 자연 방사선의 하나로, 태양계를 포함해 우리 은하 전체 공간을 빠른 속도로 날아다니는 원자핵이나 전자를 뜻한다. 이 가운데 일부는 태양에서 발생하지만, 대부분은 태양계 밖에서 날아온다.

매우 적은 양이다. 따라서 우리는 자연적으로 발생하는 암이 자연 방사능 때문에 생기는 것이 아니라고 결론지을 수 있다.

어느 정도가 방사능의 안전 기준일까? 선형 가설을 따르자면 아무리 낮은 양이라도 암 발생을 증가시킬 수 있다. 만약 그것이 틀렸고 문턱효과가 존재한다면, 6rem 미만은 완전하게 안전할 수도 있다. 나는 앞서 덴버 지역에서 발견되는 자연 방사능에 대해서 언급했다. 적정 추정치에 따르면 덴버의 방사능은 미국 평균치보다 1인당 연간 0.1rem이 더 많다.* 덴버에 살고 있는 240만의 인구가 50년 동안 받는 초과 방사능은 0.1×2,400,000×50=12,000,000rem으로 4,800명의 암환자를 추가로 발생시킬 수 있는 양이다. 체르노빌 사고로 인한 피해자의 추정치보다 많다!

이런 수치들을 방사능 폭탄 테러 상황에 적용해 보자. 어떤 테러리스트가 덴버에 암환자 1천 명을 추가로 발생시킬 수 있는 정도의 방사능 폭탄을 터트렸다고 해 보자. 여러분은 덴버에 피난령을 내리고 1천 명을 구하겠는가? 이 도시에 살고 있는 사람들은 단지 그 지역에 사는 것만으로 다른 지역에 사는 사람들보다 훨씬 많은 양의 방사능에 이미 노출되었다. 폭탄 테러가 없었다고 하더라도 피난령을 내려 다른 곳으로 이주시킨다면 4,800명을 구할 수 있다. 왜 테러로 인해 발생할 1천 명의 피해자는 다르게 취급해야 하는가? 자연 방사능과 테러로 인한 방사능 사이에는 아무런 차이도 없다. 통할 수 있는 잣대는 단 한 가지, rem이다. 만약 당신이 혹시라도 그러한 결정을 내려야 한다면 정확한 수치를 알고 싶을 것이다. 어떠한 결정을 내리더라

* EPA 사이트(www.epa.gov/radiation/students/calculate.html)에 가면 사는 지역에 따라 받게 되는 방사능 수치를 볼 수 있다. 밀리렘에서 렘으로 환산하려면 1,000을 나누면 된다.

도 비난이 뒤따를 것이다. 따라서 최대한 신중하게 결정을 내리고 그 것을 납득시킬 수 있어야 한다.

어떤 사람들은 정부가 일반인 방사능 노출 허용 기준치를 자연 방사능과 비슷한 수준인 1인당 연간 0.2rem 수준으로 올려야 한다고 생각한다. 별 문제 없어 보이지 않는가? 그러나 미국 3억 인구를 고려하면 연간 6천만 렘이고, 선형 가설을 적용하면 연간 2,400명이 추가적으로 암에 걸리게 된다. 이것이 자연 방사능보다 인공 방사능의 허용 기준을 더 낮게 잡아야 한다고 주장하는 측의 이유다.

이 모든 것은 수치일 뿐이다. 정책을 결정하는 것은 당신에게 달려 있다.

무시무시한 돌연변이

방사선은 방사선 병과 암을 유발하지만 또 다른 악영향도 있다. 초기의 방사선 실험에서 고준위 방사능에 노출된 곤충이 무시무시한 돌연변이를 일으킬 수 있다는 사실이 밝혀졌는데, 이 발견은 이를 소재로 한 호러 영화로 이어졌다. 내가 지금도 생생하게 기억하는 것들은 영화 〈뎀!〉(1954, 그림 9.1)에서 나온 트럭만 한 개미들과 〈2만 패덤에서 온 괴수들〉(1953)의 거대 파충류와 〈고질라〉(1954)다. 원작 만화의 〈스파이더맨〉도 방사능 거미에 물려서 돌연변이가 된 것으로 나오지만, 최근에 영화화된 〈스파이더맨〉에서는 유전자 조작 거미로 바뀌었다. 그런 돌연변이는 실제로 위험할까?

포유류, 파충류, 어류와 같은 고등동물에서는 그와 같은 돌연변이가 발견되지 않았다. 2006년 미국 국립 과학 아카데미NAS의 보고서에 따르면 히로시마와 나가사키 피해자의 자녀들에게서 선천적 기형

그림 9.1_1954년 영화 〈뎀!〉의 포스터

이 눈에 띄게 증가하지는 않았다고 한다. 이 부분은 꼭 알아두어야 할 사실로, 돌연변이 괴물은 다만 대중의 상상 속의 산물일 뿐이기 때문이다.

고등동물이 영화에 나오는 것 같은 거대 돌연변이를 나타내지 않는다고 해서 해로운 돌연변이가 일어나지 않는다는 것은 아니다. 특히 태아들이 이런 영향을 받기가 쉽다. 방사선 영향에 관한 UN 과학위원회UNSCEAR가 이 문제를 연구했다.* 태아의 경우 1rem당 기형이 발생할 위험이 3% 증가하며, 이것은 성인의 75배에 달하는 위험도다. 임신부들이 방사선에 노출되는 것을 피해야 하는 이유이기도 하다. 줄기세포(다른 세포로 분화할 수 있는 세포)에 돌연변이가 생기면 정신지체, 기형, 암 등이 나타날 수 있으며 태아는 보통 유산된다.

2003년에 나온 다큐멘터리 〈체르노빌 하트〉에서는 체르노빌 지역의 선천적 기형이 많은 것이 사고 당시의 방사선이 원인이라고 지적하고 있는데, 대부분의 전문가들은 이 다큐멘터리가 당시 상황의 사실

* UNSCEAR의 보고서는 www.unscear.org/docs/reports/annexj.pdf 에서 볼 수 있다.

을 정확하게 반영하고 있지 않다고 생각한다. 다른 비슷한 사건들(히로시마와 나가사키)의 경우 그런 문제들이 나타나지 않았기 때문이다. 예를 들면 영화에 등장하는 병들은 이미 그 지역에 널리 퍼져 있었다고 보는 것이 타당하며, 높은 알코올 소비와 흡연율 때문일 가능성이 있으나, 지역의 질병 상황은 체르노빌 사고 이후 집중적인 의료처치가 이루어진 직후에 외부에 알려졌다. 물론 다큐멘터리 영화는 과학적인 연구가 아니기 때문에 제작자들이 이런 대안적인 설명을 제시할 의무는 없었지만 말이다.

엑스선과 마이크로파

엑스선은 누구에게나 친숙한 방사선이다. 어떤 이들은 방사선을 너무 두려워한 나머지 치과 엑스선 촬영도 거부한다. 치과 의사들에게 한번 물어보라. 촬영에 동의하면 치과 위생사는 우리 몸에 방사선 차폐용 납 담요를 덮이고, 엑스선 기계를 머리 옆에 대고 방을 나갔다가, 가벼운 버저 음이 들린 후에 다시 들어온다.

이런 드라마 같은 이야기에도 불구하고, 치과 엑스선 촬영은 매우 안전하다. 이런 절차들이 어떤 사람들에게는 편안함을 주지만 다른 이들에게는 두려움을 주기도 한다. 방사선의 양은 매우 적어서 1/1,000rem 이하인데, 이는 이틀 동안 받는 자연 방사능과 비슷한 수준이다. 임신부에게는 어떨까? 뭐니 뭐니 해도 태아는 매우 영향을 받기 쉬우므로 엑스선이 가장 안전한 검사 방법이라고 할 수는 없다. 하지만 방사선 차폐용 납 담요는 태아를 보호해 줄 수 있다. 또한 대체로 엑스선 검사를 통해 태아에게 엑스선보다 더 위험할 수도 있는 치과 관련 질환을 찾아내서 방지할 수 있다.

엑스선에 대한 두려움은 역사적인 경험에서 비롯된 것도 있다. 과거에는 엑스선의 방사선 양이 지금보다 많았다. 사우스브롱스에 살던 어릴 적, 동네 신발 가게에서 그림 9.2에 보이는 것 같은 기계로 내 발의 엑스선 사진을 찍은 적이 있다. 그때 받은 방사선 양이 아마도 50rem 정도였을 것이다.* 오늘날 치과 엑스선으로 받는 양의 5만 배 정도 되는 양이다. 선형 가설이 맞다면 그날 신발 가게에 한 번 간 것 때문에 내가 암에 걸릴 확률은 20%에서 20.1%가 되어 버렸다.** 당시에도 과학자들은 암에 대해서 경고했었지만 대부분의 공공기관에서는 이런 기계들을 철거하는 것에 대해서 늑장을 부렸는데, 사람들이 이 기계를 너무 좋아했기 때문이었다. 심지어 나조차도 그 신발 가게에서의 경험을 후회한다는 이야기를 하기가 망설여졌다. 그 경험은 매력적이었고 가장 생생한 내 유년 시절의 추억 중 하나다. 꼬물거리

(A) 골동품 엑스선 구두 맞춤 기계

(B) 에이드리안 엑스선 맞춤 기계

(C) 한 손님이 신발이 잘 맞는지 들여다보고 있다. 노출 시간은 대개 5~45초 정도였다.

그림 9.2_1950년대 구두 가게에서 맞춤 구두용으로 사용되던 형광 엑스선 촬영기.

* 여기에 관한 재미있는 글이 있다. David R. Lapp The X-Ray Shoe Fitter, Physics Teacher 42(2004), 354~358

는 내 발가락뼈와 구두에 박혀 있던 못의 선명한 모습 때문에 물리학자가 되겠다는 영감을 받았는지도 모른다.

엑스선은 실제로는 보통 빛의 광자photon가 가지는 에너지의 2만 5천 배의 에너지를 가진 고에너지 광자다. 엑스선은 보통의 빛이 유리를 통과하듯이 물과 탄소를 통과하지만, 칼슘이나 납처럼 무거운 원소를 만나면 통과하지 못하고 막혀 버린다. 엑스선 사진은 치아나 뼈의 그림자를 필름에 투영한 것이다(엑스선 필름은 일종의 네거티브 필름으로 빛을 받는 부분이 검게 변한다. 따라서 그림자 부분이 하얗게 나온다-옮긴이). 칼슘이 적은 부분(썩은 치아, 골절된 부위)에 엑스선을 쬐면 엑스선이 더 많이 통과되어 필름이 어두워진다. 치과의 방사선 차폐용 납 담요에 들어 있는 두꺼운 납은 우리를 보호해 준다(슈퍼맨의 엑스선 투시를 납으로 막는 것처럼).***

많은 사람들이 휴대전화의 전자파(마이크로파)에 대해서도 걱정한다. 고에너지 광자인 엑스선과는 달리 전자파는 매우 낮은 에너지의 광자다. 전자파는 에너지를 열로 전달하며, 전자레인지에서 사용되고 있다. 전자파로는 우리 몸의 DNA 분자를 파괴할 수도 없고(전자파의 열로 태우거나 굽는다면 모를까) 엑스선이나 다른 고에너지 방사선(이를테면 태양광선)과 같은 방식으로 암을 유발할 위험성은 없다. 사실 전자파에서 가장 위험한 것은 열이다. 전자파에 대한 두려움은 상당부분 감마선처럼 훨씬 더 위험한 것들과 방사선이라는 이름을 공유하

** 발에 받은 50rem은 몸 전체로는 2.5rem에 해당한다. 2,500으로 나누면 0.1%가 되는데 자연적인 확률 20%에 그만큼 더해지는 것이다.

*** 아마 슈퍼맨은 우라늄이나 플루토늄도 투시할 수 없을 것 같지만, 영화에서 그런 상황이 나올 것 같지는 않다. 자세한 설정은 없지만 슈퍼맨은 크립톤이 들어 있을 것 같은 크립토나이트에 약한 것으로 되어 있는데, 아마 어릴 때 크립톤에 의한 방사능에 심하게 노출되었기 때문이 아닐까?

는 데서 기인한다. 사람들이 휴대전화 전자파에 대해서 갖는 두려움은 과학보다는 이름 자체로 인한 것이다.

방사능도 전염되나요?

만약 방사성 물질 근처에 노출되었다면, 우리 몸은 더 강한 방사성을 띨까? 우리가 감기에 걸리듯이 방사능에 '걸릴' 수 있을까? SF소설이라면 그렇다고 말할 수도 있겠다. 영화에서 사람들은 어둠 속에서 빛나는 원자폭탄의 빛에 그대로 노출된다. 하지만 현실 세계에서는 방사능은 전염되지 않는다(적어도 대부분의 시간, 대부분 종류의 방사선에서는). 방사능은 원자핵의 폭발이라고 했던 것을 상기하자. 방사능은 우리의 DNA를 손상시킬 수 있지만 다른 원자를 방사성 원자로 만들 수는 없다.

우리 몸의 방사능이 더 강해지는 경우는 방사성 물질이 몸에 달라붙었을 때다. 물론 실제로 우리 자체가 방사성을 띠게 되는 것이 아니라 방사성 먼지가 묻은 것뿐이다. 핵폭발로 인한 낙진이 묻거나 원자력 발전소 내부에서 견학 도중에 방사성 먼지를 건드렸을 때 그럴 수 있다(근래에 원자력 발전소를 견학했을 때는 특수 작업복을 입고 아무것도 만지지 말라고 교육을 받았다).

우리 몸을 방사성으로 만들 수 있는 단 한 가지 예외가 있는데, 바로 중성자다. 어떤 종류의 방사성 붕괴는 중성자를 방출하는데 이 중성자가 인체와 충돌하면 우리 몸을 구성하는 원자에 달라붙어서 그 원자를 방사성으로 만들어 버린다. 현실적으로는 이런 일이 일어나려면 방사선병으로 곧 사망할 수 있을 만큼의 중성자가 필요하다. 강력한 중성자에 노출된 물체는 방사성을 띠게 된다. 원자력 발전소의 원자로나 핵폭탄이 이런 원리로 작동한다.

다음 장에서 다룰 중성자 폭탄은 사실상 공격 대상 지역의 잔류 방사능을 최소화하기 위해서 설계되었다. 방사능 낙진을 뿌리는 고전적인 핵무기에 비해서 중성자가 만들어 내는 방사능은 실제로 훨씬 적다.

박테리아, 바이러스, 기생충을 잡기 위해서 음식에 방사선 처리를 하는 경우도 있다. 이런 처리를 한다고 해서 음식이 방사성이 되진 않는다. 방사선이 너무 강할 경우, 음식을 구성하는 분자들에 영향을 줘서 가끔 맛이 변하는 경우는 있다. 또, 강한 방사선에 '너무 익혀진' 경우에 몸에 해로운 화합물을 만들 가능성도 있다. 사실 이런 과다 사용의 부작용은 모든 종류의 방부제나 살충제에도 해당된다. 방사선 소독은 수년 동안 연구되어 왔고 UN 세계보건기구WHO와 미국 식품안전청FDA, 그리고 농무부에서 안전한 것으로 인정하고 있다. 미래의 지도자는 방사선의 과학적인 부분뿐만 아니라 오해와 잘못된 개념에 의한 두려움까지도 잘 다루어야만 한다.

10장 여러 가지 핵무기들

핵무기는 아마도 20세기의 가장 무서운 발명품 중 하나일 것이다. 우리에게 매우 중요한 문제인 만큼 에스키모인들이 눈을 부르는 이름만큼이나 이름도 다양하다. 핵, 핵폭탄, 원자폭탄, A-폭탄, 수소폭탄, H-폭탄, 핵분열탄, 핵융합탄, 열핵무기, 우라늄 폭탄, 플루토늄 폭탄, 중성자 폭탄, 방사능 폭탄 등. 냉전 기간 동안 상호확증파괴 전략MAD(mutually assured destruction)*이나 핵 멸망 같은 말들이 귀에 못이 박힐 정도로 자주 사용되었다. 1950년대엔 학생들에게 가장 걱정거리가 뭐냐고 물으면, '원자폭탄'이라는 대답이 나왔다. 오늘날도 마찬가지다. 사람들은 핵무기가 사라지길 바라고는 있지만 그렇게 되지 않을 것이라는 점 때문에 걱정하고 있다. 핵 확산이 연일 화제다. 이란과 북한이 미국의 대외 정책에 있어 중요 관심사가 된 것은 그들이 핵을 개발하고 있기 때문이다. 그러나 핵무기가 어떤 방향으로 진화할지를 이해

* 상대방이 핵공격을 해오면 공격 미사일이 자국에 도달하기 전 또는 도달한 후에라도 남아 있는 핵 전력을 이용해 상대방도 회복할 수 없도록 보복한다는 전략이다. 핵전쟁이 일어나면 누구도 살아남을 수 없다는 전제 아래 행하는 핵 억제 전략이다.

하기 위해서는 우선 그것이 무엇인지를 아는 것이 중요하다.

핵무기는 크게 세 가지로 나뉘며, 어떤 원소를 이용하느냐에 따라 우라늄, 플루토늄, 수소라는 이름이 붙는다. 이들 기본적인 세 가지 폭탄을 만드는 데에는 각자 다른 문제들이 있다. 간략하게 살펴보자.

- 우라늄 폭탄은 농축 우라늄-235라는 매우 구하기 어려운 물질로 만들어진다. 농축 과정은 칼루트론, 기체 분산장치, 초원심분리기와 같은 엄청난 첨단 기술이 필요하다. 만약 어떻게든 물질만 얻어낼 수 있다면 폭탄 자체는 상대적으로 만들기 쉽다. 고등학생도 설계할 수 있다는 소문이 돌 정도로 단순한 물건이니까. 설계 자체는 문제가 아니다. 가장 큰 문제는 순수한 우라늄-235를 얻는 것이다. 히로시마에 떨어진 것이 우라늄 폭탄이다.

- 플루토늄 폭탄은 원자로의 핵연료 부산물로 비교적 쉽게 구할 수 있는 플루토늄-239로 만들어진다. 원자로에 들어가지 않고서는 얻을 수 없는 물질이긴 하지만 세상에 널린 것이 원자로다. 만약 다 쓴 핵연료를 확보할 수 있고 방사선에 노출되는 것을 피할 수 있는 방사화학 관련 기술을 충분히 알고 있다면 플루토늄을 추출하는 것은 비교적 쉬운 일이다. 따라서 테러지원국이나 테러리스트들에게는 우라늄-235보다는 플루토늄을 정제하는 쪽이 훨씬 쉽다. 마치 이렇게 쉽게 얻는 것을 보상하기라도 하듯, 물질을 얻어냈다고 하더라도 플루토늄을 이용해서 핵폭탄을 만드는 것은 굉장히 어렵다. 플루토늄

폭탄을 만들기 위해서 보유해야 할 것은 내폭implosion기술인데, 극도로 개발하기 어려운 기술이다. 나가사키를 파괴한 것은 플루토늄 폭탄이다.

- 수소폭탄은 우라늄이나 플루토늄 폭탄보다 1천 배 이상의 에너지를 발산하지만 셋 중에 가장 만들기 골치 아픈 물건이다. 폭발을 시작하려면 우선 본격적인 수소 핵융합 반응을 일으키는 우라늄이나 플루토늄 폭탄이 필요하며, 따라서 먼저 폭탄 제조에 성공해야 한다. 다음에는 희귀한 수소 동위원소와 리튬을 얻어야 한다. 마지막으로 이것들을 모두 한곳에 넣어야 하는데, 1차 폭탄이 전체를 폭발시켜 흩어 버리기 전에 빠르게 수소 핵융합을 시작해야 한다. 아무래도 한두 번의 시도로는 성공하기 어려울 것이므로 상당히 정교하게 짜여진 테스트 프로그램이 필요하다. 게다가 이런 핵실험을 비밀로 유지하려면 테스트는 더욱 어려워진다. TNT 수백만 톤 규모에 달하는 폭발을 감추는 건 쉬운 일이 아니다.

이 세 가지 무기의 공통점은 엄청난 파괴력과 심각한 수준의 방사능을 방출한다는 점이다. 우라늄과 플루토늄 폭탄은 대부분의 원자를 보통 수백만 분의 1초 정도의 극히 짧은 시간 안에 폭발하게 만들 수 있다. 앞에서 방사능은 원자 내부의 매우 작은 핵이 폭발하는 현상이라고 했다. 우라늄-235와 플루토늄-239의 경우는 이 폭발에서 나온 파편이 TNT 분자가 폭발할 때보다 2천만 배나 큰 에너지를 가지고 날아간다. 우라늄 원자 하나가 TNT 분자 하나와 비슷한 무게를 지니고 있으므로,* 우라늄 1kg이 지닌 에너지는 TNT 2만 톤에 달한다고 할 수 있다. 맨해튼 프로젝트에 참여한 주요 인사 중 하나인 로버트 서버Robert Serber에 따르면 히로시마에 떨어진 폭탄에 쓰인 우라늄은 36kg 정도였다고 한다.** 만약 그것이 전부 폭발했다면 TNT로는 약 75만 톤 정도로, 거의 메가톤급에 달하는 에너지다. 하지만 실제로 방출된 에너지는 13kt에 해당하는 정도였다.*** 즉, 우라늄 전부가 폭발하진 않았다는 것이다. 히로시마 원자폭탄은 우라늄 전부가 핵분열을 일으키기 전에 폭발로 흩어져 버렸다. 비록 2% 정도밖에 폭발하지 않았지만 맨해튼 프로젝트에 참여했던 과학자들이 기대했던 것 이상의 효과였다.

폭발의 관건: 연쇄반응을 유도하는 것

핵무기에는 우라늄-235라는 특수한 종류의 우라늄이나 플루토늄-239라고 불리는 것이 쓰인다.**** 일반 우라늄이나, 수많은 다른 일반 플루토늄으로는 폭탄을 만들 수 없다. 핵이 쪼개질 때에는 원자핵 내부에서 서로 붙잡고 있던 엄청난 힘이 막대한 양의 에너지로 뿜어져 나오게 된다. 핵이 쪼개지면 그 조각들은 엄청난 에너지를 가지고 사방팔방으로 날아간다. 이 에너지의 대부분은 조각들의 정전기

* TNT 분자량(227)과 우라늄의 원자량(235)이 비슷한 까닭이다.

** 로버트 서버의 책 『로스 알라모스 입문서』에 나온 수치다. 이 책에서는 파괴력이 약 15kt에 달했으며 전체의 약 2%만 분열했다고 서술하고 있다.

*** 여러 책에서 20kt이라고 잘못 언급하고 있는데 트루먼이 알라고도모에서 했던 실험과 히로시마의 수치를 헷갈린 탓이다. 내 스승인 루이스 앨버레즈는 히로시마 현장을 조사하는 일을 맡았었는데 거기서 얻은 수치는 TNT 13±2kt이었다.

**** 뒤에 붙는 숫자는 원자량으로 원자핵의 양성자와 중성자를 합한 숫자이다. 우라늄-235는 중성자와 양성자를 합해서 235개를 갖고 있으며 일반적인 우라늄-238은 238개를 갖고 있다.

적 반발력에서 오는 것이다. 우라늄 원자핵을 쪼개려면 중성자로 슬쩍 때려 주기만 하면 된다. 이 격렬한 파괴를 핵분열이라고 부르는데, 생물 세포의 분열과 같은 의미에서 온 것이다. 이 과정에서 2개의 분열된 조각과 2개의 중성자가 튀어나간다. 분열된 조각의 운동에너지는 열로 전환되어 주변의 물질을 기화시키며 폭발을 일으킨다.

원자핵이 분열할 때 추가로 나오는 중성자가 그 옆에 있는 원자핵의 분열을 연쇄적으로 일으킨다. 다음 단계에서는 4개의 중성자, 그 다음엔 8, 16, 32…… 이런 식으로 증가한다. 2배로 늘어나는 각 단계를 세대generation라고 부르고 전체 과정을 연쇄반응이라고 부른다. 대부분의 원자핵 분열에서 연쇄반응은 수백만 분의 1초 정도로 매우 빠르게 일어난다.

81번의 배수증가를 계산해 보자. 엑셀이나 계산기가 있다면 금방 계산할 수 있다. 2를 처음 값으로 놓고 2를 곱하고 또 곱하는 과정을 반복한다. 81번 곱한 후에는 중성자의 수가 2×10^{24}개가 된다. 2 뒤에 0이 24개나 붙는 큰 숫자다. 또한 이 숫자는 히로시마 원자폭탄에서 분열된 우라늄 원자핵의 개수와도 같다. 한번 생각해 보자. 단지 수백만 분의 1초 만에 핵분열이 81번 일어나 어마어마한 숫자의 원자핵이 분열한 만큼의 에너지를 방출한다.

수학에 어느 정도 익숙하다면 이것도 생각해 보자. 분열과정은 한 세대를 넘어갈 때마다 이전의 세대 전부를 합친 것만큼의 에너지를 방출한다. 예를 들면 1+2+4+8+16+32=63으로 이 다음에 올 숫자인 64보다 1이 작다.

이 계산은 폭탄을 설계하는 데 있어 흥미로운 결과를 낳는다. 앞서 히로시마 원자폭탄은 전체의 2% 정도만 핵분열을 일으킨 상태로 폭발해서 흩어졌다고 했다. 이 과정에서 약 13kt의 에너지가 방출되었다. 그런데 연쇄반응이 딱 한 세대 더 일어났다고 해 보자. 그렇다면 에너지 방출은 두 배가 되어 TNT 13kt 규모에서 26kt 규모가 되었을 것이다. 폭탄의 위력을 예측하는 것이 얼마나 어려운 일인지 알 수 있을 것이다.

비록 핵폭발이 방사능을 방출하긴 하지만 히로시마와 나가사키에, 원자폭탄을 투하했을 때 엄청난 피해와 사상자가 발생한 것은 방사능 때문이 아니라 엄청난 에너지의 방출로 인한 것이었다. 그 에너지는 빠른 속도로 팽창하는 고온 고압의 거대한 화구를 만들어 냈고, 폭발과 충격파로 건물과 시설물들을 파괴했으며 결국 두 도시는 잿더미가 되었다. 이러한 결과는 초기의 폭발 때문이 아니라 이후에 발생한 엄청난 양의 열로 인한 열폭풍 때문이었다. 뜨거운 화구는 대기

그림 10.1_나가사키에 투하된 플루토늄 폭탄의 폭발에 의한 버섯구름

중으로 솟아올라 핵폭발의 트레이드마크인 버섯구름을 형성했다. 각각의 도시에서 약 1만 5천 명에서 3만 5천 명 사이의 사람이 사망했다(이 책은 물리에 대한 책이므로 정확한 사망자 수에 대한 논쟁은 사양한다. 어떤 숫자든 무시무시한 재앙이란 점은 마찬가지다). 그림 10.1은 나가사키의 폭발에서 솟아오른 구름이다.

버섯구름의 모양 자체는 사실 핵폭발의 본질과는 아무 상관이 없다. 어떤 종류든 대규모의 폭발에서는 그런 형태의 구름이 나타난다. 그림 10.1의 아래위 중간쯤에 옆으로 넓게 퍼진 부분은 버섯구름이 대류권계면을 뚫고 나가면서 생기는 것이다. 대류권계면은 적란운의 상층부가 퍼지게 되는 부분이다. 버섯구름은 매우 온도가 높기 때문에 계속 상승해 성층권까지 도달한다. 사진의 시점으로 이 사진이 비행기에서 촬영되었다는 것을 알 수 있다.

제2차 세계대전과 맨해튼 프로젝트

히로시마와 나가사키에 투하된 원자폭탄은 광란의 1940년대에 만들어졌다. 미국은 제2차 세계대전에 개입하면서 원자폭탄을 실제로 만들 수 있다는 것을 알게 되었다. 당시 적국이었던 독일과 일본에는 세계에서 가장 뛰어난 핵물리학자들이 있었는데 미국은 그들도 원자폭탄을 개발할 수 있다는 사실을 두려워했다. 그리하여 막대한 규모와 예산의 맨해튼 프로젝트가 시작되었다. 하지만 이 프로젝트는 단순한 코드명으로 맨해튼과는 아무 상관이 없다. 주요 실험들은 뉴멕시코에 있는 로스 알라모스에서 수행되었다. 이는 리처드 로즈Richard Rhodes가 쓴 『원자폭탄 만들기』라는 멋진 책에 잘 나와 있다. 맨해튼 프로젝트의 과학 책임자에는 로버트 오펜하이머Robert Oppenheimer

와 어니스트 로렌스Ernest Lawrence도 있었다. 과학자들의 방식대로 연구 절차를 허용해 주고 물심양면으로 지원해 준 군 책임자인 레슬리 그로브스Leslie Groves 소장도 공로를 인정받을 만하다. 과학자들은 우라늄의 연쇄반응을 지속시키기 위한 한 가지 조건을 알아냈는데, 핵분열에서 방출되는 중성자가 우라늄 덩어리를 빠져나가기 전에 다른 원자핵을 때려서 다음 핵분열을 일으킬 수 있도록 임계질량 이상의 우라늄을 모으는 것이었다.

임계질량-핵폭탄의 첫 번째 비밀

중성자는 빛이 유리를 통과하는 것만큼이나 쉽게 물질을 통과할 수 있다. 원자 내부의 공간은 대부분 전자가 차지하고 있는데 기본적으로 이것들은 전하가 없는 중성자에겐 없는 거나 마찬가지다. 그 이유는 중성자는 전하를 띠지 않고, 전자는 핵전하nuclear charge(핵력의 원인이 된다)를 띠지 않기에 서로 힘이 작용하지 않기 때문이다. 중성자는 핵과 충돌할 때만 강한 핵력으로 인해 멈춘다. 원자핵은 원자 안에서도 매우 작은 부분만을 차지하기 때문에 중성자의 대부분은 원자를 통과해 지나간다. 만약 대부분의 중성자가 원자핵과 충돌하지 않고 폭탄 밖으로 빠져나간다면 연쇄반응은 지속되지 않을 것이다. 반드시 충돌이 일어나게 만드는 가장 쉬운 방법은 우라늄을 보다 두껍게 만드는 것이다. 이 문제는 소총으로 나무를 쏘는 것과 비슷하다. 나무 한 그루를 대충 겨냥해서 쏜다면 빗나갈 확률이 크겠지만, 나무들이 빽빽한 숲을 향해서 쏜다면 그중에 한 그루 정도는 맞을 것이다.

중성자가 어떻게든 한 번은 원자핵과 충돌하게 될 정도의 우라늄

양을 임계질량이라고 부른다.* 우라늄-235는 굉장히 얻기 힘든 물질이기 때문에 임계질량의 숫자는 실제 폭탄 제조에 있어 굉장히 중요한 양이다. 만약 임계질량이 매우 크다면 무기를 만들 만큼의 우라늄이나 플루토늄을 얻어내기는 어려울 것이다. 맨해튼 프로젝트에서 과학자들이 처음 추정한 임계질량은 약 200kg**이었는데 과학자들은 전쟁기간 내내 모아도 그 양을 얻을 수 없다는 것을 알고 있었다. 그러던 중, 많은 양의 우라늄-235 대신 중성자를 반사할 수 있는 물질, 소위 탬퍼tamper라고 부르는 것으로 우라늄을 둘러싸면 된다는 것을 알아냈다. 독일에서 원자폭탄 제조를 연구하던 과학자들은 이 간단한 아이디어를 놓쳤던 것 같은데, 아마도 그 때문에 원자폭탄의 제조를 포기한 것 같다. 탬퍼를 설치함으로써 중성자는 밖으로 빠져나가는 대신 안으로 도로 튕겨져 들어가게 되었고, 폭발에 필요한 임계질량은 약 1/4로 줄어 15kg까지 내려갔다. 이 정도라면 이전에 예상했던 양보다는 훨씬 적어 도전해 볼 수 있었다(실제로는 더 큰 폭발을 위해 더 많은 양의 우라늄이 탑재되었다).

플루토늄 폭탄의 임계질량은 그보다 적은 약 6kg 정도인데, 그렇게 임계량이 줄어든 주된 이유는 플루토늄이 분열할 때는 우라늄보다 중성자를 많이 내보내서 연쇄반응이 더 빨리 일어나기 때문이다. 그럼 앞서 말한 2×10^{24}개의 원자핵이 분열을 일으키는 데는 몇 세대나 걸릴까? 이번에는 3을 계속해서 곱해 나가야 한다. 정답은 51번으로, 81번 걸렸던 우라늄에 비해서 훨씬 빠르다.

---

* 임계질량이라는 용어는 일상생활에도 비유할 수 있는데, 한두 명으로는 해결되지 않던 일이 몇 명 이상 모이면 진행이 폭발적으로 빨라지는 것을 예시로 들 수 있다.

** 200kg은 서버의 『로스 알라모스 입문서』에 나오는 수치인데, 확산 이론 계산에서 나온 것이다. 실제 값과는 차이가 있다.

6kg의 플루토늄을 탑재한 첫 번째 원자폭탄 실험이 1945년 7월 16일 뉴멕시코 주 알라모고도 핵 실험장에서 시행되었다. 플루토늄은 이 실험에 쓰인 양 전부가 350ml 음료수 컵에 들어갈 정도로 밀도가 높다. 임계질량 15kg의 우라늄은 1L짜리 우유통에 몽땅 들어간다.

히로시마에 투하되었던 우라늄 폭탄의 경우, 실전에 사용하기 전까지 한 번도 시험한 적이 없다는 사실은 제법 흥미롭다. 알라모고도에서 시험한 폭탄은 우라늄이 아니라 플루토늄 폭탄이었다. 우라늄 폭탄은 두 가지 이유로 시험하지 않았는데, 첫 번째는 우라늄-235 정제가 어려웠기 때문으로, 조금 뒤에 정제 방법에 대해 자세히 이야기할 것이다. 1945년 중반에야 과학자들은 가까스로 폭탄 하나에 탑재하기 충분한 양의 우라늄을 정제하는 데 성공했는데 이것을 실험에 사용해 버린다면 두 번째 폭탄을 제조할 만한 양이 남지 않게 되는 것이다. 두 번째 이유는 우라늄-235 폭탄의 설계가 너무 간단했기 때문이었다. 로스 알라모스의 과학자들은 폭탄이 첫 시도에서 성공할 거라고 확신하고 있었다.

여기에 나오는 대부분의 숫자는 로버트 서버의 『로스 알라모스 입문서』라는 책에서 인용한 것이다. 서버는 맨해튼 프로젝트의 물리학자로 새로 오는 물리학자들에게 그동안 폭탄 설계에 대한 노하우를 가르치는 강의를 준비했었다. 그 강의자료를 바탕으로 이 입문서를 썼는데, 후에 캘리포니아 대학 출판부에서 재출간되었다. 이 책은 당시의 물리학자들이 생각하고 있던 것을 보여 준다. 이 책이 원자폭탄을 제조하는 데 필요한 첫 단계들을 상세히 보여 준다는 이유로 책의 출간을 우려한 사람들도 있었다. 한편으로는 이 책이 원자폭탄 제조가 얼마나 정교함을 필요로 하고 이 프로젝트가 얼마나 어려운지 보여 줌으로써 여러 테러조직이나 다른 나라들의 시도를 좌절시켰을 것이라고 주장하는 사람들도 있었다. 서버의 책에는 일반적인 원자폭탄의 제조 원리가 나오긴 하지만 세부 기술까지는 언급되지 않았다.

히로시마를 파괴한 원자폭탄의 비밀: 설계가 단순한 우라늄 폭탄

모든 핵무기가 작동하는 공통 원리는 간단하다. 우선 핵분열이 가능한 물질-우라늄-235나 플루토늄-239-을 조각으로 나누어서 멀리 떨어뜨려 놓은 상태로 탑재한다. 그렇게 갈라 놓은 상태에서는 핵분열 과정에서 나오는 중성자가 그 사이로 빠져나가서 연쇄반응이 일어나지 않는다. 폭탄이 목표 지점 상공에 도달했을 때, 그 조각들을 하나로 모은다. 각 조각들이 가까워지면 중성자가 핵을 때려서 붕괴열이 발생하는데, 조각들이 하나로 합쳐지기 전에 발생한 열 때문에

그림 10.2 _히로시마에 투하된 원자폭탄. 총 길이 3m, 우라늄 조각을 하나로 합치기 위한 1.8m짜리 포신 때문에 원통형으로 만들어졌다. 작게 만들어져 리틀 보이(little boy)라는 별명이 붙었다.

조각들이 폭발적으로 흩어져 버릴 수도 있으므로 가능한 빠르게 이 과정을 진행시켜야 한다. 핵분열의 진행을 몇 세대만 놓쳐도 폭발력이 현저히 감소하게 된다.

히로시마에 투하된 원자폭탄은 단순한 '포신' 원리*를 이용한 우라늄-235 폭탄이었다. 포신 장치로 우라늄-235 조각을 다른 조각을 향해 발사하면 각 조각이 합해지면서 임계질량을 넘게 된다. 이 장치는 1.8m 정도의 길이에 0.5t 정도의 무게였다. 그림 10.2는 히로시마 원자폭탄의 사진이다. 원통형의 외형은 내부의 포신 형태가 반영된 것인데 B-29 폭격기의 폭탄 적재함에 충분히 들어가는 작은 크기였다. 히로시마는 연쇄반응으로 발생된 TNT 13kt에 달하는 에너지로 초토화되었다. 트루먼 대통령은 연설에서 20kt이라고 발표했는데 뉴멕시코 실험장에서 있었던 실험의 폭발 규모와 숫자를 혼동한 것으로 밝혀졌다.

원자폭탄 제조의 난제 : 우라늄-235 정제하기

히로시마 형 폭탄을 만들 때 어려운 점은 설계나 제작이 아니다. 원자폭탄 내부의 포통을 만드는 것은 매우 간단해서 소규모 테러조직에서도 충분히 만들 수 있을 정도다. 진짜 어려운 부분은 순수한 우라늄-235를 얻는 정제 과정이다. 천연 우라늄은 제거하기 매우 어려운 불순물을 포함하고 있다. 우라늄을 정제하는 프로젝트에는 수

* 그림과 같이 포신의 끝에 폭약을 터뜨려 그 반동으로 우라늄 조각이 반대편의 우라늄과 합쳐져 임계질량에 도달하게 만드는 방식이다.

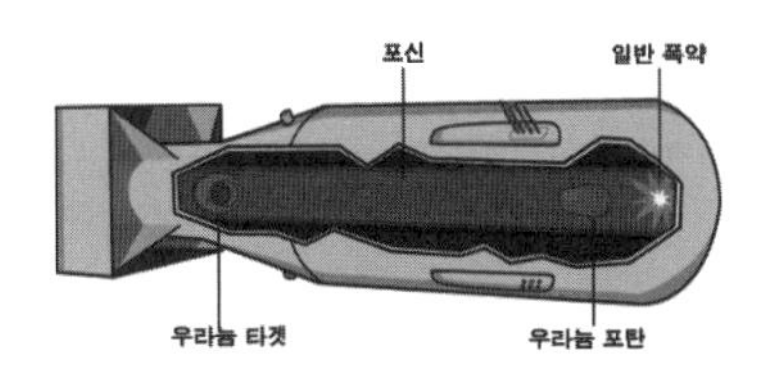

십 억 달러의 예산과 첨단 기술로 무장한 최고 수준의 과학자들이 필요하다.

사실 이 불순물은 우라늄-238이라 불리는 또 다른 형태의 우라늄이다.* 우라늄-238의 문제점은 중성자를 흡수하고 때로는 플루토늄으로 변하며 이 과정 동안 중성자를 추가로 내놓지 않는다는 것이다. 공기를 제거해 버리면 불이 꺼지듯이, 중성자가 공급되지 않으면 연쇄반응도 지속되지 않는다.

광산에서 채굴된 천연 우라늄은 99.3%의 우라늄-238 불순물과 핵분열이 가능한 우라늄-235 0.7%로 이루어져 있다. 다시 말하면 천연 우라늄의 대부분은 폭탄에 필요 없는 불순물이라는 이야기다. 우라늄-235에서 우라늄-238을 분리하는 작업을 우라늄 농축이라고 부른다. 농축도가 100%에 가까워지면 그 우라늄은 폭탄급이라 불리며 그로부터 분리된 불순물들은 열화우라늄이라 불린다. 당연히 열화우라늄의 우라늄-235 함량은 0.7% 미만이다.

우라늄 농축 과정은 극도로 어려운 작업이다. 우라늄-235와 우라늄-238은 화학적으로는 완전히 동일해서 구분할 방법이 없기 때문이다. 그래서 농축 과정에서는 우라늄-235보다 우라늄-238이 약간 더 무겁다는 점을 이용한다. 그러나 그 질량 차이도 매우 작아서 약 1.3%에 불과하다.

제2차 세계대전 동안, 로스 알라모스의 연구원들은 몇 가지 다른 방법으로 우라늄 농축을 시도했다. 처음 성공을 거둔 것은 노벨상 수

* 우라늄-235의 원자핵은 92개의 양성자와 143개의 중성자로 이루어져 있다. 우라늄-238도 92개의 양성자를 갖고 있지만(우라늄-235도 우라늄이라고 불리는 이유다) 중성자는 146개로 3개가 더 많다. 이 3개의 중성자가 원자핵을 더 단단하게 묶고 있기 때문에 연쇄반응을 막고 있다. 양성자 수는 같지만 중성자 수가 다른 원자를 동위원소라고 부른다.

그림 10.3_칼루트론. 히로시마에 투하한 원자폭탄에 들어갈 우라늄을 농축하는 데 쓰인 장치

상자인 어니스트 로렌스가 발명하고 만든 칼루트론Calutron이었다. 장치가 C자를 닮아서인지 그는 UC버클리의 별명인 Cal을 붙였다. 칼루트론은 테네시 주 오크리지에 세워졌는데 히로시마 원자폭탄에 사용된 우라늄-235는 전부 거기서 농축한 것이었다. 그림 10.3은 제2차 세계대전 때 사용되었던 칼루트론이다.

칼루트론은 기화시킨 우라늄을 사진 속에 보이는 자기장이 걸려 있는 C자형 통로를 따라 가속시키는 장치였다. 같은 속도로 움직인다면 무거운 원소인 우라늄-238은 우라늄-235보다 1.3% 큰 반경으로 원을 그리며 움직이게 되어 통로의 끝부분에서 서로 분리 수집된다. 매우 오랜 시간이 걸리고 인내심을 요하는 작업이었지만 1년 정도 작동시킨 끝에 가까스로 원자폭탄을 만들어 낼 만큼의 우라늄-235를 분리해 냈다.

제2차 세계대전 이후에는 우라늄 농축에 가스 확산법이라는 전혀 다른 방식이 시도되었다. 이 방식은 우라늄과 불소를 반응시켜 만든

그림 10.4_테네시 주 오크리지에 있는 우라늄 확산 공장

6불화우라늄UF6을 활용하는데 이 물질은 비교적 낮은 온도인 65℃에서 기체가 된다. 이 기체에 압력을 가해 다공성 물질을 통과해서 확산시킨다. 가벼운 분자(우라늄-235)는 조금 더 빨리 움직이기 때문에 좀 더 빠르게 밖으로 확산되어 빠져나간다. 공정의 한 단계를 거칠 때마다 매우 작은 양이지만 우라늄-238의 농도가 증가한다. 결과적으로 우라늄 확산 공장은 필요한 단계만큼의 장치를 모아 두기 위해서 매우 커지게 되었다. 그림 10.4에 보이는 테네시 주 오크리지에 있는 공장은 거의 1평방마일에 달한다. 이런 대규모의 시설이 필요하다는 단점에도 불구하고 냉전기간 동안 미국은 핵무기고를 채운 무기의 원료를 얻기 위해 바로 이 가스 확산법을 사용했다.

가스 확산 우라늄 농축 공정에서 최고의 기밀 사항은 바로 여기에 쓰인 다공성 물질의 특성이었다. 매우 부식성이 강한 6불화우라늄에도 버텨 내는 물질을 사용해야 했다. 지금은 이 물질의 정체가 알려져 있다. 바로 테플론Teflon이다! 많은 사람들이 우주개발 시대에 테플론을 주로 사용하기 시작했다고 잘못 알고 있지만 사실 테플론은 그 이전부터 우라늄 확산 공장의 핵심 원료였다.

원심분리기 방법

가장 효율적이고 근대화된 우라늄 농축법은 바로 가스 원심분리법이다. 빠르게 회전하는 큰 원반의 안쪽 벽에 기대 서는 놀이기구를 떠올려 보면 이 원심력이 어떤 것인지 이해할 수 있다. 여기서는 원심력 때문에 벽에 눌리는 힘을 받게 된다.* 그러다 갑자기 바닥이 밑으로 빠져 버리는데, 그래도 마찰력에 의해 여전히 벽에 붙어 있게 된다. 가스 원심분리법도 마찬가지 원리로 동작한다. 다른 점이라면 사

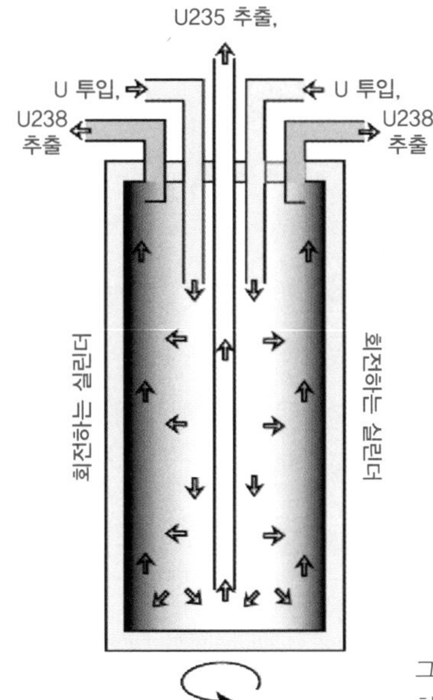

그림 10.5_우라늄-235와 우라늄-238을 분리하는 가스 원심분리기

* 물리 수업에서는 종종 원심력이 가상의 힘이라고 말하기도 하는데 이것은 어디까지나 관성계(inertial frame)에서만 해당되는 이야기다. 회전하는 계에서는 원심력은 중력과 마찬가지로 실재하는 힘이다.

람이 아니라 가스 확산법에서 쓰였던 6불화우라늄이 주인공이라는 점이다. 이 장치에서는 보다 무거운 우라늄-238이 원통의 바깥쪽에 농축되고 가운데는 우라늄-235가 남게 된다. 그 후에 그림 10.5처럼 우라늄-235를 뽑아낸다. 원심분리기 하나에서 얻어낼 수 있는 농축도는 얼마 안 되기 때문에 원자로나 핵무기에 쓸 만한 농축도를 만들기 위해서는 수천 개의 원심분리기를 거쳐야 한다.

비록 많은 수가 필요하긴 하지만 현대 기술로는 원심분리기를 매우 효율적이고 작게 만들 수 있다. 원심분리기는 매우 빠르게 회전하므로 원심력 때문에 분리기 자체가 분리되지 않게 하려면 매우 강한 재질로 만들어야 한다. 새로운 핵심 재료인 머레이징강maraging steel은 우라늄 원심분리기 외에도 로켓 몸통과 골프 클럽에도 이용된다. 미국 정보부는 골프 용품을 수출하는 것도 아니면서 머레이징강을 적지 않게 수입, 제조하는 국가들을 예의 주시하고 있다.

일반적인 원심분리 설비에는 원심분리기가 수천 대 정도 들어가지만 전체 크기는 극장 정도의 작은 크기면 충분하다. 그 정도의 설비라면 1년에 원자폭탄 몇 개를 만들 수 있는 우라늄을 정제할 수 있다. 비밀 원심분리 시설은 정보기관에서도 매우 찾아내기 어렵다. 전력을 많이 소비하는 것도 아니고, 요즘 실린더의 안정성이 향상된 덕분에 소음도 거의 없다.

핵무기 확산에 영향을 미친 것도 바로 가스 원심분리법이다. 파키스탄에서도 압둘 카디어 칸Abdul Qadeer Khan 박사에 의해 원심분리법으로 우라늄 농축에 성공했는데 이 기술은 북한과 리비아를 포함한 다른 개발도상국에도 전해진 것으로 알려졌다.

플루토늄 폭탄의 핵심 기술: 내폭 설계란 무엇인가

우라늄 폭탄과 플루토늄 폭탄은 둘 다 연쇄반응을 이용하긴 하지만 세부 기술 면에서는 차이가 있어 두 폭탄을 제조하는 데 필요한 기술도 서로 매우 다르다. 이 차이점을 이해하면 핵 확산의 가능성과 테러리스트들의 위협을 평가하는 데 매우 도움이 될 것이다.

플루토늄은 전력 생산용을 포함한 대부분의 원자로에서 만들어진다. 플루토늄은 다른 핵폐기물들과 섞여 나오지만 비교적 간단한 화학적 방법으로 분리할 수 있다. 이 분리과정을 거치는 것을 원자로의 핵연료 재처리라고 하는데 아마 신문에서 자주 봤을 것이다. 핵확산금지조약NPT(Nuclear Non-Proliferation Treaty)은 사용된 핵연료를 재처리하지 않겠다는, 즉 원자로에서 만들어진 플루토늄을 추출하지 않겠다는 약속이다.

원자로는 요즘 매우 흔하고, 재처리 과정도 우라늄 농축에 비하면 매우 간단하기 때문에 플루토늄 폭탄은 파키스탄이나 북한처럼 작은 나라들이 선택할 것 같다. 그렇지만 플루토늄 폭탄을 설계하는 데는 난점이 있다. 원자로 내부에서 분리된 플루토늄에는 다른 방사성 불순물들이 들어 있기 때문에 조폭(빨리 폭발하는) 경향이 있다. 2006년 북한의 핵실험이 실패한 것도 이 때문인 것으로 짐작된다. 임계질량은 넘어섰겠지만 폭발력이 1kt에도 미치지 못했다.

플루토늄 폭탄의 불순물은 조금 더 무거운 플루토늄-240이다. 중성자를 하나 더 가진 점을 제외하고는 플루토늄-239와 동일하며 좀 더 방사능이 강하다. 플루토늄-240은 자체 분열을 일으키는데 여기서는 중성자를 필요로 하지 않는다. 이 자발적 분열과정이 일어나는 동안 무작위로 중성자들을 방출한다. 이 중성자들이 핵분열에 도움이 될 거라고 생각할 수도 있겠지만 실제로는 그 반대다. 이로 인해 플루토늄 조각들이 조립되어 임계질량에 달하기도 전에 부분적인 연쇄반응이 시작되어 폭탄을 조기에 폭발시켜 버리고 본래 진행되어야 할 연쇄반응을 끊어 버려 위력을 100% 내지 못하게 된다.

이 문제는 제2차 세계대전 중에 알려졌는데, 한동안 맨해튼 프로젝트의 과학자들도 플루토늄 폭탄은 불가능할 것으로 생각했다. 그러나 혁명적인 해결책인 내폭이 등장했다. 발사 장치를 이용해서 두 조각을 하나로 합치는 대신, 플루토늄을 껍질 형태로 만들고 폭약으로 둘러쌌다. 폭약을 폭발시키면 플루토늄은 안쪽으로 압축하는 힘을 받게 되어 작고 밀도 높은 덩어리가 된다. 플루토늄이 강하게 압축되면 원자들 간의 거리가 매우 가까워져 중성자들이 빠져나갈 공간이 없게 된다. 충분히 압축된 후에는 연쇄반응이 매우 빠르게 진행되어 조폭이 일어날 여지가 없다.

그러나 내폭 환경을 실제로 구현하는 것은 극도로 어려운 일이다. 내폭은 조금만 쥐어도 손가락 사이로 빠져나가려고 하는 물풍선을 손으로 압축하는 것에 비유되기도 한다. 내폭은 매우 정밀해야 한다. 겉을 둘러싼 고폭약은 매우 균일해야 하며 플루토늄은 모든 방향에서 정교한 균형을 유지해야 한다. 폭약은 동시에, 균일하게 폭발해야 한다. 이것이 매우 까다로운 이유는, 폭약이라는 것은 보통 어떤 지점을 중심으로 폭발하지 표면 전체가 동시에 폭발하는 것이 아니기 때문이다. 점 폭발을 균일한 내폭으로 전환하기 위해서 폭축 렌즈*라는

* 폭탄에 의해서 만들어진 충격파가 구의 중심을 향해서 진행하도록 임계질량 이하의 플루토늄 덩어리 주변에 고성능 폭탄을 구형으로 둘러, 외부의 고성능 폭탄이 폭발하면 플루토늄이 안쪽으로 뭉쳐지도록 만든 것이다. 이것은 광학 렌즈가, 특히 볼록 렌즈가 렌즈 전체에 비춰진 빛을 렌즈의 초점에 모아 놓는 이치와 비슷하기 때문에 폭축 렌즈라고 불렸다.

특별한 기술이 개발되었다. 고폭약을 한 점에서 점화시키면 폭축 렌즈 구조로 인해 충격파가 플루토늄의 표면에 골고루 집속된다.

이 모든 것을 제대로 돌아가게 만드는 것은 우라늄 폭탄에 들어가는 발사 장치를 만드는 것보다 훨씬 어렵다. 최고 수준의 과학자와 기술자, 까다로운 기술들(고폭약의 정밀가공 같은), 많은 시험 과정과 막대한 예산을 필요로 한다. 이런 이유들 때문에 테러 단체와 같은 소규모 조직들이 플루토늄 폭탄을 만드는 것은 거의 불가능하다. 파키스탄이나 북한과 같은 나라에서는 국가의 자원을 총 동원해서 매달려야 하는 일일 것이다. 그걸 모두 해냈다고 해도 실패할 가능성이 있다. 이전에 미국이 알라모고도와 나가사키에서 달성한 20kt에 비해, 2006년 북한에서 이뤄진 핵실험은 1kt에도 미치지 못하는 수준이었다. 대부분의 전문가들은 북한 핵실험이 실패한 것으로 여기고 있으며, 조폭 때문에 연쇄반응이 어느 정도 수준에 이르기 전에 폭탄이 폭발해 버린 것이 원인이라고 생각한다.

그림 10.6은 나가사키에 투하된 폭탄이다. 히로시마에 투하된 원자폭탄보다 좀 더 불룩하게 생겼는데, 내폭을 위해서 폭약을 구형으로 만들었기 때문이다.

그림 10.6_나가사키에 투하된 플루토늄 폭탄. 내폭을 위한 구형 폭약 때문에 둥글게 생겼다. 별명은 팻 맨(fat man)이다.

중요한 부분들을 한번 요약해 보자. 우라늄-235는 15kg으로 핵무기를 제조할 수 있다. 연쇄반응이 2배수로 진행된다면 전체 원자가 반응하는 데는 81번이 걸린다. 플루토늄은 6kg인데, 음료수 캔에 다 들어갈 정도다. 플루토늄의 경우는 2배수가 아니라 3배수로 진행되므로 51번이면 전체 에너지를 방출하게 된다.* 히로시마 원자폭탄은 내부에 우라늄이 탑재된 발사 장치를 사용한다. 뉴멕시코와 나가사키에서 선보인 것이 내폭을 이용한 플루토늄 폭탄이다. 이런 사실들은 핵무기 확산의 일면들을 평가하는 데에 중요한 자료가 된다.

수소폭탄

모든 핵무기 중 가장 파괴적인 것을 꼽으라면 단연 H-폭탄, 열핵병기 등으로 불리는 수소폭탄이다. 폭발력의 역대 최고 기록은 TNT 55Mt으로, 히로시마에 투하된 폭탄의 4천 배가 넘는 규모다. 미국의 핵 무기고 대부분은 수소폭탄으로 채워져 있다. 이것들은 매우 작게 만들 수 있어서 대륙간 탄도 미사일 '포세이돈'에 탑재되며 잠수함에는 그런 미사일을 14기 실을 수 있다. 그림 10.7은 탄두에 탑재하기 위해 조립된 수소폭탄의 모습이다. 탄두가 원추형인 까닭은 우주에서 대기권으로 재돌입할 때 목표를 정확히 조준할 수 있게 하기 위해서다. 미국의 트라이던트 미사일은 탄두를 8개 탑재할 수 있다. 저 사진에 보이는 사람 크기에 불과한 탄두 하나로 대도시의 심장부를 통째로 날려 버릴 수 있다.

* 우라늄 81번, 플루토늄 51번은 히로시마 원자폭탄에서 2%에 달하는 양이 폭발하는 데 필요한 반응횟수이며 전체 에너지는 아니지만 우라늄은 5~6세대, 플루토늄은 3~4세대 정도 더 분열하면 전체가 분열하게 된다.—옮긴이

그림 10.7_미사일에 탑재되기 위해 조립된 원추형 수소폭탄. 하나하나가 대도시를 파괴할 만큼 강력하다.

수소폭탄은 2단계에 걸쳐 작동한다. 첫 번째, 일반적인 우라늄 혹은 플루토늄 폭탄을 폭발시킨다. 이 첫 단계에서 나오는 복사열이 중수소와 삼중수소를 원료로 하는 두 번째 단계에 열을 공급한다.** 이로 인해 생기는 초고온의 환경에서 중수소와 삼중수소가 핵융합을 일으켜 헬륨으로 변하는데 우라늄이나 플루토늄을 이용한 핵분열보다 단위질량당 훨씬 많은 에너지를 방출한다. 이 핵융합은 태양 깊숙한 곳에서 태양열과 태양빛의 에너지가 만들어지는 과정과 같다.

플루토늄 폭탄에서와 마찬가지로 가장 어려운 부분은 1차로 일어나는 핵분열에 의해 폭탄이 분해되기 전에 전 과정이 매우 빠르게 일

** 중수소는 일반 수소에 비해 중성자가 하나 더 많다. 삼중수소는 중성자를 2개 더 가지고 있다.

어나도록 만드는 것이다. 핵분열을 이용하는 경우에는 고폭약의 에너지만 신경을 쓰면 되지만 핵융합 폭탄에서는 1차 핵폭발이 폭탄 자체를 기화시켜 버리기 전에 모든 과정이 끝나야 한다.

수년 간 과학자들은 그것이 불가능하다고 생각했다. 그러던 중 '수소폭탄의 비밀'이라 불릴 만한 기가 막힌 방법을 고안해 냈다. 플루토늄이 핵분열을 일으킬 때에 방출하는 막대한 엑스선x-ray을 우라늄으로 만든 두꺼운 벽을 이용해 안으로 반사시켜 수소를 압축, 점화시키는 것이다. 엑스선은 빛의 속도로 전파되므로 1차 폭발의 충격파가 폭탄을 분해시키기 전에 수소에 도달할 수 있다. 이 아이디어는 최근까지 기밀로 분류되어 있었는데 상세한 기하학적 구조는 여전히 비밀이다. 플루토늄 폭탄과 마찬가지로 내폭 충격파를 완벽하게 균일하게 만드는 것은 매우 어려운 작업이다. 수소폭탄을 설계하는 것은 이토록 어려운 일이다.

두 개의 수소 원자를 하나로 합치는 핵융합을 이용한다는 점 때문에 수소폭탄은 핵융합 폭탄이라고도 불린다. 또한 매우 높은 온도가 필요하기 때문에 열핵폭탄이라고도 부른다. H-폭탄, 수소폭탄, 핵융합 폭탄, 열핵폭탄은 같은 폭탄의 별명일 뿐이다.

두 번째 비밀은 좀 더 앞서 공개되었다. 수소폭탄의 핵심 연료로 삼중수소* 대신에 방사성이 없고 안정한 리튬-6이라 불리는 금속 리튬을 탑재할 수 있다는 것이다. 리튬은 중수소(방사성이 없는 동위원소)와 결합하여 중수소 리튬LiD이라는 화합물을 만들어 낸다. 이 물질은 안정적이고 밀도가 높은 이상적인 연료다. 플루토늄이 1차 폭발을 일

* 삼중수소는 반감기가 10년으로 짧은 편이다.

으키면 중성자가 리튬-6을 때려 삼중수소를 만든다. 그렇게 1차 폭발이 시작되고 수백 만분의 1초 안에 수소폭탄의 연료 절반에 해당하는 삼중수소가 만들어진다. 나머지 절반인 중수소는 자연에서 흔히 발견되는 원소로 물에서 쉽게 추출할 수 있다.

앞서 핵융합 과정에서 중성자가 방출된다고 했다. 일반적인 수소폭탄에서 이 중성자들은 수소 연료를 감싸고 있는 열화우라늄(우라늄-238, 이 우라늄은 밀도가 높아 엑스선을 반사한다)에 의해 보다 많은 에너지를 내는 데 쓰인다. 핵융합에서 방출되는 중성자는 매우 높은 에너지를 가지고 있는데, 이 중성자가 우라늄-238을 때리면 핵분열을 일으키게 된다. 보통 수소폭탄의 에너지 절반은 2차 핵분열에서 나온다. 우라늄-238이 핵분열을 일으키면서 엄청난 수의 핵분열 파편들을 만드는데 이것이 우리에게 잘 알려진 낙진Fallout이다. 폭발 자체로 인한 사망자보다 수소폭탄의 낙진으로 죽는 사람이 더 많다.

우라늄-238도 핵분열을 한다면 왜 핵폭탄의 재료로 쓰이지 않을까? 해답은 그것이 분열할 때 연쇄반응을 지속할 만큼 충분한 중성자를 내놓지 않기 때문이다. 하지만 이 핵분열에서도 에너지와 핵분열 파편이 생성된다.

핵폭발의 가장 큰 두려움, 낙진

메가톤급 핵무기가 진짜 무서운 이유는 방사능 낙진 때문이다. 낙진은 우라늄과 플루토늄의 핵분열 부산물로 이루어져 있다. 특히 폭탄이 지상 가까이에서 터졌을 때가 문제인데 폭발의 화구가 많은 양의 먼지와 다른 물질들을 위로 빨아올리기 때문이다. 먼지와 물질들은 매우 방사능이 높은 폭탄재와 함께 공중으로 올라간다. 이것들이 그냥 높이 떠 있기만 한다면 방사능은 크게 해를 끼치지 않는다. 낙진을 구성하는 방사능 물질은 대부분 반감기가 짧아서 몇 시간 정도 공중에 떠 있는 동안 붕괴되어 사라진다. 하지만 이 재들이 지상의 먼지들과 함께 뒤섞이면 점차 무거워져 가라앉으면서 지표가 방사능에 오염된다. 낙진은 지상에 넓게 확산되어 폭발 그 자체보다 더 많은 인명피해를 일으킨다.

1950년대, 미국 전역에는 낙진 대피소가 세워졌다. 대피소에는 짧은 반감기의 낙진이 사라지거나 최소한 방사선병을 유발하지 않을 안전한 수준까지 떨어질 동안 몇 개월을 버틸 수 있는 충분한 식량과 물이 준비되었다. 많은 사람들이 핵폭발에 견디지도 못할 거라고 대피소를 비웃었지만 대피소의 본래 목적은 폭발 자체를 피하려는 것이 아니었다. 대피소를 차지하기 위해 싸우거나, 자리가 부족하다고 늦게 온 사람들을 거부하는 아수라장을 상상하는 사람도 있었고, 어떤 사람들은 개인 방공호를 만들고 침입자를 대비한 무기까지 갖추기도 했다. 핵전쟁의 공포로는 모자랐는지 이런 시나리오들은 점점 더 두려움을 양산시켰다.

낙진의 대부분은 반감기가 짧은 방사능 물질로 이루어져 있지만, 고방사성 물질인 스트론튬-90도 5% 이상 포함하고 있다. 스트론튬-90은 반감기가 29년이며 음식을 쉽게 오염시킬 수 있다. 핵무기 실험의 장기적인 피해를 걱정하던 1950년대에는 스트론튬-90이 대중에게 제법 잘 알려져 있었다. 스트론튬-90이 풀 위에 내려앉고, 소가 그것을 먹고, 아이들이 먹는 우유로 들어가면 결국 칼슘과 화학적 성질이 비슷한 스트론튬은 뼛속에 농축된다.

낙진 대피소와 함께 널리 비웃음을 샀던 또 다른 조치는 학교에서 시행된 피난 훈련이었다. 어렸을 때, 핵폭발의 신호인 밝은 섬광에 대비하고 있다가 그것을 보게 되면 책상이나 테이블 아래에 웅크리고 숨는 훈련을 받았다. 어린이들이 가장 무서운 것으로 핵폭탄을 꼽았음은 당연하다. 그렇게 배웠으니까. 사람들은 책상 아래에 숨는 것으로는 핵폭발을 피할 수 없다면서 이 조치를 비웃었지만, 이번에도 그들은 책상 아래로 피하는 목적을 오해했다. 폭발 중심에서 수 킬로미터 정도 떨어진 거리에서도 충격파는 유리를 산산조각 낼 수 있다. 책상 아래에 숨는 것은 비산하는 유리조각들을 피하기 위해서다.

대형 폭탄

핵분열을 이용하는 폭탄을 대형으로 만드는 것은 매우 어려운 일이다. 제대로 터지기도 전에 산산조각 나기가 쉽다. 게다가 우라늄과 플루토늄은 굉장히 비싸다. 그에 비해 중수소와 리튬-6은 상대적으로 값이 쌌고 당시 기술은 이미 엄청난 위력의 수소폭탄을 마음대로 만들 수 있을 정도로 발전해 있었다. 1950년 초반은 그야말로 '대형 폭탄'의 시대였다. 미국과 소련은 누가 더 강한 폭탄을 만드는가를 놓고 경쟁하고 있었다. 마침내 소련은 1956년에 히로시마 원자폭탄의 4천 배에 달하는 55Mt 규모의 폭발을 성공시켜 승리를 장식했다.

계속된 핵실험의 후유증으로 지구의 대기가 방사능으로 오염되고 있다는 여론의 압박이 커져 이 경쟁은 중지되었다. 실제로 이 시기의 핵실험 때문에 대기 중의 방사성 탄소가 두 배로 증가했다. 미사일에 싣지도 못할 정도로 폭탄이 커졌기 때문이라는 냉소적인 이야기도 있었다. 그리고 일반적으로 폭탄은 나눠서 여러 조각으로 만드는 쪽이 더 큰 위력을 발휘한다.

작은 무기가 더 큰 위력을 발휘한다

대형 폭탄을 쪼개서 작은 폭탄으로 만들면 파괴력을 더 높일 수 있다는 건 다소 놀라울지도 모르겠다. 폭발을 잘게 나눌 수 있다면 파괴 지역을 더 넓게 확산시킬 수 있다. 대형 폭탄은 넓은 면적을 증발시켜 버릴 수 있지만, 소형 폭탄 한 다스로는(증발시켜 버리지는 못해도) 훨씬 더 넓은 면적을 초토화시킬 수 있다.

그 이유를 알아보자. 그림 10.8은 뉴욕에 1Mt 원자폭탄이 떨어졌을 때의 파괴 정도를 나타낸 것이다. 안쪽 원은 폭발 반경, 바깥 원은 화재로 불타게 되는 영역이다. 50Mt 폭탄이라면 반경은 거의 4배 넓어지고 그림 10.8에 보이는 영역 대부분을 덮게 된다.*

이제 큰 폭탄을 작은 조각으로 나누었을 때 어떻게 되는지 보자. 대형 폭탄의 파괴 반경이 2km이라고 해 보자. 파괴되는 면적은 πr^2=12.6km^2이다. 이것을 8개의 조각으로 나눠 보자. 각각의 파괴력은 1/8이고 파괴반경은 1/2로 줄어** 1km^2이 된다. 각각의 작은 폭탄은 πr^2=3.14km^2을 파괴할 것이고 8개라면 총 25km^2을 초토화할 수 있다. 한 덩이의 대형 폭탄일 때보다 2배나 넓어진다.

이걸 단순하게 생각할 수 있는 방법이 있다. 하나의 큰 폭탄은 작은 폭탄 8개를 한꺼번에 같은 장소에서 터트린 것과 같은 효과를 낸다. 하나만 가지고도 0.5km^2을 쓸어 버릴 수 있으니 낭비인 셈이다. 8개를 한 장소에 몰아넣어서 같은 장소를 또 파괴할 필요는 없지 않겠는가. 살상이 목적이라면 파괴력을 넓은 영역에 분산시키는 것이 낫다.

---

* 위력을 파괴할 수 있는 영역의 부피에 비례한다고 하면 반경의 세제곱에 비례하게 된다. 따라서 50배로 위력이 증가하면 파괴반경은 세제곱근인 3.7배가 증가한다.

** 여기서도 세제곱근이 적용되어 1/8의 세제곱근인 1/2이 된다.

그림 10.8_뉴욕에 1Mt 원자폭탄이 떨어졌을 때 예상 피해도. 안쪽 원(A)은 폭발 반경, 바깥 원(B)은 화재로 인한 피해 반경이다.

1980년대, 레이건 대통령은 미국의 일방적 핵무기 군비감축을 발표했다. 그때 공개적으로 발표하지 않았던 것은 전체 규모(TNT 규모)는 줄였지만 그것을 작은 탄두로 쪼개서 결과적으로는 더 큰 파괴력을 보유하게 됐다는 사실이다. 그는 정직하려고 했지만, 모든 것을 숨김없이 드러내진 않았다. 아니면 당시의 그는 지금의 우리보다 물리를 몰랐을지도 모른다.

11장 광기의 핵무기 경쟁

2007년에 미국과 러시아는 실전 배치된 전략 핵무기의 숫자를 서로에게 공개했는데, 미국은 5,866기, 러시아는 4,162기라고 밝혔다. 1Mt 미만의 소형 탄두가 대부분이긴 하지만 그런 어마어마한 숫자를 보면 광기라고 부를 만하다. 이런 상황은 마치 마트에 장보러 갈 때 몸에 다이너마이트를 두르는 것과 마찬가지라고 할 수 있다. 누가 당신을 상대로 강도짓을 하려고 한다면 '다 같이 죽어 보자'고 협박하자. 이제 좀 안심이 되는가?

위에 밝힌 보유량은 양국의 핵무기 보유분을 6천 기 이하로 줄이겠다는 1991년의 조약 사항에 맞춘 것이다. 조약은 2009년 12월이 만기로 되어 있다. 2002년에 조인한 조약에는 2,000기까지 감축하기로 합의했다.* 이런 조약의 대상이 되는 무기들은 설계 방식에 따라 약 10가지로 구분되는데 대부분은 핵융합, 핵분열을 조합한 것이다.

어느 정도가 적당한 것일까? 이 거대한 핵 무기고가 만들어진 역

* 지금까지의 정보를 보려면 미국 과학자 연합에서 운영하고 있는 사이트를 추천한다. http://nuclearweaponarchive.org

사적 배경이 흥미롭다. 냉전기간 동안 미국은 지금 러시아의 전신인 소련의 기습공격을 늘 두려워했는데 기습 선제공격에 의해 대부분의 무기가 파괴될 것을 가정하고 있었다. 그래서 단 1%의 무기만 남더라도 소련을 박살낼 수 있을 만큼의 화력을 준비하게 된 것이다. 물론 그러기 위해서는 100배의 화력이 필요하다. 소련이 이런 보복조치가 불가피하다는 것을 깨달으면 선제공격을 할 수 없을 것이라고 생각했던 것이다. 이런 개념은 상호확증파괴Mutually assured destruction 혹은 MAD라고 불린다. 약자에서 볼 수 있듯이 많은 사람들이 이런 정책을 두고 둘 다 진짜 미쳤다(mad)고 생각했다. 어떤 이들은 초강대국들 사이에 전쟁이 일어나지 않게 막은 성공적인 정책이었다고 평가하기도 한다. 1964년 작 〈닥터 스트레인지 러브〉에서는 그런 전략에 내재된 위험의 아이러니를 볼 수 있다.

충분하다는 것이 무엇인가? 라는 질문에 대한 대답은 물리학보다는 미래의 전략적 상황에 대한 비전과 더 관련이 깊다. 물리학자들은 핵으로 인한 대량살상의 위험이 너무도 크기 때문에 제대로 된 해결책은 핵무기 보유고를 0에 가깝게 줄이는 방법뿐이라고 주장한다. 어떤 이들은 자유에는 대가가 따른다는 것을 깨닫지 못해서 전쟁은 끔찍하다는 소리만 하는 것뿐이라고 받아친다. 이런 질문들은 과학의 영역이 아니므로, 여기서는 더 이상 다루지 않겠다.

오늘날 기술적인 이슈는 비축에 대한 책임stockpile stewardship이다. 이 용어는 무기들이 노화됨에 따라 폭발시키려고 할 때 문제가 생길 수 있다는 것을 나타낸다. 1차 폭발과정의 내폭은 매우 섬세하게 조정된 현상인데 여기에 사용된 물질들이 시간이 흐르면서 변질되면 내폭이 제대로 되지 않을 수 있다. 전에는 주기적인 폭발 시험으로 내폭이 잘 작동하는지 확인할 수 있었지만 지금은 그런 테스트를 할 수 없는 시대가 되었다(한편으로는 다른 나라들이 더 이상 핵무기를 개발할 수 없게 하는 조치이기도 하다). 그래서 리버모어와 로스 알라모스에서는 폭탄을 직접 폭발시키지 않고도 무기의 성능을 시험할 수 있는 방법을 연구하는 프로젝트가 한창이다. 이것은 거대한 기술적 도전과제가 될 것이다.

중성자 폭탄과 핵무기 패러독스: 파괴력이 커도 문제, 낮아도 문제

중성자 폭탄은 카터 정권 시절에 악명을 떨쳤던 수소폭탄의 친척뻘이다. 앞서 수소 핵융합 과정에서 고에너지 중성자가 나온다는 것을 설명했었다. 고에너지 중성자는 방사선병을 유발해서 죽음에 이르게 할 수 있다. 중성자 폭탄은 인명 살상이 가능한 중성자는 많이 만들어 내는 반면에 에너지와 방사능 부산물은 적게 만들어 내는 폭탄으로 고안되었다. 중성자 폭탄은 러시아가 미국의 우방국을 침략했을 때 그들을 몰아내기 위한 방법이다. 적은 몰아내더라도 우방국 영토까지 초토화시키는 것은 곤란하니까.

중성자 폭탄의 핵심은 1차 핵분열을 매우 약하게 해서 방사성 부산물을 줄이고 충격파가 큰 파괴력을 내지 못하도록 2차 폭발도 작게 만드는 것이다. 그래도 중성자는 수백 미터를 날아가 적의 부대원을 죽일 수 있다.

중성자 폭탄의 존재가 알려지자 사람들은 경악했다. 아이러니하게도 중성자 폭탄이 일반 수소폭탄보다 파괴력이 낮다는 점을 문제삼았다(그 반대가 아니냐고 생각할지도 모르겠다). 건물을 파괴하지 않는다는 것은 중성자 폭탄이 널리 쓰일 수 있다는 것을 의미했다. 핵무기를 손쉽게 사용할 수 있다는 것, 그것이 문제였다.

이것은 무기 패러독스의 한 예다. 더욱 강력한 무기를 만드는 것은 명백하게 문제가 된다. 덜 위협적인 무기를 만드는 것도 무기 사용을 더욱 부추길 수 있어 마찬가지로 문제가 되는데, 결국 군사무기 변화에 있어서 어떠한 제안도 할 수 없다는 이상한 결론에 다다르게 된다. 이런 패러독스의 예는 군사 부문 외에서도 발견되는데, 경찰이 용의자 검거에 테이저 건*을 사용하자는 제안도 그 한 예다.

핵이 확산되다

맨해튼 프로젝트에서는 일단 제대로 일이 시작된 후로는 3년 동안 3개의 핵무기를 만들어 냈다. 그러니 사실 엄청나게 어려운 건 아닌 거 같지 않은가? 물론 맨해튼 프로젝트에는 세계 정상급 과학자들 대부분이 모여 있었다. 그러나 지금은 그들이 그렇게 힘들여 발명해 낸 것들 대부분이 공개되어 있다. 우라늄, 플루토늄 폭탄 설계에 대한 기본적인 것들은 맨해튼 프로젝트의 물리학자였던 로버트 서버가 쓴 『로스 알라모스 입문서』(그림 11.1)에 대부분 나와 있다. 이 문서는 아이젠하워 정권 시절, 원자력을 평화적으로 이용하자는 계획의 일환으로 기밀해제되어 등사본으로 회람되었다. 그림 11.1은 내가 로렌스 리버모어 국립 연구소 도서관에서 확인한 사본의 한 페이지다. 지금은 캘리포니아 대학 출판부에서 양장본으로 개정판이 나와 있다. 이 책은 이것을 진지하게 연구하려는 단체들의 일거리를 많이 덜

* 전기충격 총. 테이저 건은 총알 대신 전선으로 연결된 두개의 침을 발사해 순간적으로 5만V의 고압전류를 사람의 몸에 흘려 중추신경계를 마비시킨다. 미국의 경찰은 총기보다 사고 위험이 적고 효과적이라 테이저 건이 널리 보급되었다. 그러나 전자총을 맞고 사망하는 사고가 발생하자 테이저 건에 대한 안전성 논란이 이어지고 있다.

concentration of impurities in 25 may be 10^4 times that in 49 for the same background, which is not at all difficult of attainment.

To summarize: 49 will be extremely difficult to work with from the stand-point of neutron background whereas 25 without U tamper will be not very difficult.

20. Shooting

We now consider briefly the problem of the actual mechanics of shooting so that the pieces are brought together with a relative velocity of the order of 10^5 cm/sec or more. This is the part of the job about which we know least at present.

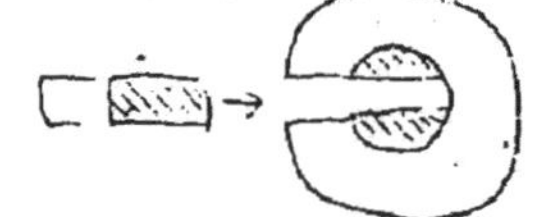

One way is to use a sphere and to shoot into it a cylindrical plug made of some active material and some tamper, as in the sketch. This avoids fancy shapes and gives the most favorable shape, for shooting; to the projected piece whose mass would be of the order of 100 lbs.

The highest muzzle velocity available in U. S. Army guns is one whose bore is 4.7 inches and whose barrel is 21 feet long. This gives a 50 lb. projectile a muzzle velocity of 3150 ft/sec. The gun weighs 5 tons. It appears that the ratio of projectile mass to gun mass is about constant for different guns so a 100 lb. projectile would require a gun weighing about 10 tons.

The weight of the gun varies very roughly as the cube of the muzzle velocity hence there is a high premium on using lower velocities of fire.

Another possibility is to use two guns and to fire two projectiles at each other. For the same relative velocity this arrangement requires about 1/8 as much total gun weight. Here the worst difficulty lies in timing the two guns. This can be partly overcome by using an elongated tamper mass and putting all the active material in the projectiles so it does not matter exactly where they meet. We have been told that at present it would be possible to synchronize so the spread in places of impact on various shots would be 2 or 3 feet. One serious restriction imposed by these shooting methods is that the mass of active material that can be gotten together is limited by the fact that each piece separately must be non-explosive. Since the separate pieces are not of the best shape, nor surrounded by the best tamper material, one is not limited to two critical masses for the completed bomb, but might perhaps get as high as four critical masses. However in the two gun scheme, if the final mass is to be ~ 4Mc, each piece separately would probably be explosive as soon as it entered the tamper, and better synchronization would be required. It seems worthwhile to investigate whether present performance might not be improved by a factor ten.

그림 11.1_『로스 알라모스 입문서』(21페이지)는 1950년대 원자력의 평화적 이용을 위한 계획의 일환으로 기밀해제되어 출판되었다. 이 페이지는 우라늄 폭탄의 포신형 설계를 묘사하고 있다.

어 줄 뿐 아니라 폭탄 제조에 필요한 섬세한 부분을 잘 묘사해 놓아서 탐독할 만한 가치가 있다. 그중 한 예로 이 책은 앞에서 언급한 탬퍼를 포함한 몇 가지 방법으로 폭탄에 필요한 임계질량을 줄일 수 있음을 보여 준다.

독일은 왜 제2차 세계대전 중에 핵무기 개발에 실패했는가? 전문가들은 독일은 앞서 책에서 설명했던 여러 해법들을 찾지 못했으며 임계질량이 너무 크다고 생각하고 일찌감치 폭탄 개발에서 손을 뗀 것으로 파악하고 있다.*

영국(제2차 세계대전 동안 핵무기에 관한 비밀을 공유했던)을 포함해 러시아, 프랑스, 중국, 인도, 파키스탄, 최근에는 북한이 핵무기를 개발하고 시험했다. 시리아에 있던 비밀 핵시설이 2007년 9월 이스라엘의 공격으로 발견되기도 했다. 나는 1973년 이스라엘이 비밀 핵실험 의혹을 받을 당시 정보부의 자료를 검토하는 정부 위원회에서 일했었다. 위원회는 핵실험의 증거가 유효하지 않다는 결론을 내렸다. 그럼에도 불구하고 대부분의 전문가들은 이스라엘이 이미 핵무기를 만들었다고 생각했는데, 맨해튼 프로젝트에서 만들어진 폭탄 3개 모두 다른 시험 절차 없이 잘 작동했다는 것을 들어 설계에 만전을 기한다면 시험이 반드시 필요하진 않다는 점을 언급했다. 이란은 핵무기 제조에 쓰이는 우라늄-235를 정제할 수 있는 원심분리형 우라늄 농축 시설을 개발하고 있다.

제작이 가장 쉬운 것은 아무래도 포신형의 우라늄-235 폭탄이다.

---

* 내 스승인 루이스 앨버레즈도 그렇게 생각하고 있다. 그는 나가사키에 투하된 폭탄의 트리거 회로를 만들었으며 히로시마 폭탄의 위력을 측정하기도 했다. 그는 독일의 핵폭탄 개발 계획이 실패한 것에 대해 수직적인 조직을 원인으로 꼽았는데 그래서 하이젠베르크와 같은 윗사람들의 실수를 잡아내기가 어려웠던 것으로 보고 있다.

그림 11.2_UN에 의해 폐기된 이라크의 칼루트론

우라늄만 정제해 낼 수 있다면 복잡한 내폭 설계가 필요하지 않다. 사실 사담 후세인은 쿠웨이트 침공 이전에 우라늄 폭탄을 개발하고 있었다. 걸프 전쟁이 끝난 후, UN은 이라크가 우라늄 농축을 위해 가동하였던 칼루트론을 발견했다. 추정된 우라늄 농축도는 35% 정도였던 것으로 알려졌다. 폭탄용 우라늄-235를 얻어 내는 나머지 과정은 그리 어렵지 않으므로 얼마 지나지 않아 폭탄을 제조했을 것이다. 어쨌든 UN은 그림 11.2에 보이는 것처럼 이라크의 칼루트론들을 폐기했다.

사람들은 이라크가 핵무기를 개발하고 있다고 생각하지 않았기에 칼루트론의 사진을 보고 혼란스러워 했다. 이 사람들은 두 사건을 혼동하고 있는데, 1990년 이라크에서는 확실히 핵무기를 개발하고 있었다. 이것 때문에 많은 분석가들이 미국이 이라크를 재침공한 2002년에도 이라크가 핵무기를 개발하고 있었다는 잘못된 결론을 내렸다.

얼마나 걱정해야 할까?

초창기 핵폭탄 설계에 참여했던 전문가 친구는 놀랄 정도로 비관적이었다. 그 친구는 앞으로 10년 내에 핵무기가 터질 확률이 50%에 달하는 날이 올 것이라고 말했다. 이제 가장 큰 위협은 러시아도 미국도 아니다. 이스라엘은 그들의 존재가 위협받는다는 생각이 들면 그들의 비밀무기를 꺼낼 것이다. 카슈미르 지방에서 계속되는 인도와 파키스탄의 대립을 보면 핵을 가진 이 두 나라 사이에 언제 전쟁이 일어나도 이상하지 않을 정도다. 테러조직의 위협도 있다. 구소련이 붕괴한 후 거대한 무기고를 관리하는 시스템도 같이 붕괴됐다. 그들의 무기가 다른 데로 빼돌려졌거나 테러조직에 판매되었을 가능성이 없다고 할 수 없다.

미래는 앞의 친구가 말한 것처럼 그렇게 위험한 것일까? 어떤 이들은 테러리스트의 폭탄 위험은 과장되었다고 평가하며, 너무 긴장을 늦추지 않는 한 소련의 위협이 사라진 것을 기뻐해도 좋다고 한다. 어째서 이렇게 서로 의견 차이를 보이는 걸까? 내 생각에는 핵 전문가들이 국제 정세의 전문가가 아니고, 정치가와 외교가들이 핵 문제의 전문가가 아니기 때문인 것 같다. 사실 최종적인 결론을 내리는 데 필요한 것 전부를 따져볼 수 있는 사람은 아무도 없다. 개인적으로는 핵무기보다 생화학무기 쪽이 더 걱정이다. 이런 생각도 별로 위안이 되진 않을 테지만.

원자폭탄이라는 이름

미국 대통령 해리 트루먼은 1945년에 히로시마에 원자폭탄 투하 성명을 발표했다. 그는 그 폭탄을 원자폭탄이라고 언급했다. 이 이름은 지금도 쓰이고 있다. 과연 적절한 이름일까? TNT도 원자의 결합과 분해에서 나오는 에너지를 이용하므로 오히려 원자폭탄이라는 이름은 TNT에 더 어울린다고 주장하는 사람도 있을 것이다.

어떻게 생각하는가? 원자폭탄이라는 이름은 적절한 이름일까? 원자핵에서 나오는 에너지를 이용하는 무기에 맞는 다른 용어가 필요하다고 생각하는가? 엄정하게 과학적으로 이름을 지어야만 할까? 언어 사용에 있어서는 나도 누구에게 뭐라 얘기할 만한 권위는 없다. 내 평범한 느낌으로는 원자폭탄도 다른 용어들처럼 그럭저럭 쓸 만하다고 생각한다. 아무튼 원자핵도 원자의 일부다. 어떤 면에선 이전의 모든 무기들은 원자 간의 결합에서 에너지를 낸다는 점에서 분자폭탄이라고 볼 수 있다. 제2차 세계대전의 핵무기들은 원자 하나하나에 들어 있는 에너지를 낼 수 있었던 최초의 무기다.

그렇다면 이른바 '누클라nukular'[조지 W. 부시 대통령은 뉴클리어(nuclear)라는 단어를 누클라(nukular)로 발음해 조롱거리가 되었다-옮긴이]는 어떤가? 드와이트 아이젠하워 대통령, 물리학자 에드워드 텔러 지미 카터 대통령(원자력 잠수함에서 복무했던), 그리고 최근의 조지 W. 부시 대통령 등 많은 사람이 '핵nuclear'을 그렇게 읽었다. 이건 잘못된 발음일까? 학자들은 그렇게 생각한다. 학계에서는 이렇게 발음하는 사람을 조롱한다. 하지만 '누클라'는 미리엄-웹스터 사전이나 옥스퍼드 영어 사전에 방언의 한 형태로 수록되어 있다. 에드워드 텔러는 수소폭탄의 발명자 중 한 사람이다. 그는 종종 수소폭탄의 '아버지'로 불린다. 그런 그라면 자기가 원하는 대로 부를 권리를 갖고 있지 않을까?

'누클라'라는 발음은 제2차 세계대전 이후 무기 공장 일부에서

관행적으로 사용되었다. 철자는 같지 않다. 나는 개인적으로 그것을 철자대로 발음한다. 어떤 학자들은 '누클라'라는 발음이 핵무기를 의미하는 '뉴크nuke'라는 단어에 일부 단어(spectacular, popular, molecular)에서 쓰이는 어미 '-ular'를 붙여 만든 것이라고 설명한다. 그것은 정말로 틀린 표현인가? 우리는 사실 철자대로 발음되지 않는 많은 영단어를 사용하고 있다. 다시 말하지만 이건 내 전문 분야가 아니다. '뉴클라nucular'라는 이름의 흥미로운 위키피디아 항목을 읽어보라. 하지만 주의할 필요가 있다. 에드워드 텔러의 발음법을 따라하지만 그만큼의 명성을 갖고 있지 않다면 사람들은 당신의 발음을 조롱할 것이다. 이것 역시 미래의 대통령이 알아야 할 중요한 사항이다.

12장 녹색 성장, 혹은 목숨을 담보로 한 위험한 선택

원자력. 이 말을 들었을 때 어떤 느낌을 받는가? 1997년의 한 조사기관이 '핵반응'이라는 말에서 무엇이 연상되는지 시민들을 대상으로 설문한 적이 있다. 그들의 답은 재앙, 역겨움, 위험, 방사능 등이었다. '진보적인' 컬럼니스트 니콜라스 크리스토프Nicholas Kristof는 2005년 「뉴욕타임스」의 특집 기사에서 '원자력은 녹색이다'라는 글을 기고했다. 체르노빌 원전 사고로 수천 명이 죽고, 모든 사람이 방사성 폐기물 문제가 아직 해결되지 않았다는 것을 알고 있는데 어떻게 그런 결론을 내리게 되었을까? 뭐가 어떻게 돌아가는 걸까. 우리는 원자력에 찬성해야 하는가, 반대해야 하는가?

이런 질문에는 대중과 지도자들 모두 혼동하는 부분이 많다. 이 논란 많은 이슈의 양 끝의 입장에 있는 사람들은 서로 자신의 관점이 당연하다고 여기고 거기에 동조하지 않는 사람들을 의심스럽게 노려본다. 미래의 지도자들은 원자력을 둘러싼 이슈와 늘 싸워야 하며, 관련된 결정을 내리는 것뿐만 아니라 그 결정이 옳았음을 대중들에게 납득시켜야 한다. 이 어려운 숙제들을 풀기 위해서는 과학을 알아야 한다.

원자력 발전소의 상징이라고 하면 그림 12.1에 보이는 건물이다. 크고 웅장한 곡선 형태의 구조물은 사실 원자로가 아니라 냉각탑이다. 원자로 본체는 왼쪽 뒤편에 있는 수직 원통형 구조 안에 들어 있다. 사진의 원자로 건물은 건설 중으로, 반원형 덮개가 아직 완성되지 않았다.

원자로의 원리는 핵폭탄과 매우 유사하다. 둘 다 우라늄-235 혹은 플루토늄-239의 연쇄반응에서 에너지를 얻는다. 단지 폭탄에서는 연쇄반응을 이용해서 수백만 분의 1초 동안 모든 분열이 일어나도록 만드는 반면에, 원자로에서는 연쇄반응을 억제한다는 것이 다르다. 원자로에서는 분열 과정에서 발생하는 두 개, 혹은 세 개의 중성자 중 평균적으로 단 한 개만 다른 원자에 충돌을 일으켜 일정한 비율로

그림 12.1_원자력 발전소. 냉각탑이 보인다.

분열하게 만든다. 일정한 비율로 방출되는 에너지는 물을 데워 증기를 발생시켜 터빈을 돌려서 전기를 생산한다. 화석연료를 쓰느냐, 우라늄을 쓰느냐 하는 차이를 빼면 가스와 석탄을 이용하는 화력발전소도 같은 원리로 동작한다. 대형 원자력 발전소도 화력발전소와 거의 같은 10억 와트, 즉 GW 단위의 전기를 생산한다. 일반 가정에서 1천 와트를 쓰는 것을 감안하면 이런 발전소 한 기는 약 100만 가구를 감당할 수 있다. 미국 전체 전력 수요 중 20%를 104개의 원자력 발전소가 생산하고 있다.

원자력 에너지가 단순히 물을 데우는 데에 쓰인다는 걸 이상하게 생각하는 사람도 있을지 모르겠다. 물론 언젠가는 핵분열로부터 바로 전기를 얻는 기술을 개발할 수 있겠지만 아직까지는 물을 가열하는 것이 가장 실용적이다. 이것은 원자력 잠수함에서도 마찬가지인데 그것이 증기로 운용되고 있다는 것이 매우 놀랍겠지만 실제로 그렇게 작동한다. 구형 디젤 잠수함과의 근본적인 차이점이라면 원자력 연료는 수백만 배의 에너지를 낼 수 있으며 산소가 필요없다는 점일 것이다. 그 덕분에 원자력 잠수함은 수면 위로 부상하지 않고 훨씬 긴 기간 동안 작전을 수행할 수 있다. 사실 원자로에서 생산되는 에너지의 일부는 물을 전기분해해서 승무원들에게 공급될 산소를 만드는 데 쓰인다. 물을 전기분해할 때 산소와 함께 만들어지는 수소는 바닷물 속으로 다시 방출된다.

그림 12.2에 나오는 원자력 발전소의 도표를 보자. 복잡하긴 하지만 찬찬히 들여다볼 만하다. 실제로 핵이라고 할 수 있는 부분은 반응로뿐인데, 두꺼운 금속 용기에 담겨 있고 그 외부에 다시 콘크리트가 감싸고 있다. 이런 이중 용기 구조의 목적은 혹시라도 반응로 내부

의 펠릿Pellet*에서 연료나 부산물이 새어나올 경우 방사능이 외부 환경으로 새어나가는 것을 막기 위해서다. 반응로 용기에서 데워진 물은 증기 발생기까지 순환하고, 물을 끓이게 된다. 증기는 터빈을 돌려 전기를 생산한다.

원자폭탄과 원자로는 둘 다 우라늄을 사용하지만 원료의 농도가 매우 다르다. 천연 우라늄은 99.3%의 우라늄-238과 0.7%의 우라늄-235로 이루어져 있다. 폭탄에서는 연쇄반응을 지속하기 위해서 중성자를 흡수하는 우라늄-238 불순물을 최소로 줄여야 하지만 원자로에서는 다르다. 제2차 세계대전의 맨해튼 프로젝트 기간 중 엔리코 페르미Enrico Fermi가 만든 첫 번째 원자로는 99.3%의 '불순물'을 포함한 가공하지 않은 천연 우라늄이었다. 어떻게 천연 우라늄을 원자로에 쓸 수 있었을까?

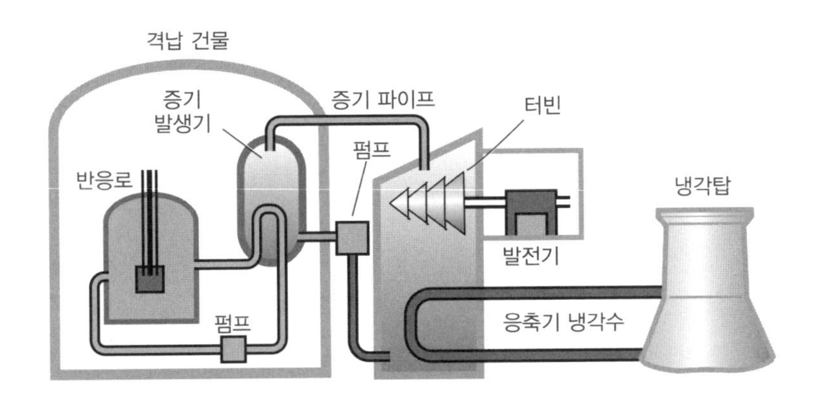

그림 12.2_원자력 발전소의 구조. 소형 반응로에서는 제어된 연쇄반응이 일어난다. 핵분열로 생긴 열은 증기를 만들고 터빈을 돌려 전기를 생산한다.

* 수소 펠릿은 빈 플라스틱 구에 압력을 가해 수소를 채우고 -250℃로 냉각하는 방식으로 완벽한 구형에 가깝게 만들어진다. 이 펠릿에 레이저 광선을 집중시켜 10억 분의 1초 만에 절대영도에 가깝게 냉각된 수소 입자를 태양 중심온도의 2배에 가까운 2,700만℃로 가열할 수 있다.

이유는 우라늄-238이 핵분열에서 나오는 고속 중성자는 매우 잘 흡수하는 반면, 저속 중성자는 잘 흡수하지 않는 특별한 성질을 갖고 있기 때문이다. 중성자를 우라늄-238에 닿기 전에 감속시킨다면 대부분은 튕겨져 나간다. 페르미는 중성자를 감속하기 위해서 반응로에 감속재를 넣었다. 그가 사용한 감속재는 탄소화합물의 한 형태인 흑연이다. 우라늄은 대부분의 고속 중성자가 밖으로 빠져나갈 수 있을 정도로 가늘게 생긴 연료봉에 들어 있다. 흑연 감속재에 들어간 고속 중성자는 낮은 온도의 탄소 원자에 튕겨지는데, 한 번 튕겨질 때마다 에너지를 잃어 마지막엔 우라늄 연료봉으로 되돌아가게 된다. 연료봉으로 되돌아온 중성자들 중 절반 이하는 우라늄-238에 다시 흡수된다. 결국 한 번의 분열에서 나온 중성자는 감속재를 통과해 다시 연료봉으로 돌아와, 우라늄-238에 흡수된 것을 빼면 평균적으로 한 개 정도만이 다시 새로운 우라늄-235 분열과정을 시작한다. 반응은 이런 식으로 유지·지속된다. 여러 번의 산란을 거친 후에 반응로 내부의 열에너지와 비슷한 에너지만을 가지게 된 저속 중성자들을 열중성자라고도 부른다.

이런 설계들은 여러 종류의 원자핵이 가지는 독특한 성질들을 바탕으로 하고 있다. 탄소는 고속 중성자를 흡수하지 않는 반면, 우라늄-238은 저속 중성자를 흡수하지 않는다. 여기서 여러분들이 알아야 할 것은 원자핵의 구조가 아니라 중성자를 감속시킬 필요가 있다는 것, 즉 우라늄을 정제할 필요가 없다는 것이다. 또, 다음 장에서 다루겠지만 감속 과정은 원자로의 안전을 위해서도 매우 중요하다.

흑연은 체르노빌 원자로에서도 감속재로 사용되었다. 캐나다에서는 중수D_2O를, 미국에서는 자연수H_2O를 사용한다. 중수와의 차이점을 강조하기 위해서 경수라고 부르기도 한다. 원자력 산업에서는 일반적인 물에도 특별한 이름을 부여한다.

일반적인 물도 중성자를 어느 정도 흡수하는 것으로 알려져 있다. 중성자는 수소 원자에 달라붙어 중수소가 된다. 즉 충분히 많은 중성자가 손실되기 때문에 연쇄반응이 이어지는 것을 막을 수 있을 정도가 된다는 것이다. 이런 문제를 해결하기 위해 미국의 원자로에는 우라늄-235가 3% 정도 포함된 부분 정제한 우라늄을 사용한다. 천연 우라늄도 흑연이나 중수를 감속재로 사용하는 원자로에서 잘 작동하지만 이렇게 부분 정제한 우라늄을 특별히 원자로용 우라늄이라고 부르기도 한다. 대부분의 우라늄 정제 공장에서 만드는 것은 폭탄용이 아니라 원자로용이다. 원자로용 우라늄으로 핵무기를 만들 수 없다는 것만은 꼭 기억해 두기 바란다.

원자로도 원자폭탄처럼 폭발할 가능성이 있는가?

만약에 원자로가 제어불능이 되면 어떻게 될까? 모든 원자로는 사실 언제 터질지 모르는 원자폭탄과 같은 것 아닐까? 우린 원자력 발전소 관리자들만 믿고 있는 것 아닐까? 사실은 무슨 수를 써서라도 반드시 몰아내야 할 엄청나게 위험한 것은 아닐까? 대부분의 대중에게 묻는다면 대답은 당연히 그렇다는 쪽일 것이다. 원자력은 그만한 위험을 감수할 가치가 없다. 원자력 사고에 대한 공포는 앞에서 말한 것처럼 저절로 연상되는 것 같다. 이런 공포는 1979년의 영화 〈차이나 신드롬〉에서처럼 원자력 재해에 대한 소설 속의 묘사와 〈심슨 가족〉에 등장하는 호머 심슨의 직업이 원자력 발전소 안전 관리자라는 사실 덕에 한층 증폭된 듯하다.

지도자를 꿈꾸는 사람이 알아야 할 가장 중요한 사실이 있다. 원자로는 절대로 원자폭탄처럼 대규모로 폭발할 수 없다는 점이다. 일반인들의 상상은 잘못되었다. 내가 이렇게 자신 있게 말할 수 있는 이유는 정부 관리와는 아무런 상관이 없는 것이다. 논란의 여지도, 어떤 전문가의 이견도 없는 물리에 바탕을 두고 있다. 원자로에 관련된 여러 위험 요소가 있지만 원자폭탄처럼 폭발하는 것만큼은 해당사항이 없다. 물론, 지도자는 단순히 그렇다는 것만 알고 있어선 곤란하다. 그것에 대해서 설명하고 자신의 발언을 방어해야 하며, 대중들에게는 당신이 스스로 무슨 말을 하고 있는지 잘 알고 있으며 정치후원금을 대는 원자력 관련 회사들의 앞잡이가 아니라는 것을 설득시켜야 한다.

원자력 발전소가 안전한 과학적 이유는 연료봉 안에 가득 들어 있는 우라늄-238 때문이다. 원자로가 제어불능이 되면 중성자는 감속되지 않고 모두 흡수되어 핵분열 연쇄반응은 금방 정지하게 된다. 한 번 더 얘기하겠다. 중성자가 감속되지 않으면 우라늄-238에 흡수되고 연쇄반응은 정지하게 된다.

그럼 감속된 중성자들이라도 폭주하는 연쇄반응을 일으킬 수 있지 않을까? 그렇다. 바로 1986년 체르노빌 원자력 사고가 대표적이다. 이것은 이 장의 뒷부분에서 다시 이야기하겠다. 그러나 감속된 중성자로 인한 에너지 방출은 에너지가 방출되기 전에 반응로가 폭발해 버리기 때문에 상당히 제한될 수밖에 없다. 기본적으로 원자로에서 폭발 속도는 중성자의 연쇄반응 속도를 앞지른다. 폭탄에서는 순수한 우라늄-235를 사용하므로 고속 중성자를 이용해서 연쇄반응이 빠르게 진행된다.

이런 식으로 생각해 보자. 감속형 원자로가 제어불능에 빠지면 핵분열로부터 나온 에너지가 구조물을 폭발시킬 때까지 에너지가 축적된다. 에너지 밀도가 TNT와 비슷한 수준이 되면 폭발하게 될 것이다. 체르노빌에서는 발전소 건물을 파괴하고 흑연 감속재가 연소할 만큼의 에너지가 방출되었으며 폭발시 발생한 열과 연기가 방사능 오염물(핵분열로부터 나온 조각들)을 대기 중으로 뿌렸다.

원자로도 폭발할 수는 있다. 물론 다이너마이트로 폭파시킨다면 모를까, 원자폭탄처럼 폭발하지는 않는다. 하지만 더 안 좋은 점은 방사능 오염물질을 방출한다는 것이다. 만약 폭탄용 우라늄이나 플루토늄을 연료로 쓴다면 결과는 완전히 다를 것이다. 그런 것들은 원자폭탄처럼 터질 수도 있다. 우라늄이나 플루토늄을 연료로 쓰는 고속증식로라는 것에 대해서도 이야기할 것이다. 우선 플루토늄을 만드는 방법부터 알아보자.

재처리: 플루토늄 만들기

원자로에서는 우라늄이 핵분열할 때 나오는 두 개의 중성자 중 하나만 다음 분열을 일으키고 다른 하나는 흡수된다. 중성자 중 일부는 붕소나 카드뮴으로 만들어진 제어봉에 흡수되는데, 이런 물질들은 분열을 일으키지 않고 중성자를 흡수한다. 제어봉은 분열을 조절하기 위해서 노심에 적절히 넣고 뺄 수 있게 되어 있다. 일부의 중성자는 감속재에 흡수된다. 중수가 경수보다 효율적인 이유는 중성자를 흡수하는 비율이 낮기 때문이다. 중성자는 우라늄-238에도 흡수된다. 미국의 원자력 발전소에 사용되는 우라늄은 97%가 우라늄-238로 되어 있다는 것을 상기하자.

우라늄-238이 저속 중성자를 흡수하면 분열을 일으키는 대신 우라늄-239로 변한다(숫자는 중성자와 양성자 수의 총합이다. 중성자를 하나 흡수하면 1 늘어난다). 우라늄-239는 방사성 붕괴(전자와 뉴트리노를 하나씩 방출하며, 반감기는 23분이다)를 거쳐 넵투늄neptunium으로 변한다. 넵투늄도 반감기 2.3일의 방사성 원소인데 붕괴를 거쳐 핵무기에 쓰일 수 있는 바로 그 플루토늄-239가 된다. 원자로가 가동되는 동안은 계속 플루토늄이 생산된다. 결과만 놓고 보면 원자로가 가동되는 동안은 우라늄-238이 계속 플루토늄으로 변환된다.

원자로를 1년 혹은 그 이상 운영하게 되면 분열 가능한 우라늄-235가 고갈된다. 그때는 그간 변환된 플루토늄이 마찬가지로 분열을 일으켜 연쇄반응을 돕는다. 일반적인 원자로에서 만들어지는 플루토늄은 이미 사용된 우라늄-235를 대체할 만큼은 되지 못하기 때문에 부산물을 제거하고 연료를 교체하는 작업이 필요하다. 다 쓴 연료를 원자로에서 꺼내 보면 그 안에 플루토늄이 섞여 있다. 플루토늄도 제어 연쇄반응에 쓰일 수 있는 잠재적 핵연료다. 이 플루토늄을 나머지 부산물들로부터 분리하면 폭탄의 원료로도, 다른 원자로의 연료로도 쓸 수 있게 된다. 연료봉의 핵폐기물은 고준위 방사성 부산물로 가득하기 때문에 거기서 플루토늄을 분리하는 것은 제법 까다로운 일이다. 그러나 플루토늄은 독특한 원소라서 쉽게 분리할 수 있는 화학적 성질을 지니고 있다. 고준위 방사성 물질을 다루는 화학을 방사화학radiochemistry이라고 부르는데, 고도의 기술이다.

폐기물로부터 플루토늄을 추출하는 방법은 1950년대 다른 국가들이 핵무기 보유를 포기하는 대가로 미국이 그들의 원자력 기술을 공유하기로 한 원자력의 평화적 이용 프로그램 때 공표되었다. 이 추출 공정을 재처리reprocessing라고 부르는데, 뉴스에서 자주 들어 보았을 것이다. 북한은 조약을 어기고 핵연료를 재처리해서 추출해 낸 플루토늄을 폭탄 제조에 이용했다. 프랑스는 핵연료 재활용을 위해 연료봉을 재처리하고 있다. 미국은 뒤에 설명할 몇 가지 이유로 재처리를 하지 않고, 플루토늄을 핵폐기물로 분류하고 있다. 핵폐기물에 이런 긴 반감기(2만 4천 년)의 악명 높은 물질(핵무기에도 쓰이는!)이 들어 있다는 사실 덕분에 에너지부는 공공문제를 떠안게 되었다. 다음 장에서는 핵폐기물 처리에 관해 얘기해 보자.

고속 증식로가 하는 일

프랑스에서는 플루토늄도 핵연료로 원자로에 쓰일 수 있기 때문에 플루토늄을 핵폐기물로 구분하지 않는다. 앞서 말했듯이 원자로에 우라늄-238을 넣으면 중성자 일부를 흡수해 플루토늄이 더 만들어진다. 반응을 마쳤을 때 처음 갖고 있던 플루토늄보다 더 많은 양을 얻을 수 있을까? 놀랍게도 그럴 수 있다! 플루토늄이 분열할 때는 세 개의 중성자를 내는데 하나는 다음 분열 과정에 쓰이고 나머지 두 개는 또 다른 플루토늄을 만들어 내는 과정에 쓰일 수 있다. 다른 속임수도 있다. 고속 중성자가 리튬을 때리면 추가로 중성자를 더 내어놓는데 이론적으로는 이 중성자 하나하나가 우라늄-238을 플루토늄으로 바꿔 놓을 수 있다. 우라늄-238은 풍부하게 매장되어있고 천연 우라늄은 핵분열 물질인 우라늄-235보다 플루토늄을 약 140배나 더 많이 함유하고 있다.

플루토늄을 연료로 써서 쓰는 것보다 더 많은 연료를 만들어 내는 반응로를 증식로라고 부른다. 지금 쓰이고 있는 증식로 설계에서는 연료의 양이 두 배가 되는 데에 10년이 걸린다. 어쨌든 이 증식로는 현재 여론의 반대에 부딪혔다. 여론이 가장 강력한 반대 근거로 드는 두 가지는 플루토늄 경제의 위험성과 실제 대형 핵폭발의 가능성이다.

플루토늄 경제라는 것은 플루토늄이 수백 기 정도가 아니라 수천 기의 원자로에 일반적인 연료로 사용되는 상황을 말한다. 이런 식으로는 일부가 테러단체나 테러지원국이 핵무기를 만드는 데 전용될 수 있는 위험이 커진다. 찬성하는 쪽에서는 플루토늄의 위험이 지나치게 과장되었다고 하면서 실제로 플루토늄 폭탄을 제조하는 것은 매우 정교하게 설계된 내폭 때문에 매우 어려울 것이라고 한다. 반대하는 사람들은 '비록 플루토늄 폭탄이 제대로 터지지 않더라도 도시 전체에 뿌려질 플루토늄은 어떻게 할 것이냐'고 반문한다. 다시 찬성하는 쪽에서는 '그런 방사능 폭탄은 방사능이 넓게 퍼져서 그다지 위협적이 될 수 없다'면서 '우리는 매일 방사능에 둘러싸여 살고 있다'고 주장할 것이다. 양측의 주장은 점점 감정적으로 변할 것이다. 지도자는 원자력의 위험성, 에너지 자립의 필요성, 화석연료로 인한 지구 온난화의 위험 등을 모두 고려해야 한다.

증식로에 반대하는 또 다른 이유도 있다. 가장 효율적인 증식로는 저속 중성자가 아닌 고속 중성자를 쓰는 고속 증식로다. 그런데 만약 고속 중성자를 사용하게 된다면 물리적으로 보장되던 원자로의 안전성은 사라진다. 고속 증식로에서는 연쇄반응이 제어불능 상태가 될 가능성이 있고 노심 용융 정도가 아니라 원자로가 정말로 원자폭탄처럼 폭발할 가능성이 있다. 찬성 측은 이런 일이 일어나지 않도록 수많은 안전장치들이 마련되어 있다고 말한다. 지도자는 모든 원자로가 폭발이 일어나지 않는다고 물리 이론상으로 보장할 수 없다는 사실도 기억해야 한다.

차이나 신드롬

차이나 신드롬China Syndrome이라는 말은 좀 이상한 유머감각을 지닌 사람이 만든 것 같다. 이 말은 현재 미국형 원자로의 설계상 생길 수 있는 최악의 사고에 붙여진 이름이다. 이 가상의 재앙은 노심의 용융에서 시작한다. 원자로의 목적은 열로 증기를 발생시켜 터빈으로 전기를 생산하는 것임을 떠올려 보자. 핵분열은 열을 만들어 내고 물은 열을 이동시킨다. 만약 배관이 새서 물이 없다면? 그다음은 어떻게 될까?

그 후 즉시 일어나는 상황은 놀라울 것이다. 우선 연쇄반응이 멈추게 된다. 냉각수가 중성자를 감속시키는 감속재의 역할도 하고 있기 때문이다. 물이 없어지고 나면 중성자는 더 이상 감속되지 않는다. 중성자는 처음 방출되었을 때 속도 그대로 빠른 속도를 유지하는데, 앞에서 말한 우라늄-238의 특성 때문에 대부분의 중성자를 흡수하고 연쇄반응을 이어갈 중성자를 내놓지는 않는다. 여기서 연쇄반응은 즉시 멈춘다.

연쇄반응은 즉시 멈추지만 노심에는 분열 부산물들의 막대한 방사능이 남아 있기 때문에 냉각수가 없는 상태에서의 노심은 끝없이 뜨거워진다. 일반적인 반응로는 그런 상황에서 긴급 냉각수가 주입된다. 미국의 모든 원자로는 의무적으로 긴급 냉각수 주입 시스템을 갖추게 되어 있다.

체르노빌 원전이 폭발했을 때, 러시아 측에서는 연쇄반응은 멈추었다고 발표했다. 이 폭발의 경우는 노심이 손상된 것이 원인이었다. 미국 상원 정보위원회 의장은 TV 연설에서 이 발표가 뻔히 보이는 거짓말이라고 주장했다. 그 연설을 보고 있자니 좀 짜증이 났다. 그는 연쇄반응과 남은 분열 부산물들의 방사성 붕괴를 혼동하고 있었다. 그는 방사능의 누출이 멈추지 않았다는 것은 알고 있었지만 소련 측이 정말로 진실을 말하려고 했던 것은 깨닫지 못했다. 연쇄반응이 멈추었다는 것은 중요하다. 그것은 생산되던 에너지가 어마어마하게 감소했음을 뜻하기 때문이다. 앞으로 국회의원이나 대통령이 될 생각이라면 이걸 꼭 기억하기를 바란다!

그럼 비상 냉각 시스템까지 고장이 난 경우에는 어떻게 될까(우린 지금 최악의 상황을 다루고 있다는 점을 명심하자)? 그런 경우에는 연료봉은 방사성 부산물로부터 나오는 방사선 때문에 계속 가열되어 결국 녹아내릴 것이다. 또 연료를 담고 있는 용기도 녹아 뜨거운 액체 상태가 된 연료는 반응로를 감싸고 있는 강철 용기의 바닥으로 흘러내려 고온의 방사성 물질 웅덩이를 만든다. 방사능은 연료에 남아 있는 원자핵들이 붕괴해서 사라져 감에 따라 급격히 떨어진다. 그렇다고 하더라도 계산 결과에 따르면 고온의 연료 웅덩이는 계속 뜨거워져서 금속 용기마저 녹일 때까지 가열될 수 있다. 여기까지 녹아서 뚫리게 되면 방사능 물질은 콘크리트 바닥을 녹이기 시작한다. 이 바닥은 수십 미터의 두께지만 고온의 연료가 그걸 뚫지 못한다고 장담할 수 있을까? 콘크리트 벽마저 뚫리면 방사능은 바로 외부로 누출된다. 방사성 물질에 있던 휘발성 기체들은 대기 중으로 날아갈 것이고 고온의 액체 상태의 연료는 계속 바닥을 녹이며 아래로, 아래로 내려간다. 만약 이 연료가 계속 뭉쳐진 채로 있을 수 있다면 지구 반대편까지도 갈 수 있을지 모른다. 중국까지(그래서 차이나 신드롬이다).

물론 당연히 그것이 중국에 닿는 일은 없다(게다가 중국의 정반대에 있는 발전소는 하나도 없다). 연료는 결국 이리저리 퍼지고 식어서 아주 깊이까지 내려갈 수는 없다는 것이 작은 위안이다. 연료를 가두고 있던 방호벽이 깨어졌다면 방사성 가스와 요오드 같은 휘발성 물질들이 가장 큰 문제다. 이것들은 체르노빌 사고 이후 발생한 갑상선 암의 원인이었다.

원자력 발전소 전체가 낼 수 있는 방사능의 양은 어마어마한 것으로, 인체에 들어간다면 5천만 명을 죽이고도 남는다. 이중 아주 조금만 대기 중으로 새어나간다고 하더라도 인명피해는 엄청날 것이다. 체르노빌 사고로 누출된 방사능에 의한 추정 사망자가 4천 명에 달한다는 사실을 상기하자. 미국에서도 스리마일 섬에서 원자력 발전소 사고가 일어난 적이 있다.

스리마일 섬-연료 용융이 일어난 사례

1979년 3월 29일, 미국의 한 원자력 발전소에서 원자로가 제어불능에 빠져 우라늄 연료의 1/3이 녹아내리는 사고가 발생했다. 이 사고는 펜실베이니아 주 해리스버그 근교의 스리마일 섬의 원자로에서 일어났다. 사고는 원자로에 외부 냉각수를 주입하는 펌프 고장에서 시작되었는데 마침 보조 펌프마저 잠겨 있었다. 즉시 제어봉이 원자로 노심에 삽입되어 연쇄반응은 멈추었지만 분열 부산물의 방사성 붕괴에서 나오는 에너지는 노심을 계속 뜨겁게 만들었다. 다른 안전장치들도 열악한 설계나 관리 소홀로 작동하지 않았다. 담당 기술자는 원자로에 냉각수가 제대로 주입되고 있다고 생각해서 긴급 노심 냉각 시스템을 꺼 버렸다. 우라늄이 과열되자 연료와 부산물들이 용융되어 액화되었다. 다행히 방사능 물질은 강철 외벽까지 뚫지는 못하여, 우려했던 차이나 신드롬은 일어나지 않았다. 하지만 연료를 냉각하던 냉각수 일부가 콘크리트 방호벽에 스며들었고 방사성 가스가 이 물 속에 녹아들어 건물 내부가 방사능에 오염되었다. 내부의 압력이 증가하는 것을 막기 위해 가스의 일부는 의도적으로 밖으로 새어 나가도록 했다. 계산에 의하면 이 누출로 예상되는 암 발생 환자 수는 한 명 정도였다.

이 사고는 영화 차이나 신드롬이 개봉한 직후에 일어났는데 많은 사람들이 이 사고도 영화처럼 끔찍할 거라고 단정했다. 그 외에도 그렇게까지 나쁜 상황은 아니라는 것을 아는 사람들은 있었지만 그들도 잠재적으로는 영화 속 상황처럼 될 수도 있다는 사실을 두려워하고 있었다.

스리마일 섬의 사고 직후 근처에 거주하고 있던 많은 사람들이 가이거 계수기를 가져와 그 지역의 방사능을 측정했다. 그 결과 전국 평균보다 30%나 높은 방사능을 나타낸다는 사실을 알게 됐다. 이 사실은 엄청난 관심을 끌었지만, 전문가들은 발전소에서 누출된 방사능만으로 그 수치를 설명하기엔 매우 부족하다는 점 때문에 골치를 썩고 있었다. 최종적으로 내려진 결론은 다른 지역보다 높은 방사능은 그 지역 토양의 특성 때문이며 사고 훨씬 이전부터 그랬다는 것이었다. 대부분은 토양에 포함된 우라늄 때문이었는데, 우라늄은 붕괴 과정을 거쳐 방사성 가스인 라돈을 만들어 낸다. 스리마일 섬 인근의 거주자를 5만 명으로 추산하면, 자연 방사능으로 인한 부가적 사망자는 60명 정도다.*

다큐멘터리 〈핵반응〉에서, 스리마일 섬 원자로 근처의 한 거주민은

* 초과 방사선은 연간 0.06rem이다. 5만 명이 50년간 피폭된다고 가정하면 15만렘이 나오는데 피폭 치사량을 2,500으로 잡으면 60명이 된다.

사고 당시 누출된 방사능이 매우 위험하다고 확신하고 있었다. 그 사람에게 지하에서 올라오는 라돈 가스가 더 위험하다는 점에 대해서는 어떻게 생각하느냐고 물었더니, 그것은 '자연적인 것'이므로 무섭지 않다고 대답했다. 그녀는 인체 세포가 자연 방사능과 인공 방사능을 구분하지 못한다는 것을 모르고 있었다.

스리마일 섬의 사고는 그 시대를 살았던 사람들의 마음에 생생하게 남아 있다. 하지만 그들이 기억하는 것들 대부분은 단편적이거나 혼란스러운 것들이다. 미래의 지도자라면 구체적인 부분까지 정확하게 기억할 필요가 있다. 그 사고는 끔찍한 것이었지만 사람들이 기억하는 것만큼은 아니었다. 실제 문제는 최악에 얼마나 근접했었느냐는 것이다. 어렵긴 하지만 중요하게 여겨야 할 것은 연료가 용융되고 긴급 냉각 시스템까지 고장났음에도 고온의 연료가 강철 반응로 용기나 콘크리트 방호벽까지 녹여 뚫고 나가진 않았다는 것이다.

체르노빌 참사의 원인-통제 불능의 연쇄반응

1986년 4월 26일 우크라이나 체르노빌에서 역사상 최악의 원자력 발전소 사고가 일어났다. 앞에서 선형 가설에 대해 이야기할 때 이 사고의 결과에 대해서 이야기했었다. 체르노빌 원자로는 현대의 미국 원자로처럼 물을 이용하지 않고 제2차 세계대전 때 엔리코 페르미가 만들었던 최초의 원자로처럼 흑연을 감속재로 사용하고 있었다. 하지만 원자로 안전 시험 도중에 연쇄반응이 통제 불능 상태에 빠지게 되었다. 부분적으로는 운전자의 잘못이었지만, 일부는 설계상 결함 문제도 있었다. 체르노빌의 원자로는 양의 온도 계수positive temperature coefficient를 갖고 있는 시스템이었다. 즉, 원자로의 온도가 높아질수록 연쇄반응의 속도가 빨라진다는 뜻이다. 결과적으로 원자로가 과열되어 냉각수가 폭발적으로 끓어올랐는데, 이런 현상을 증기 폭발steam explosion이라고 한다. 냉각이 멈추자, 탄소가 불타기 시작하고 노심에 있는 핵반응 부산물들의 방사능이 연기를 타고 널리 퍼지게 되었다. 이런 식으로 주변 지방에 퍼지게 된 방사능 부산물들은 5%에서 30%에 달하는 것으로 추정된다. 이 연기에는 가스나 휘발성 성분뿐만 아니라 고형분도 포함되어 있다. 이런 식이라면 이 사고는 미국의 중수로, 경수로에서 일어날 수 있는 최악의 상황인 차이나 신드롬보다 더 나쁜 상황이었다고 할 수 있다. 미국의 원자로는 음의 온도 계수 방식negative temperature coefficient이라서 과열되면 연쇄반응이 중지된다.* 그림 12.3은 부서진 원자력 발전소의 모습이다.

그림 12.3_부서진 체르노빌 원자력 발전소. 미국의 원자로와는 달리 콘크리트 방호벽이 없었다.

* 온도가 올라갈수록 흡수되는 중성자 수가 늘어나 핵반응에 필요한 전체 중성자 수가 온도와 반비례하는 원자로 구조

놀랍게도(기술자나 과학자들에게는 기절초풍할 일이지만), 체르노빌 발전소에는 콘크리트 방호벽이 없었다. 만약에 방호벽이 있었다면 사고로 피해를 입은 사람이 전혀 없을 수도 있었다. 체르노빌 사고는 냉각 문제로 인한 노심의 용융이 발생하는 차이나 신드롬이 아니라 연쇄반응이 통제 불능에 빠진 반응로 사고였다. 연쇄반응은 저속 중성자에 의존하기 때문에 노심에 폭발을 일으킬 정도로 온도가 높아지면 연쇄반응은 즉시 멈추지만, 이어진 화재와 연기로 대부분의 방사능이 퍼져나간다.

이것이 과연 사상 최악의 산업 재해일까? 원자로만 수천 명에 달하는 인명 피해를 일으킬 수 있는 능력을 갖고 있는 건 아니다. 1984년 인도 부팔에서는 화학 공장 가스 누출사고로 5천 명이 사망했다. 다른 추정으로는 총 사망자가 실제로 2만 명에 달할 거라고도 한다.

과연 진정으로 안전한 원자로를 만들 수 있을까? 어떤 사람들은 미국의 원자로는 이미 충분히 안전하다고 한다. 그런데 정말 반응로 사고나 냉각 문제 사고를 염려하지 않아도 될 만큼 충분히 안전한 것을 설계할 수 있을까? 가능하다. 그런 설계의 원자로를 페블 베드형 원자로(혹은 PBR)라고 부른다.

페블 베드형 원자로

페블 베드형 원자로Pebble Bed Reactor에서는 우라늄 연료가 6cm 크기의 자갈처럼 생긴 열분해 흑연 안에 들어가는데, 열분해 흑연은 체르노빌에 쓰였던 일반 흑연에 비해 고온에 아주 잘 견딜 수 있다. 이 흑연 페블은 내열성이 높은 실리콘 세라믹으로 싸이게 된다. 이 물질들은 원자로의 모든 제어에 문제가 생겼을 때 올라갈 수 있는 최고

온도에서도 버틸 수 있는 것들이다.

페블 베드 원자로의 안전성은 물리적인 원리에 바탕을 두고 있다. 점점 온도가 높아질수록, 우라늄 원자핵의 운동 때문에 핵분열에서 방출되는 중성자의 속도도 점점 빨라진다. 그러나 원자로가 너무 뜨거워져서 중성자가 너무 빨라지면, 연쇄반응에 관여하지 않는 우라늄-238에 흡수될 정도의 에너지를 발생하게 된다. 우라늄-238은 고에너지(고속) 중성자만 흡수하는데 이 우라늄도 분열을 일으키긴 하지만 연쇄반응을 지속할 정도로 많은 중성자를 내놓지는 않는다. 결과적으로, 원자로가 운전 온도를 초과하면 연쇄반응이 늦어진다. 이런 과정이 일어나는 온도는 생각보다 낮은 편이라 페블을 구성하고 있는 물질을 손상시키지 않으며, 원자로도 원리적으로 노심 용융, 폭발, 화재에 대해서 안전해진다. 사람이 조종을 하거나 제어해야 하는 기계적 시스템도 필요 없다. 이 원자로는 전기적, 기계적, 냉각계 장치 중 하나가(혹은 전부) 고장이 났을 경우 물리적 원리 덕분에 자동적으로 감속하게 되어 원자로는 안전한 '유휴idle 상태'로 돌아간다. 이 원자로는 제어봉을 뽑아 버리고 냉각제(일반적으로 헬륨 가스를 이용)를 넣지 않더라도 아무런 문제가 발생하지 않는다.

물론, 핵 부산물은 여전히 생성되는데, 몇 달간의 정상 운전 후에는 페블이 높은 방사능을 띠게 된다. 각 페블 내부는 핵연료를 효율적으로 담을 수 있도록 시드seed라는 단위로 다시 나뉜다. 페블이 손상되면 방사능이 새어나올 수 있는데 그것도 손상된 페블 하나에만 해당하는 방사능뿐이고 그중에서도 내부에 가스 형태로 존재하고 있던 방사능의 일부만 나온다. 그런 사고가 1986년 독일에서 일어나 독일 전역의 페블 베드 발전소가 문을 닫는 일이 있었는데 많은 사람들이 방사능 공포 때문에 과잉대응을 한다고 생각했다. 폐기물 저장 문제 측면에서는 사용된 페블에서 핵폐기물을 분리할 필요가 없다. 내 의견으로는 페블 베드는 현존하는 폐기물 처리 방법 중 가장 안전한 것이고 이론의 여지는 있겠지만 화석연료 사용으로 지구 온난화가 심해질 위험에 비교해도 안전하다.

페블 베드 원자로는 모듈 형태로 이용하도록 설계되어 있다. 원자로의 출력을 높이고 싶으면 원자로를 더 크게 만들거나 작동 온도를 높이거나 할 필요 없이 페블을 추가하면 된다는 이야기다. 그래서 이 원자로를 페블 베드 모듈 원자로(PBMR)라고 부르기도 한다.

다른 원자로보다 높은 온도에서 작동하는 페블 베드 원자로는 효율도 높다. 일반 원자로가 우라늄 핵분열 에너지를 전기로 전환할 때 효율성이 32~35%인 반면, 페블 베드 원자로는 40~50%에 달한다. 같은 양의 연료로 더 높은 전력을 생산할 수 있다는 경제적인 이점도 있다.

페블 베드 원자로는 행정적인 절차로 문제를 겪고 있는데, 이전 세대의 원자로에 대해 마련된 법안들이 새로운 이 원자로의 설계에는 맞지 않을 수 있다는 점이다. 한 예로, 어떤 법안은 모든 원자로에 비상 노심 냉각 장치를 의무적으로 갖추도록 하고 있는데, 과열될 수가 없는 이 시스템에서는 필요가 없는 것이다. 당신이 대통령이 된다면 이런 법안들을 재검토하고 수정해야 할 것이다.

13장

처치 곤란의 핵폐기물, 어떻게 처리할 것인가?

사람들이 지구 온난화를 비롯한 화석연료를 이용하는 발전소의 문제점을 인식하면서 원자력 발전소가 매력적인 대안처럼 보이게 되었다. 그렇지만 수천 년간 사라지지 않는 고준위 방사성 폐기물은 어떻게 해야 할까? 그런 유산을 후손들에게 물려줘도 되는 걸까?

핵폐기물 문제는 어느 나라건 지도자들이 반드시 마주치게 되는 큰 기술적인 문제 중 하나다. 이 문제는 정말로 처치 곤란처럼 보인다. 고준위 방사성 폐기물 중 하나인 플루토늄은 반감기가 2만 4천 년이다. 이 상상할 수도 없는 긴 시간 동안에도 강력한 방사능은 겨우 절반으로 줄어들 뿐이다. 4만 8천 년이 지나도 여전히 무시무시한 방사능이 원래의 1/4만큼 방출된다. 10만 년 뒤에도 원자로 밖에 꺼냈을 당시에 비해 여전히 10% 이상의 방사능을 내뿜는다. 이것이 새어나와서 땅 속으로 스며들어 상수원이 오염되면? 어떻게 10만 년 이상 안전하게 보관될 거라고 장담할 수 있겠는가?

지금도 미국 정부는 안전한 핵폐기물 처리를 위해 계속 노력하고 있다. 네바다의 유카 산 지하에 있는 핵폐기물 저장시설도 그런 노력의 일환이다(그림 13.1). 폐기물을 안전하게 보관하기 위해서 저장고는 지하 300m에 세워졌다. 현존하는 핵폐기물의 일부를 보관하는 데도 2평방 마일에 달하는 넓은 공간이 필요하다. 이런 시설을 짓는 비용은 1천억 달러에 이를 것으로 전망되는데, 운영비로 그 몇 배가 더 들어간다.

더 골치 아픈 것은 유카 산이 지질학적으로 활성지진대에 위치해 있다는 점이다. 지난 10년 동안만 살펴보더라도 반경 80km 이내에서 진도 2.5 이상의 지진이 600회 이상 일어났다. 게다가 이 지역은 과거에 화산활동으로 생겨났다. 비록 수백만 년 전의 일이라고는 하지만 앞으로 또 화산분출이 일어나 이 저장 시설이 부서지는 일이 없을 거라고 장담할 수 있을까?

그림 13.1_네바다 주 유카 산의 핵폐기물 저장 시설

핵폐기물 저장에 대해서 많은 대안들이 제시되었다. 그냥 태양에 던져 버리면 어떨까? 글쎄, 별로 좋은 생각은 아닌 것 같다. 가끔 로켓을 발사하다가 실패해서 지구로 떨어지는 일이 있기 때문이다. 밀봉해서 바다 밑에 가라앉히자는 의견도 있다. 지각의 활동이 왕성한 해저에 가라앉히면 저절로 묻혀서 수백 킬로미터 지하에 파묻는 것과 마찬가지가 될 테니까. 과학자들의 이런 제안을 보면 이 문제가 얼마나 심각한지를 대변해 주는 것 같다.

가장 심각한 문제가 있다. 이미 핵폐기물은 유카 산을 가득 채우고도 남을 만큼 넘쳐나는데, 핵폐기물은 생겨나기만 할 뿐, 사라지지 않는다. 그런데도 대통령이라는 작자가 원자력 발전소를 더 세우는 걸 고려한다고? 당신 제정신인가?

나의 고백

원자력 반대가 너무도 대단하기 때문에, 이 장의 시작 부분에서 언급했던 반핵의 관점에 대해서 그들의 열정도 포함하여 다시 한 번 이야기해야겠다는 생각이 든다. 이 이야기는 당신이 지도자가 되었을 때 듣게 될 주장들이다. 당신이 원자력에 찬성인지 반대인지는 문제가 아니다. 당신은 이 핵폐기물을 어떻게든 처리해야 한다. 못 본 척하고 넘어갈 수도 없으며, 제대로 처리하기 위해서(그리고 당신이 일을 잘하고 있다는 것을 여론에 인식시키기 위해서도) 물리를 이해해야만 한다.

나는 여러 연구 자료를 처리하면서 유카 산에 핵폐기물을 저장하는 것이 하지 않을 경우보다 덜 위험하고, 우리가 무시하고 있는 다른 위험한 문제들보다도 훨씬 안전하다는 것을 알게 되었다. 여전히 열띤 토론이 진행 중이다. 아직 많은 연구가 필요하지만 연구가 진행

될수록 사람들의 공포와 불신을 불러일으킬 새로운 문제들이 생겨나는 것 같다. 여기서는 내 개인적인 평가를 제시하지 않고 객관적으로 물리만 제시하는 것이 매우 어렵다는 생각이 들어 이 부분의 소제목을 '나의 고백'이라고 붙이게 되었다. 이 책의 전체에 걸쳐 나는 최대한 사실을, 사실만을 전달해서 독자 스스로 결론을 이끌어 낼 수 있도록 노력해 왔다. 이 부분에서는 그런 접근에서 잠시 벗어나려 한다. 내가 알게 된 사실들이 어떤 특정한 결론을 강하게 시사한다는 점 때문에 나는 공평한 입장에 설 수가 없다.

나는 그동안 유카 산 문제에 대해서 과학자, 정치가, 많은 관심 있는 시민들과 토론해 왔다. 대부분의 정치가들은 이 문제가 과학적인 이슈라고 생각하고, 대부분의 과학자들은 정치적인 이슈라고 생각한다. 양쪽 다 연구에는 지지를 보낸다. 과학자들에게 있어 연구는 그들이 해야 할 일이고, 정치가들은 그것이 중요한 문제에 해답을 줄 것이라고 기대하기 때문이다. 나는 그렇게 생각하지 않는다.

적절한 예가 있다. 유카 산 지하 터널은 7만 7천 톤의 고준위 핵폐기물을 수용할 수 있도록 설계되었다. 핵폐기물 처리의 초기단계에서 가장 위험한 것은 플루토늄이 아니라 스트론튬-90과 같은 핵분열 부산물이다. 이런 부산물들은 우라늄보다 반감기가 짧아서 우라늄 원석에 비해 1천 배나 방사능이 높다. 우라늄 원석 수준으로 방사능 수준이 떨어지려면 1만 년이 걸린다(원자로에서 함께 생성되는 플루토늄은 별도다. 뒤에서 다시 이야기하겠다). 이 숫자를 근거로 사람들은 1만 년 이상 안전하게 보관할 만한 장소를 찾아다녔다.

1만 년은 여전히 터무니없이 긴 시간이다. 지금부터 1만 년 후에는 세상이 어떻게 되어 있을까? 과거로 그만큼 거슬러 올라가 보자. 1만 년 전 인류는 막 농경을 발명했다. 그 이후 5천 년 동안은 문자가 없었다. 정말 우리가 앞으로 1만 년을 계획할 수 있을까? 물론 불가능하다. 우린 그때쯤 세상이 어떻게 되어 있을지 알지 못한다. 핵폐기물을 1만 년간 저장할 수 있다고 주장할 방법도 없다. 그런 것을 실행할 어떤 방법도 확실히 받아들이기 어려운 것이다.

물론, '저장하는 것 자체를 받아들일 수 없다'는 주장은 납득하기 어렵다. 핵폐기물은 이미 존재하기에 뭔가를 해야만 한다. 하지만 이 문제는 사실 내가 말한 것만큼 어렵지는 않다. 우린 1만 년 동안 완벽하게 안전하게 만들 필요는 없다. 좀 더 합리적인 목표는 누출 위험도를 0.1%로 줄이는 것이다. 그렇게 하면 핵폐기물의 방사능을 땅 속에서 꺼낸 우라늄보다 1천 배 더 해로운 것이라고 할 때, 알짜 위험도(확률×위험도)는 1000×0.001=1, 즉 기본적으로는 우라늄을 처음 있던 장소에서 캐내지 않은 것과 동일한 위험도가 된다(전체 암 발생률은 각각의 피폭량에 무관하다는 선형 가설을 가정했다. 하지만 내 주장은 이것의 유효성에 크게 의존하진 않는다).

게다가, 0.1%의 안전도를 1만 년 내내 유지할 필요도 없다. 300년 뒤면, 분열 부산물의 방사능이 1/10로 감소하여, 천연 우라늄의 100배 정도의 방사능이 된다. 그래서 그땐 0.1%가 아니라 1% 정도가 누출되어도 안전하다고 할 수 있다. 1만 년 내내 절대적으로 안전하게 만드는 것보다는 훨씬 쉬운 일이다. 또, 이 계산은 폐기물의 전량이 누출되는 것을 전제로 했다. 폐기물의 1% 정도라면 300년 후에는 반드시 한 번쯤은 누출된다고 해도 받아들일 수 있을 것이다. 이런 식으로 생각하면, 핵폐기물 저장 문제도 슬슬 다룰 만하다는 생각이 들 것이다.

그러나 공개 토론에서는 이런 자료들이나 우라늄 채굴이 땅 속에서 방사능을 끄집어 낸다는 사실을 감안하지 않고 있다. 대신에 대중들은 절대적인 안전을 주장한다. 에너지부는 유카 산 주변의 미확인 지진 활동을 조사 중인데, 사람들은 지진 활동 가능성 유무에 따라 핵폐기물 저장 시설의 수용여부를 결정할 수 있다고 생각한다. 문제점이 나타나면 유카 산은 후보에서 탈락할 거라는 생각이다. 하지만 이 문제는 앞으로 1만 년 내 지진 활동이 있을 것인가를 따질 게 아니라, 앞으로 300년 내로 충분히 큰 지진이 일어나 핵폐기물 전량이 유출되어 지하수로 스며들 확률이 1%가 되느냐를 따져야 한다. 혹은 폐기물의 1%가 누출될 확률이 100%일 가능성, 폐기물의 10%가 누출될 확률이 10%일 가능성을 따져 볼 수도 있다. 이 중 어떤 선택을 하더라도 땅 속 천연 우라늄이 원래 갖고 있던 자연 방사능을 지하수로 흘려보내는 것보다는 덜 위험하다. 땅 속에 존재하는 천연 우라늄 때문에라도 완벽하게 안전하게 만들겠다는 것은 불가능한 동시에 완벽주의적인 목표다.

우리가 왜 핵폐기물의 위험성을 채굴한 천연 우라늄의 위험성에만 비교하는지를 떠올려 본다면 문제를 좀 더 쉽게 해결할 수 있다. 왜 더 위험할 수도 있는 토양 속에 묻혀 있는 천연 우라늄과는 비교하지 않는 걸까? 다량의 우라늄이 채굴되는 콜로라도는 단층, 균열, 솟아오른 산맥들로 가득한 지질학적 활성 지역이고 표면의 바위들은 수십억 톤의 우라늄을 함유하고 있다.* 이 우라늄의 방사능은 유카 산 저장고의 법적 허용치의 20배에 달하는 것으로 방사능이 10분의 1로

* 이 지역에 널린 화강암이 약 4ppm의 우라늄을 함유하고 있다는 것을 토대로 계산했다. 콜로라도 강이 흐르는 지역을 300 x 400 km^2로, 깊이 1,000m까지만 고려해서 부피를 따진 것이다.

떨어지려면 수백 년 정도가 아니라 적어도 130억 년이 걸린다. 방사능이 넘치는 이 바위를 지나고 감싸며 흐르는 물은 콜로라도 강의 수원이 되어 로스앤젤레스와 샌디에이고를 포함한 서부 지역 대부분의 식수원으로 쓰인다. 유카 산의 저장 시설에서 폐기물을 담고 있는 유리 용기와는 달리 콜로라도 토양에 함유된 대부분의 우라늄은 밀폐되지 않은, 물에 녹기 쉬운 형태다. 여기서 아주 묘한 결론에 도달한다. 유카 산 저장 시설이 폐기물로 가득 찬 상태에서 모든 폐기물이 동시에 유리 저장 용기에서 누출되어 지하수까지 즉시 도달한다고 가정해도, 그 위험도는 현재 콜로라도 강에 녹아 들어가는 천연 우라늄으로 발생하는 것보다 20배나 낮다. 이런 상황은 원자로에서 누출되는 소량의 방사선은 두려워하면서 땅 속에서 올라오는 천연 라돈 가스가 만들어 내는 엄청난 방사능은 두려워하지 않던 스리마일 섬의 거주민들을 생각나게 한다.

유카 산에 있는 폐기물이 위험하지 않다는 소리는 아니다. 또한 로스앤젤레스의 상수도원이 방사능에 오염되었다는 사실에 공포를 느껴야 한다는 말도 아니다. 콜로라도 강의 사례는 불가사의하고 생소한 종류의 위험에 대해서 걱정하다 보면 때로 균형 감각을 잃게 된다는 것을 보여 준다. 자료를 놓고 여러 가지로 계산을 하다 보면 늘 같은 결론에 다다른다. 유카 산에서 일어날 수 있는 폐기물의 누출은 심각한 수준이 아니다. 폐기물은 유리 용기에 넣어서 충분히 지질학적으로 안전한 구조에 고이 넣어 두고, 이제는 화석연료의 지속적인 사용이 불러올 위험과 같은 실질적인 위협에 대해서 걱정해야 할 때다. 이 부분은 이 책의 마지막 부분에서 다루도록 하겠다.

관련된 다른 문제로 핵폐기물을 유카 산 저장 시설로 옮기는 도중에 공격을 받거나 사고가 일어날 위험을 들 수 있다. 현재는 폐기물을 이동할 때는 강한 충돌에도 누출이 없도록 두껍고 강화된 콘크리트 드럼통에 넣어서 옮기도록 하고 있다. 사실, 테러리스트들이 저장 용기를 열거나, 하물며 그걸 열어 내용물을 방사능 폭탄에 사용한다는 것은 매우 어려운 일이다. 영리한 테러리스트들이라면 차라리 가솔린이나 염소, 기타 독극물을 가득 실은 트럭을 납치한 후 도심에서 폭발시키는 쪽을 택할 것이다. 앞서 테러리스트를 이야기할 때 알카에다가 호세 파딜라에게 방사능 폭탄은 집어치우고 도시가스로 아파트나 날려 버리라고 했던 것을 상기해 보라.

왜 핵폐기물의 수송에 대해서 걱정하는 걸까? 아이러니하게도 사람들이 실제보다 위험을 더욱 크게 보고 있기에 확실히 안전을 기하느라 더 멀리 보내게 되는 것이다. 5층 건물에서 콘크리트 저장 용기를 낙하시켜 그것이 지면에 부딪혀 튀어 올라도 멀쩡한 것을 저녁 뉴스에서 보여 주더라도 대중들에게 안전하다는 확신을 줄 수는 없다. 이것은 공공안전에 대한 '아니 땐 굴뚝에 연기 나랴' 패러독스의 결과다. 안전 기준을 높이고, 안전성을 높이고, 더 많이 연구하고, 각종 문제를 자세히 조사하는 과정들은 안전성을 개선하는 동시에 대중들을 불안하게 한다. 결국, 그런 위협이 실재하는 것이 아니라면 과학자들이 왜 그렇게 고생해야 하는가? 폐기물을 로켓으로 태양으로 쏘아 보내자고 하거나, 해저 해구에 묻자고 주장하는 과학자들도 이 문제가 정말 처리하기 곤란함을 반증하는 것으로 보일 수 있으며 이런 행동들이 대중이 느끼는 공포를 심화시키고 있다.*

* 미국 오바마 정부는 지난 2010년 예산 집행과정에서 유카 산 방폐장 프로젝트를 중단하기로 했다.

플루토늄의 처리 문제

이제 다시 폐기물에 포함된 플루토늄의 위험에 대해서 이야기해 보자. 플루토늄은 원자로 내부의 우라늄이 중성자를 흡수하면서 생성되는 것으로 핵분열 부산물이 아니다. 플루토늄의 반감기는 2만 4천 년으로 핵분열 부산물들과는 달리 방사능이 300년 만에 1/10로 떨어지거나 하지 않는다. 뿐만 아니라, 많은 사람들은 플루토늄이 인간에게 알려진 것 중 가장 위험한 물질이라고 생각한다.

플루토늄이 더 위험한 이유가 정말 긴 반감기 때문일까? 석탄을 이용하는 화력발전소는 폐기물을 땅에다 매립한다. 물론 그것이 방사성은 아니지만 재들은 발암성이 높은 물질이다. 화력발전소에서 나온 재가 지하수로 스며들면? 석탄은 원자력 자원의 대체 자원으로 얼마나 안전할까? 이런 발암물질은 플루토늄처럼 2만 4천 년의 반감기로 줄어들거나 하지도 않는다. 사실상 화학적으로 분해되거나, 지하수에 녹아들지 않는 이상은 거의 영원히 존재한다. 땅 속에 머무는 수명으로 위험도를 따진다면 석탄의 발암물질이 플루토늄보다 훨씬 나쁜 셈이다.

플루토늄으로 핵무기를 제조한다면 확실히 위험하다. 에어로졸 형태가 되어 흡입할 경우는 탄저균보다 훨씬 독성이 강하다. 하지만 아직 최고 기록은 아니다. 보툴리즘 톡신(보톡스의 주성분)* 은 독성이 1천 배나 강하다. 핵폐기물의 경우, 지하수에 스며드는 플루토늄에 대해서 걱정한다. 그런 경우 플루토늄은 독성이 있지만 다른 위협보다 더 심각한 수준도 아니다. 암을 유발할 정도가 되려면 용해된 플루토늄

* 식중독균인 클로스트리디움 보툴리눔(Clostidium botulinum)이 만들어내는 독성물질로, 근육신경을 마비시켜 근육이 수축되지 않도록 한다.

0.5g 이상을 섭취해야 한다.[**] 플루토늄은 청산가리와 비교하면 독성이 1/5이다. 게다가 플루토늄은 물에 잘 녹지 않는다. 물에 섞었을 때 약 10만 분의 1(100kg:1g)이 녹는다. 플루토늄을 섭취했을 때의 위협이란, 잘못된 정보를 사실이라고 믿는 도시 괴담에 불과하다. 마치 컴퓨터 바이러스처럼 사람들이 무심코 그런 이야기를 전할 때마다 소문들이 신빙성을 얻고 있다. 미국에서 '가장 믿을 수 있는 사람'이라고 불렸던 TV 앵커인 월터 크롱카이트Walter Cronkite(2009년 사망-옮긴이) 조차도 CBS 저녁 뉴스에서 '플루토늄은 인류에게 알려진 것 중 가장 위험한 물질'이라고(잘못된 이야기지만) 말한 적이 있었다.[***]

플루토늄을 폐기물과 함께 묻는 것은 잘못된 것 같다. 플루토늄은 우라늄만큼이나 값진 핵연료다. 플루토늄을 재처리해서 사용하지 않고 매립하는 부분적인 이유는 대중들의 걱정을 막기 위해서지만 그런 접근방식이 오히려 화를 불러오는 것이다. 재처리를 하지 않는 두 번째 이유는 현재로서는 우라늄 원석을 채굴해서 농축하는 편이 플루토늄을 재처리하는 것보다 값싸기 때문이다. 플루토늄을 추출하지 않고 파묻는 선택에 대한 기회비용에는 유카 산에 폐기물을 저장하는 데 필요한 막대한 비용을 포함해야 할 것이다. 이 비용은 처음엔 얼마 되지 않을 것으로 생각했지만 점점 늘어났다.

내가 생각하는 합리적인 기준으로는, 유카 산 시설은 충분히 안전하다. 만들어진 폐기물을 원자력 발전소의 폐기물 저장고에 그냥 두는 것보다는 훨씬 안전하다. 가능한 서둘러서 그것을 유카 산으로 옮

** 플루토늄의 위험성에 대한 자세한 보고서는 다음 링크를 참고하라. www.llnl.gov/csts/publications/sutcliffe/118825.html

*** 크롱카이트의 이야기가 나오는 것을 보려면 Nuclear Reaction을 찾아보시길.

기기 시작해야 한다. 많이 알아서 해가 될 것은 없으므로 연구는 계속 진행되어야 하지만, 그런 연구가 사람들을 안심시킬 수 있다는 기대는 부질없는 것이다. 그런 일을 할 수 있는 것은 진정으로 이 이슈를 이해하고 관련 정보를 모두 확인할 수 있는 대통령뿐이다.

열화우라늄

우라늄-235를 농축하려면 우라늄-238을 분리해야 한다. 앞에서 말했듯이, 우라늄-238은 열화우라늄이라고도 불린다. 이 우라늄도 땅 속에서 막 캐낸 우라늄 원석처럼 방사능을 띠고 있다.

열화우라늄은 수소폭탄의 껍질로 이용된다. 또 방사능 특성과는 무관한 특수 군사용도로 사용되기도 한다. 열화우라늄은 군수산업에서 탱크나 그 외의 장갑 차량을 공격하는 포탄의 외피에 사용된다. 열화우라늄은 두 가지 특성에서 장갑을 관통하는 용도에 적합하다. 첫째, 밀도가 납의 거의 두 배라는 점, 둘째, 금속 장갑판에 부딪혔을 때 퍼지거나 깨져 흩어지지 않고 고도로 응축된 상태를 유지한다는 점이다.

열화우라늄 사용을 반대하는 사람들은 전장에 방사능 물질이 남는다고 주장한다. 괜찮다는 쪽에서는 열화우라늄에 의한 방사능 위험은 전쟁에서 생기는 손실에 비하면 보잘것없으며(전쟁이나 하지 마라), 대체재료인 납 또한 독성이 높다는 점을 지적한다.

14장 핵융합, 무한한 미래 에너지원

여러 의미로 원자력 에너지의 궁극의 목적은 수소 원자핵을 합쳐 헬륨을 만드는 핵융합 반응을 동력화하는 것이다. 핵융합 반응은 태양 에너지의 원천이다. 인류는 이미 수소폭탄으로 지상에서의 핵융합을 실현했지만 수소폭탄의 에너지는 너무 격렬하고 파괴적이다. 안전하고 제어된 상태로 핵융합CTF(Controlled Thermonuclear Fusion)을 할 수는 없을까? 원자로에서 핵분열은 제어에 성공했는데 말이다. 핵융합이라고 안 될 건 없지 않을까? 연료로 쓰이는 중수소는 물에서 얻을 수 있는 풍부한 원소다. 연료가 물이라니, 멋진 아이디어 아닌가!

나는 핵융합이야말로 우리의 미래라고 생각한다. 많은 일류 과학자들도 핵융합 시대의 도래가 임박했다고 생각하고 있다. 적어도 우리가 죽기 전에는 볼 수 있을 것으로 기대하고 있다. 이 목표를 이루기 위해서는 우선 물에서 연료로 쓸 중수소를 화학적으로 분리해야 하고 어느 정도의 에너지도 투입해야 한다. 하지만 투입되는 에너지는 수소가 헬륨으로 변할 때 나오는 막대한 에너지에 비하면 그리 많은 에너지는 아니다.

수소폭탄의 연료로 쓰이는 것은 우리가 알고 있는 일반 수소가 아니라 수소의 동위원소인 중수소(중성자가 하나 더 들어 있다)와 삼중수소(중성자가 2개 더 들어 있다)다. 이 중수소와 삼중수소가 1세대 핵융합로의 연료로 쓰이게 된다. 중수소는 물에서 추출할 수 있는데, 수소 6,700개 중 하나 꼴로 들어 있다. 얼마 안 되는 것처럼 보일 수도 있지만, 계산대로라면 해수 3.7L에서 석유 한 드럼(200L)에 해당하는 에너지를 낼 수 있는 중수소를 추출할 수 있다. 삼중수소는 물속에서 충분한 양을 추출할 수 없지만 원자로에서 나오는 중성자로 리튬이나 붕소를 때려서 만들어 낼 수 있다. 핵융합에서 나오는 에너지는 엄청나고 연료는 지구상에 널리고 널린 물이니 사실상 무한한 에너지다. 그런데 빨리 만들지 않고 뭘 꾸물대는 걸까?

핵융합로는 1950년대부터 모두가 꿈꿔 오던 것이었다. 필요로 하는 연료의 양은 놀랄 만큼 적다. GW급 발전소에 필요한 중수소와 삼중수소의 양은 1년에 90kg에 불과하다. 적어도 우리가 예측할 수 있는 동안은 영원히 연료가 부족할 일은 없을 것이다.

핵융합을 제어하기 위해서 여러 가지 기술들이 연구되었다. 핵융합의 가장 큰 문제는 같은 양전하를 가진 수소 원자핵이 서로를 밀어낸다는 것이다. 수소폭탄에서는 1차 핵폭발로 인한 압력으로 이 반발력을 극복하고 핵융합을 일으킨다. 수소폭탄이 열핵무기라고 불리는 이유다. 고온의 환경을 만들어 핵융합을 일으키는 것이다. 핵융합 원자로에서도 수소를 수백만 도까지 가열하는 방식을 이용할 수 있다. 문제는 어떤 물체든 그 정도 온도가 되면 높은 압력 때문에 폭발하려고 한다는 점이다. 게다가 고온의 수소는 용기를 구성하는 물질까지 가열해서 녹이고, 기화시켜 버릴 것이다.

이 문제점을 해결하기 위해서 세 가지 방법이 제안되었다. 첫 번째 방법은 매우 낮은 밀도의 수소 가스를 이용해 고온이 되더라도 압력이 높아지는 것을 막는 것이다. 이 방식을 토카막Tokamak이라고 하는데 처음 성공을 거둔 러시아의 장치에서 딴 이름이다.* 두 번째 방법은 수소가 그냥 폭발하게 내버려 두는 대신 폭발 규모를 작게 유지하는 것이다. 자동차 엔진 안에서 가솔린이 끊임없이 작은 폭발을 일으키는 것과 마찬가지다. 이 방법은 폭발에 레이저를 이용하는데, 로렌스 리버모어 국립 연구소에서 개발 중이다. 세 번째 방법은 다소 불확실한 것인데 수소의 온도는 내버려 두고 특별한 방법을 써서 수소 원자핵 사이의 반발력을 없애는 것이다. 이를 상온 핵융합이라고 부른다. 이 세 가지 방법에 대해서 차례대로 살펴보자.

토카막

토카막에서는 고온의 수소가 고체, 액체가 아니라 가스 상태로 존재한다. 이 가스는 수소 원자핵이 전자를 잃고 서로 분리된 상태로 존재할 정도로 고온인데, 이것을 플라즈마 상태라고 부른다. 플라즈마는 원자핵과 전자로 이루어진 가스이지만 원자처럼 서로 묶여 있지 않다. 플라즈마는 초고온 상태라서 일반적인 용기에는 담을 수 없기 때문에 자석을 이용한다. 자기장은 움직이는 플라즈마를 묶어 놓는 힘으로 작용한다. 이 상태를 두고 고온의 수소 플라즈마가 '자기병Magnetic Bottle에 갇혀 있다'고 한다.

* 토카막(Tokamak)이라는 이름은 원래 '도넛형 챔버와 전자석 코일(toroidal chamber and magnetic coil)을 뜻하는 러시아어 약어에서 유래했다. 최초의 토카막은 1951년 옛 소련의 물리학자 안드레이 사하로프와 이고르 탐이 설계한 것이다.

그림 14.1은 토카막의 내부다. 왼쪽에 서 있는 사람을 보면 크기를 알 수 있는데, 이 토카막은 사실 작은 편이다. 내부 공간은 도넛 형태이고 작동할 때는 고진공 상태로 유지된다. 수소 플라즈마는 이 도넛 모양의 공간을 회전하게 되고 주기적으로 변화하는 자기장에 의해 가열된다. 플라즈마가 충분히 가열되면 중수소와 삼중수소가 핵융합을 일으키기 시작해서 헬륨과 중성자를 만들어 낸다. 중성자가 대부분의 에너지를 갖고 나가며 리튬 방벽에 흡수된다. 이 리튬의 열이 전기를 생산하는 데 쓰인다. 중성자가 리튬 원자핵을 부수기도 하는데, 이 과정에서 연료로 쓰이는 새로운 삼중수소가 만들어진다. 여기서 더 많은 중성자를 내놓는 베릴륨을 사용하면 반응할 때 하나 이상의 중성자를 얻을 수 있으며 토카막은 소비하는 것보다 더 많은 삼중수소를 얻게 된다.

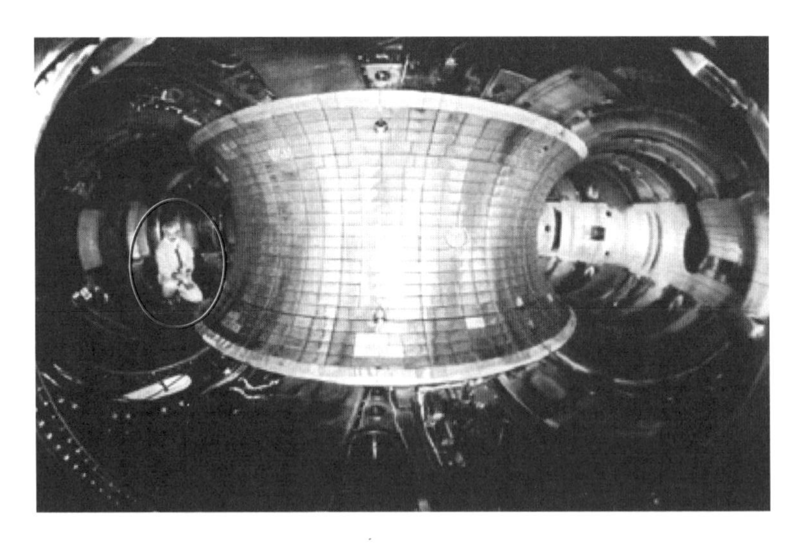

그림 14.1_프린스턴 플라즈마 물리 연구소(PPPL)에서 건설 중인 토카막의 내부. 왼쪽에 앉아 있는 사람과 비교해 보자.

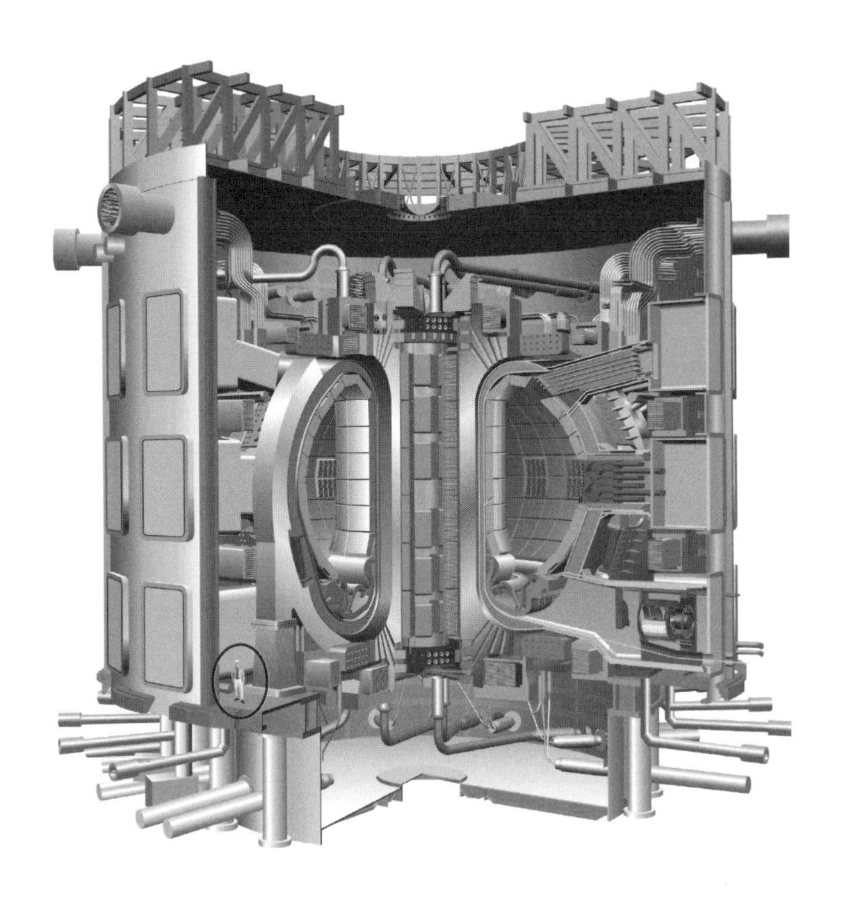

그림 14.2_ITER 토카막 설계도. 왼쪽 아래에 서 있는 사람을 보면 이 원자로의 엄청난 크기를 짐작할 수 있다.

토카막은 크고, 비용이 많이 들며, 여전히 실험 단계에 있다. 국제 핵융합 실험로ITER(International Thermonuclear Experimental Reactor)라고 불리는 초대형 토카막이 2016년 완공과 운전을 목표로 프랑스에서 건설되고 있다. 그림 14.2는 ITER의 그림이다. 왼쪽 아래에 서 있는 사람을 보자. 도넛 모양의 진공 챔버의 부피는 $850m^3$다.

ITER의 목표는 0.5g의 DT(중수소+삼중수소) 연료를 써서 8분간 0.5GW의 출력을 내는 것이다. 바라던 대로 작동한다면 최종 설계의 융합로에서 훌륭한 중간 단계라고 할 만하다. 하지만 아마 토카막이 실용화되기까지는 20년 정도 더 걸릴 것이고, 보통은 그보다 더 길게 걸릴 것으로 내다보고 있다.*

레이저 핵융합

레이저는 막대한 양의 에너지를 작은 물체에 전달할 수 있는 능력이 있다. 그래서 미국 에너지부는 대형 레이저로 중수소와 삼중수소를 넣은 펠릿pellet을 열 핵융합이 가능할 정도로 가열할 수 있는지를 시험하기 위해서 대형 프로그램을 수립했다. 핵융합을 제어하기 위해서 과학자들은 작은 펠릿을 사용했다. 다시 말해 폭발을 일으킬 수 있는 연료의 양을 제한하고 생산되는 에너지의 속도를 조절한다는 뜻이다. 1차 핵분열을 위해 임계질량에 맞춰 연쇄반응을 지속할 수 있을 정도로 크게 만들어진 열핵폭탄과는 대조적이다. 폭탄에서는 1차 핵분열을 가둬 둘 방법이 없기에 언제나 폭발이 크게 일어난다. 레이저로 핵융합을 하면 핵폭발에 의해서가 아니라 레이저에 의해 수소가 점화된다. 레이저는 폭발하지 않는다는 큰 장점이 있다.

낙관적인 전망을 가질 만하긴 하지만 레이저 핵융합은 여전히 실용적인 전력 생산 수단으로 인정받지 못하고 있다. 로렌스 리버모어 국립 연구소의 연구 프로젝트는 국립 핵융합 점화 시설, NIFNational

* 우리나라도 지난 2007년 초전도 핵융합연구장치, KSTAR(Korea Superconducting Tokamak Advanced Research)라는 한국형 핵융합로를 개발했다. 지름 10m, 높이 6m 규모의 토카막형 핵융합 실험로다.

그림 14.3_리버모어에 있는 NIF 레이저 건물. 192개의 레이저가 건물을 채우고 있다.

Ignition Facility라고 불리고 있다. 홈페이지에 가면 더 많은 자료가 있다.** 192개의 대형 레이저로 이루어진 이 시설은 풋볼 경기장 크기의 건물 내부를 가득 메우고 있다. 그림 14.3은 이 건물의 사진이다.***

이 레이저는 순간적으로 500트릴리언 와트(5×10^{14}, 5뒤에 0이 14개)를 내는데, 미국 전체 전력의 1천 배에 달하는 출력이다. 하지만 이 출력을 내기 위해 필요한 시간은 4나노 초다(10억 분의 4초, 1나노 초는 컴퓨터가 한 번 연산하는 정도의 시간이다). 이 짧은 시간 동안 1.8MJ의 레이저가 $1mm^3$ 정도의 크기에 집중된다. 이런 방식의 제어 핵융합이

** http://www.llnl.gov/nif

*** 2009년부터 시험 가동 중이다.–옮긴이

언젠가는 상용화되어 전력을 공급하는 데 쓰이겠지만 NIF는 아직 목적을 달성할 수준에 이르지 못했다. 핵융합 점화는 2010년으로 예정되어 있지만 핵융합의 가능성은 희박하다고 본다.*

1.8MJ이 사실 요구르트 병에 들어 있는 가솔린 에너지와 같다는 걸 듣고 나면 김이 샐지도 모르겠다. 사실 얼마 안 되는 에너지다. 하지만 NIF의 목적은 캡슐이 복사로 열을 잃기 전에 이 얼마 안 되는 에너지를 매우 빠르게 연료 캡슐에 전달해서 핵융합을 일으키는 것이다. 전력 생산에 어울리는 방법은 아니지만 핵융합을 점화할 수 있다는 이유로 국립 핵융합 점화 시설이라고 불린다. 이 점화가 첫 단계다. 이런 방식의 핵융합 전력 생산은 아마 당신이 대통령에 오르게 되더라도 가능할 것 같진 않지만 이 프로젝트의 연구 개발에 계속 예산을 지급할 것인지 여부에 대해 질문을 받을 수도 있다.

NIF 시설 운영을 정당화할 만한 이유 중 하나로 소형 핵폭발을 일으킬 수 있다는 것을 들 수 있다. 거기서 발생하는 방사능으로 군사 장비에 미치는 영향을 시험할 수 있다. 레이저를 이용한 소형 펠릿 내폭으로 새로운 핵무기에 쓰일 물질의 성질을 시험해 볼 수도 있을 것이다. 그런 이유로 조약을 어기는 것이 없는데도 NIF에서 가능한 실험들이 핵확산금지조약의 정신에 위배된다고 반대하는 사람이 있는가 하면, NIF가 군비 규제를 돕는다는 주장도 있다. 이런 시설이 없다면 무기고 관리 계획의 일환으로 새로 설계한 폭탄 실험을 재개해야 할지도 모른다.

* 지난 2010년에 점화에 성공하여 현재 2020년 정도에 점화 상태를 안정적으로 유지할 수 있을 것으로 가동 목표를 수정했다.

상온 핵융합

중수소와 삼중수소의 핵이 서로 밀어내는 성질 때문에 핵융합에는 꼭 고온이 필요하다는 것이 일반적인 인식이었다. 1957년, 루이스 앨버레즈(나의 멘토이신)와 그의 동료들은 고온을 필요로 하지 않도록 척력을 상쇄할 놀라운 방법을 발견했다. 우주선에 의해 대기권에서 생성되는 뮤온muon이라는 기본 입자가 바로 그 해결책이다. 뮤온은 음전하를 띠고 있어서, 속도가 느려지면 가끔 원자핵에 달라붙는다.** 수소 원자핵(혹은 중수소)에 달라붙으면 음전하가 양성자의 양전하를 상쇄하게 된다. 전기적으로 중성이 된 원자핵은 다른 수소 원자핵의 척력을 받지 않게 된다. 이 원자핵이 플라즈마 속을 떠돌다가 다른 수소 원자핵에 충분히 가까워지면 핵력에 의해 융합이 일어난다. 핵융합은 막대한 에너지와 중성자를 방출하며 보통 뮤온을 함께 내보낸다. 자유로워진 중성자는 다른 수소 원자핵에 끌려간다. 뮤온은 원자핵을 중성화시키고, 이런 과정이 새로 시작된다. 반응할 동안 뮤온 입자가 소멸하지 않고 계속 중성화 과정에 다시 돌아오기 때문에 촉매라고 불린다. 앨버레즈가 이 과정을 발견하고(에드워드 텔러와 상의한 뒤) 마침내 무슨 일이 일어났는지 알게 되었을 때 말도 못할 정도로 흥분했었다고 나에게 말했다. 그는 장래에 인류에게 필요한 모든 에너지를 공급할 매우 획기적이고 간단한 방법을 찾아낸 것 같았다.

유감스럽게도 이 뮤온 촉매 핵융합은 상용화가 불가능하다는 것이 밝혀졌다. 문제는 뮤온이 가끔 핵융합을 마친 헬륨에 달라붙어서

** 전자도 같은 양의 음전하를 띠고 있으나 질량이 너무 작아 이런 현상을 일으키지 않는다. 질량이 작은 전자는 파동함수가 넓게 퍼져 있어 양성자의 전하를 충분히 상쇄할 수 없기 때문이다.

더 이상 핵융합을 일으킬 수 없게 되어 촉매로서의 역할을 마감하게 되는 것이었다. 또 다른 뮤온을 만들어 낼 만큼 충분한 에너지가 방출되기 전에 이런 과정이 일어나게 되어 사실상 에너지 이득을 얻어 낼 수 없었다. 언젠가는 뮤온 촉매 핵융합이 가능해질 것이라고 믿는 과학자들이 지금도 다른 온도와 압력 조건에서 실험을 계속하고 있지만 나는 별로 낙관적으로 보지 않는다.

이 기술이 거의 성공할 뻔했다는 사실 때문에 사람들은 상온 핵융합에 대한 다른 시도들은 성공할지도 모른다는 기대를 했다. 1989년, 스탠리 폰스Stanley Pons와 마틴 플라이슈만Martin Fleischmann 두 화학자는 팔라듐falladium 촉매를 이용한 상온 핵융합에 성공했다고 발표했다. 하지만 이는 데이터 해석 오류로 밝혀졌다. 그 외에도 상온 핵융합에 대한 발표는 때때로 있었다. 상온 핵융합이 불가능하다고 증명된 것은 아니지만(어쨌든, 앨버레즈는 상온 핵융합 중 하나를 발견했다) 많은 전문가들이 비관적인데, 앨버레즈가 발견한 뮤온을 이용하는 방법보다 나은 것이 없었기 때문이다. 다른 화학적 과정으로는 핵융합에 필요한 에너지의 수백만 분의 1밖에 얻을 수 없다.

상온 핵융합을 발명하면 노벨상을 타게 되거나, 억만장자가 되거나, 에너지 문제를 해결한 위대한 인물로 역사에 남게 될 수 있다는 사실 때문에 전 분야에서 핵융합에 대한 환상이 만들어져 있다. 그 결과, 누군가 상온 핵융합 비슷한 것을 보게 되면(아니라고 할지라도) 진정한 세기의 대발견이 이루어졌다고 믿고 싶어 하고 특허를 출원할 때까지 모든 세부사항을 비밀로 하려는 경향이 있다는 것이 흥미롭다. 문제는 그 비밀스러운 발명들을 다른 과학자들이 검증해 볼 수 없다는 점이다.

제어 핵융합은 미래에 언젠가는 이루어져 우리의 주요 에너지원이 될 것이다. 지금으로서는 아직 20년은 더 기다려야 할 것 같은데, 벌써 수십 년 동안 '아직 20년' 상태다.

대통령을 위한 브리핑

원자력 에너지의 올바른 활용을 위해

원자력에 대해 대중이 가진 오해는 아주 심각해서, 어떤 정책을 들고 나오든지 사람들을 설득하기란 매우 힘든 일이다. 많은 사람들에게 모든 방사능은 무조건 나쁜 것이고 그들은 가이거 계수기*의 딸깍 소리만 들어도 벌벌 떤다. 만약 핵폐기물 저장고가 핵폐기물을 충분히 오랫동안 안전하게 저장할 수 있다고 주장한다면, 많은 사람들이 당신을 원자력 산업의 앞잡이라고 몰아세울 것이다. 숫자를 내세워서 설명하려고 해 봐도 결국은 아무도 그런 걸 알고 싶어 하지 않는다는 점만 깨닫게 될 것이다.

반대 여론에도 불구하고, 원자력은 우리의 미래 에너지 수요의 중요한 부분을 차지하게 될 것이다. 지도자는 어떻게 해서든 대중들에게 그들의 두려움이 제대로 된 지식이 아니라 무지에서 비롯된 것이며, 당신 자신은 무엇을 얘기하고 있는지 확실히 알고 있다는 점을 각인시켜야 한다. 소량의 방사능은 무시해도 좋을 정도의 작은 결과만을 만들어 낸다. 방사능 무기는 많은 사람들이 무서워하는 것만큼 위협적이지 않다.

* 가이거-뮐러(Geiger-Müller) 계수기라고도 하며, 베타선과 감마선 입자를 하나씩 세는 장치다.

반면에, 핵탄두는 우리가 두려워하는 만큼이나 위험한 것이다. 단 한 발로 대도시를 파괴할 수 있다. 잠재적인 적들은 여전히 그런 무기들을 보유하고 있다. 아마 핵으로 인한 종말에 대한 위험은 이전보다 줄어들었을 것이다. 대도시를 향해 수천 기의 핵탄두를 조준하고 있는 강력한 적은 이제 없다. 아직까지는 로켓 탄두에 들어갈 만큼 작으면서 수백 만의 인명을 살상할 만한 것은 개발되지 않았다. 핵무기 감축과 핵전쟁 위협을 없애기 위한 노력은 지도자가 심혈을 기울일 충분한 가치가 있다.

고등학생 수준의 과학 지식으로 핵무기를 설계하고 제작할 수는 없다. 테러단체들도 마찬가지다. 위험한 것은 테러단체가 북한이나 구소련의 부패한 관리자들로부터 완제품 핵무기를 구입하는 경우다. 만약 테러단체가 핵무기를 제조하려고 한다면 그들이 할 수 있는 것은 기껏해야 방사능 파편을 뿌리는 정도이고, 결과적으로 큰 위협이 되지 못하는 조잡한 방사능 폭탄일 뿐이다. 이것으로 공포심을 조장할 수는 있겠지만 사망자가 없다는 사실이 사람들을 당황스럽게 만들 것이다.

핵무기의 확산은 여전히 큰 걱정거리다. 이란과 다른 곳에 세워지고 있는 시설들은 핵무기 제조 용도로 쉽게 전환이 가능하다. 우라늄 농축의 어려운 점은 0.7%의 우라늄-235를 원자로용 3% 우라늄-235로 만들기 위해 많은 양을 처리해야 한다는 것이다. 그 과정을 마치고 나면 처리해야 하는 양이 1/4로 줄어들고, 80% 혹은 99% 농도의 우라늄-235를 만들기 위한 농축과정까지는 별 어려움이 없다. 이란의 의도가 무엇이든, 거기서는 무기 생산 능력을 키우고 있다. 북한의 상황도 마찬가지로 위험한데, 해답은 북한이 '핵 시설

불능화'를 하느냐 마느냐에 달려 있다. 조사관들의 접근을 전면 허용한다면 조사 검증은 충분히 가능하다.

앞으로 몇 년간 미국의 원자력, 적어도 원자력 발전소는 에너지 생산에서 상당히 중요해질 것이다. 원자로의 설계는 예전보다 훨씬 안전해지고 있는데, 자체 안전성이 보장된다면 안전 유지비용이 감소할 것이고 석유나 천연가스를 이용한 전력보다 훨씬 싸게 공급할 수 있게 된다. 사람들은 핵폐기물을 여전히 두려워하는데 내 생각에는 다소 과장된 부분이 있다. 지도자는 이 문제에 대해서 값싸고 적당한 해결책이 있다는 점을 설득할 필요가 있다.

핵융합과 다른 대안들은 아마 당신의 임기 동안에는 다른 에너지들과 경쟁할 만큼 경제적이 되기 어려울 것이다. 연구에서 나온 결과물이 때로 매우 어려운 문제를 푸는 실마리가 될 수도 있으므로, 다양한 연구 개발 계획을 활발하게 유지시켜야 할 것이다.

제4부

우주

궤도를 돈다는 것은 무언가에 홀린 느낌이다.
계속 떨어지고 있지만 조금도 땅에 가까워지지 않는다.

그림 15.1_우주에서 본 지구

지구를 떠나서 내려다볼 때만큼 지구가 작아 보일 때도 없을 것이다. 대기권 위를 비행하는 대륙간 탄도 미사일이 지구를 반 바퀴나 돌아서 목표에 도달하는 데는 45분도 채 걸리지 않는다. 사실 뉴욕에서 모스크바까지는 인공위성으로 17분 정도밖에 걸리지 않는다. 우주에서 내려다본 지구의 모습-하얀 구름으로 둘러싸인 반짝이는 푸른 구체-은 세계의 단합을 상징하는 아이콘이 되었다. 우주는 알려지지 않은 다른 정보들에 대해 접근할 수 있게 해 준다. 먼 바다에서 허리케인이 발달하는 것을 볼 수 있고, 중국의 황사가 태평양을 넘어 미국까지 도달하는 것이나 북한과 이란에서 건설하고 있는 핵시설을 관찰할 수 있다. 그림 15.2는 인공위성으로 본 아시아의 야경이다. 남한과 북한의 대조적인 모습은 그들의 상대적인 경제 차에 대해서 학문적으로 언급하는 것만으로는 얻을 수 없는 극적인 느낌을 준다.

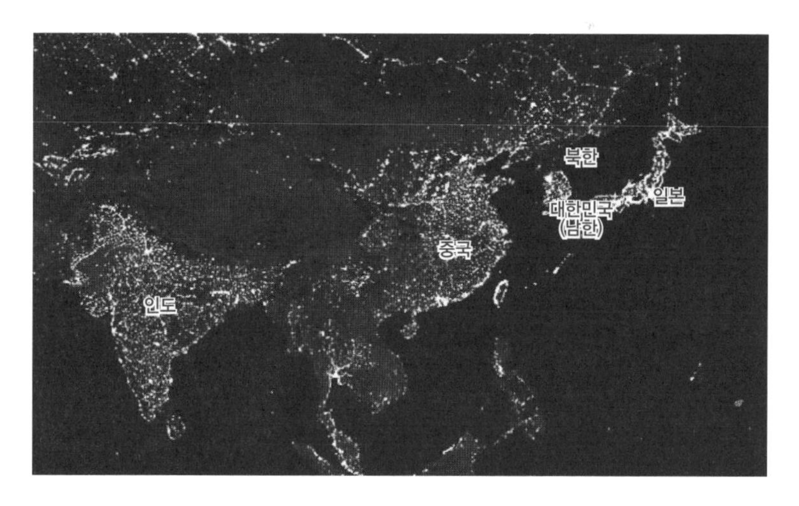

그림 15.2_우주에서 바라본 아시아의 밤. 북한과 대한민국(남한)을 비교해 보라.

우주는 그 경계뿐만 아니라 잠재력에서도 무한한 것처럼 보인다. 민간 차원에서의 우주여행은 다소 더디게 진행된다. 왜 그럴까? 인간을 우주에 올려 보내는 것이 우리에게 얼마나 중요한 것일까? 우리는 왜 화성이나 달에 가야 하는가? 이런 것들이 모두 당신이 대통령이 되었을 때 직면하게 될 이슈들이다.

우선 비행 가능한 궤도를 산출하는 원리와 인공위성이 어떻게 작동하고, 무엇을 할 수 있고 없는지를 이야기하는 것으로 시작해 보자. 우주 궤도를 물리 관점으로 이해하는 것은 인공위성과 대륙간 탄도 미사일 그리고 첩보활동을 이해하는 데도 무척 유용하다.

15장 인공위성과 우주 시대의 서막

당신이 타고 있는 엘리베이터의 줄이 갑자기 끊어졌다. 죽음을 예감하는 그 순간에도, 엘리베이터와 함께 추락하면서 무중력 상태의 매력적인 느낌을 즐겨 보려고 노력한다. 발바닥에는 아무런 힘도 작용하지 않는다. 어깨도 머리 무게를 느끼지 못한다. 그것은 당신의 머리, 몸통, 발, 엘리베이터가 모두 같은 비율로 함께 낙하하고 있기 때문이다. 목 근육이 머리가 몸통 위에 있도록 힘을 주고 있을 필요가 없다. 당연한 이야기지만, 항상 지구는 당신을 잡아당기고 있다. 당신은 무게를 갖고 있지만 그것을 느끼지는 못한다. 추락하는 엘리베이터 안에서 찍은 동영상에서 당신은 마치 무게가 없는 것처럼 그 안을 떠다니고 있을 것이다. 그것을 본 사람은 국제 우주 정거장 ISS(International space station) 내부를 떠다니는 우주비행사 같다고 생각할 수도 있다. 사실, 추락하는 엘리베이터 안의 사람들은 무중력 상태에서 우주비행사가 느끼는 것과 똑같은 것을 경험하고 있다. 단 한 가지, 조만간 다가올 죽음에 대한 공포만 제외하고.

놀이공원의 몇몇 탈것들은 제법 낙하거리가 길어서 몇 초 동안이지만 무중력을 경험할 수 있게 해 준다. 사실 그중 하나를 타 본 경험으로는, 떨어지면서 소리 지르기 바쁜 비참한 상황에 무중력에 대해 생각하는 건 좀 어려운 일이었다.

사실 우리는 위로 점프할 때나 떨어질 때 항상 무중력을 경험하고 있다. 그런 감각은 높은 다이빙 보드에서 수영장으로 뛰어내릴 때의 아찔한 느낌과도 관계가 있다. 몇 번 다이빙을 하지 않아서 금세 그런 느낌이 사라지는 걸 보면 인체의 조절능력에 대해서 놀라게 된다. 그 외에도 스카이다이빙이나 번지점프를 할 때도 이런 무중력을 경험할 수 있다. 물속에서 수영할 때는 그렇지 않은데, 물의 압력에 의해 몸통과 머리, 몸속의 장기가 눌리기 때문이다. 침대 속에 있을 때보다 좀 더 균일할 뿐이지, 수영하고 있는 사람이나 침대 속에 있는 사람이나 무게감을 느끼지 못하는 정도는 비슷하다. 마찬가지로, 스카이다이버도 종단 속도*에 도달해 더 이상 가속을 받지 못할 때는 무중력 상태를 느낄 수 없다.

다시 낙하하는 엘리베이터로 돌아가 보자. 추락하는 것을 상상하는 대신, 땅에 부딪히기 전에 안에 사람을 태운 채로 엘리베이터를 대포로 쏘아 올려 100km를 날려 보자. 날아가는 동안은 다시 무중력 상태를 즐길 수 있는데, 그 안에 있는 사람과 엘리베이터는 함께 날아가고 있기 때문이다. 엘리베이터와 사람(그리고 그 사람의 인체 여러 부분들)은 똑같은 포물선을 그리며 날아간다. 머리랑 몸통도 모두 같은 곡선을 따라 날아가며 그들 사이에는 힘이 작용하지 않아서 목 근육은 완전히 이완된다. 우주비행사 후보들은 우주로 보내지기 전에

* 저항력을 발생시키는 유체(공기, 물 등)속에서 운동하는 물체가 다다를 수 있는 최종속도. 물체가 낙하할 때 중력에 의한 힘과 공기의 저항력이 평형을 이룰 때 종단속도에 다다른다.

무중력에 어떻게 반응하는지 확인하고 무중력에 익숙해지기 위해 그런 곡선(수학적으로 말하면 포물선**) 궤도를 타는 비행기에서 훈련을 받는다.

이제 매우 높은 탑의 꼭대기(160km 높이)에 수평으로 놓인 큰 대포를 상상해 보자(그림 15.3). 여기서 당신을 태운 엘리베이터를 발사할 것이다. 만일 초속 2km 정도의 '느린' 속도로 발사한다면 당신을 태운 엘리베이터는 그림 15.3의 경로 A처럼 땅으로 떨어져 부딪히게 될 것이다. 다시 초속 8km 정도의 빠른 속도로 발사한다면 엘리베이터는 경로 B를 따라 움직이게 된다. 엘리베이터의 경로는 중력에 이끌려 땅을 향해 휘어지겠지만 속도가 너무 빠르기 때문에 지구의 끝을 벗어나게 된다. 당신은 계속 아래쪽으로 떨어지지만 부딪히지는 않는 상태, 즉 궤도에 오른 것이다. 중력이 엘리베이터-이제 스페이스 캡슐이라고 하자-의 궤도를 아래로 휘어지도록 만든다. 이 곡률이 지구의 곡률과 맞아떨어지면 당신의 궤도는 지면에 닿지 않을 뿐 아니라 지상에서 일정한 높이를 유지하게 된다. 만약 속도의 방향이 정

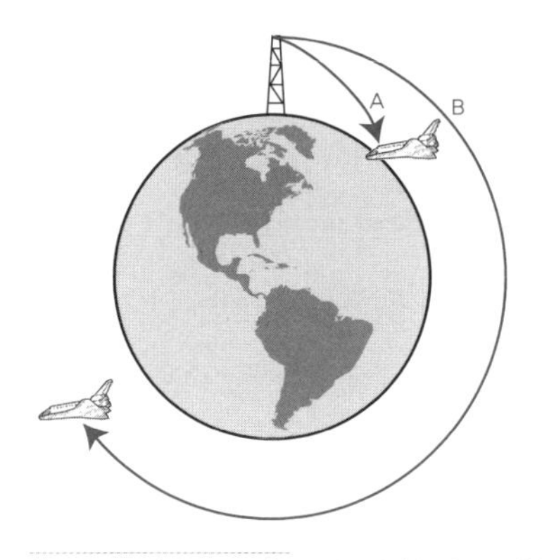

그림 15.3_탑의 꼭대기에서 발사된 캡슐의 경로. 경로 A는 느린 속도(초속 2km), 경로 B는 빠른 속도(초속 8km)에 해당한다.

** 지구를 평면으로 보면 포물선이겠지만 지구를 거의 대칭적인 구로 보면 타원에 가까운 궤도이다. 우주과학 종사자들에겐 정확히 타원이라고 할 수도 없다. 지구는 완벽한 구대칭이 아니니까.

확하게 수평이 아니거나, 속도가 약간 느리거나 빠르면, 궤도는 원형이 아니라 계란 형태의 타원이 된다.

어째 상식과 맞지 않는다고 생각할지도 모르겠다. 하지만 지구를 도는 궤도 상의 우주비행사는 지속적으로 낙하하고 있다고 보는 것이 합당하다. 그것이 우주비행사가 무게를 느낄 수 없는 이유다.

이번에는 달도 계속 낙하하고 있다고 같은 방식으로 생각해 볼 수 있다. 달은 중력으로 인해 지구로 끌려오지만 빠른 속도로 횡이동을 하고 있다. 지구 쪽으로 낙하하고 있음에도 불구하고 마주칠 수 없는 것이다. 이것이 바로 아이작 뉴턴이 '달에 적용되는 원리가 떨어지는 사과에 작용하는 힘과 유사하다'는 것을 인식하고 중력이라는 것에 대해 갑자기 깨닫게 되었을 때 발견한 원리다. 달은 지구에서 제법 먼 거리-38만 킬로미터-에 떨어져 있고 그 거리에서의 중력은 그만큼 약하기 때문에 달이 궤도를 돌기 위해 필요한 최소 속도는 별로 빠르지 않다. 사실 달은 초속 1km 정도로 움직이고 있지만 그 위치에서의 중력이 매우 약하기 때문에 그 정도 속도로도 지구로 떨어지지 않고 궤도를 유지하기엔 충분하다.

궤도를 돌고 있는 당신이 지구로 돌아오고 싶어졌다고 해 보자. 당신이 할 일은 감속하는 것뿐이다. 그러면 더 이상 궤도(그림 15.3의 경로 B)를 돌지 않게 되고 낙하하는 경로(A)를 타게 된다. 사람들은 지구로 재돌입하려면 로켓을 돌려서 지구를 향해 가속하면 된다고 오해하기도 한다. 그렇게 할 수도 있지만, 그 과정에서 이동 속도가 증가해 버린다.* 차라리 로켓 분사구를 진행 방향 쪽으로 돌려서 감속하

* 감속할 때와는 달리 훨씬 복잡한 궤도가 된다.

는 편이 낫다. 그것만으로도 그림의 경로 B에서 경로 A로 전환하기엔 충분하다. 전진 방향의 움직임을 완전히 멈출 수 있다면 곧바로 아래로 낙하할 수 있다.

실제 로켓에서는, 약간만 감속하는 것이 실용적이다. 그럼 궤도가 약간만 아래로 변할 뿐이지만 대기권에 부분적으로 스치게 되면 대기와의 마찰이 나머지 감속을 해 준다. 모든 인공위성이 이런 방법을 이용한다. 궤도를 이탈시키고 싶을 때는 역분사 로켓을 이용해서 약간 감속해서 대기권 상층부에 닿을 정도로 궤도를 낮추면 공기의 마찰이 이후의 감속을 맡아 준다. 물론 이때 발생하는 마찰열이 바로 우주비행사에게는 가장 위험한 요소이기도 하다. 엄청난 운동에너지(초속 8km)가 열로 전환되기 때문이다.

대기권 재돌입에는 도움을 주지만 대기권과 부딪혀서 생기는 마찰력은 지면에 가까운 궤도를 도는 것을 방해하기도 한다. 만약 공기가 없고 나무나 여러 가지 지형적인 문제가 아니라면 지표면 위 몇 미터 혹은 1km 상공을 스쳐 지나가는 궤도를 돌 수도 있다. 중력이 공기를 아래로 잡아당기고 있으므로 고도가 높아질수록 공기는 희박해진다(고도가 높은 에베레스트 산 정상에서는 산소호흡기 없이는 숨쉬기가 어렵다). 우리가 궤도를 돌려면 얼마나 높이 올라가야 할까? 궤도를 돌기 위해서 초속 8km의 속도로 움직일 때는, 공기압이 매우 희박하다 하더라도 굉장한 힘의 공기저항을 받는다. 경험상 고도 160km 이하에서의 궤도비행은 실용적이지 못한 것으로 드러났다.

달 궤도라면 얘기가 다르다. 달에는 사실상 대기가 존재하지 않으므로 인공위성이 거의 지면을 스쳐가도록 할 수도 있다. 산에 부딪힐 정도만 아니라면 말이다.

인공위성의 궤도: 저궤도, 정지궤도, 중궤도

높은 고도일수록 중력이 약하게 작용하므로 궤도에 머무르기 위한 속도는 고도에 따라 다르다. 지구는 매우 크기 때문에 매우 높이 올라가기 전까지는 그 효과가 미미하다. 해발 160km의 고도에서도 중력은 지면의 95%에 달한다(우주비행사가 무중력을 느끼는 것은 중력이 없어서가 아니라 그들이 낙하하고 있기 때문이다!). 해발 320km에서는 90%다. 이는 궤도를 도는 데 필요한 속도가 약 5% 정도 감소한다는 뜻이다. 로켓 연구자들은 그런 것에 대해 잘 알아야 하겠지만 미래의 지도자들이 알아야 할 중요한 사실은 저궤도LEO(Low Earth Orbit) 비행이 이루어지려면 최소한 초속 8km 이상의 속도가 필요하다는 것이다. 그 속도로 지구를 도는 위성은 3만 8천 킬로미터의 거리를 90분, 한 시간 반만에 주파한다. 앞에서 위성이나 미사일이 지구 반 바퀴를 도는 데 45분도 채 걸리지 않는다고 한 것은 그런 의미다. 그 정도의 시간은 약 160km에서 320km 정도의 고도에 해당한다.

인공위성의 이동 속도가 초속 8km 이상이라면, 원형 궤도를 벗어나 우주로 향하게 된다. 초속 11.3km라면 지구를 벗어나 다시 돌아오지 않겠지만 태양을 공전하는 궤도를 돌게 된다. 달에 가는 데 필요한 속도는 제법 크다. 이 높은 속도를 탈출 속도escape velocity라고 부른다. 한편 태양의 인력에서 벗어나기 위해서는 더 큰 속도가 필요한데, 태양의 탈출 속도는 초속 42km나 된다(이때 어느 정도는 지구의 공전 속도를 이용할 수도 있지만).

저궤도는 주로 첩보위성에 이용된다. 이유는 간단하다. 자세히 보기 위해서는 가까이 가는 것이 최고니까. 물론 망원경을 이용하긴 하지만 빛의 파동 때문에 어느 정도 이상 확대하면 심각한 번짐현상

Blurring이 발생한다. 저궤도 위성의 문제점은 지상의 어떤 지점을 볼 때 초속 8km로 스쳐지나간다는 점이다. 160km 상공에 떠 있다고 하더라도 한 지점을 관찰할 수 있는 시간은 채 1분도 안 된다(60초 후면 480km를 날아간다).

인공위성은 궤도를 돌면서 같은 위치의 상공에 떠 있을 수도 있다. 이 방법은 정지궤도GEO(Geostationary Earth Orbit)를 이용한다. 기상위성과 TV 중계위성은 이 특별한 궤도를 이용하고, 그 덕분에 지상의 한 지점 상공에 계속 머무를 수 있다. 이는 하나의 기상위성이 허리케인의 발달과 한랭전선, 그 외 여러 기상학적 현상을 지속적으로 관찰할 수 있다는 점에서 중요하다. 만약 TV 신호를 정지궤도 위성으로부터 받는다면 한 번 맞춘 안테나를 다시 맞출 필요가 없다는 이야기다. 집에서 봤을 때 그 위성은 항상 같은 방향에 있을 테니까.

정지궤도 위성은 실제로는 지구 주위를 돌고 있지만, 중력이 약한* 매우 높은 고도인 35,786km 상공에 있기에 상대적으로 낮은 속도(초속 3.07km)로 24시간에 한 바퀴를 돌게 된다. 지구도 같은 시간에 한 바퀴를 자전하므로 결과적으로 같은 장소의 상공에 머무르는 것이다. 집과 인공위성도 같은 시간에 같은 각도를 움직이므로 서로 위치가 변하지 않는다.

한 가지 단점이 있다. 지면에 대해서 같은 위치의 상공에 인공위성이 머물기 위해서는 반드시 적도 위에 있어야 한다. 왜 그런지 알겠는가? 정지궤도 위성은 지구의 중심을 기준으로 궤도를 돈다. 만약 적

* 고도 35,400km라고 하면 지구 중심으로부터는 41,800km 떨어져 있는 셈이다. 즉, 지구 표면에 있을 때보다 지구 중심에서 6.5배 멀리 떨어져 있으므로 거리의 제곱에 반비례하는 뉴턴의 중력 법칙으로 계산해 보면 $(6.5)^2 = 42$배 중력이 약하다.

도를 따라 공전하는 궤도가 아니라면 궤도의 절반은 북반구에, 절반은 남반구에 있게 될 것이다. 오직 적도 상공에 있을 때만 정확하게 같은 위치에 떠 있을 수 있다. 만약 하늘에서 정지궤도 위성들을 찾아본다면, 모든 정지궤도 위성들이 적도 상공의 매우 좁은 영역에 줄지어 늘어선 것을 볼 수 있을 것이다. 거기가 그것들이 있을 수 있는 유일한 장소다. 하지만 그런 제약이 문제를 발생시킨다. 위성들이 너무 가까이 있으면 전파 신호가 서로 간섭할 수 있다. 그래서 국제 조약으로 우주 공간의 자리를 나누고 있다.

가끔 이런 위성을 대지동기궤도geosynchronous 위성이라고 부르기도 한다. NASA에서는 극궤도 위성을 포함해 지구를 24시간에 한 바퀴 도는 인공위성에 이 용어를 사용하고 있다. 극궤도 위성은 대부분의 시간을 남극과 북극에서 보내므로 정지궤도 위성은 아니다. 대지동기궤도 위성 중에서도 적도 상공 궤도에 있는 것들만 정지궤도 위성이라고 부른다.

정지궤도 위성의 다른 문제점은 지표면에서 너무 멀리 있다는 것이다. 말이 약 36,000km지, 지구 반경의 5배가 넘는 거리다. 그 먼 곳에서는 지구도 주먹만 하게 보인다. 만약 전 지구적인 기상 패턴을 보고자 한다면 그런 것도 좋을 것이다. 한 장의 사진으로 전체 바다를 볼 수 있고 여전히 태풍의 눈을 관측할 수도 있다. 게다가 기상위성은 미국의 동부 해안이나 유럽처럼, 각자 할당된 특별한 지역을 살핀다(정확하게 유럽의 상공에서 본다는 것은 아니다. 적도 상공에만 떠 있을 수 있으니까). 일기예보에서 보여 주는 기상위성의 사진을 본 다음 그 위성이 어디 있는지 말할 수 있는지를 생각해 보자. 적도 위에 떠 있는 것 같은가?

정지궤도 위성은 TV 중계를 하는 데 굉장한 장점이 있다. 집에서 위성 접시 안테나를 한 번 맞추면 두 번 다시 맞출 필요가 없다. 정지궤도 위성은 태양이나 달, 별과 같이 하늘을 움직이지 않고 늘 같은 자리에 있으니까. 단점은 위성이 지구에서 36,000km나 떨어져 있기 때문에 가정용 수신기에서 잡을 수 있는 신호를 보내려면 엄청난 전력이 필요하다는 점이다. 방송 중계위성이 상용화된 것은 항상 같은 지점에 떠 있다는 장점이 이런 전력 요구량의 단점을 이긴 결과다.

위성 TV는 미국보다 개발도상국에서 더 대중화되어 있다. 이런 사실은 과학의 관점이 아니라 사회학과 비즈니스의 관점을 반영한다. 다국적 기업들은 특정 국가에 정교한 인프라를 구축하지 않고도 위성 TV 시스템을 구축할 수 있다. 그것으로 전 세계의 절반에 동시에 방송할 수 있다. 나는 고대 그리고 중세 이전의 문화를 잘 보존하고 있는 모로코의 도시 페즈Fez를 방문했을 때 크게 놀랐다. 도시의 구시가지에 천 년 이상 변함없이 보존된 거리와 건물들이 늘어서 있었다. 단, 지붕 꼭대기에 있는 인공위성 접시 안테나만 빼고.

정지궤도 위성의 다소 특이한 이용 방법을 소개한다. 만약 당신이 누군가에게 납치를 당해 위치를 알 수 없다면 주변에서 위성 안테나를 찾아보라. 만약 안테나가 곧바로 위를 향하고 있다면 당신은 적도 부근의 어느 나라에 있는 것이다. 수평 방향을 향하고 있다면 아마도 북극일 것이다. 아, 한 가지 유의할 것은 적도 상에 있는 위성이 반드시 내 머리 위에 있으란 법은 없다는 것이다. 위성은 콩고 상공에 있고 당신은 브라질에 있을 수도 있다. 위성 안테나를 방위를 찾는 데에 이용하려면 반드시 북쪽이 어디인지 미리 확인해야 한다.

저궤도 위성과 정지궤도 위성 사이에는 중궤도 위성이 있다. 여기

해당하는 것 중에 가장 흥미로운 건 GPS 위성이다.

GPS-중궤도 위성

세계의 7대 불가사의는 모두 건축물이다. 하지만 내가 생각하는 오늘날의 불가사의 중 하나는 지구 위치 측정 시스템Global Positioning System, 줄여서 GPS라는 것이다. 100달러도 안 되는 소형 GPS 수신기는 지구에서 당신의 위치를 수 미터 이내의 오차로 정확하게 알려 준다. 나는 그 GPS 수신기를 요세미티 평원, 마라켁의 시장, 르완다의 산에서 써 보았다. 우리는 자신의 위치를 자동으로 스크린에 표시해 주는 GPS 수신기가 탑재된 차를 구입할 수도 있다. 군사 목적에서는 스마트 폭탄에 탑재된 GPS 시스템이 목표물을 수 미터 이내의 오차로 타격할 수 있게 해 준다.

GPS 수신기는 지구 상공에 떠 있는 24개의 GPS 위성 중 현재 시야에 들어오는 것들로부터 신호를 잡는다. GPS 수신기에도 소형 컴퓨터가 탑재되어 있는데, 내부에 탑재된 시계와 GPS 신호의 시간을 비교해서 위성과의 거리를 결정한다. 세 개 이상의 위성과 거리를 측정하면, 컴퓨터는 곧장 당신이 지구 상의 어느 지점에 있는지 정확하게 계산해 낼 수 있다.

GPS가 위치를 계산하는 방법을 이해하기 위해 다음 문제를 풀어보자. 나는 미국 어느 도시에 있다. 뉴욕에서 800마일, 뉴올리언스에서 900마일, 샌프란시스코에서 2,200마일 떨어진 곳에 있다. 나는 어느 도시에 있을까? 그림 15.4에서 답을 한번 찾아보라.

조건을 만족하는 도시가 시카고라는 것을 알 수 있다. 요점은 세 개의 거리 정보로부터 어떤 위치를 특정하게 집어낼 수 있다는 것이

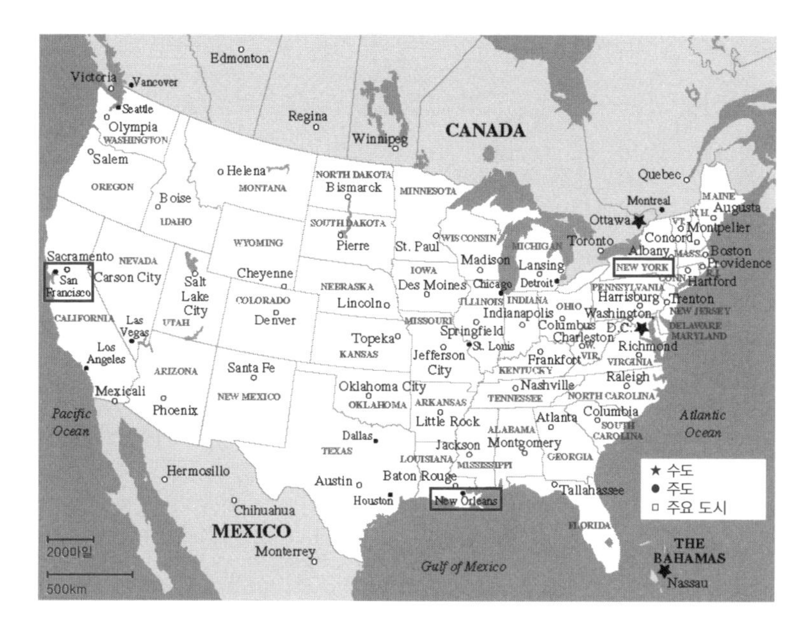

그림 15.4_미국 지도. 뉴욕에서 800마일(1,300km), 뉴올리언스에서 900마일(1,450km), 샌프란시스코에서 2,200마일(3,500km) 떨어진 곳을 찾아보라.

다. GPS도 비슷한 방식으로 동작하는데, 단지 도시로부터의 거리가 아니라 위성으로부터의 거리를 사용한다는 점만 다르다. 인공위성은 하늘에서 움직이고 있지만 자신의 위치를 정확하게 알고 있으며 항상 자기 위치를 지상으로 보고한다. GPS 위성은 GPS 수신기에 자신의 위치를 말해 주고, 수신기는 그것으로 위치를 파악한다.* GPS 위성이 정지궤도에 있을 거라고 생각할 수도 있겠지만 정지궤도는 앞서 말했듯이 매우 먼 거리에 있고 지구까지 도달할 강한 전파를 쏘기 위해서 많은 전력이 필요하기 때문에 GPS 위성들은 정지궤도를 쓰지

* 사실 GPS 위성은 위치와 시간을 전송하고 GPS 수신기는 그 시간차로부터 각 위성까지의 거리를 계산하여 네 개 이상의 거리 정보로부터 하나의 위치를 결정할 수 있다.

않는다. 또 저궤도를 이용하지도 않는 것은 저궤도에 있으면 신호가 지평선에 가려지는 때가 많기 때문이다. 저궤도 위성 중 하나가 시야에 머무는 것은 약 1분, 머리 위를 지나간다고 해도 2분 정도다. 그래서 그 둘 대신에 GPS 위성은 19,300km 상공의 중궤도를 이용한다. 이 궤도에서는 12시간에 지구를 한 바퀴 돈다. 24개*의 위성이 이 궤도를 따라 공전하고 있으며 GPS 수신기는 꽤 적절한 시야각 안에서 세 개 이상의 위성을 찾을 수 있다.

첩보위성

첩보위성은 망원경을 탑재하고 지구에서 무슨 일이 벌어지는지 내려다보고 있다. 예전에는 오직 군사용으로 적의 기밀을 파악하는 데 이용되었지만 지금은 정부와 산업계에서 홍수, 화재부터 옥수수의 작황을 살피는 데까지 다양하게 이용되고 있다.

이상적인 첩보위성이라면 원하는 위치의 상공에 계속 머무를 수 있는 것이 좋을 테지만, 그러려면 정지궤도인 3만 6천 킬로미터 고도를 유지해야 한다. 하지만 그렇게 높은 고도에서는 아무리 좋은 망원경이라도 분해능**의 한계에 부딪히게 된다. 잠시 망원경의 분해능에 관한 이야기로 화제를 돌려 보자.

빛의 파동성과 망원경의 렌즈를 통과하면서 빛이 약간 휘는 성질이 있다는 것에 의해 망원경이 물체를 구분할 수 있는 능력(카메라든, 눈이든)은 제한을 받는다. 그 휘어짐으로 인해 상이 번진다. 이 과정이

* 2011년 현재 30개의 GPS위성이 돌고 있다-옮긴이

** 떨어져 있는 두 물체를 서로 구별할 수 있는 능력. 사용 장비의 분해능이 작을 수록(좋을 수록) 해상도(상이 얼마나 선명한지를 나타내는 척도)가 좋아진다.

어떻게 되는지 설명하기 위해서 당신이 굳이 알 필요는 없는 공식들을 사용할 것인데, 어떻게 계산하는지를 알아 두면 어쨌든 유용할 것이다.

미국의 첩보위성에 대한 세부 사항들은 기밀이니, 대신 수십억 달러짜리 망원경인 허블 우주 망원경으로 예를 들어 보자. 빛의 번짐 정도는 B=h×L/d라는 간단한 식으로 주어진다. 여기서 B는 퍼지는 정도, d는 망원경 혹은 반사경의 직경, h는 인공위성의 고도, L은 빛의 파장이다. 이 방정식을 사용하는 데 필요한 건 모든 단위를 맞추는 것뿐이다. 인치든 피트든 패덤fathom[***]이든 하나를 고르고 그것만 사용하면 된다. 나는 피트를 골랐다.

허블 망원경의 반사경은 직경이 d=94인치=8피트(간단하게 하기 위해서 반올림했다)다. 이라크를 계속(적어도 낮 동안) 감시할 수 있도록 정지궤도에 이 위성을 올려놓았다고 하자. 고도는 22,000마일로 약 1억 피트다(이라크가 적도에서 벗어나 있다는 것은 무시했다). 파장은 L=0.0000017피트가 된다. 이 숫자들을 모두 공식에 대입해 보면, 지표상의 어떤 지점을 스캔한 이미지의 번짐은 b=h×L/d=100,000,000×0.0000017/8=21피트, 6.4m다.

끔찍한 해상도가 아닌가! 번짐 현상이 너무 심해서 두 물체간의 거리가 6.4m보다 가까운 물체를 촬영하면 뭉뚱그려져서 하나인지 둘인지 구분할 수가 없다. 6.4m의 해상도는 구름이나 허리케인을 관찰하거나 선박을 찾아낼 수는 있겠지만, 테러 움직임을 확인하거나 훈련장의 텐트 수를 세기에는 별로 좋지 않다.

*** 바다의 깊이나 측심, 줄의 길이 등을 재는 데 쓰이는 단위. 주로 바다의 깊이를 재는 데 쓴다. 1패덤은 약 1.83m에 해당한다.

같은 공식을 같은 망원경에 다시 쓰는데, 이번에는 저궤도 첩보위성의 고도인 1백만 피트 상공(약 320km)으로 계산해 보자. 앞의 숫자들을 다시 대입해 보면 b=0.2피트=2.4인치, 즉 6.1cm의 해상도가 나온다. 훌륭하다! 이제 사람을 식별할 수도 있다. 예를 들면 테러리스트의 그림자를 가지고 그의 키를 추정할 수도 있다.

중요한 결론은 빛의 번짐 현상 때문에 첩보위성은 좋은 해상도를 얻기 위해 저궤도를 이용할 수밖에 없다는 것이다. 그렇다 하더라도 자동차 번호판을 읽을 수는 없다(보통 다들 그렇게 믿고 있지만). 이 물리적인 문제를 피해 갈 방법은 없다. 대통령이라면 알아 둬야 한다.

앞서 언급했지만, 첩보위성이 머무는 저궤도의 특성 때문에 심각한 문제가 발생한다. 체류 시간이다. 저궤도에서 머무르는 인공위성은 초속 8km로 움직인다. 목표물을 순식간에 지나쳐 간다는 뜻이다. 멈추면 낙하해 버릴 테니 멈출 수도 없다. 궤도가 320km 상공이라고 가정하자. 위성이 우리 머리 위에 도달하기 320km 전(우리 입장에서는 45도 방향)에 관측을 시작해서 320km를 지날 때까지 관측한다고 해 보자. 그 인공위성은 640km를 움직이는 동안 우리를 관찰한다. 초속 8km로 움직인다면 80초 만에 그 거리를 지나간다. 1분 남짓한 시간이다. 같은 속도로 2배 높은 궤도를 움직인다면 2배인 160초가 걸리겠지만 거리가 더 멀어져서 해상도가 떨어진다.

직접 이 체류 시간을 확인해 볼 수도 있다. 황야에 나가서 하늘을 볼 때 유성이 나타났다. 비행기일까? 아니 정말 별처럼 보이는데. 아마도 인공위성일 것이다. 사실 그것은 아마도 저궤도 인공위성일 것이다. 우리 눈에 잘 보이는 건 가까이 있는 것들이니까. 우리는 기껏해야 1~2분 정도 바라볼 수 있을 따름이다. 그 정도가 초속 8km로 움직이는 것들이 우리 시야를 지나가는 시간이다.

아마도 비행기 창문을 통해 밖을 내다볼 때 비슷한 경험을 한 적이 있을 것이다. 비행기가 약 10km(3만 2천 피트)정도의 고도를 날고 있다고 하고 시속 1,000km로 날아간다고 하자. 1/100시간, 즉 0.6분 동안 10km를 날아가게 된다. 바로 아래에 뭔가 흥미로운 것이 있어서 친구를 불러 알려 주더라도 그사이에 1분 이상 흐른다면 너무 멀어져서 보이지 않을 것이다.

저궤도 위성에 허용된 1~2분은 첩보활동을 하기엔 너무도 짧은 시간이다. 사실, 미국의 눈으로부터 비밀 작전을 숨기고 싶어 하는 많은 나라들이 첩보위성의 위치를 추적하고 있다(인터넷에서 인공위성 궤도 정보를 찾아낸다). 그리고 첩보위성이 촬영 위치를 지나갈 때 작전을 엄폐, 은닉할 수 있는지 확인한다. 그러니 정보기관에서 원하는 사진을 내놓지 못한다고 화내지 말라. 정보기관의 잘못이 아니라 물리학적 문제고, 재미 삼아 인공위성의 궤도를 측정해서 인터넷에 올리는 네티즌들이 문제다.

실제로는 더 상황이 좋지 않다. 위성의 궤도가 320km 이상이라면 망원경의 분해능 한계로 인해 선명하게 볼 수 없다. 게다가 지구의 자전 효과 때문에 한 바퀴 돌아와서 두 번째를 찍을 수도 없다.* 저궤도 위성의 경우 궤도를 일주하는 데 90분이 걸리는데 그 시간 동안 지구도 자전한다. 적도 상에서는 24시간 동안 38,600km를 움직이니까 시속 1,600km인 셈이다. 적도 상의 한 점은 한 시간 반 동안 2,400km를 움직인다. 인공위성이 제자리로 돌아왔을 때는 그 점은

* 첩보 위성은 대부분 남극과 북극을 지나는 극궤도 위성이다.

동쪽으로 2400km나 떨어져 있을 것이다.

이것이 체류시간 문제다. 만약 관측하고 싶은 특정 목표가 있다면 인공위성의 궤도를 수정해서 목표의 상공을 다시 지나도록 해야 한다. 일단 그렇게 하면 목표물이 지구를 한 바퀴 돌아오기 전–24시간, 즉 인공위성이 궤도를 16번 돌고 난 후–까지는 그 상공을 다시 지나갈 수 없다. 만약 어떤 지점을 계속해서 관측해야 한다면 수백 개의 위성을 띄우거나 첩보위성을 이용하는 것을 포기하고 상공을 순회하는 비행기나 기구 혹은 그 위치에 가까운 곳에 머무를 수 있는 다른 무언가를 이용해야 한다.

만약 전 지구를 연속적으로 관측하려면 궤도 상의 거리가 320km 정도 간격으로 늘어선 많은 수의 인공위성이 필요하다. 그러려면 허블 우주망원경 수준의 정밀한 위성이 5천 개나 필요하다.* 우주에서의 첩보활동은 사람들이 생각하는 것만큼 간단한 문제가 아니다.

군사 정보부에서는 가장 중요한 첩보활동을 위해 조용히 고고도를 비행하는 무인기를 개발하고 있다. 이런 무인기들은 일단 발각되면 인공위성보다 쉽게 격추당할 수 있지만 인공위성보다는 훨씬 싸다. 그림 6.2에서 고고도 태양열 비행기인 헬리오스를 소개했었다. 그런 비행기들은 연료가 바닥나지 않는 한 목표물 상공에 계속 체류할 수 있기 때문에 미래의 첩보 임무에서 점차 많은 부분을 맡게 될 것이다. 또 20km 상공에 있는 이런 무인기들은 320km 상공의 인공위성보다 16배나 가까우므로 그만큼 탑재하는 카메라도 작아질 수 있다.

* 인공위성이 320km×3,200km = 103,600km^{2}을 촬영할 수 있다고 하자. 지구의 면적은 약 5.18×10^8km^{2}니까 약 5천 개의 인공위성이 있으면 전체 면적을 연속적으로 촬영할 수 있다.

로켓

로켓은 사실 우주로 가는 무식한 방법 중 하나다. 일반적으로 로켓은 에너지 중 96%를 낭비한다. 그럼에도 불구하고 그것을 사용하는 단 한 가지 이유는 아직까지 궤도에 오르는 데 필요한 초속 8km에 도달하는 더 나은 방법이 없기 때문이다.

왜 로켓이 그렇게 바보 같은 방법인지 이해하려면, 사람이 우주로 날아가려고 반동으로 밀어 올리는 힘을 이용하겠다며 총을 바닥에 대고 계속 총알을 쏴대는 걸 생각하면 된다. 우습게 들리는가? 하지만 로켓이 작동하는 방식이 정확히 그런 식이다. 로켓은 연료를 연소시켜 아래로 밀어내면서 위로 날아간다. 로켓 자체의 무게가 매초 뿜어져 나가는 연료의 양보다 훨씬 무겁기 때문에 연료 분사 속도에 비하면 로켓이 얻는 속도는 매우 작다. 마치 총알이 날아가는 속도에 비해 반동은 훨씬 작은 것과 같다. 결과적으로 대부분의 에너지는 연소에 쓰이며 일부만 페이로드payload**의 운동에너지가 된다. 총알의 입장에서는 좋은 방식이지만(연소된 연료를 총알로 생각하면 된다) 로켓으로 보자면 좋지 않다. 결과적으로 그래서 로켓은 엄청난 양의 연료를 실어야 한다. 보통 로켓에 탑재되는 연료의 양은 궤도에 로켓을 올릴 수 있는 페이로드의 25배에서 50배에 달한다.

오랫동안 페이로드와 연료의 비율이라는 문제 때문에 사람들은 우주로 로켓을 쏘아 올리는 것은 불가능하다고 생각했다. 아무튼, 거의 로켓의 무게와 비슷한 무게의 연료를 어떻게 붙잡고 있을 수 있겠는가? 다단 로켓이 이 문제의 돌파구가 되었는데, 이로써 엄청난 연료

** '유료하중'이라고도 한다. 로켓의 선단 부분으로 캡슐이나 인공위성을 여기에 장착해 최종적으로 지구궤도상에 유도하여 분리하는 역할을 한다. 최대 페이로드가 로켓의 실제 운반 능력을 나타낸다.

를 담아 두는 데만 쓰이는 무거운 연료탱크를 마지막 단계까지 달고 있을 필요가 없게 되었다. 우주 왕복선을 예로 들어 보면, 궤도 상에 올라가는 최종 무게는 68t이지만 부스터와 연료는 1931t으로 28배나 무겁다.* 물론 부스터는 궤도에 올라가지 않고 훨씬 자그마한 우주선만 궤도에 오른다.

여기서 얼마나 더 좋아질 수 있을까? 물리학적 관점에서 보면 훨씬 더 좋게 만들 수도 있다. 예를 들어, 우리가 매우 높은 빌딩, 달에 닿을 만큼 높은 빌딩을 세웠다고 해 보자. 중력의 법칙에 따라, 엘리베이터에 얼마만큼의 에너지를 공급해야 하는지를 계산할 수 있다. 계산해 보면 페이로드 무게의 1.5배 연료만 있으면 된다.** 로켓을 이용할 때보다 30배나 적은 양이다. 그러나 빌딩을 세우는 대신***에 다른 방법으로 하늘에서 밧줄을 내려 페이로드를 끌어올리면 어떨까. 이런 방식을 스카이훅skyhook이라고 부르는데, 이 방식은 재질이 문제가 된다. 저렇게 긴 줄이라면 페이로드는 제쳐 두고 자체 무게를 지탱할 정도로 튼튼한 물질조차도 찾을 수가 없었다. 근래에 탄소 나노튜브CNT(carbon nano tube)의 발견으로 이 아이디어가 재조명되기 시작했다. 하지만 이걸로 몇 센티미터 수준 이상의 섬유를 만들 방법이 아직 나오지 않아서 가까운 미래에는 상용화하기 어려울 것으로 보인다.

* 가운데 큰 외부 연료탱크가 751t, 양쪽에 달린 두 개의 고체 로켓 부스터가 590t씩 실을 수 있으므로 1,931t의 연료를 싣는 셈이다.

** 여기에 드는 에너지는 지구 표면에서의 포텐셜 에너지와 지구에서 무한히 먼 위치에 있을 때의 포텐셜 에너지의 차이만큼이다. g당 에너지로 따지면 $E=gR$이고 R은 지구의 반경 6.4×10^8cm, g는 980 cm/s^2를 대입하면 $E=4.2\times10^{11}$erg = 15kcal, 즉 가솔린 1.5g의 에너지에 해당하는 양이다.

*** 실제로 이런 빌딩을 세우려는 시도가 있었지만 성서에 나오는 바벨탑을 이유로 참담한 실패를 겪었다. 기술적, 과학적 문제가 아니라 신에 대항하는 거냐는 문제였다. 바벨탑을 세우려는 이들을 벌주기 위해 신은 그들의 언어를 서로 이해할 수 없게 만들었는데, 이 이야기에서 나온 동사가 babble(쓸데없이 떠들다)이다.

효율적으로 우주에 갈 좀 더 그럴싸한 방법으로는 비행기를 타고 '날아서' 가는 방법이 있다. 비행기에는 매력적인 두 가지 장점이 있다. 하나는 연료의 일부인 산소를 대기 중에서 조달할 수 있다는 것이고(따라서 로켓과는 달리 산화제가 필요 없다), 또 하나는 분사의 반작용으로만 추진하는 로켓과는 달리 공기를 밀어내서 추진력을 얻을 수 있다는 것이다. 물론 우주에서 날개는 하등 도움이 되지 않는다. 하지만 비행기로도 궤도에 필요한 속도에 도달할 수 있고 페이로드를 위로 던진 후에는 탑재된 소형 로켓으로 원형 궤도에 맞게 방향을 조절하면 된다.**** 물론 이런 방법이 이론적으로는 가능하지만 비행기로 초속 8km를 낼 수 있는 기술은 아직까지 존재하지 않는다. 오비털 사이언스Orbital Sciences라는 회사가 이런 개념을 이용한 기술 개발의 선구자인데, 비행기는 로켓에 필요한 속도의 일부밖에 추진하지 못하지만 대기권 상층부까지 모시고 올라가는 역할을 하게 된다. 그들은 L-1011 비행기에 로켓을 매달고 페가수스 3단 로켓을 발사했다. 지금까지 이런 비행기/로켓 조합 방식으로 인공위성 30개 이상을 성공적으로 발사하였다.*****

**** 일반적인 다단 로켓의 3단에 탑재된 킥 모터의 역할이다.–옮긴이

***** 홈페이지의 자료로는 현재까지 40개의 임무를 수행했고 80개 이상의 위성을 발사했다고 한다. 탑재량은 443kg까지 가능하다.–옮긴이

16장 물리학의 혁명적 발견 –중력을 이용한 기술들

중력은 힘이다. 하지만 항상 그것이 당연하게 여겨졌던 것은 아니다. 아이작 뉴턴이 중력을 발견하기 이전에 중력은 그저 자연적으로 물체가 아래를 향하는 성질로만 여겨졌다. 뉴턴의 중력은 실제적으로 작용하는 힘이며, 달이 떨어지지 않고 지구 주위의 궤도를 계속해서 돌게 하는 힘이라는 사실이 밝혀졌다. 뉴턴이 떨어지는 사과를 보고 이것을 깨달았다는 것은 사실일지도 모른다.

이제 우리는 모든 물체가 만유인력으로 서로 잡아당기고 있다는 사실을 알고 있다. 우리가 아는 한 모든 물체에 작용하는 유일한 힘이다.* 중력은 너무나도 작은 힘이기에 아마도 보통은 물체 사이에 작용하는 중력을 알아챌 수 없을 것이다. 당신의 몸무게가 70kg 정도 나간다고 하고 1m 옆에 비슷한 무게의 친구가 앉아 있다고 하면 두 사람 사이의 중력은 0.05mg정도밖에 되지 않는다. 매우 작긴 하지만 저런 힘도 측정이 가능하다. 대략 벼룩 한 마리 정도의 무게다. 지

* 뉴트리노는 전자기력과 강한 핵력(strong force)의 영향을 받지 않고, 광자는 약한 핵력의 영향을 받지 않는다.

구는 당신의 친구보다 훨씬 무겁기 때문에 그 결과 당신에게 훨씬 큰 중력을 가한다. 우리는 이 힘을 무게라고 부른다. 이런 식으로 생각해 보면 된다. 당신과 친구 사이에 작용하는 힘은 대략 벼룩과 지구 사이에 작용하는 힘과 같다.

달은 지구보다 작기 때문에 달에 서 있을 때 무게가 훨씬 적게 나갈 것이다. 지구 상에서 70kg이 나갔다면 달에서는 11kg 정도밖에 나가지 않는다. 당신이 바뀐 것이 아니라(달에 간다고 몸을 구성하는 원소가 바뀌진 않으니까) 당신에게 작용하는 힘이 바뀌는 것이다. 물리학자들은 이런 식으로 말하는 걸 좋아한다. 질량은 바뀌지 않았고 단지 무게가 변한 것뿐이라고. 질량은 물질의 양을 뜻하고 무게는 중력을 뜻한다고 생각하면 된다.

질량은 일반적으로 kg(킬로그램)으로 나타낸다. 지표면에 1kg의 물체를 놓는다면 1kgf(킬로그램중)의 힘을 받는다. 따라서 1kg은 지표면에 놓았을 때 1kgf의 힘을 받는 양으로 정의하는 것이 좋다. 달리 말하면 지표면에서 받는 무게로 질량을 알 수 있다는 뜻이다.

지구 상에서 당신의 몸무게가 약 70kg 정도 나간다고 해 보자. 목성에 간다면 180kg 정도 나가게 된다. 태양 표면에서라면 약 2t 정도 나간다(물론 바싹 굽혀서 가루가 되기 전 잠깐 동안이겠지만). 그렇지만 이 모든 상황에서도 질량 자체는 변하지 않는다.

두 물체 사이의 중력에 의한 인력을 기술하는 방정식은 뉴턴에 의해 고안되어서 뉴턴의 만유인력 법칙이라고 불린다. 이 법칙에 의하면 물체의 인력은 질량에 비례한다. 물체의 양을 두 배로 늘리면 인력도 두 배가 된다는 뜻이다. 납득할 만한 얘기다. 물질의 각 부분이 우리를 잡아당기므로 물질이 두 배가 되면 잡아당기는 것도 두 배가 된다. 질량이 작아지면(지구에서 달로 간다거나) 발밑에서 느껴지는 힘도 약해진다.

이 인력은 거리에도 의존한다. 친구와 거리가 두 배로 멀어지면 힘은 네 배로 약해진다. 이제 친구와 나 사이의 인력은 벼룩 한 마리 무게의 1/4밖에 되지 않는다. 10배로 멀어지면 1/100로 인력이 약해진다. 줄어드는 양은 거리의 제곱에 반비례한다. 수학적으로 역제곱 법칙이라고 부르는 것이다. 거리가 증가할수록(멀어질수록) 힘은 감소(약해짐)하고, 거리가 세 배 멀어질 때 1/9로 감소하는 식으로 변하는 것을 역제곱 법칙이라고 부른다.*

중력가속도 *g*

중력은 물체의 질량에 의존한다. 무거운 물체에는 작용하는 힘도 그만큼 크다. 그럼 왜 모든 물체는 똑같은 속도로 떨어지는 걸까? 무거운 물체에는 그만큼 큰 힘이 작용하지만 가속하는데도 정확히 그만큼 큰 힘이 필요하기 때문이다. 큰 물체를 가속시키는 데에는 작은 물체를 가속시킬 때보다 더 큰 힘이 필요하다. 이 두 효과가 정확히 서로 상쇄되기 때문에 큰 물체와 작은 물체는 동시에 낙하한다.

지표면에서는 모든 물체에 걸리는 가속도는 동일한데, 우리는 이것을 중력가속도라고 부르고 g라고 쓴다. 이 가속도의 크기는 매초 마다 시속 22마일씩 속도가 증가하는 것에 해당하는데, 22mph/sec라고 쓴다. 낙하하는 사람이 정지 상태에서 시속 66마일에 도달하는 시간이 3초라는 이야기다. 높은 곳에서 떨어지는 게 위험한 이유는

* 뉴턴의 중력 법칙은 다음과 같이 쓸 수 있다. $F = GMm/r^2$. G는 중력상수, M은 지구의 질량, m은 물체의 질량, r은 지구 중심으로부터의 거리다. R을 지구 반지름이라고 하면 GM/R^2을 g로 쓸 수 있다. 이 g는 중력가속도라고 불리지만 어디까지나 지구 표면에서의 이야기다.

이런 것이다. 비교를 해 보자면, 페라리 333SP가 정지 상태에서 시속 60마일까지 가속하는 데에는 3.6초가 걸린다. 가속도로 환산하면 16.7mph/sec이고 3/4*g*에 해당한다. 물론 페라리는 수평 방향으로 가속하지만 말이다(위험하긴 둘 다 마찬가지다).

중력가속도를 이용해서 생각하는 것은 가속하는 데에 얼마나 큰 힘이 필요한지를 알 수 있기에 매우 유용하다. 우주선이 이륙할 때 최대 가속도는 3*g*이다. 그 말은 70kg의 우주비행사가 이륙할 때 좌석에서 받는 압력이 자신의 체중을 제외하고도 210kgf이라는 이야기다. 그 정도가 설계자가 생각하는 우주비행사가 버틸 수 있는 최대치이고 그것이 우주선의 가속 한계를 결정한다.

전투기 조종사는 회피 기동 시에 매우 짧은 시간이지만 중력가속도를 9*g*까지 겪게 된다. 체중이 80kg라면, 회피 기동 중에 비행기가 그에게 가하는 힘은 약 720kgf으로 무게로 따지면 3/4t이나 된다. 다른 식으로 생각해 보자면 그는 순간적으로 자신의 체중이 0.7t으로 늘어난 것 같은 느낌을 받을 것이다. 숙련된 전투기 조종사는 몸의 한쪽으로 피가 쏠리는 것을 방지해 주는 가압 수트(G-수트)를 입고 영점 몇 초간 이 정도 힘을 버틸 수 있다.

올림픽 육상 선수급의 주자는 40m를 4.4초 정도에 주파할 수 있는데 평균 가속도로는 9.4mph/sec로 중력 가속도의 40% 정도다.

지금 설명할 법칙은 간단하게 설명할 수 있는 것이지만, 물리학에서 혁명적인 발견이었다. 당신도 고등학교에서 물리학을 배웠겠지만 제대로 인식하고 있지 못할 수도 있다. 공식적으로는 뉴턴의 제2법칙이라고 한다.* 방정식으로 쓰면 다음과 같다. $F = wA$. w는 지구 상의 무게(지표면에 놓여 있을 때의 물체 무게)를 의미하고 A는 중력가속도 g에 해당한다. 이 방정식은 가속에 필요한 힘이나, 주어진 힘으로부터 가속도를 계산할 수 있게 해 준다.

중력가속도가 작아 보일 수도 있겠지만 이 효과는 속도로 누적된다. 1g의 가속도로 1년을 움직였다고 해 보자. 얼마나 멀리 갈 수 있을까? 정답은 놀라울 정도다. 무려 0.5광년이다!** 이 거리는 빛이 반 년 동안 갈 수 있는 거리다. 가장 가까운 항성(태양을 제외하고)까지의 거리는 약 4광년이다.

어떤 사람들은 우주에서는 "무중력"이니까 쉽게 물체를 가속시킬 수 있다고 생각한다. 하지만 사실 그렇지 않다(그랬다면 멀리 있는 별까지 충분히 여행할 수 있었을 것이다). 물체를 가속시키는 데 필요한 힘은 지상에서나 우주에서나 정확하게 똑같다. 우주에서도 물체를 1g로 가속시키려면 지표면에서의 무게와 똑같은 양의 힘이 필요하다.

중력을 이용한 얼음, 석유, 숨겨진 크레이터, 땅굴 탐사

앞서 모든 물체는 자신 외의 모든 물체에 미약한 정도라도 반드시 중력이 작용한다고 얘기했었다. 이런 작은 힘을 측정하는 것은 실용

---

* 뉴턴의 제2운동법칙은 $F = ma$라고 쓰고 힘 F는 뉴턴(N), 질량 m은 kg으로 가속도 a는 m/s^2 단위로 나타낸다. 하지만 N 단위나 가속도 단위에 익숙하지 않은 사람에게는 크게 쓸모가 없을 수도 있다. 그래서 $F = (mg)(a/g) = wA$라고 쓰면 w는 어떤 단위로든 편하게 무게를 나타내면 되고 A는 중력가속도 g와의 비율로 차원이 없는 숫자가 된다.

** 가속도 g로 시간 t동안 이동했을 때 가는 거리 D는 다음과 같이 표현된다. $D=1/2\times gt^2$. 미터 단위로 표현하면 $g = 9.8\ m/s^2$, t = 365일 × 24시간 × 60분×60초 =3.16×10^7초이므로 D는 5×10^{15}m가 된다. 여기에 빛의 속도 $c = 3\times10^8$m/s와 방금 구한 1년의 시간 3.16×10^7초를 곱하면 9.5×10^{15}m이다. 계산을 간단하게 하기 위해서 공간수축, 시간지연과 같은 상대론적 효과는 고려하지 않았다.

적인 응용에 있어서도 매우 중요하다. 우리가 석유가 매장된 지역에서 있다면 암석 지역에 서 있을 때보다 약간 작은 중력을 받게 된다. 기름은 바위보다 밀도가 낮기 때문에 같은 공간이 암석으로 채워져 있을 때보다 질량이 적다. 물체에 작용하는 중력을 측정하는 장비인 중력계는 이러한 작은 중력의 변화를 측정할 수 있다. 지구 표면의 중력장 지도(지오이드)Geoid를 만들면 땅 속 물질의 밀도를 밝혀낼 수 있다.*** 달리 표현하자면 지구의 엑스선 사진을 찍는 것이나 마찬가지다. 중력을 막을 수 있는 것은 없으니까.

중력의 세기는 우주에서도 측정할 수 있다. GRACEGravity Recovery and Climate Experiment라고 불리는 한 쌍의 인공위성이 지구 전체의 중력 분포를 측정하기 위해서 궤도를 돌고 있다. 이 위성들은 최근에 남극 대륙을 덮고 있는 빙하가 매년 144km^{3}씩 줄어들고 있다는 것을 밝히기도 했는데, 이 책의 마지막 부분에서 지구 온난화를 논의할 때 매우 중요한 부분이다. 난해한 남극탐사와 복잡한 얼음의 이동을 고려한다면 이렇게 깔끔한 결과를 얻어 낼 수 있는 기술은 달리 생각해 내기 어렵다.

GRACE 위성의 감도는 우기가 지난 후의 브라질 지역에서 불어난 물로 중력의 차이가 발생한 것을 감지할 수 있을 정도다. 그림 16.1의 지도를 한번 살펴보자. 그림자로 표시한 부분이 중력으로 측정한 물의 증가분이다. 대륙 한가운데 지점의 4월과 8월을 비교해 보자. 평균 수위가 25mm정도의 차이를 보인다. 놀라운 사실이 아닌가? 25mm 되는 수량 변화에 의한 작은 효과를 우주에서 측정할 수 있

*** 밀도는 물질의 고유 성질로 예를 들어 땅 속 물질의 밀도가 무거우면 금속 등의 광물이 매장되었음을 알 수 있다.

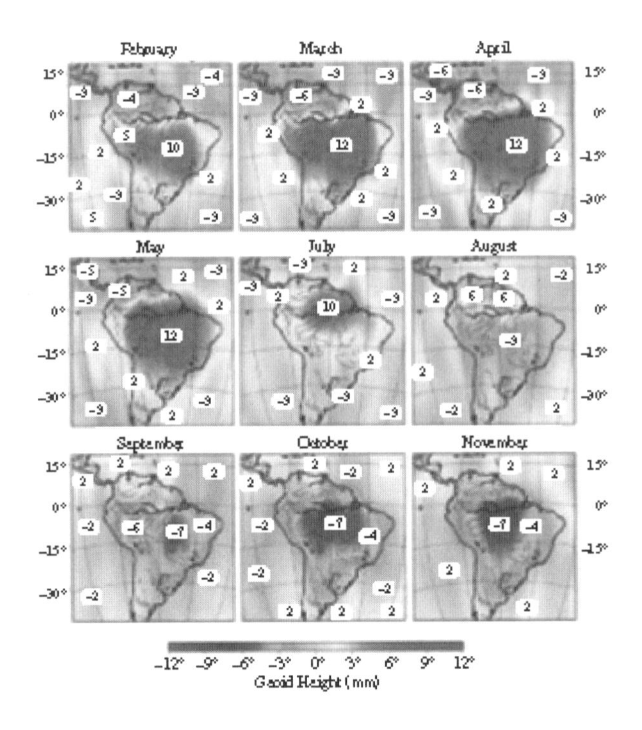

그림 16.1_인공위성 GRACE가 측정한 중력으로 아마존 지역의 수량을 계산했다(단위는 mm). 3월과 8월 사이에 25mm 정도 차이를 보인다.

다니! 이 수량이 7월에는 아마존으로 흘러가는 것도 볼 수 있다.

치크수럽chicxulub 크레이터의 발견은 이런 중력 측정을 이용해 이루어진 놀라운 연구 가운데 하나다. 멕시코 유카탄반도 끝에 있는 치크수럽 크레이터는 소행성이 충돌한 흔적으로 알려진 것으로, 과거에 공룡이 멸종한 원인으로 추측된다. 이 크레이터는 일반 암석보다 가벼운 퇴적암으로 채워져 있었는데, 퇴적암으로 채워져 있다고는 해도 암반 전체가 균일할 경우에 비해 중력 차이를 나타내고 있었다. 비행기로 이 지역을 날아다니며 정밀 중력측정을 한 결과를 컴퓨터 프로그램에 입력해 그림 16.2와 같은 중력 지도를 얻었다.

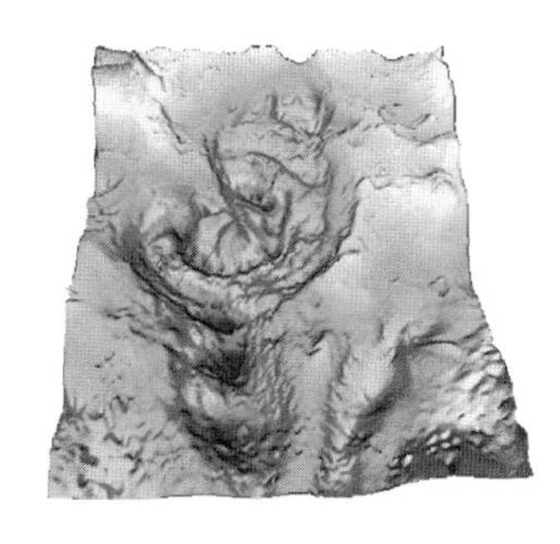

그림 16.2_중력 지도가 묻혀 있던 치크수럽 크레이터의 고리를 보여 주고 있다. 이 크레이터는 약 6500만 년 전에 소행성 혹은 혜성이 충돌해 생긴 것으로, 공룡 멸종의 원인으로 추측된다.

이 지도에서 높은(밝은) 부분은 평균보다 중력이 강한 부분, 낮은(어두운) 부분은 중력이 약한 부분을 나타낸다. 이 크레이터는 몇 개의 동심원으로 되어 있는데 가장 큰 것은 직경이 100km에 달한다. 안쪽 고리는 거대한 크레이터 아래의 물질들이 위로 빨려 올라갔다가 부분적으로 채워질 때 형성된 것으로 보인다.

땅굴의 경우, 원래 그 자리에 있던 흙이 없으므로 굴 위의 지면에서 측정한 중력은 근처의 다른 지역보다 낮다. 매우 작은 양이긴 하지만 측정이 가능하며, 이 사실은 지도자가 알아 두어야 한다. 트럭에 실린 중력계로 그런 중력 감소분을 감지해서 미국과 멕시코 국경에서 마약 운반과 밀입국에 이용되던 숨겨진 땅굴을 발견한 일도 있다. 다른 기술을 사용하긴 하지만, 남한과 북한 사이에 놓인 비무장지대에서 숨겨진 땅굴을 발견한 적도 있다(여기에는 초음파를 이용한 탐지법을 사용하였다-옮긴이). 그중 어떤 땅굴은 탱크가 지나갈 정도로 컸는데, 명백하게 북한은 남한과의 전쟁을 염두에 두고 건설했음을 알 수 있다. 이렇게 발견되지 않은 땅굴이 더 있는지 알고 싶은 사실은 말할 것도 없다. 과학자들은 중력을 이용해서 측정을 시도하고 있다.

우주 산업: 무중력 상태 만들기

처음 우주 계획이 시작되었을 때, 많은 사람들은 무중력 환경이 대단한 장점이 있을 것이라고 생각했다. 인공위성 안에서는 물체들이 무게 때문에 가라앉는 일이 없을 것이고 그러면 훨씬 좋은 볼베어링을 만들거나 컴퓨터나 전자회로에 쓰이는 결정체를 보다 완벽하게 만들 수 있을 거라고 생각한 것이다.

이런 전망은 거의 실현되지 못했다. 우주정거장에서 그런 작업을 하는 데 드는 추가 비용을 따져 보니 결국 그만한 가치가 없는 것으로 드러났다. 궤도 상에 물체를 올리는 데는 500g당 약 5천 달러가 든다. 가까운 미래에는 민간 기업들이 1/10 정도까지 비용을 낮출 수 있을 것으로 전망하고 있지만 그렇다고 하더라도 단지 궤도 상에 물체를 올리는 데만 그 정도 비용이 든다면 우주 공간에 수지타산이 맞는 공장을 세우는 것은 매우 어려운 일이다. 사실 이론상으로는 우주로 올려 보내는 것이 비쌀 이유가 전혀 없다. 뒤에 보여 주겠지만 올려 보낼 물체의 1.5배 무게의 가솔린에 든 에너지만으로도 충분하다. 로켓과 비교해 보면 로켓은 페이로드의 25배의 연료를 싣는다. 언젠가 우주에 가는 것이 비행기를 타는 것만큼이나 값이 싸지면 궤도를 떠다니는 우주 공장에 대한 아이디어도 부활할 것 같다.

달, 소행성의 중력

달은 지구 질량의 1/81밖에 되지 않는다. 아마 중력도 1/81 이라고 생각할지도 모르겠다. 하지만 달의 반경은 지구보다 3.7배 작다.

이 두 효과를 함께 고려하면,* 달 표면의 중력은 지구의 1/6이라는 결과를 얻는다.

중력이 약한 달 표면에서는 지구에서보다 사람이 더 빨리 움직일 수 있을 거라고 생각할 사람도 있을 것이다. 하지만 지구에서 70kg 나가던 사람이 달에서 11kg 정도밖에 안 나간다는 사실에 익숙해지기 전까지는 낮은 중력에서 걸어 다니는 것은 무척 짜증나는 일이다. 1969년 달에 발을 디딘 우주비행사들은 마치 슬로우 모션으로 움직이는 것 같았다. 점프했을 때는 높이 올라갔으며(뚱뚱한 우주복을 입은 사람치고는), 내려올 때는 천천히 떨어졌다. 그들은 곧 걷는 것보다 폴짝폴짝 뛰는 편이 편하다는 것을 깨달았다.

반경 1마일 정도 되는 소행성을 상상해 보자. 70kg의 어른은 이 소행성에서 얼마나 나갈까? 앞에서 설명했던 중력 방정식으로 값을 계산해 볼 수 있는데, 결과는 흥미롭다.** 14g 정도다. 지구에서라면 동전 다섯 개 정도의 무게다. 소행성 위에서는 행동에 주의를 기울여야 한다. 탈출 속도***가 낮아 매우 느린 속도로도 중력장을 벗어날 수 있기 때문에 자칫 잘못 뛰는 날에는 우주로 날아갈 수도 있기 때문이다. 지구에서라면 시속 4300km(공기저항이 없을 때)로 뛰어야 하겠지만 소행성에서는 시속 10km 정도–가볍게 조깅하는 정도의 속도–로도 충분하다. 이런 느린 탈출 속도 때문에 지구 근접 소행성 랑데

---

* 중력은 역제곱 법칙을 따르므로, 반지름이 더 작을 때는 $(3.7)^2 = 13.7$배 중력이 더 크고, 질량은 81분의 1이므로 두 효과를 합하면 $13.7/81 = 1/6$이 된다.

** 쉽게 이해 하기 위해서 소행성의 밀도가 지구와 동일하다고 가정하고 반지름만 1마일이라고 했다. 4200배 작은 것이므로 질량은 $(4200)^3$배로 작지만, 역제곱 법칙에 따라 $(4200)^2$만큼 커지는 효과가 있으므로 전체적으로 중력은 4200배만큼 작다. 소행성의 밀도는 지구와 다를 수 있으므로 어디까지나 근사적인 값이다.

*** 물체가 천체의 인력(중력)에서 벗어나 무한히 먼 곳까지 갈 수 있는 최소 속도. 지구에서는 초속 11.19km, 달에서는 2.37km다.

뷰NEAR(Near Earth Asteroid Rendezvous)로 불리는 미국의 우주 탐사선이 문제를 겪기도 했다. 만약 위성이 목표 소행성인 에로스에 시속 10km 이상의 속도로 부딪힌다면 반동으로 우주로 다시 튕겨져 나갈 수 있기 때문이다.

우주 왕복선의 무게는 2t이다. 당신이 지구에서 70kg 정도 나간다고 하고 우주선의 중심에서 3m 떨어진 곳에 있다면 우주선이 당신에게 작용하는 힘은 0.1g 정도 된다. 스테이플러 심 3개 정도의 무게다. 매우 약하긴 해도 힘은 존재한다.

SF영화에 가장 흔하게 나타나는 독단적인 가정 중 하나는 모든 태양계의 모든 행성이 지구랑 거의 같은 중력을 갖고 있다는 암묵적인 가정이다. 근거가 전혀 없는데 말이다. 아무 행성이나 골라서 본다면 몸무게가 6배나 가벼워지거나(그리고 달 표면의 우주비행사처럼 통통 뛰어다니게 될 것이다) 6배나 무거워져서 혼자 힘으로 움직일 수 없게 될 수도 있다. 지구에서는 몸무게가 50kg인 아가씨가 그런 곳에 가면 300kg의 무게를 이끌고 움직여야 한다.

인공 중력

실제로 중력이 거의 없는 환경이라고 해도, 우주선을 가속시켜서 비슷한 효과를 낼 수 있다. SF영화에서는 가끔 우주선 안에서 '중력'이 있는 것처럼 연출할 때가 있다. 과학자들은 이런 영화들이 물리법칙을 위배하고 있다고 하지만 우주선이 가속하지 말라는 법이라도 있는가? 미래의 우주선이라면 반물질과 같은 엄청난 에너지원을 동력으로 쓰고 있다고 생각해도 되지 않을까? 이 에너지의 일부로 우주선을 초당 22mph 혹은 1*g*로 등가속할 수도 있다. 이런 식으로 우주비행사들은 바닥의 힘을 느끼게 될 것이고 이 힘은 사실상 중력과 구분이 불가능하다. 이런 가속 여부는 앞으로 장거리 우주여행을 할 때 선택사양이 될 수도 있다. 앞서 계산한 것처럼, 1g로 1년 동안 가속 운동을 한다면 0.5광년을 가게 된다는 것을 상기해 보자.

이런 가속 운동은 다른 방향으로도 할 수 있다. 놀랍게도, 에너지를 더 들이지 않고도 할 수 있다. 옆 방향으로 가속하면 속도를 바꾸지 않고 원운동을 할 수 있다. 1968년 SF영화 〈2001: 스페이스 오디세이〉에 이런 묘수가 잘 나타나 있다. 회전하는 우주선의 테두리 부분에 있다면 우주선의 벽은 우리가 계속 원운동을 하도록 힘을 가할 것이다. 차를 몰고 헤어핀 커브*를 돌 때도 똑같은 현상이 일어난다. 원을 그리면서 커브를 돌도록 차가 안쪽 방향으로 밀리는 듯한 느낌을 준다.

물리학자들은 가끔 이런 문제들을 회전 좌표계에서 해석하곤 한다. 이런 접근 방법을 사용할 때는 원심력이라는 개념을 도입한다. 많은 고등학교 선생님들이 원심력은 실제로 존재하지 않는 가상의 힘이라고 가르치겠지만 그건 단지 회전 좌표계를 도입한 계산이 너무 어렵기 때문이다. 하지만 우리가 회전하는 우주선 안에 있다면 회전 좌표계는 매우 편리하며 그 관점에서 느끼는 중력이 바로 원심력에 해당한다.

우리는 지구를 도는 인공위성에도 원심력 개념을 도입해서 생각해 볼 수 있다. 돌에 줄을 매달아 머리 위에서 원을 그리며 돌린다고 생각해 보자. 그 줄은 돌이 멀리 날아가 버리지 않도록 중심점을 향해

* 자동차 경주 용어로 여자의 머리핀처럼 180° 정도로 구부러진 U자형 급커브를 말한다.

당기는 힘을 작용하고 있으며, 그 힘 때문에 물맷돌은 원운동하는 것이다. 줄이 끊어지거나 묶인 상태에서 풀려나면 돌은 직선으로 날아가게 된다. 성서에 나오는 다윗과 골리앗의 싸움에도 바로 이 힘을 이용한 물매가 등장한다.

중력이 인공위성에 하는 역할도 똑같다. 중력은 인공위성이 궤도를 유지하도록 한다. 중력과 원심력이 균형을 이룬다면 지구와 위성 사이의 거리는 일정하게 유지된다.

비슷한 식으로 갑자기 지구의 중력을 없앨 수 있다면 달은 자기의 본래 궤도를 이탈해서 직선으로 날아갈 것이다. 또한 지구를 돌고 있던 인공위성도 마찬가지다. 태양의 중력이 사라진다면 지구는 원래 공전하던 속도인 초속 32km로 태양계 바깥의 우주공간으로 날아가 버릴 것이다.

아무개 상

우주비행사로 인정을 받으려면 얼마나 높이 올라가야 할까? 그건 우주를 어떻게 정의하느냐에 달려 있다. 지구의 중력을 탈출한다는 것은 불가능하고 아무리 높이 올라가더라도 대기는 항상 존재한다(1마일에 수소 원자 하나뿐인 밀도라 하더라도). 100km 상공의 가장 낮은 궤도의 인공위성이라도 최소한 몇 바퀴의 궤도를 도는데, 사람들은 이 고도를 우주라고 부르기도 한다. 미국의 경우는 좀 더 관대한 기준을 적용한다. 비행으로 80km 고도 위로만 올라가면 '우주비행사 윙'을 달아 준다.

우주에 갈 수 있는 비행선이나 로켓 개발을 장려하기 위해 한 민간단체가 첫 번째로 고도 100km 이상으로 사람을 보내는 단체에게 수여할 '아무개 상X-Prize'을 제정했다(사람들이 생각하는 것만큼 흥미로운 건 아니기에 이 상에 대해서 자세히 설명하진 않겠다). 상공 100km에 도달하는 것과 지구 궤도를 도는 것 사이에는 엄청난 차이가 있다. 1946년으로 돌아가서, 미국은 개량형 V-2 로켓을 160km 고도까지 쏘아 올렸지만 11년 후인 1957년이 되어 소련이 최초의 지구 궤도위성을 쏘아 올릴 때까지도 미국은 궤도에 인공위성을 올리지 못하고 있었다. 미국은 이듬해인 1958년 1월에야 비로소 지구 궤도에 위성을 띄우는 데 성공했다. 물체를 궤도에 올리는 것은 단순히 우주에 도달하는 것과는 차원이 다르다.

실제로 궤도 상에 올리는 것이 얼마나 어려운지 이해하기 위해 예를 들어 보자. 지구 상의 대기가 없다고 가정하고, 총알을 100km 고도의 상공까지 쏘아 올리려면 속도가 얼마나 되어야 할까? 정답은 초속 1.6km다.* 궤도 상에 올리는 데 필요한 속도가 초속 8km라는 것과 운동에너지가 속도의 제곱에 비례한다는 것을 조합해 보면, 궤도 상에 올리는 데는 25배나 많은 에너지가 필요함을 알 수 있다. 즉, 아무개 상을 타는 데 필요한 로켓은 궤도 상에 우주비행사를 보낼 수 있는 에너지의 1/25만 있으면 된다는 뜻이다.

어째서 사람들이 아무개 상에 그토록 열광하는 것일까? 이 25배의 에너지 차에 대해서 아는 사람이 매우 적기 때문이라는 것도 한 가지 이유다. 심지어 주변의 교수들 중에도 이 사실을 듣고는 제법 놀라는 사람들이 많았다. 아마도 아무개 상을 타는 사람들은 알고

* 위치에너지를 계산하면 100km에 도달하는 데 필요한 속도를 구할 수 있다. $E = mgh$에 g는 대략 10 m/s^2으로 가정하자. $m=1kg$이고 $h=100km=10^5m$이므로 $E = 10^6J$이다. 이를 운동에너지 $E = 1/2\ mv^2$으로 환산하면 v는 1,414 m/s로 초속 1.4km정도, 약 초속 1마일이 된다.

있겠지만 그걸 알리고 싶어 하진 않을 것 같다. 1천만 달러의 상금도 그들이 들인 돈에 비하면 부족했다. 그들은 무엇으로 돈을 벌까? 위성을 올려 보내는 것으로 돈을 벌진 않는다. 그들은 미국이 V-2 로켓으로 한 일 이상을 해낼 수는 없다. 아무개 상을 탄 사람들은 관광객들을 100km까지 올려 보내 주고 우주비행사 윙을 달게 해 주는 것으로 돈을 벌 것이라는 재미있는 대답도 있다. 영화 〈쥬라기 공원〉에서 그랬던 것처럼 관광으로 돈을 버는 것이다.

미래의 지도자들은 단순히 우주에 가는 것보다 궤도에 올리는 것이 훨씬 더 많은 에너지가 든다는 것을 알아야 한다. 아무개 상을 탄 수상자들이 만든 로켓들은 궤도 상에 인공위성을 올리는 것과는 한참 동떨어져 있다.

17장

인간의 꿈, 우주 왕복에 대한 비용

2003년 2월 1일, 우주 왕복선 콜롬비아 호가 대기권 재돌입 과정 중 텍사스 상공에서 폭발했다. 그 사고로 콜롬비아 호에 타고 있던 7명의 우주비행사 전원이 사망했다. 이 비극적인 사건이 미국을 경악시켰다. 어째서일까? 왜 우주선이 폭발했는지를 묻는 게 아니라, 어째서 그 사건이 미국을 경악시켰는가를 묻는 것이다. 두말할 것도 없이 새삼스러운 질문으로, 우주선을 이용한 우주비행은 당연히 위험하다. 누구라도 이런 비극에 놀랄 이유가 없으며 지도자를 꿈꾸는 사람이라면 더욱 그렇다.

우주 왕복선의 모든 부품과 모든 부분, 승무원, 화물들은 초속 8km로 움직이고 있는데, 이 운동에너지는 같은 무게의 TNT가 지닌 에너지의 10배가 넘는다.* 우주선이 발사될 때에는 연료가 에너지를 갖고 있고, 궤도에 오르는 과정에서 그 에너지는 우주선의 운동에너지로 전환된다. 발사과정에서는 연료에서 우주선으로 에너지가 이동

* 운동에너지 식 $E=1/2\ mv^2$에 m=1kg, v=8,000m/s를 대입하면 E=32,000,000Joule=7,650kcal, g당으로는 7.65kcal이다. TNT는 g당 0.6kcal 정도의 에너지를 낸다.

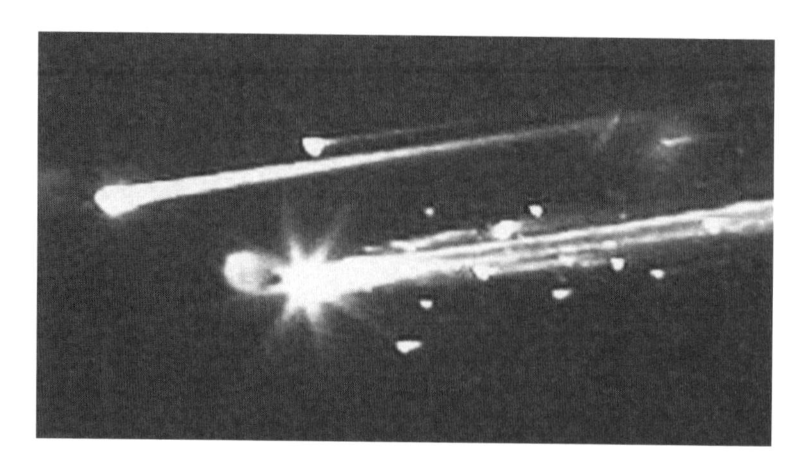

그림 17.1_2003년 2월 1일. 우주 왕복선 콜롬비아 호 폭발 사고

하고 재돌입 과정에서는 대기가 운동에너지를 열의 형태로 가져간다.* 이런 전환 과정 중 하나가 잘못되어 에너지가 열로 바뀌어 우주선에 가해지면 비극이 일어난다. 1986년 1월 28일에 일어난 챌린저 호의 사고와 2003년 2월 1일의 콜롬비아 호 재돌입 사고(그림 17.1)에서 바로 이런 일들이 벌어졌다. 비행기와 마찬가지로 우주선의 이착륙은 비행 과정 중 가장 위험한 부분이다.

에너지가 전부 열로 전환되어 우주선에 옮겨지면 온도는 태양 표면 온도보다 10배나 뜨거운 8만 도까지 상승할 수 있다.** 어떤 물질이든 모두 기화시켜 버릴 만한 온도다. 우주선은 재돌입 과정에서 열을 대기로 흘려보내 선체가 가열되지 않게 만들어서 안전하게 통과한다. 재돌입 광경을 촬영하는 사람들은 우주선에 부딪히는 고온의

* 우주선이 대기권에 진입하면 공기 입자들과 부딪혀 마찰열이 발생한다.

** 마하 1의 속도에서는 공기 분자 하나당 에너지가 거의 상온의 열 에너지와 같다. (상온에서는 분자들이 거의 음속으로 날아다니기 때문에) 하지만 마하 18에서는 18×18 = 324배나 에너지가 크다. 그 고도에서의 온도 250k의 324배인 81,000k까지 상승하게 된다.

공기로부터 만들어지는 플라즈마 꼬리를 구경할 수 있다. 우주선은 큰 유성처럼 움직인다. 우주선에서 창밖을 내다보는 우주비행사들도 어두운 하늘이 밝게 빛나는 플라즈마에 가려진 황홀한 풍경에 매료되었다(약간은 무서웠을지도). 이런 재돌입 과정이 안전해질 수 있을까? 언젠가는 그렇게 되겠지만 아직은 썩 안전하지 않은 것 같다. 내가 생각하기에 유인 우주계획의 가장 놀라운 업적이란 100번이 넘는 임무 수행 중에도 사고가 두 번밖에 없었다는 점이다.

우주비행사보다 위험한 직업이 거의 없음에도 사람들은 그 사실을 잘 모른다. 혹은 몰랐다고 해야겠다.*** 우주선이 안전하다는 오해는 대부분 안전한 비행을 위해 노력하던 NASA 홍보부의 작품이다. 그들은 우주선은 의원과 학교 선생님을 탑승시킬 수 있을 정도로 안전하다고 주장한다.**** 우주 비행은 값싸고 정기적으로 이루어지기에 고등학교 학생들이 제안한 실험들을 수행할 수 있을 정도라고 믿게 하고 싶은 것 같다.

NASA가 좀 더 열성적으로 전파하려는 것 중 하나는 우주 왕복선을 띄우는 시도를 하는 주목적이 과학 지식의 진보를 위해서라고 주장하는데, 그들 자신도 그것이 사실이라고 믿고 있는 것 같다. 많은 과학자들은 이런 주장에 눈을 부라린다. 내 말을 오해하지 않길 바란다. 과학이 우주선을 타고 우주로 나간 것은 좋은 일이고 훌륭한 일

*** 미국에서 가장 위험도가 높은 직업은 바로 대통령이다. 역대 미국대통령 43명 (오바마는 44대) 중 임기 중에 암살당한 사람은 링컨, 가필드, 매킨리, 케네디 네 명이다. 잭슨, 트루먼, 포드, 레이건의 암살시도도 있었다. 출마하기 전에 이 사실을 진지하게 생각해 보시길.

**** 의원은 바로 머큐리 계획 시절의 우주비행사였으며 77세의 고령에도 디스커버리 호를 타고 우주에 다녀온 존 글렌 상원의원. 학교 선생님은 엔데버 호에 탑승한 바바라 모건을 말한다. 챌린저 호 사고 당시 탑승했던 첫 번째 선생님 크리스마 맥컬리프의 대기 인원이었으며 2007년에 마침내 22년 만에 우주에 올라간 선생님이 되었다. —옮긴이

이다. 허블 우주망원경이 보내온 것들은 물리학자와 천문학자들 그리고 일반 대중을 흥분시켰다. 게다가 우주선을 타고 간 우주비행사들은 허블 망원경을 수리했다. 이 정도면 사람이 우주에 갈 이유는 충분하지 않을까?

꼭 그렇지도 않다. 군대에서는 첩보위성이 추락하면 대체품을 쏘아 올리는 것으로 해결한다. 두 대의 허블 망원경을 쏘아 올리면 검증된 인력의 정비가 필요하지 않으므로 장기적으로 보면 하나를 발사하고 그것을 수리하는 것보다 좀 더 비용이 적게 들었을 것이다. 하지만 그렇게 했더라면 NASA는 허블 우주망원경의 수리하는 우주비행사의 존재를 정당화하는 데 써먹지 못했을 것이다.

과학으로만 보자면 우주 왕복선은 좋은 발판이 아니다. 인간은 모든 잡음의 근원이다. 진동을 일으키고 열(적외선)을 방출하며 움직일 때는 작지만 중력의 변화까지 일으켜 각종 장비의 감도를 제한한다. 유인 임무에 대한 실험 비행만 해도 안전 요건이 극도로 높기 때문에 실험 비용은 저절로 상승하게 되어 있다. 많은 과학자들이 과학 연구 계획이 연기되거나 예상 비용이 오르는 것에 대해서 하소연한다. 무인기 발사 계획에서 점차 손을 떼거나 NASA의 우주 비행선 계획을 정당화하기 위한 일부가 되어 가기 때문이다. 2006년에 노벨상을 받은 COBE 위성의 발사가 NASA에서 로켓 대신 우주 왕복선을 이용해야 한다고 우기는 바람에 지연되었던 것을 아직도 생생하게 기억하고 있다.*

우주에서 인간의 융통성과 관측 능력을 대체할 만한 것은 없다고

* 1988년에 우주선을 이용할 계획이었으나 챌린저 호 사고로 연기되고 1989년에 델타 로켓으로 발사되었다. —옮긴이

들 한다. 부분적으로는 사실이지만, 사람을 우주로 보내는 것은 인적으로나 재정적으로나 많은 비용이 든다. 말이 없는 마차에 대해서도 비슷한 주장을 할 수 있다. 말은 영리하지만 자동차는 멍청하다는 식으로 말이다. 요즘은 많은 공장에서 사람 대신 로봇을 이용한다. 디스커버리 채널의 〈어떻게 만들어질까?How it's made〉를 보면 내 말을 이해할 것이다. 얼마 전까지도 대다수의 천문학자들은 천문대에서는 야근이 당연하다는 생각을 갖고 있었다. 요즘은 자동화된 망원경과 컴퓨터가 그들의 일을 대신한다. 만약 과학이 목적이라면 사람 대신 로봇을 쓰면 된다.

허블은 제쳐 두고, 지난 20년간 가장 성공적이었던 우주 계획의 업적을 꼽으라면? 내가 가장 신기해 했던 발견은 모든 행성의 위성은 전부 다른 행성의 위성들과 꽤 차이가 난다는 것이다. 전혀 예상되지 않았던 발견이고 지금까지도 완전히 풀리지 못한 문제다(그림 17.2). 더러는 기상위성의 놀라운 성공을 꼽을 사람도 있을 것이다. 혹은 위성 TV가 주는 놀라운 영상도 후보가 될 수 있겠다. 사정에 밝은 사람들이라면 우주 첩보 시스템을 꼽을 것이다. 그리고 항공기, 보트, 도보 여행자, 자동차 그리고 군인과 무기를 유도하는 데 사용되는 GPS 시스템이 있다. 화성의 토양과 대기를 수집 분석하는 마스 로버Mars rover와 더불어 화성 탐사를 꼽을 수도 있겠다. 이들 프로젝트에는 한 가지 공통점이 있다. 모두 무인 프로젝트라는 점이다.

콜롬비아 호 사고 이후, 존 매케인John McCain 상원의원은 "미국은 우주 개발 임무를 포기하지 않을 것"이라고 말했다. 그 말이 맞길 바란다. 그렇지만(여기서부터는 매케인 의원과 견해가 다를지도 모르겠다) 앞으로 10~20년간의 탐사에서는 사람을 직접 우주로 보내는 것보다는 무인

그림 17.2_토성의 위성들. 가장 놀라운 점은 모양이 서로 완전히 다르다는 것이다.

기를 이용하는 쪽이 확실히 나을 것이다. 우린 이미 화성에 로봇을 보내 샘플을 가지고 돌아오게 하는 것을 계획 중이다. 언젠가는 우주비행사를 보낼 날도 올 테지만 부디 서두르지 말자. 새로 개발되는 망원경과 무인 탐사기구들은 궤도 상의 우주비행사보다 더 많은 것을 알려 줄 것이다. 유인 우주 탐사계획에도 희망은 있다. 사실 극초음속 비행 기술이 진보하면 막대한 연료를 필요로 하는 로켓 대신에 비행기를 타고 궤도에 오를 수 있게 될 것이다. 그런 비행기는 음속의 18배인 초속 8km에 해당하는 마하 18로 날 수 있어야 한다. 그것을 달성할 기술인 스크램젯scramjet을 개발하고 있지만 언제쯤 상용화될지는 아무도 모른다. 스크램젯은 계속 연구 개발 중인데 연구 중이라는 사실을 강조하고 싶다. 테스트 과정에서 마하 수치가 올라갈 때마다 새로운 물리현상이 발견되고 있으며 극초음속 시험기는 마하 5에 겨우 도달했다.*

나는 NASA의 미래가 유인 탐사계획을 지속하느냐에 달려 있다고 믿는 사람들과 계속 대화를 해왔다. 그들은 우주비행사가 없으면 사람들의 우주에 대한 관심도 시들해질 것이라고 주장한다. 나는 이 주장이 잘못됐다고 생각한다. 2003년 2월에 사고가 나기 전까지 콜롬비아 호가 궤도 상에 있다는 것을 아는 사람은 거의 없었다. 버클리의 학생들이 벽에 붙이는 우주관련 포스터는 우주비행사의 포스터가 아니라 별이 태어나고 죽는 모습, 그리고 심우주의 매혹적이고 아름다운 은하들의 사진이 대부분이었다. 이런 사진들은 모두 사람을 필요로 하지 않는 관측 장비들이 찍은 것이고 또한 사람이 없었기에 안정적으로 멋진 사진을 찍을 수 있었던 것이기도 하다.

우주 왕복선은 안전하지 않고 적어도 가까운 장래에는 그렇게 될 수 없다. 생명을 담보로 하면서까지 꼭 그것을 사용해야 하는가? 좀 솔직해지자. 왕복선을 활용한 임무는 계속해야 할지도 모른다. 하지만 그러려면 각 임무당 사망 확률이 2%는 된다는 것을 공개하고 시작하자는 것이다. 군인들은 그보다 높은 위험을 감수하면서 작전에 들어간다. 사고로 죽어간 우주비행사들도 이런 위험을 항상 알고 있었으며 그들은 그것을 감수하는 길을 택했다. 대중들은 그렇게 위험성이 높은 것을 받아들일 수 있을까? 나는 잘 모르겠다. 하지만 결정이 어떻든 간에, 솔직하게 진실을 공개한 상황에서 이루어져야 한다고 생각한다. 우주 왕복선은 커다란 공학적 도전 과제다. 인류의 우

* 2004년 11월에 NASA의 X-34가 마하 9.68을 기록했다.

주에 대한 꿈이며 모험이기도 하다. 하지만 그것은 안전하지 않고 안전해질 수도 없으며, 거대 과학이라고 할 만한 것도 아니다. 미래의 지도자라면 이것을 꼭 알아야 한다.

18장 비가시광선을 이용한 첩보활동

첩보활동은 주로 보는 것으로 이루어진다고 생각할지도 모르겠다. 하지만 가시광선으로 보이는 것만이 '본다'고 정의하는 게 아니라면 꼭 그렇지는 않다. 선박이나 방송시설, 군사시설, 원자력 발전소와 같은 관측 대상들이 내놓는 유용한 신호들의 대부분은 인간의 눈에 보이지 않는 것들이다. 이런 신호들에는 적외선(열 방사-생명 활동의 신호), 라디오파(비밀 통신용), 레이더(대상이 무엇이며 어디에 있는지를 찾아내는 것) 그리고 엑스선(물체를 투과해서 볼 수 있는)이 포함된다. 이 신호들은 모두 일종의 빛이며 단지 다른 주파수(색을 뜻하는 전문용어)를 갖고 있어서 사람의 눈으로는 감지할 수 없는 것이다. 이런 방사광을 비가시광이라고 부른다. 민감한 관측장비는 이런 광선들을 잡아내고 측정하고 그릴 수 있으며 심지어는 비가시광을 이용해서 사진을 찍을 수도 있다.

내 일화를 이야기하는 것으로 이 장을 시작해 볼까 한다. 나는 1989년, 멕시코와 미국 국경을 감시하는 국경 수비대와 캘리포니아주 산 이시드로 인근에서 야간 순찰 업무를 함께할 기회가 있었다.

시설을 둘러보고 저녁 식사를 한 뒤 해질 무렵 국경이 내려다보이는 언덕으로 향했다. 멕시코 쪽에서 많은 사람들이 모여들고 있었다. 타코와 핫도그를 파는 곳도 있었는데, 듣기로는 전날 잡혀서 추방되는 바람에 다시 밀입국 시도를 하려고 밤을 기다리는 사람들이 주로 판매 대상이라고 했다.

점점 어두워지기 시작하자 멕시코 쪽 국경에 사람들이 몰려들기 시작했다. 나는 그때까지 모든 사람들을 선명하게 볼 수 있었다. 갑자기 한 소년이 담장으로 달려와 미국 쪽으로 넘어와 숨었다. 그러자 산사태처럼 남녀노소 가릴 것 없이 수백 명의 사람들이 담장으로 몰려들었고 몇 분 만에 다들 담을 넘어 미국 쪽의 사막 골짜기 사이사이로 사라졌다.

우리 일행들인 국경 수비대는 한동안 가만히 있다가 언덕 꼭대기로 이어진 비포장도로를 달려갔다. 우리가 도착할 무렵에는 이미 어두워진 후였다. 멀리서 멕시코 티후아나Tijuana의 도시 불빛이 반짝거리고 있었지만, 우리 사이에 놓인 사막과 국경은 캄캄했다. 지프의 뒤에는 '야간 투시' 쌍안경이 설치되어 있었는데 우리는 그걸로 어둠 속을 수색하기 시작했다. 쌍안경은 액체 질소로 냉각되고 있었다. 그들은 수색해 보라며 그걸 내게 넘겨주었다. 쌍안경을 통해 본 풍경은 대부분 캄캄했지만 언덕의 윤곽, 계곡 안쪽(언덕 위에 있어서 볼 수 있었다), 모여 있는 사람들이 어둠 속에서 빛나고 있었다. 손과 얼굴은 밝게 보였고, 옷으로 덮인 나머지 부분들은 약간 어둡게 보였다. 그들은 뭔가를 기다리는 듯했다. 한 군데에서 작은 모닥불을 지폈는데(그냥 맨눈으로 봐도 작게 붉은 점으로 보였다) 쌍안경으로 볼 때는 매우 밝고 하얗게 보였다.

"저 사람들은 뭘 기다리고 있는 거죠?"

"가이드를 기다리는 겁니다."

불법 이민자들은 담장을 넘어서 국경으로부터 1마일 이내에서 찾을 수 있는 장소까지 표시된 약도를 제공받는다. 거기서 그들이 고용한 가이드와 접선하는 것이다.

그들은 한참을 거기서 기다렸고, 우리도 그랬다. 마침내 한 시간이 조금 지났을 무렵, 몇 무리들이 작은 협곡을 따라 움직이기 시작했다. 우리가 이 어둠 속에서도 이렇게 뻔히 보고 있다는 사실을 그들이 아는지 궁금했다. 그중 한 무리가 도로에 다다랐을 때 우리는 그쪽으로 차를 몰았다. 그들은 차가 오는 소리를 듣고 잠시 기다렸다.

"왜 도망가지 않는 겁니까?"

국경 수비대 대원이 말했다. "너무 위험하거든요."

"길을 잃을 수도 있고…… 그건 제쳐 두고, 잡힌다고 해도 다시 멕시코로 돌려보내질 뿐입니다. 그러면 그들은 다음날 또 같은 짓을 반복하죠."(이 책에서 미국의 국경 정책을 이야기하기는 좀 어울리지 않을 것 같다. 그래서 따로 알게 된 것을 주석으로 달아 두었다.*)

그림 18.1은 야간 투시경으로 찍은 사람들의 영상이다. 미국으로 숨어든 사람들은 아니고 담장을 넘는 사람들 모습이다. 야간 투시경으로 본 모습이 어떤지를 보여 주기 위한 것인데, 국경에서 내가 사용했던 것과 유사한 투시경으로 찍은 것이다. 이 사진을 보면 그날 밤

* 이 일을 보고 난 후, 국경 수비대의 한 사람에게 저 밀입국자들을 어떻게 생각하느냐고 물어봤다. 대답이 돌아왔다. "그 사람들 정말 괜찮은 사람들입니다. 여기 와서 일도 딱 부러지게 하고 번 돈 대부분은 멕시코에 있는 가족들에게 보내죠. 내 아들놈도 좀 그랬으면 좋겠군요." 국경 수비대의 삶은 시지푸스의 삶과 닮은 데가 있다는 점이 놀라웠다. 알베르 까뮈가 『시지푸스의 신화』에 쓴 것처럼 시지푸스들은 행복했다. 이 내용은 홈페이지에 올려 두었으니 읽어 보기를 바란다. http://muller.lbl.gov/teaching/Physics10/pages/sisyphus.html

그림 18.1_철조망을 절단하고 타넘는 사람들의 적외선 영상. 따뜻한 부분(얼굴과 손)이 옷으로 가려진 차가운 부분보다 밝게 나타나 있다.

내가 본 장면이 떠오른다.

적외선 방사

국경 수비대가 사용했던 신기한 쌍안경은 적외선, 즉 열선을 볼 수 있는 광학 시스템을 이용한 것이다. 적외선은 가시광선보다 주파수가 낮은 빛의 한 종류다. 인간도 체온 때문에 적외선을 방출한다. 우리 몸을 구성하는 원자들을 둘러싼 전자는 절대 영도absolute zero*가 아닌 이상 열을 받으면 진동한다. 전자가 진동하면 전기장도 진동하는데, 이렇게 전기장이 흔들리면서 전자기파가 발생한다. 다른 파동이 생성될 때도 이와 유사한 현상이 발생한다. 땅이 흔들리면 지진파가 발생하고, 물이 흔들리면 수면파가 발생하며, 공기가 흔들리면 음파가 발생하고, 줄을 흔들면 줄을 따라 파형이 이동하며, 전자가 흔들리면 빛이 발생한다. 전자를 느슨하게 흔들면 체온 정도로의 낮은 주파수의 적외선을 얻게 된다. 낮은 열로도 같은 현상이 벌어진다. 보다 높은 온도에서는 전자는 더 빨리 흔들려 높은 주파수의 빛이 나온다. 불꽃의 열은 새빨갛고 뜨겁다. 그보다 더 고온이 될수록 노란색, 청색, 청

* 절대 온도(K)의 기준 온도. 영하 273.15℃로, 이상 기체의 부피가 이론상 0이 되는 온도다.

백색으로 색이 변한다. 주파수와 관련된 색은 온도를 말해 주는 유용한 지표다.

인간은 약 50W의 열을 방출하는데 소형 백열등과 비슷한 정도다. 제법 많은 것처럼 보일 수도 있고 실제로도 그렇지만 놀랄 정도는 아니다. 좁은 방에 사람이 한 명만 들어가 있어도 금방 따뜻해지는 걸 경험했을 것이다. 성인의 1일 기초대사량(아무것도 안하고 숨만 쉴 때)이 2천 칼로리라는 것으로 따져 보면 전체 에너지 사용량은 초당 약 100W 정도가 된다.** 그중 50W가 열로 방출되는 셈이다. 물론 우리는 체온보다 약간 차가운 물체로 둘러싸여 있으며(옷, 집, 땅) 주변으로부터 열을 흡수하기도 한다. 이 숫자들로부터 인간이 하루에 1,000kcal만 섭취하고도 살아남을 수 있는 이유를 알 수 있다. 그 정도의 열을 매일 방사하고 있으니 일을 하기 위해선 더 많은 음식을 먹어야 하는 것이다. 미국의 경우 십대 청소년이 소비하는 평균 열량은 약 3,000kcal로 성인들보다 50% 정도 높다고 한다.

50W의 열량은 제법 많은 편이라 그것을 검출하는 장치를 고안하는 것은 어렵지 않으며 측정한 후에 TV에 영상으로 만들어서 보여 줄 수도 있다. 내가 멕시코 국경에서 야간 투시경으로 본 것은 소형TV 화면이었다. 2001년 말, 미국은 아프가니스탄에 있는 토라보라 산까지 오사마 빈 라덴을 추적했는데, 신문기사에서는 눈 덮인 산에서 그를 찾아내는 것이 어려웠다고 보도했었다. 사실 주변이 모두 차가운 환경이라면 적외선을 방출하고 있는 사람은 두드러지게 보이므로 쉽게 찾을 수 있다. 심지어 동굴 속에 숨어 있는 경우에도 입구로

** 하루 2,000kcal는 $2{,}000 \times 4{,}200 = 8.4 \times 10^6$ J이다. 하루는 $24 \times 60 \times 60$ 초니까 86,400초. 하루에 소비하는 에너지를 초로 나누면 약 97W, 대략 100W정도가 된다.

새어나오는 열기로 비어 있는 동굴과 확연히 구분할 수 있다. 어쨌든 군대는 그를 검거하지 못했는데 이유는 그를 찾기 어려워서가 아니라 그사람이 누군지까지는 구분할 수 없었기 때문이다.

원거리 지구 관측

적외선 관측위성은 지구 표면에서 방출되는 적외선의 양으로 온도를 측정할 수 있다. 그림 18.2는 인공위성으로 측정한 해수의 온도 분포도다. 이 방법으로 지난 2005년 카리브 해의 해수면 온도가 높아진 것을 감지해 과학자들이 강력한 허리케인이 발생할 수 있는 위험한 시기임을 예측할 수 있었다.

현대 기상위성은 가시광선과 적외선을 이용해서 사진을 촬영한다. 가시광선은 주로 반사된 태양빛이고(전기 불빛이나 불꽃도 있고) 그것들을 통해 땅과 물, 구름을 볼 수 있다. 적외선은 대기와 지면에서 방사되는 열에서 나오기 때문에 온도 측정에 사용된다(반사된 태양빛에서 나

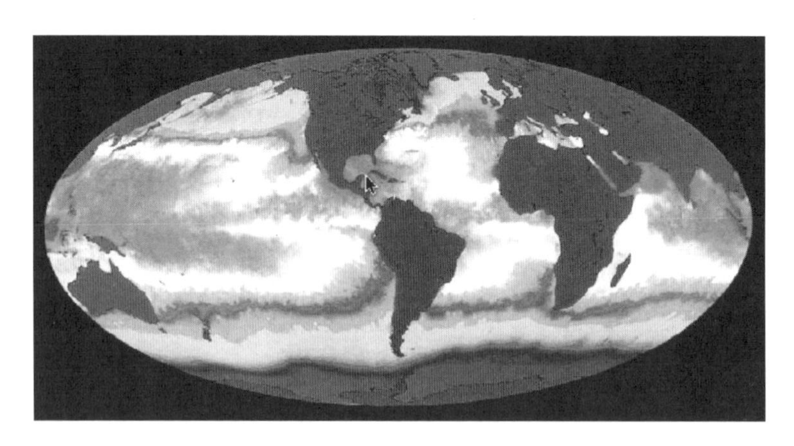

그림 18.2_인공위성에 장착된 적외선 카메라를 통해 측정한 지표면 온도 분포. 따뜻한 부분은 더 많은 적외선을 방출하며 영상에서 밝게 나타난다.

그림 18.3_미국 서부를 지나는 수증기의 분포를 보여 주는 기상위성의 영상

오기도 한다). 기상위성은 지면의 정보를 주는 특정 파장에 민감한 일종의 적외선 센서인 다중 스펙트럼 센서를 탑재하기도 한다. 이 중 가장 중요한 것은 수증기가 방출하는 파장인 6.5μm(사람 머리 굵기의 1/4)의 파장의 적외선을 탐지하는 카메라다. 수증기를 많이 포함하고 있는 공기가 냉각되면 구름(그리고 강우)을 형성하는데 이 파장의 영상을 추적하면 그림 18.3처럼 수증기의 흐름을 볼 수 있고 어디에 폭우가 쏟아질지 예측하는 데 도움이 된다. 보통 하얀색 선으로 그려진 일반 지도 위에 겹쳐서 보여 준다(국경이나 주 경계선은 우주에서는 보이지 않는다).

군사 특수 작전

미국 특전 사령부는 '밤을 지배한다'를 모토로 삼고 있다.* 이 모토의 배경에도 물리학이 숨어 있다. 이 친구들은 그들이 쓰고 있는 야간 투시경으로 밤에도 적을 볼 수 있다. 밤을 지배한다고 하는 건 단지 야시경만 가지고 하는 이야기가 아니라 편리하고 효율적으로 그

* 육군도 요즘은 비슷한 식으로 야간 전투훈련을 하고 있어서 같은 모토를 채용했다.

것을 사용할 수 있도록 훈련받았다는 의미도 포함한다. 특수부대는 두 가지 적외선 투시경을 사용한다.* 하나는 사람의 몸에서 방출되는 적외선을 검출하는 것으로 긴 파장에 민감하다.** 내가 멕시코 국경에서 사용한 것이 이런 종류다. 하나는 근적외선near IR이라고 불리는 가시광선 영역에 가까운 좀 더 짧은 파장의 적외선을 검출한다.*** 특수전 부대는 이런 근적외선을 쏘는 휴대용 전등을 사용하는데, 적의 눈에는 보이지 않으면서 야간 투시경을 통해서 적을 볼 수 있게 해 준다. 나도 근적외선 램프가 달린 비디오카메라를 하나 가지고 있다. 광고에서는 완전히 캄캄한 어둠 속에서도 동영상을 찍을 수 있다고 선전하는데 여기서 완전한 어둠이라는 것은 '사람 눈에 보이는 가시광이 전혀 없음'을 뜻한다. 근적외선은 TV 리모컨에도 쓰이고 있다. 리모컨의 버튼을 누르면 적외선 램프가 빛을 보내고 TV는 이 빛을 받아서 그 신호 패턴을 인식해 채널이나 볼륨을 바꾼다.

좀 더 긴 파장의 원적외선 투시경은 주변보다 따뜻한 물체를 찾는 데 유용하다. 적외선으로 차를 보면 엔진 부근이 따뜻한지를 보고 이 차가 얼마 전에 시동을 건 적이 있는지 알 수 있다. 적외선으로 보면 캠프 불이 꺼진 지 한참 지난 후에도 열을 감지할 수 있다. 이런 시스템은 경찰이 수상쩍은 전기를 소비하는 특정 가옥을 찾아내는 데도 사용된다. 불법 온실(불법 작물 재배를 위한)을 이용하는 사람들은 지붕으로 새어 나오는 열 때문에 검거되기도 한다. 이런 방식으로, 적

* 두 가지 적외선 시스템 외에도 별에서 오는 약한 가시광을 잡아내는 야간 망원경도 사용한다. 스타라이트 스코프라고 부른다.

** 약 10마이크로미터(㎛)쯤 되는데, 가는 사람 머리카락이 약 25㎛이므로 40% 정도 된다.

*** 파장은 빛의 속도(전자기파의 속도)를 주파수로 나눈 값이다. 짧은 파장은 주파수가 높고, 긴 파장은 주파수가 낮다. 근 적외선은 약 0.65에서 2㎛, 가시광선은 약 0.5㎛의 파장을 갖는다.

그림 18.4_글로벌 호크 무인기(UAV)

외선 망원경을 이용해서 멀리 떨어진 정글 속의 사람의 활동을 관측할 수도 있다.

미국에서는 사람이 없는 비행기, UAV Unmanned air vehioles 혹은 무인기라고 불리는 것에 적외선 영상 장치를 탑재해서 운용하고 있다. 이 중에서도 가장 인상적인 것은 그림 18.4에 나오는 글로벌 호크 Global Hawk 라고 불리는 무인기다.

아프가니스탄 전쟁 때, 글로벌 호크 무인기는 GPS에만 의존한 채 독일에서 아프가니스탄까지 비행하여 아프가니스탄 상공을 24시간 동안 정찰한 뒤에 귀환했다. 이 무인기는 심지어 사람의 유도 없이 기지에 이착륙할 수도 있다. 정찰하는 동안 목표물의 상공에서 카메라(적외선과 가시광선)와 레이더로 얻은 영상을 미국으로 송신했다. U-2 정찰기와 같은 고도로 탈레반의 손이 닿지 않는 20km 상공을 비행한 것이다. 사실 고도가 너무 높아 감시당하고 있다는 사실조차도 모르고 있었을 가능성이 크다. 사진의 꼬리 날개 각도에서 알 수 있듯이, 무인기에는 레이더의 신호를 약하게 하는 스텔스 기술이 적용되어 있다. 잠시 뒤에 이 설계에 대해서 이야기할 것이다. 비행기의 등 쪽에 붙어 있어서 지상의 레이더에서 잘 잡히지 않게 설계된 엔진 배치도 스텔스 기술의 하나다.

스팅거 미사일

아프가니스탄에 있는 미군들의 진짜 고민거리는 바로 스팅거 미사일이다. 스팅거는 혼자서 들고 쏠 수도 있고 저공비행하는 비행기나 헬기를 사냥할 수 있다. 무게도 16kg 정도에 사정거리는 3km에 달한다. 역사를 거슬러 가 보면 아프가니스탄이 소련의 치하에 있을 때 미국이 탈레반에 공급한 것이 그들이 스팅거 미사일을 소지하게 된 시초였다. 스팅거 미사일에 달린 추적 장치는 하늘에서 강한 적외선을 내뿜는 것을 쫓아가게 만든다. 그 이야기는 비행기든 헬기의 후미든 뜨거운 것은 아무것이나 쫓아간다는 뜻이다. 조종사는 스팅거 미사일을 피하기 위해서 고온의 플레어를 투하해서 미사일을 교란시킨다. 최신식 스팅거는 이런 식으로 교란되는 것을 막기 위한 장치를 달기도 한다. 스팅거는 매우 작아서 헬기보다 훨씬 빠르게 방향을 바꿀 수 있기 때문에 미사일 공격을 피하기가 매우 힘들다.

스팅거 미사일은 워낙 널리 보급되어 있어서(지금까지 7만 개 정도 생산되었다) 테러리스트가 미국의 민간 항공기에 사용할 위험이 있다. 사정거리가 3km 정도로 제한적이기 때문에 공항 바로 바깥에서 이륙 직후의 비행기를 향해 발사를 시도할 수도 있다. 스팅거 미사일로 지금까지 250기 이상의 비행기가 격추되었다. 확신할 수는 없지만 1994년 르완다 내전의 끔찍한 학살의 방아쇠가 되었던 르완다 대통령 하브자리마나Juvenal Habyarimana 테러 사건 당시, 키갈리 공항에 착륙하기 직전에 사용된 무기도 스팅거 미사일이었을 가능성이 크다.

인간만이 적외선을 탐지에 이용하는 것은 아니다. 뱀이나 모기도 특별한 감각기관을 통해 적외선으로 온기를 감지하며 그것으로 먹이를 찾아낸다. 인간의 입술도 매우 민감한 기관인데 입에 가까운 음식의 온도를 판단한다. 한번 실험해 보시길. 눈을 감고 입술을 다른 사람의 입술에 가까이 해 보라. 다른 사람의 온기를 얼마나 쉽게 느낄 수 있는지 알 수 있을 것이다.

레이더와 스텔스 기술

레이더radar라는 말은 원래 원거리 탐지와 거리 측정radio detection and ranging의 약어다. 레이더는 하늘로 라디오파(주로 마이크로파)를 쏘아 올려 비행기와 같은 금속 물체에 반사되어 돌아오는 것을 관측하는 방법이다. 보낸 신호가 돌아오는 시간을 측정해서 레이더 기지와 비행기 사이의 거리를 측정한다. 레이더는 보통 1인치 정도 파장의 마이크로파를 이용하는데, 중간 정도 크기의 안테나를 이용하더라도 레이더파가 많이 퍼지지 않기 때문에 정확하게 방향을 알아낼 수 있다. 마이크로파는 구름이나 연기를 쉽게 뚫고 지나갈 수 있기 때문에 비행기 탐지에도 매우 유용하다.

레이더는 원래 제2차 세계대전 중 영국 해협을 건너오는 나치 비행기를 탐지하기 위해서 개발되었다. 개전 초기에 나치는 수많은 폭격기를 보내 런던과 다른 도시를 공격하려고 했는데 영국 해안에 도착할 때마다 영국 전투기들이 기다리고 있었다. 나치는 영국이 수천 대의 비행기를 배치하고 있다고 착각했다. 하지만 사실은 레이더로 오는 방향을 미리 감지해 도착 예상 지점에 비행기를 출격시킨 것이었다. 이런 작전은 결과적으로, 나치가 영국의 공군 전력을 과대평가하여, 일찍 시도했으면 당시에 성공했을지도 모르는 영국 본토 공격을 미루는 계기가 되었다.

레이더 전파는 거의 대부분의 고체와 액체에 반사되는데, 그래서 새나 빗방울에도 반사된다. 하지만 마이크로파의 파장보다 크기가 작은 물체를 만나면 주변으로 휘어지는 경향이 있다. 모든 대형 비행기는 다른 비행기와 악천후를 피하기 위해 레이더를 갖추고 있다. 보트에 저렴한 레이더를 구입하여 다른 보트의 위치를 찾을 수도 있고 안개나 다른 배의 밀착 접근을 살필 수 있다.

레이더파가 움직이는 물체에 부딪혀 되돌아오는 반사파의 주파수가 살짝 바뀐다. 다가오는 물체에 반사되는 파는 앞의 파동보다 짧은 거리를 이동하게 되므로 보내진 전파보다 파장이 짧아져 주파수가 높아진다. 물체가 멀어지고 있다면 반사파의 주파수는 낮아진다. 이런 주파수의 변화를 도플러 변이Doppler shift라고 하며 이것을 이용하는 레이더를 도플러 레이더Doppler radar라고 부른다. 이런 레이더는 비행기의 속도를 측정하거나 경찰이 과속 차량을 단속할 때 쓴다. 인공위성에서 허리케인 내부의 물방울의 도플러 변이를 측정하면 내부의 풍속을 알아낼 수도 있다.

스텔스는 미국 국방부에서 수십 년에 걸쳐 공들여 개발한 중요한 기술이다. 스텔스는 비행기, 선박, 혹은 다른 물체들을 레이더 상에서 보이지 않게 만들어 준다. 스텔스의 가장 중요한 기술이 거울로 전투

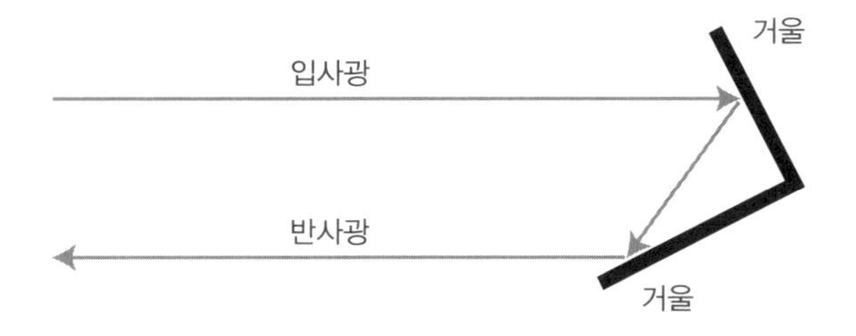

그림 18.5_직각 모서리에 반사되는 빛. 왔던 방향으로 되돌아간다.

기를 덮는 것이라는 사실을 알면 다소 놀랄지도 모르겠다.

거울이라고? 거울은 신호를 반사하잖아? 물론이다. 하지만 거울이 우리를 정면으로 향하지 않는 한, 신호는 다른 방향으로 날아간다. 거울로 가득한 방에 숨는 것도 쉽지 않은가? 스텔스 기술은 모든 레이더나 적외선 감지 시스템이 송수신 장치가 한곳에 있다는 점을 이용한다. 레이더는 안테나로 전파를 쏘아 보내 목표물에 반사되어 다시 돌아오는 신호를 잡아낸다.

일반적인 비행기나 선박에서는 곡면의 일부분이 레이더 전파를 레이더로 되돌려 보내게 되는데, 그 신호가 우리의 위치를 알려 주게 된다. 돌아오는 신호는 물체에 직각 모서리가 있다면 한층 더 강해질 수도 있는데 직각 모서리에 부딪힌 전파는 왔던 방향으로 그대로 되돌아가게 된다. 이런 모서리를 역반사체retroreflector라고 부르며 대부분의 항공기와 선박에는 이런 모서리가 한두 군데쯤은 있게 마련이다. 그림 18.5는 역반사체를 나타낸 모식도다.

스텔스 기는 그런 직각 모서리가 없도록 설계하며 대부분 평면으로 이루어져 있다. 그림 18.6의 나이트 호크 전폭기를 살펴보면 대부분 평면인 것을 알 수 있다. 각각의 평면은 그 면이 우리를 향하는 짧은 순간

그림 18.6_나이트 호크 스텔스 전폭기. 아이러니하게도 표면이 레이더 전파를 반사하는 거울로 만들어져 있어서 레이더에 탐지되지 않는다.

을 제외하고는 대부분 레이더 전파 발신지가 아닌 다른 방향으로 레이더 파를 반사해 버린다. 꼬리 날개를 살펴보면 서로 직각이 되지 않도록 만들어져 있으며 비행기 몸체와도 직각을 이루지 않도록 되어 있다.

앞의 그림 18.4의 글로벌 호크 무인기를 다시 보자. 꼬리 날개가 일반적인 비행기들과는 다소 다른 모양인 것을 알 수 있다. 일반적으로는 수직 꼬리날개와 승강키*가 달린 2개의 수평 꼬리날개가 서로 2개의 직각을 이루고 있는데 글로벌 호크와 나이트 호크에는 직각으로 된 부분이 없다.

레이더를 강하게 반사하지 않는 금속을 사용하는 방법도 있다. 하지만 스텔스의 기본은 기하학적 구조를 잘 이용하는 것이다. 그림

* 비행기의 고도를 조절하는 역할을 하며, 비행기의 균형을 유지하는 데 관여한다.

그림 18.7_스텔스 선박. 나이트 호크와 마찬가지로 평면으로 설계되어 레이더 파를 다른 곳으로 반사한다.

18.6에 보이는 나이트 호크의 경우, 진짜 까다로운 부분은 곡면이 없이 만들면서도 다른 전투기와 같은 비행성능을 내도록 만드는 것이었다. 신형 스텔스 기의 경우는(B-2나 글로벌 호크 같은) 그런 평면 제작 요구사항을 많이 줄였다. 곡면이라도 설계만 잘하면 발신지로 신호를 반사하지 않게 만들 수 있다.

바다의 선박도 마찬가지로 반사하는 레이더파로 감지될 수 있다. 그림 18.7은 곡면이 없이 평면으로만 설계된 스텔스 선박이다.**

레이더 영상기술

카메라는 물체에서 반사된 가시광선을 모아서 상을 맺는데, 그것

** 재미있는 것은, 초기의 스텔스 선박 실험에서는 스텔스 선박이 있는 위치가 레이더 상에서 너무 깨끗하게 공백으로 나타나서 주변의 파도에 의한 신호 배경에서 오히려 두드러져 보였다는 것이다.–옮긴이

이 바로 사진이다. 적외선 망원경은 적외선으로 상을 만든다. 레이더 전파를 이용해서도 상을 만들 수 있다. 사실 레이더는 현재 지도 제작을 비롯한 다양한 분야의 촬영에 이용되고 있다. 비행기에 탑재된 레이더를 이용해 언덕, 빌딩 심지어 차량까지 포함한 영상을 만들 수 있다. 레이더 전파는 구름을 뚫을 수 있기 때문에 흐린 날에도 촬영이 가능하다. 더욱 훌륭한 것은 비행기가 날아가면서 촬영한 것을 모을 수 있다는 점인데 비행시간 동안 누적된 전체 신호를 하나로 합하면 몇 마일 길이의 레이더로 얻은 영상과 같은 효과를 얻을 수 있다. 이런 시스템은 비행기가 목표물 근처를 날면서 모은 신호들을 합성해서 영상을 만들기 때문에 합성 개구 레이더SAR(Synthetic Aperture Radar)라고 불린다. SAR은 우주선을 포함한 인공위성에서도 사용되고 있다.

그림 18.8은 두 개의 SAR 영상이다. 하나는 글로벌 호크 무인 정찰기가 찍은 펜타곤이고, 하나는 뉴욕 시의 모습이다. 이 레이더 영상에 얼마나 엄청난 양의 정보가 들어 있을지 생각해 보자. 전자레인지에 쓰이는 마이크로파로 저걸 촬영했다고 생각할 수 있었는가? 레이더 전파는 얇은 나뭇잎도 투과할 수 있기에 숲에 숨겨진 대포나

(A) 워싱턴 D. C.의 펜타곤

(B) 뉴욕 시

그림 18.8_합성 개구 레이더(SAR)을 이용해 촬영된 레이더 영상.

탱크도 찾을 수 있다. 현대의 레이더는 옛날처럼 둥근 화면에 점이 반짝이는 정도가 아니라 감시와 첩보활동에 쓰이는 최신 기술이다.

엑스선 역산란

원자력 부분에서 얘기한 것처럼, 엑스선은 일종의 고에너지 광자다. 하지만 눈으로는 볼 수 없기 때문에 비가시광으로 분류된다. 엑스선은 우리 몸을 구성하는 수소, 산소, 탄소와 같은 가벼운 원소들은 통과하는 반면에 뼈의 구성물질인 칼슘과 같은 무거운 원소에는 흡수된다. 엑스선이 물질을 통과해서 나타난 그림자를 엑스선 영상이라고 부른다. 엑스선은 의학, 산업, 안보에 다양하게 이용된다.

가장 중요한 응용분야 중 하나는 엑스선의 전부가 가벼운 원소를 지나치는 것이 아니라 일부가 원자 주위를 도는 전자에 의해 반사된다는 사실을 이용한다. 사람에게 엑스선을 쬐면 그중 극히 적은 양이 다시 우리를 향해 돌아오는 것을 검출기로 측정할 수 있다. 전자를 많이 가진 물질일수록, 더 많은 역산란이 일어난다. 결과적으로, 역산란 양은 대상의 밀도를 반영한다고도 할 수 있다.

엑스선을 쏘는 반대편에 검출기를 놓을 수 없는 상황에서도 엑스선 역산란을 이용해서 물체 내부를 들여다볼 수 있다. 엑스선 역산란을 이용하면 내부 부품을 들여다보면서 금고의 다이얼 번호 조합을 알아낼 수도 있다. 사실 비싼 금고들은 회전판 전면에 납으로 된 방호벽을 설치해서 중요한 부품에서 역산란하기 전에 엑스선이 흡수되도록 만든다.

엑스선 역산란은 트럭에 실린 밀수품이나 밀입국자를 찾아내는 데도 사용된다. 그림 18.9는 과테말라에서 오는 바나나 트럭을 타고

그림 18.9_과테말라에서 온 바나나 트럭을 타고 남부 멕시코로 입국을 시도하는 불법 이민자들이 엑스선 역산란 영상에 나타나 있다.

남부 멕시코로 입국을 시도하는 불법 이민자들의 모습이다. 미국에서는 시민권자가 아니라고 하더라도 허가 없이 엑스선 촬영을 금하는 법안 때문에 이런 영상은 찍을 수 없다.

내부 깊숙이 들여다볼 수 없다는 점이 역산란 영상임을 말해 주는데, 자세히 보면 트럭 내부의 한두 뼘 정도까지만 보인다는 걸 알 수 있다.

사전에 알리지 않고 엑스선 촬영을 할 수 있는 나라에서는 엑스선 역산란을 은닉한 무기를 찾는 데 이용할 수 있다. 동료 물리학자가 중국 공항에서 겪은 일을 얘기해 줬는데, 입국 심사를 하는 사람이 높은 벽 너머로 여권을 넘겨 달라고 했다고 한다. 벽 너머에 엑스선 역산란 촬영 장치가 있어서 그가 손을 들었을 때 무기 소지 여부를 검사하기 위해서 그랬을 것 같다고 그는 상상했다. 그의 현장 감각으로 보건대, 아마도 그 얘기가 맞을 것이다.

대통령을 위한 브리핑
우주를 향한 계속되는 도전과 전망

최근의 대통령들은 우주에서 무엇을 할지 결정하는 데에 많은 어려움을 겪었다. 그들은 존 F. 케네디가 1961년에 제안했던 '1970년이 되기 전에 달에 우주비행사를 보냈다가 무사히 귀환시킨다'는 계획과 그런 아이디어가 미국의 분위기에 활력을 불어넣는 효과를 생각한다.

케네디의 생각에는 많은 장점이 있었다. 그가 제안했던 계획은 확실히 실행 가능한 것들이었고 천문학적인 비용이 드는 것도 아니었다. 필요한 기술들은 이미 기존에 나와 있었다. 모든 것을 한데 모아서 하나의 물건으로 동작하게 만들기만 하면 됐다. 그 프로젝트는 냉전의 오랜 숙적이었던 소련과의 경쟁이기도 했으며 시간제한도 있었다. 목표 또한 매우 분명했다. 1960년대 중반의 사람들은 이 프로젝트를 속죄의 기회로 생각했다.

속죄? 우주 계획에 우리가 그토록 열광한 이유는 크게는 유인 달 탐사계획을 성공시켜 암살당한 케네디의 명예를 높이고 '비록 그분은 이제 없지만 그분의 꿈을 실행시키고 싶다'는 희망이 반영된 것이라고 생각한다. 사실 케네디가 말했던 목표가 달성되자 사람들은 급속하게 달에 사람을 보내는 계획(1972년 이후로는 없었다), 혹은 우주 그 자체에 흥미를 잃어가기 시작했다.

그 시기부터, NASA와 정부 기관들은 우주의 과학적 이용을 부각시키기 시작했다. 만약 우주개발 계획에 몸담고 있는 과학자 누구에게든 질문을 던져 본다면, 아폴로 계획 시절의 흥분이 되살아나기를 그리고 미국 대중들이 다시금 대형 우주 프로젝트에 열광하길 바라는 부질없는 희망에서, 우주비행사를 궤도에 올려 보낼 구실을 찾는 것이야말로 그들을 움직이는 가장 큰 원동력이라는 것을 알 수 있다.

하지만 우주 개발은 그런 식으로 나아갈 것 같지 않다. 우주는 첩보, 지구 기상관측, 대기관측, GPS, 인공위성 중계(TV와 라디오를 포함한), 외계 신호의 수신, 기타 여러 가지 과학적 활동같이 적절한 목적에는 매우 훌륭한 무대다. 이 모든 활동들은 로봇을 이용한 자동화로 가장 좋은 결과를 낼 수 있다.

당신이 대통령이 되었을 때는 유인 우주 계획에 대한 우선순위를 낮추라고 조언하고 싶다. 과학 연구와 탐사를 정부 연구 프로그램의 주요 목표로 삼길 바란다. 만약 그런 작업에 사람이 반드시 필요하다고 주장하는 사람이 있다면, 추가적인 비용을 투자할 만한 가치가 있는지, 위성을 복제하거나 여분의 위성을 만드는 쪽에 투자하는 것은 어떤지 꼼꼼하게 따져 보기 바란다. 내 느낌으로는(내가 정치인도 아니고 엉터리일 수도 있다) 대중은 분명 과학적 지식에 목말라 하고 있다. 사람들은 천체 사진과 과학적 발견, 로봇을 이용한 화성탐사에 푹 빠진다. 사람들이 우주비행사에 대해서 관심이 있는 부분은 그들의 안전뿐이다. '그들을 안전하게 다시 데려올 수 있을까?' 하는 것 말이다. 대통령이 되거든 우주비행사를 안전하게 데려올 생각을 하지 말고, 그냥 여기 안전하게 두었으면 좋겠다. 그들의 일은 인간이 설계하고, 인간이 만들고, 인간이 조종하는 로봇과 컴퓨터에게 맡기자.

제5부
지구 온난화

미래의 지도자가 마주칠 가장 어려운 이슈는 지구 온난화일 것이다. 세계적인 이슈에 관심이 있는 사람들 모두가 이미 이 주제에 대해서 많은 것을 알고 있다. 그렇지만 최근의 노벨 평화상 수상자인 전 부통령 앨 고어는 아카데미상을 수상한 다큐멘터리 〈불편한 진실〉(2006)에서 대부분 사람들의 문제는 무지가 아니라 '진실이 아닌 것'을 잘못 아는 것이라고 말했다.* 지구 온난화라는 주제에 대해서 말하거나 글을 쓰는 거의 모든 사람이 자기 견해를 담는다. 그 결과, 지구 온난화에 대해서 정통하다고 생각하는 사람도 어쩌면 그저 많은 양의 잘못된 정보를 축적하고 있을 따름인지도 모른다. 하지만 미래의 지도자에게는 정전과 야사를 혼동하고 있을 여유가 없다. 험난하지만 반드시 가야 할 길로 대중을 인도하기 위해서 지도자는 모든 사실을 알아야 한다.

기후변화에 관심을 가져야 할 몇 가지 중요한 사실들이 있다. 현재 지구의 평균 기온은 지난 400년 동안 가장 따뜻하며 지난 세기에 비해 약 1℃ 증가했다. 별로 많이 높아진 것처럼 보이지 않지만 어떤 면에서는 우려할 수준이다. 두려운 점은 이 기온 상승의 가장 큰 원인이 인간 활동, 그중에서도 석유 연료의 사용 때문이라는 것이다. 만약

* 앨 고어는 그가 출연한 다큐멘터리에서 이 인용구를 마크 트웨인의 것으로 소개했지만 사실은 그렇지 않다. 마크 트웨인의 말로 잘못 소개된 역사가 길긴 하지만 실제로는 19세기의 유머 작가인 조시 빌링의 말이다. 확인을 위해 UC버클리의 마크 트웨인 프로젝트와 조시 빌링의 후손에게 직접 증언을 들었다.

그 말이 맞다면 계속해서 기온이 상승할 거라고 예상할 수 있다. 앞으로 50년 내에 기온이 1.6℃에서 5.5℃ 정도 상승할 거라는 예측이 있다. 제법 큰 변화다. 1900년대부터 현재에 이르는 알래스카 지방의 온난화는 영구동토층을 녹일 정도였다. 5.5℃ 증가라면 미국의 황무지가 비옥한 토지로 변하기에 충분하며 전 세계적으로 대규모 경제 혼란을 유발할 수도 있다. 또한 극지방에서는 이런 온난화 효과가 더욱 강하게 나타날 것이라는 충분한 근거도 있다.

게다가 사람들은 기상이변에 대한 뉴스를 많이 접한다. 〈불편한 진실〉에서 앨 고어는 허리케인, 토네이도, 산불의 규모가 증가한다는 것을 보여 주었다. 하지만 그의 주장 대부분은 과장된 측면이 있다. 이 점에 대해서는 '그럴 가능성이 매우 높음' 대목에서 자세히 이야기할 것이다. 그러다 기존의 경고들이 과장되었다는 것이 알려지면 사람들은 모든 위험을 별것 아닌 것으로 치부하려는 경향을 보이는데, 이것도 논리적으로 잘못된 것이다. 가설을 입증하는 논거가 부정확하다는 것이 그 가설이 틀렸음을 증명하진 않는다. 이 문제에는 관심을 가져야 할 많은 이유가 있으며 미래의 지도자는 기꺼이 이것을 실천에 옮겨야 한다. 물론 그 행동은 무엇이 실제이고 아닌지를 이해하는 것에 바탕을 두고 이루어져야 한다. 제안된 아이디어 가운데 어떤 것은 그저 상징적일 뿐이고 나머지는 본보기를 세우기 위해 계획된 것이며, 다른 나머지는 첫 단추를 끼우기 위한 것들이다. 이 중 몇 개만이 (실제로는 이 중 어느 것도 주요 정치인에 의해 다루어진 적이 없다) 실제 문제 해결의 실마리가 될 수 있다. 미래의 지도자는 상징적인 제스처와 효과적인 행동을 구분할 수 있어야 한다.

더 심각한 문제가 있는데, 화석연료의 사용이 지구 온난화 외에도 다른 문제를 일으킨다는 것인데, 과학자들 사이에서는 주목을 받고 있지만 아직 대중에는 널리 알려지지 않았다. 화석연료에서 나온 이산화탄소의 절반 정도는 바다에 도달해 바다를 산성으로 만든다. 이 문제는 산성비처럼 피해 여부가 즉각 나타나는 것은 아니지만 점차 해양 생태계에 영향을 미쳐 잠재적으로는 무서운 결과를 낳을 수 있다. 해양 산성화는 기온이 몇 도 상승하는 것보다 생태계에 더 큰 위협이 될 수 있다.

몇 년에 한 번씩, 유명한 국제회의에서 기후변화의 실태를 평가하고 우리가 알고 있는 것은 무엇이며 결과는 어떻게 될 것인지, 또 우리가 할 수 있는 일은 무엇인지를 논의한다. 이 조직은 UN과 세계 기상 기구에서 운영하고 있는데 기후변화에 관한 정부간 패널, IPCC Intergovernmental Panel on Climate Change라고 부른다. IPCC는 수백 명의 과학자, 외교관, 정치가들 사이에서 기후변화 대처 방안에 대한 합의를 이끌어 내려는 불가능에 가까운 시도를 하고 있다. IPCC가 시도한 것들 중 일부는 묻히거나 섞이게 되었지만 결과적으로 모두가 무슨 일이 일어나고 있는지를 평가할 수 있도록 많은 데이터를 담은 보고서를 만들었다. 2007년, IPCC는 앨 고어와 함께 노벨 평화상을 수상했다. 이 이름을 기억해야 한다. 외워 두라. IPCC. IPCC를 모르고서는 기후변화에 대해서 심도 있는 토론을 할 수가 없다. UN을 모르고 세계정세에 관해 토론하려는 것과 마찬가지다. 다음 장에서는 IPCC 보고서에 대해서 많은 이야기를 하게 될 것이다.

날씨는 매우 변덕스럽고, 기후도 그러하다. 우리에게 닥친 가장 급박한 위험과 장기적인 위험 그리고 우리가 할 수 있는 일을 이해하려면, 자연적인 현상과 진짜 인간에 의해 일어난 현상을 구분하는 것이 중요하다. 우선 과거의 기후에 대해서 우리가 알고 있는 것을 간단히 살펴보는 것으로 시작하자.

19장 온난화는 소빙하기의 끝을 의미하는가?

지구 온난화에 대해서 앞에서 잠시 이야기했듯이, 지난 400년간 평균 기온을 비교해 보면 지구는 점차 따뜻해지고 있다. 이것이 지구 온난화의 가장 중요한 사실이며 미국에서 가장 영향력 있는 과학자들의 단체인 미국 국립 과학 아카데미NAS의 연구가 이 사실을 뒷받침하고 있다. 나는 그들의 결론을 받아들이고 있지만 이 이슈에 대한 합의가 존재하기 때문은 아니다. 앨 고어의 영화에서 생생하게 보여주듯이 합의라는 것은 진실을 밝히는 것과는 거리가 멀다.* 대신 나는 주어진 자료와 분석에 대한 내 스스로의 신중한 판단으로 그 견해를 받아들인다. 나는 이 주제에 대해 어느 정도 지식을 갖추고 있으며 과거 기후에 대한 전공 서적의 공저자이기도 하고 저널 논문 검토를 담당하기도 했었다.**

* 〈불편한 진실〉에서 앨 고어는 합의라는 것이 얼마나 믿을 수 없고 신뢰할 가치가 없는지를 보여주는 훌륭한 예시를 제시했다. 과거 과학자들이 남아메리카와 아프리카가 과거에 매우 가까이 있었으며 후에 떨어 져 나와 독립적인 대륙이 되었다는 '대륙 이동설'을 인정하지 않았던 것에 대해서 얘기한다. 지금 우리는 대륙 이동설이 옳았다는 것을 알고 있다. 대륙 이동설은 판 구조론으로 불리며 현대 지질학과 지구물리학의 근간을 이루는 개념이다. 아이러니하게도 고어는 IPCC의 합의를 받아들일 것을 권하고 있다.

** 이 논문은 〈지난 2천 년간의 지표 온도 재구성〉(National Academies Press, 2007)이다. 이런 논문 검토는 익명

1850년대부터 현재까지 이어지는 시기의 온도 기록은 온도 변화 추이를 가장 잘 보여 주고 있다. 1800년대 초기의 온도 기록은 아직 분석이 완료되지 않았다. 올바른 분석은 쉬운 일이 아니다. 북반구와 남반구의 온도 변화는 완전히 똑같지는 않은데 아마도 육지의 2/3가 북반구에 있기 때문인 듯하다. 또한 도시에서 측정한 결과에 너무 중점을 두지 않도록 주의해야 한다. 아스팔트와 같은 도시의 인공물들은 초목지보다 태양열을 더 많이 흡수하기 때문에 도심 지역은 교외 지역보다 온도가 높은 열섬 현상heat islands을 보인다. 도시의 고온 현상은 지구 온난화의 징조라기보다는 지역적 효과가 더욱 크다.***

그림 19.1은 IPCC의 2007년 보고서에 인용된 온도 기록이다. 굵은 선은 평균값을 나타내는 것으로 추세를 알아볼 수 있게 해 준다.

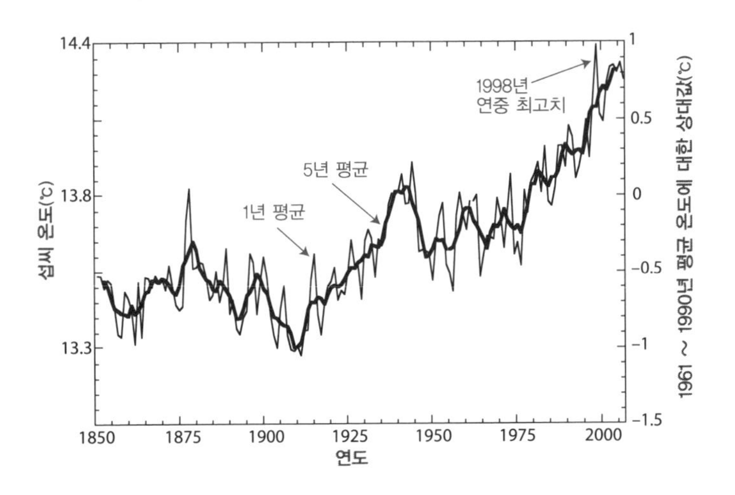

그림 19.1_온도 기록으로 보는 지구 온난화 추세

으로 하지 않는다. 나는 이 리포트에서 내 역할에 더불어, 과거 기후에 대한 많은 논문과 전공 서적을 공저한 경험이 있다. 《Ice Ages and Astronomical Causes》(Springer,2000)

*** 저자는 현재도 지구 온난화 문제를 계속 연구하고 있는데 최근 '도시의 열섬 현상 등으로 측정 수치가 왜곡되었을 수 있다'는 기존의 입장을 바꾸었다. 지난 2011년 10월, 저자는 '각 관측소의 신뢰성과 상관없이 지구 기온이 상승하고 있고, 도시뿐 아니라 농촌 지역에서도 온난화가 발생하고 있다'고 학계에 발표했다.

온도 기록 그래프는 몇 가지 흥미로운 사실을 보여 준다. 1860년부터 1910년(그래프의 왼쪽)간의 온도는 지금보다 1℃ 낮았다. 이 숫자는 평균적인 것으로, 어떤 지역은 이만큼 따뜻하지 않았을 것이고 어떤 지역은 더 따뜻했을 것이다. 18세기 유럽은 영국의 템스 강이 반복적으로 얼어붙고 겨울 내내 네덜란드의 운하가 얼음으로 덮일 만큼 추웠다. 그런 추위가 없었다면 『한스 브링커 혹은 은빛 스케이트』 이야기도 없었을 것이다.* 요즘은 운하가 얼어붙는 일이 드물다. 그 당시 한파는 전 세계적으로 찾아왔던 소빙하기Little Ice Age의 끝자락이었다. 〈불편한 진실〉에서 앨 고어는 지난 1천 년간 추위가 이어졌던 그래프를 보여 주면서 중세 온난기가 존재했다고 하는 사람들을 비웃는다. 하지만 앞서 말했던 국립 아카데미의 발표로 이 그래프는 망신을 당했다(뒤의 '하키 스틱'이라는 대목에서 개정된 자료를 이야기할 것이다). 소빙하기 이전, 서기 1000년에서 1300년에 걸쳐 오늘날만큼 따뜻했던 중세 온난기가 있었다. 국립 아카데미는 그 정도로 오랜 과거는 불확실한 요소가 많아서 이 온난기가 전 세계적인 현상이었는지 확실하게 말할 수는 없다고 말했다. 이런 이슈가 미래의 지도자들에게 매우 중요하다고는 생각하지 않는다. 사실, 지난 10년은 400년 동안 가장 따뜻한 시기라는 것은 말할 수 있다. 관심을 끌기 쉽다는 점을 제외하면, 현재의 기온이 지난 1천 년 중 가장 따뜻했는지 아닌지는 사실 중대한 문제가 아니다.

적어도 유럽에서는 중세 온난기가 확실히 존재했었다. 나이테의 두께, 빙하 속의 중수와 경수**의 비율, 북유럽의 항구에 얼음이 얼지 않

* 『Hans Brinker or The Silver Skate』 네덜란드의 얼어붙은 운하를 배경으로 한스와 여동생이 스케이트 경주에 참가하는 이야기. 실화를 바탕으로 한 소설로 국내에는 『은빛 스케이트』로 번역 출간되었다.

** 경수와 중수는 말 그대로 가벼운 물과 무거운 물을 뜻한다. 경수는 보통의 물로서, 물의 수소 원자핵 속에 양자 한 개가 들어 있다. 중수에는 수소의 원자핵 속에 양자와 중성자가 각기 한 개씩 들어 있어 보통의 물보다 1.2배가량 무겁다.

았던 것을 보여 주는 역사 기록 등 다양한 간접 기록이 존재한다. 그 시기는 유럽의 생산성이 굉장히 높았기에 역사가들은 중세 최적기 medieval optimum라고도 부르는데 이 용어가 지구 온난화 위기를 경고하려는 이들의 심기를 불편하게 만들기도 한다. 역사가인 바바라 투크만Barbara Tuchman은 중세 온난기가 끝나고 소빙하기로 넘어가는 과정을 이렇게 이야기한다.

> 14세기가 시작되면서 추위가 자리잡고 다가올 비극을 예고했다. 때아닌 추위와 폭우가 맹공을 퍼부었고 카스피 해의 수위가 상승했던 1303년과 1306~1307년 두 번에 걸쳐 발트 해가 얼어붙었다. 그 시대 사람들은 이 현상이 북극과 알프스의 빙하가 전진한 것으로 나타난, 1700년대까지 이어질 소빙하기의 시작이라는 사실을 알지 못했다.***

물론, 빙하의 전진으로 빙하기가 오는 것은 아니다. 그보다는 빙하의 전진은 빙하기의 전조라고 보는 것이 옳다. 원인과 효과는 자주 혼동되지만 지도자들은 제대로 알아야 한다.

어떤 사람들은 지구 온난화는 인간 활동으로 일어나는 것이 아니며 소빙하기에서 회복되고 있을 뿐이라고 생각한다. IPCC도 그런 가능성을 배제할 수 없었기에 그 주장이 옳을 확률도 10% 정도 남겨두고 있다.**** 만약 온도의 상승이 자연적인 것이라면 우리에겐 행운이

*** 바바라 투크만 A Distant Mirror (New York : Knopf, 1978), 24

**** IPCC의 2007년 보고서는 지난 50년간의 온난화의 일부가 인간 활동에 의한 것일 가능성이 매우 높다고 말하고 있다. 이것은 신뢰도 90%를 의미하는데, 뒤집어놓으면 전혀 인간의 책임이 없을 가능성도 10% 있다는 의미다. '매우 가능성이 높음'을 다루는 장에서 자세하게 논의할 것이다.

다. 지난 기록들로 볼 때 자연적인 변화에는 한계가 있으며 온도 상승이 훨씬 더 높게 이어질 것 같진 않기 때문이다. 최근의 연구로, IPCC는 지난 50년간 일어난 온도 상승 원인 가운데 최소한 어떤 것들은 인간의 활동으로 일어났을 가능성이 90% 정도 있다는 사실을 알아냈다. 90%의 확률은, 아무리 돈이 많이 든다고 할지라도 지도자들이 무시할 수 없는 숫자다.

그림 19.1의 온도 기록을 다른 시각에서 살펴보자. 이번엔 인간 활동이 원인이 되었을 가능성이 매우 높은 온난화(IPCC에 따르면)를 나타내는 가장 오른쪽 최근 50년에 집중해서 보도록 하자. 그래프에서 가장 따뜻한 해는 1998년이라는 것을 알 수 있다.* 혹자는 지구 온난화가 일어나고 있다면 어째서 가장 따뜻한 해가 왜 21세기가 아니라 20세기에 있는지 궁금할 수도 있다. 하지만 적절한 질문은 아니다. 온도 변화는 부드럽게 이어지는 것이 아니라 그래프상의 평균값에서 떨어진 고저값을 보이며 들쭉날쭉하게 변화하기 때문이다. 그런 요동이 어디서 비롯되는지는 알 수 없다. 아마도 구름에 의한 자연적인 변동일 것이다. 동전을 100번 던진다고 하면 항상 앞면이 50번, 뒷면이 50번 나오는 것은 아니다. 마찬가지로, 기후변화도 장기적인 추세와 비교했을 때 어떤 해는 더 따뜻하거나 서늘할 수 있다. 그림 19.1은 이와 같은 자연적인 요동으로 평균 온도값과 0.1~0.2℃ 정도 떨어져 있음을 보여 준다.

이번에는 1940~1980년의 기간을 살펴보자. 여기서 한 가지 교훈

* 앨 고어는 〈불편한 진실〉에서 이 그래프를 보여주면서 이 사실을 빼고 2006년이 가장 더운 연도라고 말하고 있다. 그가 실수한 것이 아니라 그의 논지를 뒷받침해줄 다른 분석을 선택한 것이다. 그가 사용한 것은 NASA의 과학자인 제임스 한센의 것이며 IPCC의 합의된 보고서에서는 사용되지 않는 것이다. 한센은 IPCC의 분석보다 자신의 분석이 더 낫다고 믿고 있다.

과 주의할 점을 알 수 있다. 1942년을 전후해서 온도가 상승했다가 급격히 내려가기 시작해 10년 동안 0.4℃나 낮아졌다. 그때로 돌아가 보면, 당시 지질학자와 해양학자들은 암석과 해저퇴적물에서 빙하기 시대의 자세한 기록들을 끄집어내기 시작했는데 그 기록들에서 깜짝 놀랄 만한 사실이 발견되었다. 빙하기는 가끔 한 번씩 일어나는 것이 아니라 지난 백만 년 동안 전형적으로 나타나던 현상이었던 것이다. 사실 빙하기는 평균적으로 약 9만 년 동안 이어지다가 간빙기라고 불리는 약 1만 년 정도의 따뜻한 기간을 거쳐 잠시 끝나는 것으로 알려져 있으며 10만 년을 주기로 반복되어 왔다.

1950년대의 사람들을 겁에 질리게 만들었던 것이 있다. 마지막 빙하기는 약 1만 2천 년 전에 끝났고 그 이후 우리는 상대적으로 따뜻한 시대를 즐겨 왔다(소빙하기도 있었지만 진짜 빙하기에 비하면 새 발의 피에 불과하다). 그러나 이전의 간빙기 기간을 되짚어 보면 이 온난기는 이미 수천 년 전에 끝났어야 했다. 1950년대의 사람들은 왜 온난기가 끝나지 않는지 의아해 했다. 슬슬 온도가 떨어지고 새 빙하기가 올 때가 된 것 아닌가?

앞서 말한 빙하기의 반복은 지난 백만 년간 적어도 10번 정도 반복되었다. 세르비아의 지구물리학자인 밀루틴 밀란코비치Milutin Milanković는 이 주기를 설명하는 이론을 만들었다. 그는 지구의 공전궤도가 항상 일정한 것이 아니라 약 10만 년 주기로 변화한다(금성과 목성의 인력 때문에)는 것을 밝혀냈다. 우리가 통제할 수 없는 지구 공전궤도의 변화로 북반구의 일조량이 변화하기 때문에 빙하기가 반복되는 것 같다는 것이었다.

인간의 선사시대를 연구해 보면, 위험은 실제보다 더 무섭게 보였던 것 같다. 농경문화는 지금으로부터 1만 2천 년 전쯤 온난기의 시작 무렵에 맞물려 발명되었다. 모든 문명의 발생은 농경에 바탕을 두고 있다. 식량의 효율적인 생산이 가능해져 소수가 생산한 식량으로 다수가 생계를 유지할 수 있었으며, 그것은 곧 모두 각자가 식량을 조달하지 않고도 상인, 예술가, 또한 물리학자에게도 식량이 돌아갈 수 있다는 것을 뜻한다. 1950년대에는 빙하기가 다시 돌아오는 것이 아닌지 의심할 정도로 기온이 떨어지기 시작했다. 만약 그렇다면 이번에 오는 것은 소빙하기가 아니라 5℃ 혹은 8℃ 정도의 온도가 떨어지는 진짜 빙하기일 터였다.

나는 그때 초등학생이었는데, 미래 뉴욕의 상상도라며 수천 미터의 얼음이 고층빌딩을 뒤덮은 그림을 담은 교과서도 있었다. 그림 19.2는 「어메이징 스토리」 잡지 표지에 나왔던 그림이다. 뉴욕의 크라

그림 19.2_1950년대 「어메이징 스토리」의 표지: 뉴욕에 돌아온 빙하기

그림 19.3_저자가 1956년 사우스 브롱크스의 침실에서 찍은 세인트메리 공원의 사진. 바위에 있는 홈은 12,000년 전 이 지역을 긁고 지나간 거대한 빙하가 남긴 흔적이다.

이슬러 빌딩이 빙하에 덮여 있다. 지질학자의 시각으로 뉴욕을 둘러본다면 이 그림을 공상으로만 치부할 수도 없을 것 같다.

그림 19.3은 내가 12살 때인 1956년에 브롱크스에서 찍은 사진인데, 바위에 옛날의 빙하가 남긴 깊은 홈이 보인다. 사진 중앙의 바위에 새겨진 북쪽에서 우리 쪽을 향해 패인 홈을 보자. 도시 전체에 걸쳐 모든 긁힌 흔적들이 한 방향을 가리키고 있는 것을 보면, 이 흔적들은 크라이슬러 빌딩은 비교도 되지 않을 거대한 빙하가 지면을 깨끗이 쓸고 갔음을 여실히 보여 준다. 이 빙하는 현재 롱아일랜드Long Island라고 불리는 한 무더기의 파편과 오대호Great Lakes라고 불리는 웅덩이들을 남겼다.

1950년대에는 기온이 내려가게 된 원인이 핵무기 시험으로 대기가 오염되었기 때문이라는 이야기가 널리 퍼지기 시작했다. 미국과 소련은 1963년에 대기권 핵실험을 중지했고, 프랑스는 1974년, 중국은 1990년에 들어서야 중지를 선언했다. 라이너스 폴링Linus Pauling은 대기권 핵실험 중지에 기여한 공로로 1962년에 노벨 평화상을 수상했다.

다행히도, 1970년 무렵부터는 다시 평균온도가 상승하기 시작했다. 빙하기가 당장 코앞에 닥칠 것은 아니었다. 핵실험을 중지하던 즈음해서 온도 하강이 멈추기는 했지만 오늘날 어떤 과학자도 온도 하강의 원인이 핵실험 때문이라고 생각하지 않는다.* 관련이 있다고 반드시 인과관계가 성립하는 것은 아니다. 많은 전문가들은 그 무렵에 화산이 예상 외로 많이 분출하여 대량의 먼지가 대기로 유입되었기 때문에 당시 기온이 하강했다고 여긴다. 대기 중으로 올라간 먼지는 태양 빛을 반사해서 일조량을 줄이고 결과적으로 지면에 닿는 태양 에너지를 감소시킨다. 먼지가 가라앉고 화산활동이 다시 잠잠해진 후에 지구의 기온은 다시 상승하기 시작했다.

기온은 계속 상승하여 지금 우리는 온난화를 걱정하고 있다. 이 지속적인 온난화는 이전의 경향, 즉 소빙하기의 끝을 반영하는 것일까? 아니면 좀 더 불길한 무언가의 시작인가? 기후에 대해 점차 더 깊이 이해함에 따라 많은 과학자들은 후자 쪽이라고 믿게 되었다. 다음 장에서는 화석연료의 사용이 어떻게 지구 온난화의 이유가 될 수 있는지를 살펴보겠다. 하지만 어쨌든, 현재 일어나고 있는 일을 잘 설명할 수 있는 이론이라도 옳지 않을 수 있다는 것을 인지하고 유연한 태도를 유지하는 것이 현명하다.

* 핵실험은 대기권 방사능 증가의 원인이었으므로, 폴링은 노벨 평화상을 받기에 충분했다.

지난 1만 4천 년 동안의 기후

아주 오래된 고기후를 살펴볼 때는 더 이상 역사 기록의 도움을 받을 수 없지만 오래된 얼음으로부터 기후 연구에 쓸 만한 의미 있는 데이터를 얻을 수 있다. 그린란드를 덮고 있는 빙하를 파내려 가면 5백만 년, 1천만 년, 1만 4천 년 전, 심지어 8만 년 전에 형성된 얼음도 볼 수 있다. 근래에 형성된 얼음에 대해서는 나이테처럼 눈이 내리는 시기와 먼지가 쌓인 층을 세어 연대를 알아볼 수 있다. 얼음 속에 갇힌 공기와 형성된 얼음 그 자체로 기후를 알 수 있다. 그림 19.4는 얼음의 분석에서 이끌어 낸 지난 1만 4천 년의 온도 변화를 나타낸다.

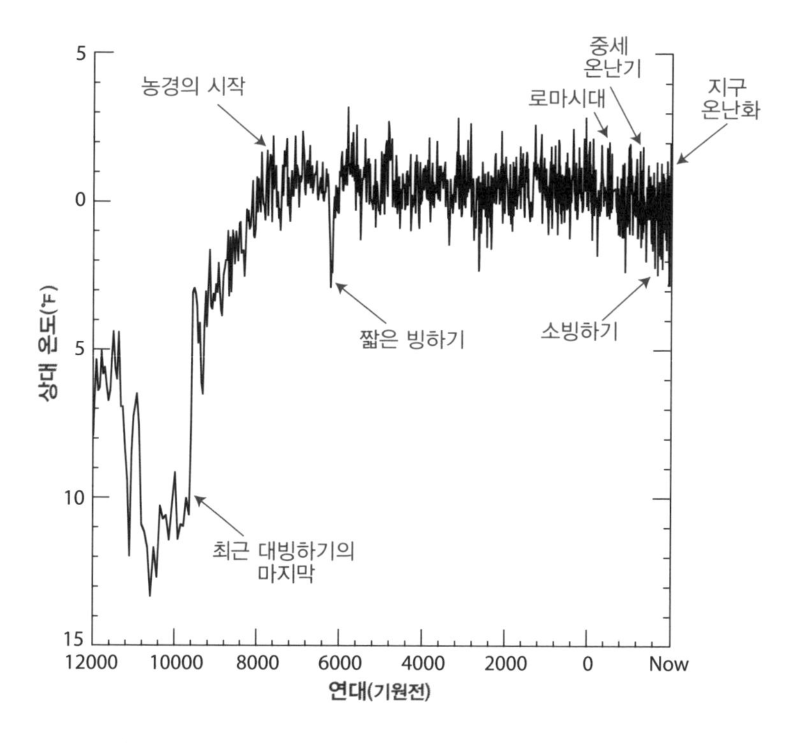

그림 19.4_그린란드의 얼음으로부터 알아낸 지난 1만 4천 년간의 기온 변화

앞에서 1850년까지 나타낸 그래프를 분석한 것처럼 이 그래프를 살펴보자. 그래프 왼쪽은 기원전 1만 2천 년부터 기원전 1만 년까지 끔찍하게 추웠던 기간으로 시작한다. 그 부분이 지난 빙하기(소빙하기 말고)의 끝자락이다. 당시의 평균 기온은 현재보다 12°F(6.7℃) 정도 낮았다. 대부분의 해수가 육지의 빙하에 묶여 있었기 때문에 해수면은 현재보다 90m나 낮았고 그 덕분에 인류는 걸어서 베링 해협을 건너 아시아에서 아메리카로 넘어갈 수 있었다. 오른쪽에는 우리가 소빙하기라 부르는 살짝 꺼진 부분이 보인다. 전체 그래프는 대빙하기에 초점이 맞추어져 있어 소빙하기는 별것 아닌 것처럼 보인다. 그렇지만 바바라 투크만의 말처럼 별것 아닌 것처럼 보이는 작은 온도 하강도 우리에겐 비극이 될 수 있다는 점을 기억해야 한다. 만약 본격적인 빙하기가 도래하거나 비슷한 정도의 온난기를 겪는다면 어느 정도의 비극을 견뎌 내야 할지 상상하기가 어렵다.

기원전 1만 년 직후, 급격한 기온 상승과 더불어 빙하기는 끝을 맞이했다. 이런 변화는 지구의 공전궤도가 바뀌면서 시작되었다고 생각할 수 있다. 왜 이렇게 급격하게 변화했는지는 알 수 없지만 많은 사람들이 얼음이 녹으면서 맨땅이 드러나 점점 더 많은 햇볕이 바위에 흡수되었기 때문이라고 생각하고 있다. 그것이 온난화와 얼음이 녹는 것을 가속화했을 것이다. 이것도 변화를 가속하는 '양의 되먹임Positive feedback'의 한 예다. 얼음의 융해가 빨라지는 비슷한 예는 매년 캐나다의 하천과 강에서도 관찰된다. 봄이 시작되면 강을 뒤덮은 얼음은 갑자기 금이 가기 시작하며 먼 곳까지 큰 소리가 들린다. 며칠 사이에 강을 뒤덮은 얼음들은 강을 따라 자유롭게 흘러가 사라진다.

그림 19.4의 그래프에서 가장 흥미로운 부분은 문명이 역사를 차

지하는 기간인 농경이 시작된 기원전 8천 년부터 현재까지의 부분이다. 빙하기에 비하면 기온은 꽤 일정했다. 이 그래프에서 보면 지난 100년간의 지구 온난화는 보잘것없어 보인다. 현재는 지난 400년 중 가장 따뜻한 기간이지만 유사 이래로 지구의 온도 변화는 수많은 요동을 겪어 왔으며 그중에는 우리가 지금 겪고 있는 변동보다 큰 것도 분명 있었을 것이다. 기원전 6천 년경의 움푹 꺼진 곳을 보자. 이 기온 강하는 여러 다른 기록들에서도 분명하게 나타나고 있지만 아무도 무엇이 원인인지는 알지 못한다. 대단히 짧았지만 1~2세기 정도 지속되었을 가능성이 높다.

저 정도로 짧은 기간의 소빙하기는 부자연스러워 보인다. 지구 온난화는 꽤 작은 변화다. 그렇지만 안심하긴 이르다. 여러 모델이 예상하는 것처럼 앞으로 온난화가 지속된다면 약 2℃에서 5℃ 정도 온도가 더 상승할 것이다. 이 정도 증가량은 빙하기가 끝날 무렵의 증가와 맞먹을 만한 것이다. 당시 온도 상승으로 문명이 탄생하게 되었지만, 오늘날 그와 같은 온도 상승은 잘 알려진 바처럼 문명을 끝장낼 가능성이 크다.

20장 온실효과의 원인

유리로 된 온실에 들어가 보면 놀랄 만큼 후덥지근하다. 땡볕에 주차된 차에 들어가면 숨이 막힐 듯한 열기를 느낄 수 있다. 봄날의 야외에서는 산뜻한 느낌을 받는다. 이 세 가지 상황에서 온기가 느껴지는 것은 모두 온실효과의 결과다. 또한 온실효과는 과학자들이 지구온난화의 원인으로 지목하는 것인 동시에, 유감스럽게도 대통령의 임기 동안 당신이 다루어야 할 가장 큰 이슈 중 하나이기도 하다.

온실효과는 논란의 여지없이 실재하는 것이다. 에너지가 들어오기는 쉬워도 빠져나가기는 어려운 상황에 언제나 온실효과가 나타난다. 주차장의 차를 생각해 보자. 차창을 통해 태양빛이 들어온다. 일부는 그대로 반사되지만 대부분은 열로 전환되어 좌석, 운전대, 내부의 공기를 덥힌다. 뜨거운 공기는 위로 올라가는데 창문을 살짝 열면 그 틈으로 뜨거운 공기가 새어나가고 찬 공기가 흘러들어 온다. 작은 틈새로도 큰 차이를 만들 수 있다. 차를 빨리 시원하게 만들고 싶으면 선루프를 열면 되고, 집을 시원하게 하고 싶으면 위쪽 창문을 열면 된다.

지구를 데우는 원리도 비슷하다. 태양빛이 지구의 표면과 대기를 데운다. 공기를 가둬 두는 유리는 없지만 중력이 같은 역할을 해 공기가 대류를 통해 빠져나가지 못하게 한다. 우주 공간은 진공 상태이기 때문에 열이 직접 전도되어 빠져나갈 수 없으므로 사실상 열이 빠져나갈 수 있는 유일한 방법은 적외선을 통한 복사뿐이다. 지표는 적외선을 방출하지만 적외선이 우주로 빠져나가기 전에 대기에 흡수된다. 대기는 태양광의 대부분을 통과시키지만 적외선은 통과시키지 않는다(불투명하다). 지표면에서 방출된 적외선을 흡수한 대기는 더욱 따뜻해지고 상승한 대기 온도는 지표면을 따뜻하게 만든다. 이 효과는 담요 효과라고 부르는데, 그것이 태양빛에 의해서 발생하는 경우 온실효과라고 부른다. 태양 에너지가 그림 20.1처럼 지표에서 적외선 형태로 반사되어 대기 중에 흡수되는 과정을 거치면서 지구가 더 많은

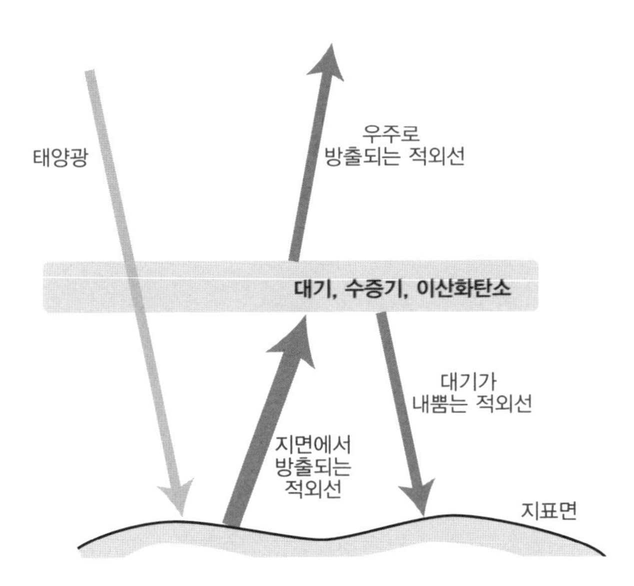

그림 20.1_온실효과의 원리. 태양빛은 대기를 통과해서 지구를 데우지만 지구가 방출하는 적외선은 대기에 흡수되고 그중 일부는 다시 지표로 반사된다. 그 결과로 대기가 담요 구실을 해 대기가 없을 때보다 지구의 표면을 더 따뜻하게 만든다.

열을 받게 된다.

대기의 99%는 질소와 산소로 이루어져 있다. 놀랍게도 이 두 기체 모두 적외선을 흡수하지 않기 때문에 온실효과에 아무 영향도 미치지 못한다. 적외선의 흡수는 모두 수증기, 이산화탄소, 메탄, 오존과 같은 미량 기체에 의해 이루어진다. 온실효과를 일으키는 이런 미량의 기체들을 모두 합쳐 온실기체라고 부른다. 이들 기체도 자연적인 대기의 구성 요소라는 점에서 자연적인 온실효과가 존재한다고 할 수 있다. 사실 이런 기체가 없다면 지구의 평균 기온은 영하 11℃로 떨어진다! 그림 20.1을 다시 보면 지표면은 태양뿐만 아니라 대기가 방출하는 적외선으로부터도 열을 받는다.

온실효과는 대기 과학에서 가장 기본적인 사실 중 하나다. 이건 기본적인 부분으로 논란의 여지가 없다. 온실효과가 없다면 바다도 꽁꽁 얼어붙게 될 테고 적어도 물과 따뜻한 환경에 의존하는 생물들은 살아남을 수 없을 것이다. 우리는 온실효과 덕분에 존재하는 것이다.

그렇다면 왜 온실효과를 걱정하는 걸까?

대기권에 있는 수증기, 이산화탄소 등의 온실기체들이 적외선을 몽땅 흡수할 만큼 많지 않기 때문에 복사열 일부는 언제나 대기를 통과해서 열 복사 형태로 빠져나간다. 대기권이 얇은 담요라고 생각해 보자. 그림 20.2를 보면 좀 더 자세하게 설명되어 있다.

이 그림에서는 두 가지의 미묘하고도 중요한 효과가 나타나 있다. 한 가지는 구름이 빛을 반사하여 태양빛의 전부가 지표면에 도달하지 못한다는 것이고 다른 한 가지는 지구로부터 방출되는 적외선도 대기에 모두 흡수되는 것이 아니라 일부는 바로 우주로 새어나가는

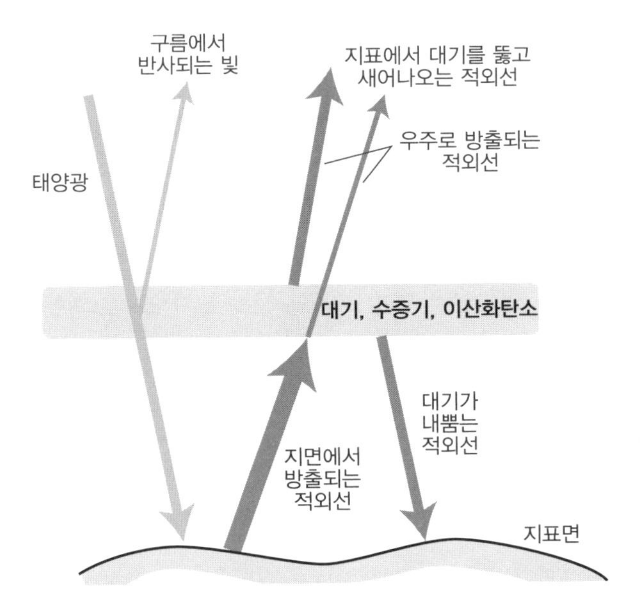

그림 20.2_온실효과의 원리. 구름의 반사와 대기권의 새어나감 효과가 포함되어 있다.

것이다. 구름이 늘어나면 좀 더 시원해진다.* 적외선이 새어나가는 것을 막으면 지구는 더 따뜻해진다.

지금 우리는 고의는 아니지만 무심코 이 적외선 '누출'을 막고 있다. 대기에 이산화탄소를 비롯한 기타 온실기체를 올려 보냄으로써 대기를 보다 두꺼운 담요로 만들고 있는 셈이다. 온실효과를 주목하는 이유는 바로 이 때문이다. 자연적인 수준의 온실효과는 실제로 생물의 생존에 적합한 환경을 제공하지만 우리가 온실효과를 증가시키면 지구의 온도는 상승할 것이다. IPCC는 현재의 이산화탄소 배출량

* 여기서 언급한 것보다는 조금 더 복잡하다. 구름은 낮 동안은 햇빛을 반사하지만 밤에는 적외선을 방출해서 대기의 온도를 따뜻하게 한다. 게다가 높은 곳의 구름은 낮 동안에도 지표면을 따뜻하게 만든다. 하지만 구름이 주는 효과 전체를 합하면 냉각이 더 크다.

이 적외선 방출을 틀어막는 데에 큰 영향을 미치고 있으며 우리 세대에만 평균 기온이 약 1℃에서 5℃ 정도 상승할 것으로 예측하고 있다.

이산화탄소

탄소를 태우면 언제나 이산화탄소가 생성된다. 이름으로 알 수 있듯이 이산화탄소는 탄소 원자 하나와 산소 원자 2개로 만들어져 있고 화학식으로는 CO_2로 표기한다. 탄소를 태우면 에너지와 CO_2를 얻을 수 있다. 이산화탄소를 본래의 구성 원소로 되돌릴 수도 있지만 그러려면 우리가 얻었던 에너지를 다시 넣어 줘야 한다. 그렇게 얻은 에너지를 사용한다면–예를 들어, 전기를 만든다거나–좋든 싫든 CO_2와 떨어질 수 없다.

이산화탄소는 대기 중 0.038%를 차지하는 미량의 기체지만 우리의 삶에는 매우 중요하다. 이 기체야말로 우리 생계를 유지하게 해 주는 주요 자원이다. 실제로 식물에 포함된 모든 탄소는 모두 대기 중의 이산화탄소로부터 온 것이다. 식물은 태양광으로부터 에너지를 얻어 이산화탄소와 물을 합성해서 설탕이나 녹말과 같은 탄수화물을 만들어 내며, 이런 과정을 광합성이라고 부른다. 이렇게 만들어진 탄수화물은 우리가 먹는 음식과 연료의 구성원이 된다. 또한 광합성 과정에서 산소를 대기 중으로 방출한다. 우리가 호흡을 통해 받아들인 산소가 음식물과 혼합되면 식물이 태양광으로부터 받아들인 에너지를 우리가 얻게 되는 것이다.

과학자들은 0.038%라는 표현 대신 백만 개 중 380개(380 parts per million)라는 뜻으로 380ppm이라고 표현한다. 그림 20.3은 지난 1천 년간의 변화를 나타내고 있다. 이산화탄소의 양은 800년부터

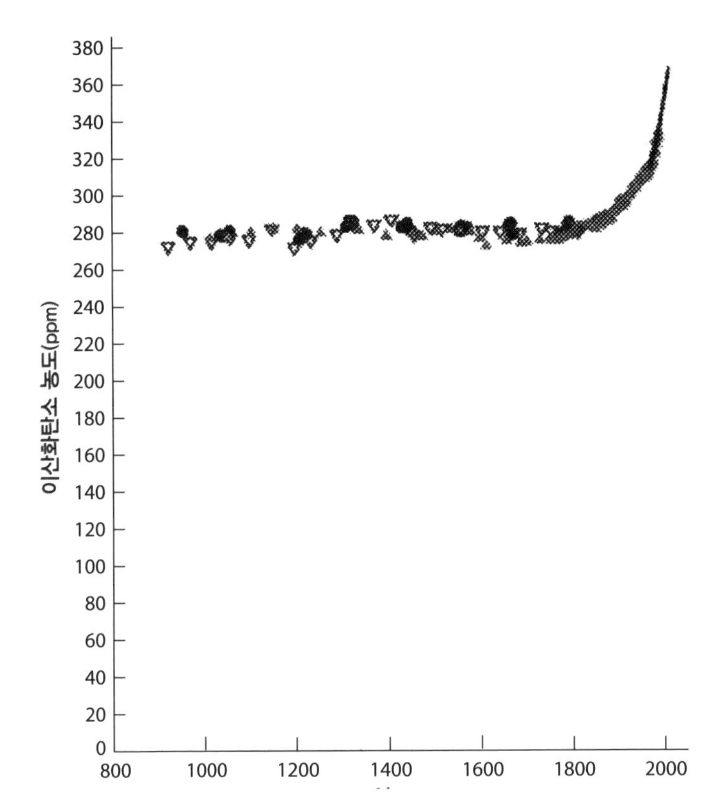

그림 20.3_지난 1200년간의 대기 중 이산화탄소의 양. 지난 100년간의 갑작스런 증가는 화석연료의 사용이 주된 원인으로 파악된다.

1800년대 후반까지 280ppm정도로 비교적 일정하게 유지되고 있었다. 하지만 지난 세기 들어 380ppm으로 36%나 껑충 뛰어올랐다.* 계속 화석연료를 사용할 경우, 이산화탄소의 양은 계속 증가할 것이다.

사람들은 근래 갑작스럽게 이산화탄소가 증가한 원인에 대해 우려 섞인 관심을 보이고 있다. 다른 측정 결과들(여기엔 없지만)은 현재

* 이 그래프의 값 대부분은 그린란드와 남극의 빙하에서 추출한 대기로부터 측정한 것이다. 1958년부터 현재까지의 값은 찰스 킬링이 로저 레벨의 권유로 대기를 직접 측정해서 얻어온 값이다.

의 이산화탄소 농도가 지난 2천만 년 중 가장 높은 수준임을 보여 주고 있다. 이런 사실들은 논란의 여지가 없다. 놀라운 일이기는 하지만 예상 밖의 결과는 아니다. 이산화탄소는 화석연료, 남아메리카나 아프리카에서 벌어지는 엄청난 양의 삼림 벌채 같은 다양한 인간 활동으로 만들어진다. 후자의 경우는 환경운동가들 때문이 아니더라도 오래 지속될 수는 없을 것이다. 조만간 더 이상 베어 낼 나무가 남지 않을 테니까. 하지만 석탄과 같은 화석연료는 앞으로 몇 세기 동안은 바닥나지 않을 것이다. 화석연료의 사용을 멈추려는 노력을 하지 않는다면 이산화탄소 농도는 끊임없이 증가할 것이다.

2006년까지 미국은 연간 탄소 배출량 증가율 25%로 1위를 차지했다. 2006년에는 중국이 미국을 앞질렀으며 전체 배출량에서 차지하는 비중도 점차 증가하고 있다. 중국은 매년 50~70GW 수준의 화력발전소를 건설하고 있다. 1GW급의 화력발전소라면 10초에 1t의 탄소를 태운다.* 탄소 하나에 산소 둘이 붙어서 이산화탄소를 만드니까 발전소 하나당 매 10초마다 3t의 이산화탄소를 대기 중으로 내보낸다는 이야기다. 전 세계 발전 총량은 약 1천 GW이다.

이 이산화탄소는 대기 중으로 방출되어 강력한 온실효과를 일으킨다. 이런 근거에만 기초해 보면, 지구의 평균 기온은 지난 세기보다 약간 더 높을 것이라고 생각할 수 있다. 얼마나 온실효과가 증가할 것인지 계산하기 위해서는 다른 변수들도 함께 고려해야만 한다. 대기 현상은 너무 복잡하기 때문에 계산 결과를 얻으려면 슈퍼컴퓨터를 이용해야 한다.

* 화력발전소의 효율은 100%가 아니므로 1GW의 전력을 생산하려면 3GW의 열이 필요하다. 3×10^9J/s이고 초당 7×10^5칼로리를 소비해야 한다. 석탄 1g은 6칼로리이므로, 매초 10만 그램 즉, 10초마다 1t씩 태워야 하는 셈이다.

온실효과를 실제로 계산해 낼 수 있을까

지구 온난화를 예상하기 위한 컴퓨터 프로그램은 기상 예측에 사용하는 것과 매우 유사하다. 이것들은 매우 훌륭하지만 자세한 정보까지 얻는 데는 한계가 있다. 복잡한 지표현상과 열과 대기, 해수 흐름의 상황에따라 그때그때 달라진다. 지구 표면에는 계곡, 바다, 빙하, 눈과 숲이 있다. 에너지는 단순히 전도와 복사로만 전달되는 것이 아니라 해수나 무역풍을 통해 직접 옮겨지기도 한다. 이런 것들은 어느 정도 모델로 만들 수 있지만 폭풍우나 허리케인, 모래폭풍과 같은 작은 규모의 열 운반은 모형으로 만들기가 더 어렵다. 가장 난감한 것은 구름의 차폐 효과다. 구름은 변화무쌍해서 구름의 두께, 고도, 시간에 따라 지표를 식힐 수도, 데울 수도 있다. 열은 수직 방향뿐 아니라 수평으로, 혹은 우리가 아직 모르는 방식으로도 전달될 수 있다.

온난화로 인해 지표에 생기는 변화는 모든 것을 한층 더 복잡하게 만든다. 소량의 이산화탄소가 대기에 더해지면 다른 현상이 일어나지 않는 한 적외선 누출을 막아 지구를 따뜻하게 만든다. 하지만 다른 현상들이 늘 일어난다. 바다가 따뜻해지면 수분의 증발이 활발해진다. 수증기도 온실기체의 한 종류로 더 큰 온도 증가를 일으킬 수 있다. 이것은 양의 되먹임의 한 예로, 이런 경우 우리가 예상했던 것보다 더 큰 온난화가 일어나게 될 것이다. 예상은 변할 수 있지만, 계산해 보면 수증기에 의한 되먹임 효과는 이산화탄소에 의한 온난화 효과를 거의 배로 늘릴 수 있음을 보여 준다. 다르게 생각하면, 수증기가 태양광을 반사하는 구름을 더 많이 만들어 태양으로부터 오는 열을 줄이는 효과를 낼 수도 있다. 이것은 음의 되먹임negative feedback 효과가 된다.

왜 수증기가 구름으로 인한 차폐를 '늘릴 수도 있다'는 모호한 말을 했을까? 놀랍게도 우리는 구름의 형성에 대해 아직 제대로 이해하지 못하고 있다. 이것이 기후 시뮬레이션의 가장 큰 불확실성 요소가 된다. 구름은 매우 복잡하다. 여기저기 흩어져 있으며 서로 영향을 주고받고, 반사율도 고도와 두께에 따라 달라지는 데다 기류를 타고 이동한다. 때로는 비를 내리기도 한다. 이 모든 효과들이 너무도 복잡해서 아무리 좋은 컴퓨터를 사용하더라도 모든 것을 계산할 수는 없다. 그래서 근사값과 과거의 경험으로부터 얻은 관계식에 기댈 수밖에 없다. 그 결과 우리가 얻은 결과는 많은 불확실성을 지니게 된다. 그래서 이산화탄소가 온도를 증가시키는 원인이라고 100% 확실하게 이야기할 수 없다. IPCC가 인간이 지구 온난화에 책임이 없을 가능성을 10% 남겨둔 것도 바로 구름의 생성에 대한 불확실성 때문일지도 모른다. 어떤 시나리오에서는 구름의 차폐 효과가 이산화탄소에 의한 온난화 효과를 일부 상쇄하며, 온난화는 소빙하기를 벗어나는 것의 일환으로 알려지지 않은 다른 자연적인 효과에 의해 발생한다고 가정한다. 반면, 대부분의 사람들은 90%는 인간 활동으로 발생하기 때문에 뭔가 조치를 취할 근거가 충분하다고 생각한다.

또 다른 위험: 해수 산성화

대기 중 이산화탄소 농도의 증가는 몇몇 사람들이 지구 온난화보다 더 우려하는 또 다른 문제를 야기한다. 대기 중으로 방출된 이산화탄소의 절반 정도는 해수면을 통해 바다에 녹아들어 바다를 약간 산성화시킨다. 우리는 산성화 정도를 pH라는 단위로 측정하는데 pH가 낮을수록 보다 강한 산성을 뜻한다. 화석연료 사용으로 해수의

pH는 약 0.1 정도 낮아질 거라 예상된다. 만약 대기 중의 이산화탄소 농도가 두 배가 된다면(21세기 중반 무렵이 되면 그렇게 될 것이라고 예측된다) 해수의 pH는 0.23 정도 감소할 것이다. 2100년까지 감축 조약이 없는 상황에서 현재 예상치대로 화석연료를 계속 사용한다면 전체 pH는 0.3에서 0.5 정도 낮아질 것이다. 이것은 온도 변화에 대한 예상치보다는 훨씬 확실한 수치다.

이런 산성도의 변화는 안 좋은 것일까? 사실 지역에 따라 0.1 정도의 pH 차이가 있다. 예상되는 해양 산성도의 증가는 산도가 최하 pH2 정도인 산성비acid rain에 비하면 심각한 수준은 아니다. 사실 현재 해수는 약한 알칼리성(산성의 반대)을 띠고 있어서 실제로는 알칼리성이 약해지고 보다 중성에 가까워진다. 그렇지만 우리가 산성화라고 부르든 중성화라고 부르든, 실제로 관심을 가져야 할 부분은 바다에 녹아든 이산화탄소가 플랑크톤과 해조류, 산호와 같은 해양 생물의 껍질과 골격의 형성에 영향을 미친다는 것이다. pH 산도 0.2 이상의 변화는 해양 생태계에 큰 변화를 가져올 수 있으며 많은 사람들은 그것이 그다지 좋지 않은 방향일 거라고 예상한다.

넓은 의미로는 우리가 해양의 화학적 성질을 심각하게 변화시키는 것을 우려하고 있는 것이다. pH는 화학적 반응의 속도를 결정하는 중요한 요소다. 우리는 바다에다 되돌릴 수 없는 화학실험을 하고 있는 셈이다.

오존층 파괴

나는 여기서 종종 온실효과와 혼동되는 오존구멍ozon hole에 대해서 설명하려고 한다. 지도자는 그 차이점을 알아야 한다. 오존과 온실효과 문제는 둘 다 대기오염 및 비가시광 흡수 현상과 관련이 있다. 그 외에는 꽤 차이점을 보인다. 사실, 오존에 대한 이야기는 여러 모로 그나마 낫다.

태양빛은 가시광선, 적외선, 자외선으로 이루어져 있다. 적외선과는 달리 자외선은 온실효과에 별로 영향을 끼치지는 않지만 오존 문제에서는 중요한 역할을 한다. 자외선은 보통 암등black light으로도 불리는데 할로윈 축제 같은 곳에서 형광을 만드는 데 사용된다. 또한 사람의 피부에 가장 위험한 태양빛의 성분으로, 피부를 태우거나 피부암을 유발할 수 있다. 자외선은 박테리아를 죽일 수 있기 때문에 자외선 소독기의 살균 램프로 이용된다.

자외선은 가시광선이나 적외선보다 광자 하나당 에너지가 훨씬 크기 때문에 위험하다. 자외선이 피부에 흡수되면 DNA를 파괴해서 돌연변이를 일으킬 수 있다. 대기 중에서는 자외선은 산소 분자 O_2를 산소 원자 둘로 쪼갠다. 쪼개진 산소 원자는 다른 산소 분자와 결합해서 O_3, 즉 오존을 형성한다. 오존은 태양으로부터 오는 자외선을 강하게 흡수하는 물질이다. 이 자외선 흡수 현상도 양의 되먹임의 한 예다. 공기 중의 산소가 자외선을 흡수하면, 더 많은 자외선을 흡수하는 오존을 생성한다. 대부분의 오존은 오존층이라고 알려진 지표면으로부터 약 12km에서 18km 사이의 상공에서 생성된다. 이렇게 형성된 오존층은 인체에 치명적인 자외선을 대부분 흡수하여 지표의 생물들을 보호해 결과적으로 긍정적인 영향을 끼친다.

태양빛이 닿지 않으면 오존은 생성되지 않는다. 남극에서 해가 뜨지 않는 겨울 동안은 오존이 만들어지지 않는다는 소리다. 태양이 뜨면 오존층이 형성되기 시작한다. 지난 수십 년간 과학자들은 자외선

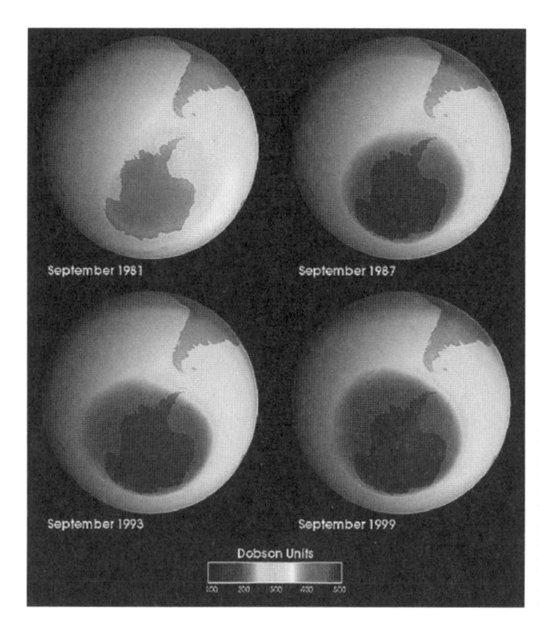

그림 20.4_1981~1999년의 오존구멍. 남극에서 두드러지게 나타난다. 오른쪽 위는 남아메리카의 남단이다. 어두운 회색 지역은 오존이 고갈된 지역을 나타낸다.

탐지기를 이용해 남극의 오존 주기를 연구했다. 1970년대는 매년 생성되는 오존의 양이 점차 줄어들고 있음이 알려졌다. 이것이 바로 오존구멍이다. NASA에서 제공한 그림 20.4는 오존구멍이 점차 커지는 것을 나타낸 것이다.

이런 오존의 감소는 자연적인 것일까, 인위적인 것일까? 이 구멍이 지구 전체로 확대될까, 아니면 남극에만 국한된 현상일까? 어떤 사람들은 인간이 대기 중으로 방출한 오염원 때문에 구멍이 생긴 것이라고 생각하지만, 정확한 원인은 아무도 몰랐다. 결과적으로는 그 주장이 사실로 드러났다. 그 시절엔 냉장고, 에어컨 등의 냉매와 청소용 압축가스로 프레온이라고 하는 화학물질이 널리 사용되었다. 프레온과 그 유도체들은 염소, 불소, 탄소를 포함하고 있어서 염화불화탄소chlorofluorocarbons, CFC라고 부른다.* CFC는 매우 안정한 물질이며 쉽게 분해되지 않기 때문에 고장 난 냉장고나 에어컨에서 새어 나온 CFC는 대기 중에 오랜 시간 남게 된다. CFC는 바람이나 폭풍에 의해 옮겨져 결국 오존층 가까이 도달해 자외선을 받게 된다. 강한 자외선을 받은 CFC는 원래의 구성 원소인 염소, 불소, 탄소로 분해되는데, 염소와 불소는 오존을 원래의 산소 분자로 되돌리는 강한 촉매 역할을 하는 것으로 밝혀졌다. 촉매는 자신은 변화하지 않으면서 다른 물질을 변화시키는 역할을 하는 물질을 말한다. 이런 촉매는 적은 양으로도 없어지지 않고 계속해서 다른 물질을 변화시킨다. 버려진 냉장고는 결과적으로 오존층을 파괴하고 있었던 것이다.

이런 효과는 남극 상공에서 가장 크게 나타난다. 몇몇 대기 과학자들이 이른 봄 남극 상공에서 질산 결정이 형성되는 것을 발견하고 그 결정의 표면에 있던 염소와 불소가 오존을 파괴한다는 사실을 발견하기 전까지는 아무도 그 이유를 알지 못했다.

오존층의 파괴가 지속되어 인구 밀집지역까지 확대될지 아무도 확신할 수는 없었지만 그 문제에 대한 국제 사회의 우려는 점차 높아져 무절제한 CFC 사용을 금지하는 몬트리올 의정서가 채택되었다. 이 합의문은 국제적으로 괄목할 만한 성과를 나타냈다. CFC의 생산이 극적으로 줄어들어 오존층 문제가 더 심각해질 상황을 걱정하지 않게 되었다. 이미 존재하는 CFC는 대기권에 긴 시간 남아 있겠지만 상황은 안정되어 더 이상 악화되지는 않을 것 같다. 하지만, 가끔 이 구멍의 모양이 뒤틀려 호주 남단까지 커지는 경우가 있기에 남아 있는 오

* 1960년대에 나는 손 씻을 때 프레온-11을 쓰기도 했었다. 화학식으로는 $CFCl_3$인데 탄소 하나, 불소 하나, 염소 셋으로 구성되어 있음을 뜻한다.

존구멍의 크기는 호주에 사는 사람들에게는 여전히 관심의 대상이다.

CFC는 또한 면도용 거품부터 살충제에 이르는 다양한 스프레이의 분사재로도 사용되었지만 지금은 산화질소 계통의 다른 가스로 대체되었다. 어떤 사람들은 여전히 스프레이의 사용 자체를 거부 하자고 주장하는데, 그들은 대체된 가스가 오존층에 더 이상 위험하지 않다는 것을 모르는 것 같다.

대기에서 일어나는 화학적 반응은 매우 복잡하기 때문에 남극에 있는 오존구멍이 더 확대될지 여부는 확신할 수 없다. 오존층 문제로부터 우리가 얻은 진정한 교훈은, 인간이 일으킨 오염이 대기에 영향을 미칠 수 있고 그 영향은 때때로 우리가 생각한 것보다 크다는 깨달음을 얻은 것이라고 하는 사람도 있다. 몬트리올 의정서의 성공은 국제 조약으로 전 지구적인 환경오염을 효과적으로 방지할 수 있다는 것을 보여 준다.

21장 '가능성이 매우 높다'는 말의 의미

지구 온난화는 실재한다. 1957년 이후 지구의 평균 기온은 0.6℃ 정도 상승했고, 최소한 인간 활동이 온도 상승에 일부 원인으로 작용했을 가능성이 매우 높다.

이런 주장은 우리가 흔히 듣는 강한 주장에 비하면 매우 소극적으로 보일지도 모른다. 많은 과학자와 정치가들은 사실 지난 세기의 온난화의 주범은 인간 활동이라고 말한다. 어느 쪽이 진실일까? 기후에 있어서 어떤 원인이 100% 확실하다고 집어서 말하는 것은 매우 어려운 일이다. IPCC의 2007년 보고서의 결론을 찬찬히 읽어 보자.

> 전 세계적으로 관측되는 대기와 해수의 온난화, 얼음의 감소 등 지난 50년간의 전 지구적인 기후변화는 외부적인 요인을 제외하고는 설명하기가 매우 어렵다. 그 사실은 기후변화가 알려진 자연적인 원인들만으로 발생된 것이 아닐 가

능성이 높다는 결론을 시사한다.*

어떤 사람들은 위의 진술이 너무 미적지근하다고 비판한다. 정치적인 압력 때문에 인간에 의한 영향이 원래 서술하려던 것보다 약하게 묘사되었다는 이야기다. 다른 쪽에서는, 과학자들은 이런 진술이 너무 강한 주장을 담고 있으며 정치적인 압력 때문에 인간과의 연관성을 과장했다고 말한다. 당신은 미래의 지도자로서 보고서의 서술들을 액면 그대로 받아들이기 바란다. 보고서의 진술들은 유수한 과학자들로 구성된 협회에서 승인된 것이며 사용된 용어들도 신중히 선택된 것들이다. 이런 진술도 지구 온난화에 대한 과학적 합의라는 측면에서 자세히 알아볼 가치가 있다. 이제 여기 사용된 용어들을 면밀히 분석해 보자.

첫째로 '그럴 가능성이 극도로 낮다'는 것과 '그럴 가능성이 매우 높다'는 말을 살펴보자. IPCC는 일반 대중들이 확률을 사용하는 것에 불편함을 느낀다는 것 때문에 정형화된 용어들을 사용하고 있다. 하지만 보고서는 과학자들이 서술하는 것이며, 그들이 사용하는 용어가 그들의 뜻을 정밀하게 정의하도록 매우 세심하게 신경 쓰고 있다. 아래 용어들을 보자.

극도로 가능성이 높음: 95%의 확률, 19:1의 가능성

* IPCC 보고서 〈기후변화 2007: 물리학적 기반 : 정책결정자들을 위한 요약〉 (Geneva, Switzerland : IPCC, 2007), 10. 내가 인용한 부분은 이 문서에서 직접 가져온 것이다. 보고서의 다른 부분에서는 비슷한 말을 '대부분'이라는 말을 사용해서 쓰고 있는데, 인간이 대부분의 온난화에 책임이 있을 가능성이 90%라는 식이다. IPCC보고서는 이 차이에 대해서는 설명하고 있지 않다. 만약 우리도 '대부분'이라는 말을 쓴다면 그 결과는 대부분의 관측된 온난화 현상은 인간에 의한 것이 아닐 가능성이 10% 있다는 것과 동일하다. 이런 사소한 의미의 차이는 이 책의 나머지 부분에서 논의할 내용에서는 별로 중요하지 않다.

매우 가능성이 높음: 90%의 확률, 9:1의 가능성

가능성 높음: 66%의 확률, 2:1의 가능성

가능성 낮음: 34%의 확률, 1:2의 가능성

매우 가능성 낮음: 10%의 확률, 1:9의 가능성

극도로 가능성이 낮음: 5%의 확률, 1:19의 가능성

이런 정의를 이용해서 IPCC의 진술문을 다음과 같이 정량적인 용어로 다시 써볼 수 있다.

> 1957년부터 현재까지 관측된 온난화는 일반적인 기후변화로 인한 결과일 가능성이 극도로 낮다(5%의 확률). 어떤 다른 원인이 개입되었을 것이다(태양 활동의 변동, 혹은 인간 활동으로 인한 이산화탄소 증가). 인간이 이 온난화의 일부라도 관련되어 있을 가능성이 매우 높다(90%의 확률).

물론, 이 진술은 관측된 온난화와 인간이 관계가 없을 가능성도 10% 존재한다는 것을 의미한다. 이전의 2001년 보고서에서, IPCC는 인간 활동이 원인일 가능성이 66% 있다는 가능성이 높다('매우'가 빠진)는 용어를 사용했다. 따라서 지난 6년간 인간이 온난화의 일부에 기여한 증거가 보다 강해졌다고 할 수 있다.

〈불편한 진실〉에서 앨 고어는 인간의 지구 온난화에 대한 책임을 다음과 같은 주장으로 표현했다. "부정할 수 없는 증거들이 넘쳐난다" 그는 그 영화의 몇몇 부분에서 인간은 지난 100년간(50년이 아니라)의 온난화 전부(일부가 아닌)에 책임이 있음을 제시했다. 그가 옳을 수도

있지만 IPCC 합의와 그의 시각이 다른 부분을 지적할 필요가 있다. IPCC는 그들이 보고서에서 사용하는 용어들을 면밀하게 정의하는 데 많은 주의를 기울였다. 앨 고어는 이보다 훨씬 더 극단적인 입장에서 있다.

정치적인 과장이 IPCC의 합의를 얼마나 왜곡하고 있는지를 보여주는 예를 들어 보겠다. 나는 동료에게 지구 온난화의 원인이 인간에 의한 것이 아닐 확률이 10% 정도 있다고 생각한다는 얘길 건넸다. 그다음 "내가 지구 온난화에 대해 회의적이라고 생각하나?"라고 물어보았다. 모두들 한결같이 그렇다고 대답했다. 하지만 그런 기준을 적용한다면 IPCC 전체가 지구 온난화에 회의적인 입장을 취하고 있는 셈이다.

왜 IPCC는 그토록 약한 결론을 내세우는가? 앨 고어의 말처럼 지구 온난화에 대한 증거는 넘쳐나지 않는가? 그렇다. 지구 온난화가 일어나고 있다는 증거는 매우 강력하다. IPCC는 95% 확률로 지구 온난화가 진행 중이라고 간주한다. 하지만 지구 온난화 현상이 일어나는 것과 그것이 인간에 의한 것은 엄연히 다른 문제다. 이 두 가지는 서로 연관되어 있지만 동일하지는 않다.

근거로 삼을 자료가 엄청나게 많은데 어째서 IPCC는 좀 더 강한 결론에 이르지 못하는가? 기본적으로 단 한 가지 현상 때문에 불확실성이 나타난다. 바로 구름이다. 실제로 모든 기후 모델의 예측 불확실성은 온도 증가에 따른 구름의 반응을 제대로 예측하지 못하는 데서 비롯된다. IPCC는 구름이 강한 음의 되먹임 작용을 만들지만 온난화를 완전히 상쇄할 만큼은 아니라고 추정하고 있다. 게다가 구름의 자연적인 변화조차도 우리는 아직 완전히 이해하지 못하고 있다.

구름은 수증기와 온도에만 영향을 받는 것이 아니라 일조량과 대기권에서 전하가 이동하는 것과도 연관이 있다. 그래서 컴퓨터 모델은 물리학에서 유도된 관계식보다는 경험적인 관계식에 의존해서 예측을 하게 되어 불확실성이 더욱 커지게 된다.

알래스카를 위하여 뭔가를 해야 한다면

비록 지구 온난화와 아무런 관계가 없을 확률이 10% 존재한다고 하더라도 이산화탄소 감축을 위한 행동을 취해야 할까? 대다수의 사람들은 그렇다고 할 것이다. 만약 단지 10%라도 테러리스트가 방에 난입해서 폭탄을 터트릴 수 있다는 얘기를 들었다면, 그런 일이 일어나지 않을 확률이 90%라고 해서 그 방을 탈출하는 것을 주저할 것인가? 우리가 어떤 행동을 취하든, 신중한 방식을 택하는 것이 현명할 것이다. 우리는 그저 상징적인 행동보다는 조금이라도 실제적으로 도움이 될 행동을 하고 싶어 한다. 지성적인 반응이 필요한 이유는 알래스카의 온난화의 예에서 잘 드러난다. 이곳에 사는 거주자들에게는 평균기온이 약간 상승할 거라는 전망도 임박한 재앙의 징조가 된다. 알래스카는 문자 그대로 현재 녹고 있는 중이기 때문이다.

알래스카의 대부분은 영구동토라고 불리는 얼어붙은 땅 위에 세워져 있는데, 영구동토는 연간 평균기온이 영하일 때 나타난다. 하지만 알래스카 주 대부분은 이 조건을 몇 도 차이로 아슬아슬하게 맞추고 있다. 따라서 약간의 온난화라도 큰 차이를 만들어 낼 수 있다.

2003년 여름에 알래스카의 4번 고속도로를 운전할 때, 지형은 평평했는데도 불구하고 마치 울퉁불퉁한 언덕길을 운전하는 느낌이었다. 여기저기 부분적으로 녹은 영구동토 덕분에 도로는 상하로 굴곡

이 생겨 매년 여름마다 많은 예산을 들여 도로를 정비해야 했다. 도로변에는 서로 어깨를 기댄 마르고 취한 거인 같은 모습의 '술 취한 나무'(원주민어)들이 약한 땅에서 얕은 뿌리를 드러내고 있었다. 기울고 땅에 파묻힌 집들과 주변의 숲에 비해 바닥이 3m나 낮게 꺼진 초원들도 있었다. 바닥이 꺼진 초원은 나무를 베어 낸 자리에 지면까지 햇볕이 닿은 결과로 나타난다.

알래스카의 자연 환경에서는 0℃가 녹는점이다. 따뜻해진 날씨로 나무좀이 번성해 400만 에이커에 달하는 숲이 초토화되기도 했다. 이것은 북아메리카에서 기록된 벌레로 인한 삼림 피해 중 최대 규모로 알려졌다.

알래스카는 지구 온난화의 재앙이 진행되는 초기의 증거로 자주 언급된다. 우리가 할 수 있는 일은 무엇일까? 이산화탄소 배출량을 1990년 수준으로 감축하는 것? 무엇을 해야 하는가를 결정할 때는 반드시 과학적인 근거에 바탕을 두어야 하며, 그것은 몇몇 사람들이 생각하는 것처럼 단순하지 않다.

2007년에 중국의 화력발전소로부터 발생하는 먼지와 그을음이 해수와 대기의 순환을 바꾸기에 충분할 만큼 태평양 연안의 기후에 영향을 미칠 수 있다는 놀랄 만한 논문이 발표되었다.* 그것이 사실이라면, 알래스카의 동토가 녹는 현상이 지구 온난화로 인한 것이라기보다는 온대 지방에서 오는 난류가 북극까지 도달하기 때문이라고 생각할 수 있다. 만약 그렇다면, 알래스카의 온난화를 멈추거나 되돌리기 위해서 중국의 화력발전소에 집진기를 설치하는 식의 즉각적인

* Renyi Zhang et al. 〈아시아의 오염과 연관된 태평양 태풍의 강화 현상〉 PNAS, 104 (2007), 5295~5299

조치를 취할 수 있을 것이다. 만약 그렇지 않고 이산화탄소가 주원인이라면, 아직 대기 중의 이산화탄소를 제거할 실용적인 방법이 알려지지 않았으므로 알래스카에서 할 수 있는 최선책은 이산화탄소가 더 이상 증가하지 않도록 막는 동시에 동토가 녹고 있는 것에 대비하는 것이다. 하지만 심지어 우리가 이산화탄소를 더 이상 배출하지 않는다고 해도 따뜻해지는 현 기후 현상은 앞으로도 지속될 것이다.

달리 말하면, 알래스카가 녹고 있는 것이 이산화탄소 때문이라면 알래스카 사람들은 나름의 적응 방법을 찾아야 한다는 것이다. 만약 중국이 배출하는 매연 때문이라면, 중국과 협상해서 이산화탄소의 배출을 줄이는 쪽으로 협상할 수 있을 것이다. 이렇듯 우리가 할 일은 원인이 무엇인지 이해한 것을 바탕으로 결정된다.

현명한 정책적 결정을 내리려면, 과학이론만 이해할 것이 아니라 증거를 꼼꼼히 따지는 것에도 익숙해져야 한다. 지구 온난화에 대한 사실들만 볼 것이 아니라 어떤 주장이 과장되고 왜곡되었는지도 함께 알아야 한다. 이 분야를 오염시키고 있는 널리 퍼진 잘못된 정보에 오도되지 않는 것이 중요하다. 다음 장에서는 사실이 아님에도 많은 사람들이 사실로 잘못 알고 있는 것들을 바로잡아 보려고 한다.

22장 과장되고 왜곡된 증거를 구별하라

그래프는 대중들의 상상력을 자극하지 않는다. IPCC 보고서의 온도 기록은 지구 온난화에 대한 가장 설득력 있는 증거임에도 불구하고 나는 그런 내용이 저녁 뉴스에 나오는 걸 본 적이 없다(그림 19.1).* 반면, 사랑하는 사람들과 보금자리를 잃은 뉴올리언스의 수재민들을 보여 주는 영화들은 훨씬 강력하고 기억에 남을 메시지를 전달한다. 그 결과 지구 온난화에 대한 대부분의 공론에는 아프리카의 가뭄에서 북극해에서 얼음을 찾지 못한 북극곰에 이르기까지 온갖 종류의 드라마틱한 에피소드가 다뤄진다.

IPCC에서는 그런 에피소드를 이용하는 것을 줄곧 망설이고 있는데 거기엔 이유가 있다. 이런 드라마틱한 이야기들과 지구 온난화 사이의 관계는 서로 연관이 있다고 하기에는 미심쩍은 부분이 있으며 어쩌면 그 주장이 틀렸을지도 모른다. 비록 IPCC는 온도 기록 이외에도 여러 가지 지표를 사용하고 있지만(빙하의 후퇴나 해수면의 상승 등)

* 앨 고어의 〈불편한 진실〉에 나오기는 한다.

이것들이 인간 활동에 의한 온난화와 연결되어 있음을 설명하는 데에는 앞에서 66%의 신뢰도를 나타내는 '가능성 있음'이라는 용어가 주로 쓰인다. 이런 정도의 신뢰도는 과학 논문에서는 가치 있는 실험임을 입증할 기준을 충족하지 못할 정도다. 물리학 분야에서는, 학술지에서 통계적으로 의미 있는 관찰로써 논문을 출판하려면 적어도 결과가 95%의 신뢰도를 만족시킴을 증명해야 한다.

코앞에 닥친 재난을 다루는데 과학에서 요구하는 최소한의 기준을 충족시킬 강력한 증거가 없다면 어떻게 할 것인가? 대부분은 평소의 기준들은 접어 두고 대중에게 고통받는 사람들의 애절한 모습을 보여 주려고 할 것이다. 이런 게 잘못된 행동인가? 비록 어떤 비극적인 상황과 지구 온난화 사이의 관련성이 희박하다고 할지라도, 당신이 뉴올리언스의 재난이 진정 코앞에 닥친 재앙의 전초전이라고 믿는다면 그것을 예로 드는 것도 타당할지도 모른다.

문제는 많은 대중이 그런 연결고리가 과학적으로 충분히 검증된 확고한 것이라고 생각한다는 점이다. 사실, 대중이 지구 온난화에 대해서 '아는' 것 중 대부분은 왜곡되고, 과장되고, 선별된 것들에 근거를 두고 있다. 왜곡의 한 예로 북극의 얼음이 녹고 있다는 것을 들 수 있는데, 사실상 지구 온난화 모델과는 모순되는 것인데도 그것이 마치 지구 온난화 모델을 검증하는 것처럼 제시되고 있다. 허리케인 카트리나가 지구 온난화 때문에 발생했다는 주장도 과학적 증거가 없는 과장에 속한다. 선별이란 지구 온난화 가설을 검증하는 데이터만 선택하고 그것에 반하는 데이터를 무시하는 과정을 말한다. 이 장에서는 이런 예들을 다룰 것이다. 선별은 미국 사법제도에서도 사용된다. 검사는 피고가 유죄로 보일 증거들만 제시할 것이고 법정은 변호인이 제시한 반대 증거를 놓고 판단한다. 하지만 여기에도 제어장치는 마련되어 있다. 비록 반대 증거를 내놓아야 할 필요는 없지만, 검찰 측 변호사는 자기가 가진 모든 자료들을 판사와 피고 측과 공유하도록 되어 있다.

물리학자들은 전통적으로, 법정에서보다 훨씬 엄격한 기준을 적용한다. 만약 논문에서 과장, 왜곡, 데이터 선별을 한 것이 드러나면 학자로서의 명성은 심각한 타격을 받게 된다. 나는 대학원생일 때 발표나 논문에서는 항상 모든 근거-그것이 사실인 것만으로는 부족하고, 내 결론과 맞지 않는 사실 혹은 분석까지 포함한 모든 사실-를 제시해야 한다고 배웠다. 지구 온난화에 대한 공론에서는 모든 것을 드러내야 한다는 이런 기준을 만족하는 경우가 드물다. 내 생각엔 이유는 간단하다. 과학자들이 대중에 결과를 공표할 때에는, 주의 깊은 태도는 훌륭한 과학적 태도가 아니라 부실한 것으로 해석되기 때문이다. 물리학자들에겐 그 반대다.

모순이다. 물리학이 이렇게 발전할 수 있었던 것은 어떤 것을 판단하는 기준이 매우 높기 때문이다. 하지만 지구 온난화에서는 이 사안이 너무 중요하기 때문에 기준이 낮아진 모양이다.

그렇지만 나는 정치인들의 말이 맞는지 의심스럽다. 토론이 난장판일수록 대중은 결정을 미룰 것이다. 과장하면 할수록 대중은 지도자를 더욱 따르게 마련이다. 또 뉴스에도 많이 나올 것이고.

과장은 매우 위험한 접근방식이다. 대중은 그들이 속았다는 사실을 알면 굉장히 반발할 수도 있다. 1980년대 중반에 내 고향인 캘리포니아 주에서도 이런 일이 있었다. 그땐 6년에 걸친 장기적인 가뭄이 있던 시기로 캘리포니아 대 가뭄이라고 불렀다. 인구가 늘어남에 따라 물 공급이 절망적인 수준이라는 근심으로 과학자들과 정치가들은 가뭄의 위험을 더욱 과장해서 영구적으로 물 부족이 지속될 것이라고 말했다. 어떤 과학자들은 이 물 부족 현상이 지구 온난화 패턴의 일부라고 말했다(이때는 아직 이 용어가 정착되기도 전이었다). 새로운 파이프라인이 건설되고 수자원 보존도 강화되었으며 용수 기준도 더욱 엄격해졌다. 해안도시인 산타 바바라에서는 값비싼 해수 담수화 설비를 건설했다. 시 당국에서 생각하기엔 훌륭한 투자였고 시설은 오랫동안 사용될 것으로 예상했다.

그리고 6년의 가뭄이 끝나고 비가 내렸다. 가뭄이 끝나고 이어진 5년 중 4년은 예전 강수량보다 많은 강수가 계속되었다. 해수 담수화 설비로 얻는 물은 저수지에 비해 단가가 2배나 높기 때문에 담수 설비는 가동을 중지했다. 그 시설은 지금도 미래의 가뭄을 기다리며 사용 대기 상태로 그곳에 멀뚱히 서 있다.

사실 캘리포니아는 물 부족 지역이며, 조만간 물 부족 현상이 나타날 것으로 예상된다. 캘리포니아 대 가뭄은 대중에게 물 부족 문제를 인식시키기에 좋은 기회였다. 하지만 이 문제를 과장함으로써 과학자들과 정치인들 모두 신뢰성을 잃었다. 모두가 다 무시무시한 경고를 이슈화한 것은 아니었지만 문제의 심각성을 과장해서 떠든 사람들은 그 이슈가 신문 일면을 장식하게 만들었다. 대중은 과학자와 정치인들을 양치기 소년으로 생각하게 되었다. 그들 중 대부분이 실제로 그러했다.

지구 온난화에서도 그런 일이 벌어질 수 있을까? 나는 그렇게 될 것 같아 두렵다. 비록 지구 온난화가 인류의 화석연료 사용으로 발생한다 하더라도, 다음 5년 동안은 온도가 변하지 않거나 자연적인 변동으로 인해 온도가 내려갈 수도 있다. 만약 앞으로 5년 후에, 15년 동안 1998년보다 더 온도가 내려가는 시기가 온다면 대중은 어떻게 반응할까? 미래의 지도자라면 이런 상황도 주의 깊게 생각해야 한다. 기후변화 위원회를 불신임해 버려야 할까? 그때에 가서도 화석연료 사용은 위험하고 근래의 추위는 그저 일시적인 변동에 불과하다고 주장한다면 사람들이 귀를 기울여 줄까?

이제 대중이 지구 온난화에 대해 신경을 쏟게 만들었던 여러 에피소드를 살펴보자. 하지만 명심할 것은, 지구 온난화를 뒷받침하는 증거가 잘못된 것으로 밝혀지더라도 그 사실이 지구 온난화가 존재하지 않는다거나 그것이 인간에 의한 것이 아니라는 사실을 의미하진 않는다는 점이다.

왜곡

2006년, 과학적인 놀라운 연구 결과가 발표되었다. 과학자들은 GRACE라 불리는 한 쌍의 인공위성을 이용해서 2002년부터 2005년까지 남극 얼음의 변화를 측정했다. 4부에서 설명한 것처럼 얼음에서 나타나는, 작지만 명확한 중력의 변화를 이용해 관측했다. 놀라운 과학기술의 결과인 동시에 얼음을 측정하는 가장 정밀한 방법이기도 하다.

이 연구 결과는 섬뜩하다. 남극에서 매년 144km^{3}에 달하는 얼음이 녹아 없어지고 있다. 세제곱미터도 아니고 세제곱킬로미터다. 매년 로스앤젤레스 정도의 대도시에서 1년간 사용하는 물이 4km^{3}이다. 연구자 중 한 명인, 이사벨라 벨리코냐Isabella Velicogna는 다음과 같이 말한다. "남극 빙상의 양이 심각하게 감소하고 있다는 것을 밝혀낸 최초의 연구다."

남극에서 관측된 이 빙상 감소현상은 우리가 맞이하게 될 위기와 지구 온난화를 뒷받침하는 강력한 증거로 널리 알려졌다. 남극대륙의 얼음이 모두 녹는다면 해수면은 무려 75m나 상승해 뉴욕을 포함한 전 세계 대부분의 해안이 물에 잠길 것이다.

사실 남극대륙의 얼음이 녹는 현상 자체는 지구 온난화를 예측 검증하는 것이라기보다는 오히려 모순되는 것이다. 논문의 저자들이 명확히 밝혔듯이, 2001년 IPCC의 보고서는 남극의 얼음의 양이 늘어날 것으로 예측했다. 이런 역설적인 예측이 말이 되는 이유는 사실 간단하다. 지구 온난화는 해수 증발을 촉진하기 때문이다. 이 수증기들이 남극에 도달하면 눈이 되어 내리게 된다. 전 지구가 0.5℃ 정도 더 기온이 상승하더라도 남극대륙의 대부분은 여전히 영하일 테니까. 강설량이 늘어나면 남극의 얼음도 증가할 것이다. 하지만 관측된 결과는 그와 반대되는 것이다.

그럼 얼음이 감소한다는 것은 모델이 잘못되었고 지구 온난화도 일어나지 않는다는 뜻인가? 아니, 전혀 그렇지 않다. 단순히 예측 모델에 문제가 있다는 것뿐이다. 지구 온난화가 일어나더라도, 국지적 기상(대륙 전체일 수도 있다)은 컴퓨터의 계산과 다른 양상을 보일 수 있다. 한 가지는 분명하다. 남극대륙의 얼음이 녹는 것이 지구 온난화 예측에 적절한 증거가 될 수는 없다는 점이다. 이 현상을 그런 증거로 사용하는 것은 과학이 아니라 선전일 뿐이다.

허리케인에 의한 피해액이 지구 온난화 때문에 기하급수적으로 증가하고 있다는 주장도 왜곡의 한 예라고 할 수 있다. 그림 22.1의 (A)는 이런 증가 양상을 보여 주고 있다. 이 그래프는 널리 사용되는 것으로 〈불편한 진실〉에도 등장한다. 하지만 이 그래프는 인플레이션을 반영하지 않은 비용으로, 오해의 소지가 매우 높다. 옛날 피해액을 보면 매우 낮은 것처럼 보이지만, 이것은 당시의 수입을 기준으로 측정해야 할 실제 화폐 가치의 일부만을 반영했기 때문이다. 인플레이션과 해변에 사는 사람들의 인구 증가를 함께 고려하면(집값 상승도) 그

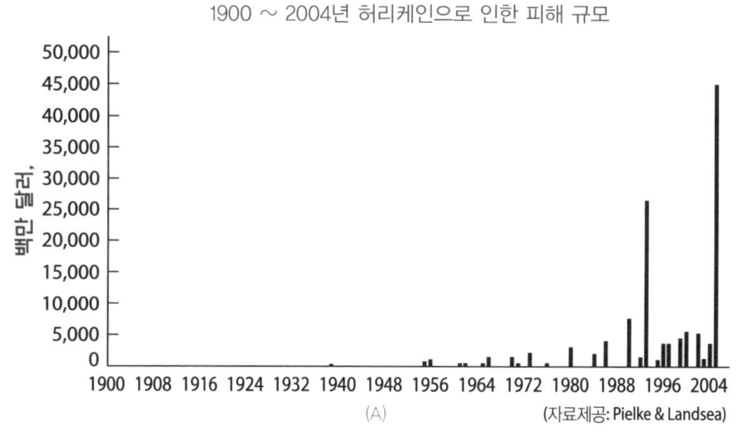

인플레이션, 인구 증가, 경제 규모를 반영한 피해 규모

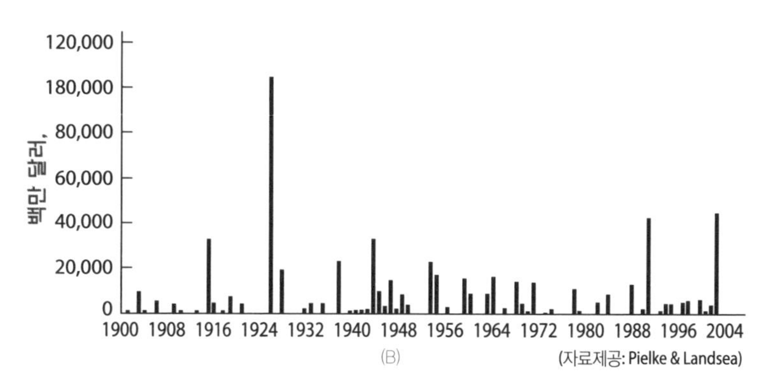

그림 22.1_미국의 허리케인에 의한 피해액. (A)는 1900년부터 2005년까지의 피해규모를 달러로 나타낸 것 (B)는 인플레이션과 해안의 거주인구 증가를 반영한 피해규모다.*

* American Enterprise Institute for Public Policy Research에서 발간된 『Index of Leading Environmental Indicators』의 12판 (2007)에서 발췌

림 22.1의 (B)가 된다. 이 그래프에서는 2005년의 대형 허리케인인 카트리나와 윌마의 경우가 1928년의 오키초비와 비슷한 피해규모를 보이고 있다. 허리케인에 의한 피해규모는 엄청나다. 하지만 그것은 뚜렷하게 증가하거나 감소하는 경향을 보이진 않는다.

자주 인용되는 22.1의 (A) 그래프가 인플레이션을 반영하지 않은 것이라는 것을 알고는 많은 사람들이 깜짝 놀란다. 어떤 학부 과정에서든 인플레이션을 무시하는 학생은 바로 F니까. 하지만 대중 강연에서는 이런 왜곡 정도는 종종 있는 일이다. 지구 온난화뿐만 아니라 석유와 유가, 박스오피스 집계 같은 곳에서도 주장을 강화하기 위해 흔히 증거를 왜곡해 보여 주곤 한다. 대통령이라면 모든 차트를 고정 달러로 표기할 것을 주장해야 한다. 그림 7.2도 유가가 사상 최고치를 기록했다는 등의 그릇된 인식에 영향을 주는 인플레이션을 반영한 예시다.

왜곡에 대한 마지막 예로 〈불편한 진실〉에 나온 유빙을 찾지 못한 불쌍한 북극곰을 살펴보자. 이 이슈는 한 학교 이사회에서 이 영화를 학교에서 상영하는 것을 반대하는 청원을 영국 법원에 제출하면서 시작되었다. 이 주제에 대해서 출판된 결과들을 조사한 후에 그는 결론 내리기를 "내가 찾을 수 있었던 단 하나의 과학적인 연구는 근래에 폭풍우로 익사한 북극곰이 4마리 있었다는 것뿐이었다."고 했다.

내가 처음 영구동토가 녹는 것을 보기 위해 알래스카를 방문했을 때, 그곳의 과학자들도 사람들이 숫자와 그래프에 무관심한 것을 잘 알고 있다는 것을 알게 됐다. 그들은 북극곰과 그 외에 대중의 흥미를 끄는 크고 귀여운 동물들을 비꼬듯이 "카리스마 넘치는 덩치들 megafauna(대형 동물을 뜻하는 라틴어)"이라고 불렀다.

과장

어떤 기후 모델에서는 온난화가 지속되면 적도 부근의 난류성 해수로 인해 허리케인과 같은 폭풍의 활동이 증가할 수 있다고 예측한다. 어쨌든 여러 기후 모델은 폭풍을 예측하는 데에는 좋지 못할 뿐만 아니라 어떤 과학자들은 폭풍의 활동이 증가하기보다는 실제로 감소한다고 주장한다. 감소할 것이라는 주장도 일리가 있다. 실제로 모든 지구 온난화 모델은 극지방이 적도보다 훨씬 온난해질 것으로 예측하고 있다. 태풍은 극지방과 적도지방의 온도 차가 크게 벌어지면 더욱 강력해지는데, 온도 차가 줄어든다면 태풍의 발생은 오히려 줄어들어야 하는 셈이다. 어느 쪽의 분석이 맞을까? 우리는 아직 알지 못한다.

이렇게 확실한 것이 없는 상황에서 우리는 어떻게 해야 하는가? 한 가지는 지구 온난화로 태풍이 증가할 수 있음을 인식하는 것인데, 그런 결과는 매우 좋지 않은 상황이다. 따라서 주의와 경고는 그런 예상이 맞을 경우에 맞추어 행동하도록 만들고 있다. 하지만 이것이 정말 주의 깊은 접근 방법일까? 지구 온난화가 태풍의 발생 빈도를 오히려 줄인다면 어쩔 건가?

이론을 봐도 알 수 없을 때는 과거의 기록을 보자. 이런 기록들은 이미 TV나 〈불편한 진실〉, 혹은 여러 뉴스 기사에 나온 적이 있다. 이런 매체를 통해 대부분의 사람들이 알게 된 것들은 이런 것들이다. '4, 5등급에 해당하는(풍속 시속 260km 이상의) 강력한 허리케인의 발생 빈도가 지난 30년간 놀라운 정도로 증가했다는 증거가 넘쳐나고 있다. 2005년에만 기록적인 태풍이 5개나 있었으며 카트리나는 그중 최악이었다.'

만약 당신도 위와 같이 알고 있다면, 잘못 알고 있었던 것이다. 그 사실을 깨닫는 것이 중요할 것 같다.

태풍의 발생에 대한 가장 자주 인용되는 과학적 조사는 2005년에 P. J. 웹스터P. J. Webster와 그의 연구진이 「사이언스」지에 발표한 것이다.* 그들의 논문은 주의 깊고 철저했다. 그들은 논문에서 4등급과 5등급 태풍의 숫자가 1970년에서 1990년 사이에 두 배 이상 급증했다고 발표했다. 이것이 모든 태풍에 관한 공포의 근원이었지만, 이것이 전부가 아니다. 그들은 1990년 이후로는 태풍의 숫자가 증가하지 않았다는 사실도 함께 보고했다(사실은 약간 감소했지만 통계적으로 의미 있는 정도의 변화는 아니었다). 저자들은 관측되는 태풍의 숫자 증가가 부분적으로, 혹은 전부 단순히 먼 바다에서 발생하는 태풍의 관측 능력이 향상되었기 때문일 수도 있다고 언급하면서 이 결과를 진정 태풍의 횟수가 증가한 것으로 해석되지 않도록 주의해야 한다고 덧붙였다.** 하지만 대부분의 사람들이 이 마지막 말에는 귀를 기울이지 않았다.

이어서 2007년, C. W. 랜시***는 허리케인과 그 세기를 관측하는 방법이 그동안 바뀌어 왔다는 사실에 기초해서 보았을 때, 지난 데이터에 심한 편견이 있었다는 분석을 내놓았다. 이전에는 허리케인이 선박

* P. J. Webster, G. J. Holland, J. A. Curry, and H. R. Chang, Changes in Tropical Cyclone Number, Duration, and Intensity in a Warming Environment Science (Sep 16, 2005) : 1844–1846

** 저자는 본문에서 지난 30년간의 경향이 지구 온난화에 의한 것이라고 이야기하려면 보다 긴 기간의 전 지구 관측결과와 허리케인과 대기, 해수 순환, 현재 기후와의 연관에 대한 깊은 이해가 필요하지만, 이런 경향성이 이산화탄소 농도가 2배 증가할 때 강력한 태풍이 발생하는 빈도를 증가시킨다는 근래의 시뮬레이션 결과와 배치되는 것은 아니라고 말한다.

*** Christopher W. Landsea Counting Atlantic Tropical Cyclones Back to 1900, Eos 88 (May 1, 2007), 197–200

항로와 마주치거나 해안을 강타했을 때나 발견할 수 있었지만 요즘은 부이나 인공위성을 이용해서 원격으로 허리케인을 탐지하고 있다. 랜시는 1930년 이후에 허리케인 숫자가 증가한 사실을 지적하며, 그동안 대부분 발전을 거듭한 태풍 조기 경보 체제 기술을 중요한 원인으로 꼽는다.

태풍의 기록에도 편견이 존재한다. 카트리나는 생성부터 발전 단계에 이르면서 최대 풍속을 계속 관측한 결과 5등급으로 기록되었지만, 사실 뉴올리언스를 강타할 무렵에는 3등급으로 내려가 있었다.

다행스럽게도 과학자들은 그런 편견을 제거할 방법을 개발해 냈다. 한 가지는 실제로 미국 연안을 강타한 것들만 세는 것인데, 이것은 구식 방법으로도 100% 알아낼 수 있기 때문이다. 이전 데이터에서 편견에 해당하는 부분을 제거하는 것은 물리학에서는 편견이 섞인 데이터로 인해 한쪽으로 치우친 결과를 얻게 되는 것을 피하기 위해 널리 이용되는 방법이다. 실제로 미국에 상륙한 허리케인의 숫자는 그림 22.2에 나타나 있다.

그림을 보면 미국에 상륙한 태풍의 개수, 혹은 초대형 태풍의 개수가 증가하거나 감소하는 뚜렷한 경향성을 찾기 어렵다. 2000년부터 2009년에 이르는 이번 10년에 해당하는 결과는 아직 나오지 않아서 그래프에 없다. 불공평한가? 아무튼 많은 사람들이 2005년을 데니스, 에밀리, 카트리나, 리타, 윌마와 같은 초대형 태풍이 미국을 쓸고 지나간 태풍의 한 해로 기억하고 있다. 그렇다면 초대형 태풍을 나타내는 짧은 막대기의 가장 최근 데이터는 사상 최고의 기록을 세웠을 것 같은가? 아니다. 그들이 최고 풍속을 기록한 것은 미국을 강타했을 때가 아니라 먼 바다에서다. 다섯 개의 태풍 모두 실제로 상륙했을 때

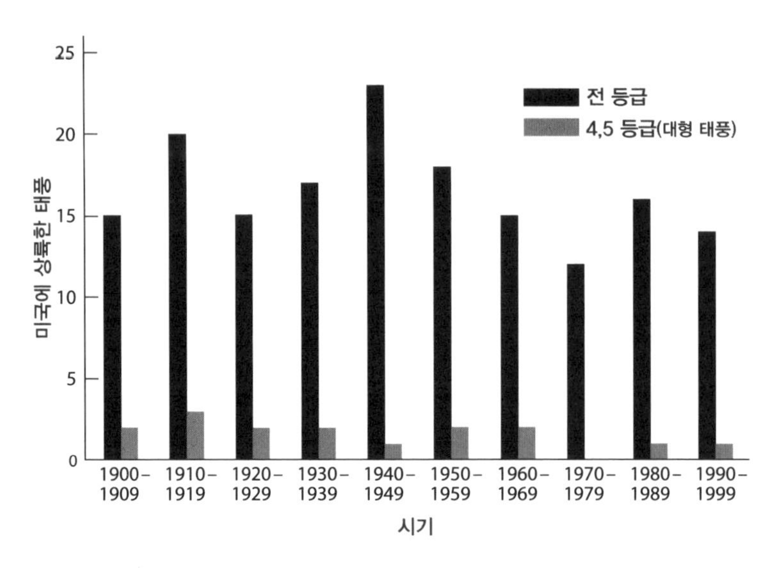

그림 22.2_미국에 상륙했던 열대 태풍들. 긴 막대는 해당 기간 전체의 태풍 수, 짧은 막대는 4등급과 5등급에 해당하는 초대형 태풍의 개수에 해당한다.*

는 3등급 미만으로 약화되어 있었다. 사실 2000년부터 2007년까지 4, 5등급 규모로 미국에 상륙한 초대형 태풍은 2004년의 찰리가 유일했다. 따라서, 2007년 말까지의 관측 데이터를 고려해 봤을 때 이 그래프에 근래 10년의 기록을 추가한다고 해도 크게 바뀔 것 같진 않다.

전문가들은 2005년의 강력한 태풍들의 원인으로 엘니뇨El Niño 현상**으로 그 해 여름 카리브 해의 이상 고온 현상을 들고 있다. 그런 수

* American Enterprise Institute for Public Policy Research에서 발간된 『Index of Leading Environmental Indicators』의 12판 (2007)에서 발췌

** 엘니뇨는 열대 중부 지방의 태평양 해수면 온도가 평소에 비해 0.5℃ 이상 높은 상태로 5개월 이내의 기간 동안 지속되는 현상을 가리킨다(라니냐는 그 반대현상). 엘니뇨가 발생할 때에는 해류가 따뜻해져서 해수 증발량이 많아지며, 이로 인해 태평양 동부 쪽에 강수량이 증가한다.

온 증가도 지구 온난화 때문이 아닐까? 그럴 가능성도 배제할 수 없지만 마찬가지로, 그런 관점을 지지할 증거도 없다. 게다가 뉴올리언스를 강타했던 태풍은 4, 5등급의 초대형 태풍이 아니라 지난 50년간 미국의 대도시에 피해를 입혀 왔던 여느 태풍들과 다를 것 없는 3등급 태풍이었다.

지구 온난화가 가장 영향을 크게 미치는 지역은 적도가 아니라 극지방이라고 했던 것을 상기해 보자. IPCC에 따르면 지난 50년간의 평균기온 상승은 0.5℃ 정도다. 카리브 해의 수온 상승은 엘니뇨 주기에 강하게 영향을 받는데 이런 주기가 2005년의 태풍의 원인이라는 주장이 널리 받아들여지고 있다. 지구 온난화와 카트리나를 연관 짓는 것은 가설이지, 과학적 사실이라고 할 수는 없다.

카트리나 이후, 많은 정치인과 과학자들은 카트리나는 허리케인으로 인해 훨씬 많이 겪게 될 끔찍한 피해의 시작에 불과하다고 경고했다. 그리고 다음 해(2006), 엘니뇨는 대서양 반대편으로 이동했고, 미국 연안을 강타한 허리케인은 단 한 건도 없었다. 아무 일도 없었다는 내용이 뉴스가 되긴 어려웠을 것이다.

선별

기후를 추적하다 보면 때로는 나빠지다가 때로는 좋아지는 식으로 계속 변화하는 것을 볼 수 있다. 만약 좋지 않은 변화만 뽑는다면 무시무시한 앨범을 만들 수 있을 것이다.

토네이도를 생각해 보자. 〈불편한 진실〉에서 앨 고어는 토네이도의 숫자 또한 증가했다고 말하며 지구 온난화를 그 원인으로 꼽았다. 사실, 미국 정부에서 발표한 연구 결과는 다른 결과를 제시하고 있

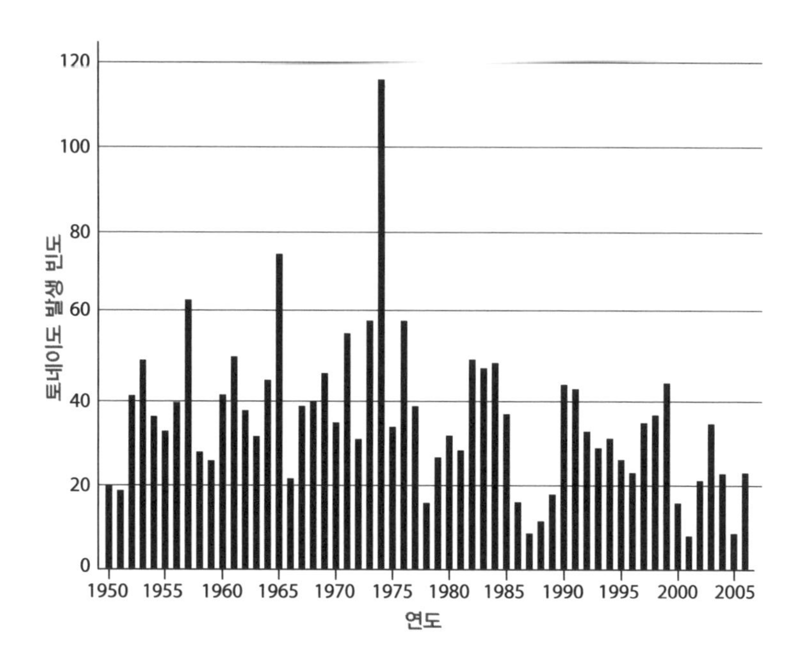

그림 22.3_1950년부터 2006년 사이 미국에서 발생한(3월~8월) 강함에서 파괴적(F3~F5) 등급에 해당하는 토네이도의 개수

다. 미국 해양 대기청NOAA에서는 매년 토네이도를 비롯해 큰 피해를 주는 자연재해를 기록한 보고서를 발간하고 있다.* 그림 22.3은 최근 NOAA의 보고서 '2006년의 기후'에 실린 것으로 1950년 이후 미국에서 일어난 토네이도 중 강함에서 파괴적 등급에 해당하는 것의 개수를 나타낸 그래프다.

그래프를 보면 지난 55년에 걸쳐 강력한 토네이도의 발생 빈도가 서서히 감소하고 있음을 알 수 있다(자세한 분석을 거치면 더욱 확실하게 알 수 있다). 그런데 어떻게 앨 고어는 이 숫자가 증가하고 있다고 주장

* 최신 보고서는 www.ncdc.noaa.gov/oa/climate/research/monitoring.html 에서 볼 수 있다.

할 수 있었을까? 그 해답은 강력한 등급의 토네이도가 아니라 관측된 토네이도 발생 횟수 전체를 사용했다는 데 있다. 사실 관측되는 토네이도의 숫자는 점점 발전하는 레이더 탐지 기술로 인해 작은 것이든 멀리 있는 것이든 다 찾아낼 수 있으므로 점차 증가할 수밖에 없다. 실제로 피해를 만들어 내는 대형 토네이도는 줄어들고 있다. 이렇게 좋은 소식이 있는데도 어째서 전체 숫자가 증가하는 나쁜 소식만 들고 나오는 걸까? 아마도 데이터를 선별해 보여 주면 지구 온난화를 경고하려는 사람이 대중의 주목을 받을 수 있기 때문일 것이다.

산불 발생도 또 다른 선별의 예가 될 것이다. 앨 고어는 미국에서 산불 발생이 점차 증가하고 있다고 언급하면서 이것의 원인도 지구 온난화 때문일 가능성이 높다고 지목했다. NOAA의 연간 보고서에도 산불에 관한 두 개의 그래프가 포함되어 있는데, 그림 22.4에 나타나 있다. (A)는 불에 탄 면적이 증가하고 있음을 보여 주는 반면, (B)는 산불 발생 횟수가 실제로 감소하고 있음을 보여 주는데, 고어의 주장과는 반대되는 자료다. 아마도 산불 면적을 얘기하려고 했었나 보다.

이건 좋은 소식인가 나쁜 소식인가? 나도 잘 모르겠다. 앨 고어는 산불 면적이나 횟수가 아닌 '대형 산불'을 언급하고 있으며, 미국에서의 화재뿐만이 아닌 북미 지역 전체에서의 결과를 제시하고 있다. 대형 화재는 주로 사람이 황야 근처로 움직일 때 증가한다. NOAA 보고서는 화재 빈도가 감소하고 면적이 증가하고 있음을 보여 주는데, 그것은 산불이 자연 진화되도록 해야 한다는 정책과 관련이 있을 수도 있다. 하지만 확실한 것은 지구 온난화로 사람들에게 경각심을 주려는 사람들은 산불 피해 규모가 증가했다는 것을 인용하는 반면, 사

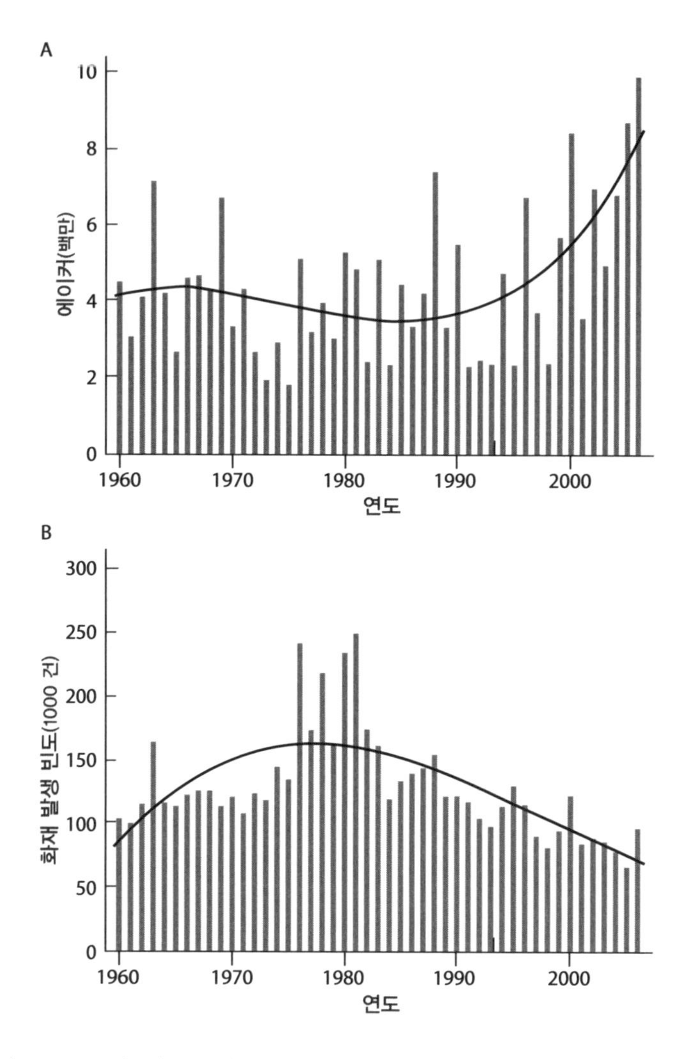

그림 22.4_1960년부터 2006년 기간에 미국에서 발생한 산불에 대한 NOAA 자료

람들을 안심시키려는 이들은 산불 발생 횟수를 인용할 것이라는 점이다.

선별에 대해 다시 살펴보는 의미로 녹아내리고 있는 알래스카로

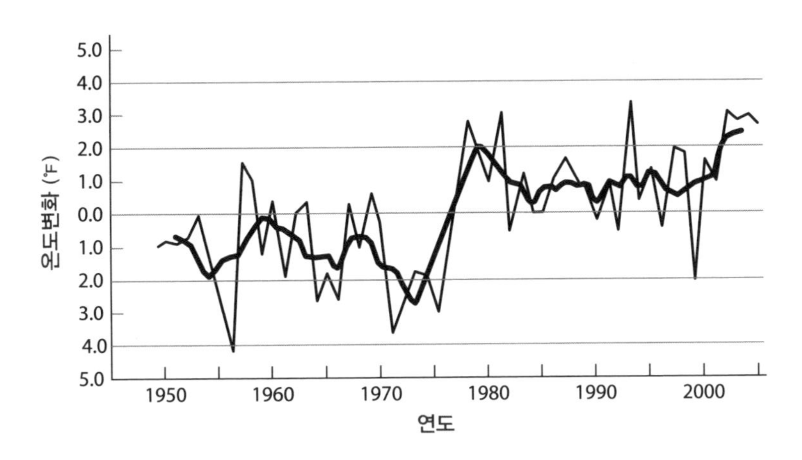

그림 22.5_알래스카 기후 연구소에서 발표한 1949~2005 알래스카 온도 변화 추세.

돌아가 보자. 21장에서 나는 동토가 녹으면서 발생할 수 있는 무시무시한 효과와 그 원인이 지구 온난화가 아니라 중국의 화력발전소의 매연일 수도 있다는 이야기를 했었다. 어느 쪽인지는 알 수 없다. 그럼 알래스카 기후 연구센터에서 발간한 실제 온도 기록을 한번 들여다보자(그림 22.5).

그래프를 보면 알래스카에서 실제 온난화가 진행되고 있음을 부인할 수 없을 것이다. 집이 가라앉고 기울어진다는 이야기뿐만 아니라 그래프가 확실한 증거를 보여 준다. 그런데 이 그래프에는 독특한 점이 있다. 알래스카의 온난화는 점진적으로 일어난 것이 아니라 1970년대에서 1980년대 사이에 갑자기 일어났다. 게다가 그 이전의 온도는 비교적 일정했다. 이 그래프와 지구 온난화 그래프(그림 19.1)를 비교해 보자. 알래스카의 온난화는 지구 전체 평균기온 증가와 다소 다른 양상을 보이고 있다. 대부분의 지구 온난화는 지난 28년, 즉 1980년대 이후에 일어났다. 반면 같은 기간 동안 알래스카의 온도는 거의 안정적이었던 것으로 나타난다.

이런 이상한 패턴을 보면 알래스카가 녹는 것은 지구 온난화와 상관이 없는 것 아니냐고 물을 수 있다. 하지만 전혀 그렇지 않다. 알래스카의 온도가 보여 주는 경향은 지구 온난화와 대부분 잘 맞으며, 지난 10년간의 저온 현상은 다른 것에 의해 일어난 것일 수도 있다(중국 화력발전소의 검댕이 알래스카를 시원하게 만들었을지도?). 어쨌든, 행동을 지지하는 사람들은 곤란한 질문이 나올 만한 이런 그래프들을 보여 주고 싶어 하지 않을 것이다. 이게 바로 또 다른 선별이다. 사람들의 이목을 끌 자료만 보여 주고 깔끔한 그림에 걸림돌이 될 수 있는 다른 것들은 보여 주지 않는다. 하지만 진정한 원인을 찾고자 하는 과학자라면 제시된 모든 증거를 보아야 한다.

뉴스의 편견

우리는 매일 지구 온난화는 실제로 일어나고 있으며, 코앞에 닥쳐 있고, 재앙으로 이어질 것이라는 취지의 뉴스에 둘러싸여 있다. 의심을 좀 해 보자. 지난 50년간 0.5℃의 지구 온난화가 진행되었다. 그보다 큰 변화는 아무래도 지역적 효과를 전 지구적인 것으로 잘못 해석한 것일 가능성이 크다. 한 예로, 니콜라스 크리스토프Nicholas Kristof가 쓴 2007년 6월 28일자 「뉴욕타임스」의 머리기사로 나온 '기름 먹는 하마, 그들의 삶'을 보자. 이 기사는 인간에 의한 지구 온난화로 어려움을 겪고 있는 브룬디의 이야기를 다루고 있다. 크리스토프는 이미 기후변화로 인해 농작물 수확에 어려움이 생겼으며 탕가니카 호수변의 경계가 뭍에서 15m나 후퇴했다고 말한다. 빅토리아 호수의 수위도 매일 1cm씩 줄어들고 있었다.

0.5℃의 온도 증가 때문에 이 모든 일이 일어날 수 있는 걸까? 실제로, 적도 근처의 온도 변화는 극지방보다 작다. 0.5℃는 전지구의 평균 변화량이다. 따라서 이렇게 물어야 적절할 것이다. '0.5℃의 증가가 이 모든 변화를 가져올 수 있는가?'

그에 대한 대답은 아니라는 것이다. 날씨와 국지 기후는 매우 크게 변화한다. 과학적인 시각을 내다버린다면, 분명 언제든 고통 받는 나라를 찾아내 그것이 지구 온난화 때문이라고 말하기는 쉽다(알래스카든 브룬디든). 예년보다 추운 곳을 발견한다면, 사람들이 주장하듯 지구 온난화로 인해 기온 변화폭이 증가했다며 추위에 불평할 수 있을 것이다. 좀 더 더운 곳에 대해서도 마찬가지로 지구 온난화를 탓할 수 있다. 사실 모든 것을 지구 온난화 탓으로 돌릴 수 있다. 하지만 그런 식의 선별적인 해석에 얽매인다면 스스로를 속이는 것이다. 지구 온난화가 그렇게 당연한 것이라면 IPCC는 왜 인간에 의한 것이 아닐 가능성을 10%나 남겨 두었겠는가?

그럼 불쌍한 브룬디 사람들은 무시해도 된다는 건가? 물론 아니다. 지금까지 한 이야기들은 그 사람들을 도우려면 구호 물품을 보내야지, 이산화탄소를 감축하려는 식은 아니라는 것이다.

사람들을 자극하려고 과장하는 것은 주의해서 써야 할 정치적인 행동이다. 모쪼록 스스로의 과장에 속지 않도록 하고 사람들이 그것을 눈치 챘을 때 일어날 반발에도 대비하도록 하라.

하키 스틱

'하키 스틱' 이야기로 주고자 하는 교훈은 자신이 믿고 있는 것을 뒷받침해 주는 것처럼 보이는 증거가 나타났을 때의 위험성에 관한 것이다. 그런 결과를 접했을 때 일반적으로 비판의식이 떨어져 그 결과를 그냥 받아들이려는 경향이 있다. 그리고 마침내 자신의 직관이 검증되었다는 사실에 만족하는 강력한 심리기제가 존재한다. 하키 스틱 이야기는 모든 지도자들이 명심해야 할 우화다.

'하키 스틱'은 환경 운동계에서 너무도 빨리 간판스타가 되어 버린 유명한 그래프의 별명이다. 이 그래프는 1998년, 1999년에 마이클 만Michael Mann과 그의 연구진이 발표한 것으로 북반구의 기후가 서기 1000년부터 1900년까지 놀랄 만큼 안정적이었다가 갑자기 지구 온난화로 인해 온도가 급증했음을 보여 주고 있다. 전체적인 모양이 하키 스틱을 눕혀 놓은 것과 유사한데, 길고 반듯한 부분은 이전의 안정적인 기후를, 갑자기 위로 휘어지는 부분은 20세기의 지구가 온난화를 상징한다.

하키 스틱은 처음엔 과학적인 결과로 등장했지만 지구 온난화의 가장 대표적인 이미지가 되어 버렸다. 그림 22.6에 나온 것은 IPCC의 2001년 보고서에 실린 버전이다. 하키 스틱 그림은 요약판에만 다섯 번이나 등장한다. 앨 고어 부통령의 〈불편한 진실〉에서도 가장 두드러지는 그래프 중 하나다.

하키 스틱 그래프의 흥미로운 점은 이것이 원래는 이전의 어떤 기록들보다 편견을 배제하고 전 지구적인 변화를 나타내 보려는 시도였다는 점이다. 이 그래프가 그토록 중요한 취급을 받는 것은 인류가 화석연료를 사용한 20세기 들어 전례 없는 특별한 상황에 놓였음을 여실히 보여 주기 때문이다. 이 그래프의 모양은 이산화탄소 농도 곡선과 일치한다(그림 20.3). 이 유사성이 인간이 지구 온난화의 원인이라는 것을 부인할 수 없을 정도로 당연하게 만들어 버린 것 같다. 지

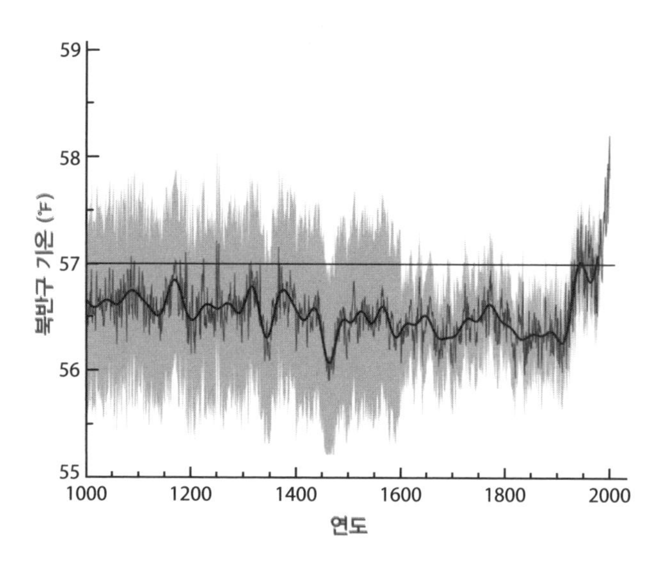

그림 22.6_하키 스틱 그래프. 지난 1000년간의 지구 평균 기온 변화에 대한 최적의 기록들을 한데 모으려는 시도로 만들어졌다. 눕혀 놓은 하키 스틱을 닮았다는 데서 온 이름. 회색 부분은 그래프의 불확실성 범위를 나타낸다.

난 1998년은(하키 스틱이 발표된 해) 이전 기후의 불확실성을 포함하더라도(회색 부분) 확실히 이전의 1000년에 비해 더웠다.

『기후의 역사』의 시작 부분에서 바바라 투크만이 설명한 중세 온난기는 이 그래프에서 찾아볼 수가 없다. 만과 그의 공저자들은 이 그래프에 나타나지 않은 것으로 보아, 중세 온난기는 유럽 정도의 크기에 국한된 현상으로 생각된다고 결론 지었다. 유럽 중심주의가 과학자들로 하여금 그들이 사는 대륙의 일부분이 세상의 전부인 양 착각하는 단순한 실수를 저지르게 만들었다는 의미다. 〈불편한 진실〉를 보면 앨 고어는 몇몇 과학자들이 존재한다고 주장하는 중세 온난기가 있어야 할 지점을 가리키며 그것을 비웃고, 관객들은 하키 스틱 그래프에는 그런 것이 없다는 것을 보고 웃고 있다.

하키 스틱 그래프는 너무도 극적이어서 캐나다 정부는 온실기체 배출을 제한하는 교토 협정의 비준에 지지를 얻기 위해 캐나다의 모든 가정에 이 자료를 배포했다. 사실 워싱턴에 있는 모든 정치인들은 이 그래프를 잘 알고 있으며, 지구 온난화를 막으려는 활동가들에게는 가장 사랑받는 그래프가 되었다. 이 그래프의 핵심은 인간 덕분에, 지구의 기후는 지난 천 년 중 가장 따뜻해졌다는 것이다.

이후 충격적인 사건이 있었다. 캐나다의 스티븐 맥킨타이어Stephen McIntyre와 로스 맥키트릭Ross McKitrick이 마이클 만의 하키 스틱 그래프를 만드는 데 쓰인 컴퓨터 프로그램에서 기본적인 수학적 결함을 밝혀낸 것이다. 하키 스틱의 원판이 등장한 논문에서 마이클 만은 주성분 분석, 혹은 PCAprincipal component analysis라고 불리는 표준 방식을 사용해서 70개의 기후 기록들에서 주요 특징을 찾아냈다고 밝혔다. 하지만 사실은 달랐다. 맥킨타이어와 맥키트릭은 마이클 만이 사용했던 프로그램을 분석한 결과, 중요 부분에서 심각한 문제를 찾아냈다. 그 프로그램은 일반적인 PCA가 아니었을 뿐만 아니라, 데이터를 정상화normalization하는 방법도 잘못되었다고 볼 수밖에 없는 이상한 방식으로 이루어졌던 것이다. 만의 부적절한 정상화 과정으로 하키 스틱 모양을 가진 것은 강조되고, 그렇지 않은 모든 데이터는 억제되었다. 사실, 하키 스틱은 전 지구적인 기후 기록이 아니라 원래 미국 서부 지역의 기후였다. 만의 하키 스틱 그래프는 이전의 연구에 비해 좀 더 광범위한 영역을 다룬 것도 아니었고, 편견으로부터 자유로운 것도 아니었다. 사실은 그 반대였던 것이다.

이런 분석상의 오류는 하키 스틱을 지구 온난화의 결정적인 증거라고 선전하고 다녔던 사람들을 매우 당황스럽게 만들었다. 의회는 미국 국립 과학 아카데미의 국립 연구 회의에 조사를 의뢰했다. 나도 그 조사 과정에 심사원 자격으로 참가했다. 상당량의 조사 끝에, 우리가 가장 확실하게 말할 수 있는 것은, 현재가 마이클 만이 말한 것처럼 지난 1천 년 중 가장 따뜻하다는 것이 아니라 400년 중 가장 따뜻한 시기라는 것이다. 물론 그 사실은 전혀 새로운 것이 아니었다. 그것은 IPCC가 처음 보고서를 발간한 1990년대에도 알려져 있던 사실이다. 또한 자문회에서는 마이클 만의 분석에 중세 온난기가 나타나지 않는 것이 잘못되었다는 결론을 내렸다(빈정대던 앨 고어에게는 안된 일이지만). 이 보고서에서는 마이클 만이 오차범위를 과소평가했음을(하키 스틱 그래프의 회색 부분) 주장하고 있다. 실제로는 오차범위가 더 커야 하고, 그런 오차범위로는 데이터에서 그런 기간이 존재 하거나 없었다는 사실에 대해서 결론을 이끌어 낼 수 없다고 말하고 있다. 끝내, 국립 아카데미가 지지했던 마이클 만의 연구에는 PCA를 사용한 것이 이론적으로는 쓸 만했다는 점을 제외하고는 새로운 것이라곤 남지 않게 되었다.

하키 스틱이 잘못되었다고 해서 중요한 문제라도 있는가? 과학자가 아니라면야 딱히 문제될 것은 없다. IPCC 합의는 하키 스틱에 의존하고 있지 않다. 하지만 만약 당신이 정치인이고 유권자들에게 지금 지구의 기후가 지난 천 년 동안 가장 따뜻한 시기라는 주장을 펼치려고 했다면 생각을 좀 바꿔야 할 것이다. 이런 결과가 지구 온난화에 대한 당신의 생각에 영향을 미치지는 않겠지만, 정치인들에게 일반적으로 교훈을 주고, 대통령에게는 더 특별한 교훈을 주는 것이다. 그저 당신이 이전에 믿던 것이랑 잘 맞는다고 해서 새로운 연구 결과를 냅다 받아들인다는 것은 현명하지 못한 짓이다. 과학자들은 보통 어떻게든 진실에 접근한다. 비록 시간이 좀 걸릴 때도 있지만.

이산화탄소와 고기후

이 장의 마지막 예시로, 〈불편한 진실〉에서 등장한 그림 22.7을 다시 만들어 보겠다. 그래프는 보이는 것과는 좀 다르다. 부통령 고어는 영화에 등장한 모든 것에 부정확한 부분이 없다고 주장한다. 많은 사람들은 영화를 보고 잘못된 결론을 얻는다. 이 예는 중요한 결과들이 얼마나 잘못 해석되기 쉬운지를 보여 준다.

그래프는 60만 년 전까지 거슬러 올라간 얼음 기둥으로부터 얻은 대기 중 이산화탄소 농도의 고대 기록을 보여 준다. 이 그래프 바로 아래에 고어는 고대 기온의 기록을 함께 그리고 있으며 깊이 파인 부분은 반복적인 빙하기를 나타낸다. 두 그래프는 강한 연관성을 보인

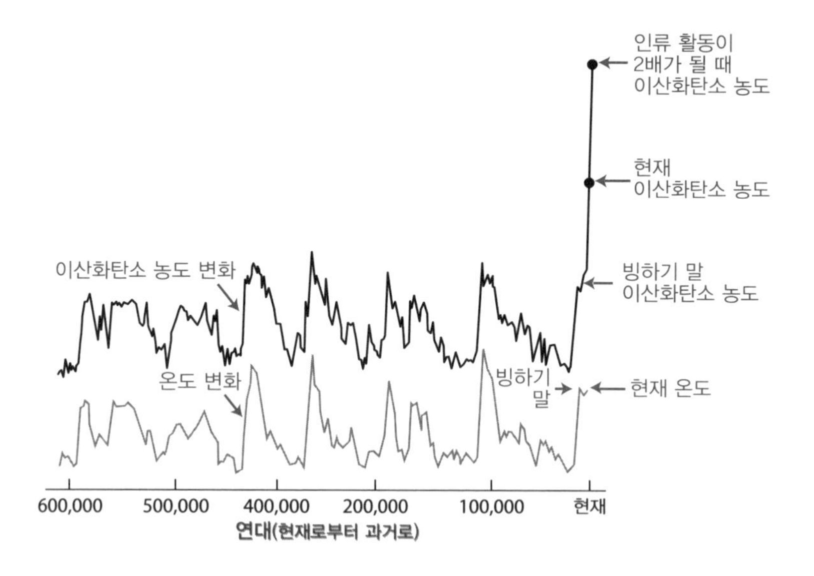

그림 22.7_〈불편한 진실〉에 등장했던 온도와 이산화탄소의 고대 기록들. 상관관계를 보인다.

다. 사실, 두 그래프는 극도로 서로를 잘 따라가고 있는 것처럼 보인다. 다큐멘터리를 본 대부분의 비전문가들은 이산화탄소의 변화가 이전의 빙하기의 원인이라고 생각해 버린다. 하지만 앨 고어 본인은 실제로 그런 이야기는 하지 않는다. 그의 말을 들어 보자.

> 중요한 점은 이겁니다. 만약 초등학생이 이걸 본다면-남아메리카와 아프리카(대륙 이동)에 대해서 물어봤던-이렇게 물어볼 겁니다. "이것들이 잘 맞았나요?"
> 과학자들은 "그럼. 잘 맞고말고."라고 대답할 겁니다.

> 다소 복잡하기는 하지만 중요한 부분은 대기 중에 이산화탄소가 많아지면 태양으로부터 온 열이 지구에 더욱 많이 쌓이게 되어서 온도가 올라간다는 것입니다.

> 이 그래프에는 숫자, 날짜, 일어났던 일들, 어느 한 부분도 논란의 여지가 없습니다.

영화를 본 거의 대부분의 사람들은 그림 22.7의 그래프를 그들이 본 가장 드라마틱한 과학적 사실의 한 부분이라고 생각한다. 그들은 이것을 이산화탄소가 기후를 변화시키는 결정적인 증거로 해석하고 있다. 하지만 많은 기상학자들의 생각은 반대다. 이산화탄소 농도의 변화는 온난화의 원인이 아니라 결과였다는 것이다. 물론 그것은 이산화탄소가 지구 온난화에 조금도 영향을 미치지 않았다는 이야기가 아니며, 우리는 그래프의 오른쪽 부분을 보면서 어느 정도 영향을 미쳤는지 판가름해 볼 수 있다. 첫 번째 큰 점은 현재 대기 중 이산화탄소 농도를 나타낸다. 우리의 최적 추정에 따르면, 물리적 계산과 컴퓨터를 이용한 대형 지구 기후 모델에서 똑같이 그 정도로 많은 이산화탄소가 증가하면 0.5℃ 정도 온도가 상승한다. 빙하기 동안에 이산화탄소 농도는 얼마나 변했는가? 그래프에 해답이 있다. 오늘날과 거의 비슷하게 증가했다. 따라서 우리는 그런 변화가 0.5℃ 정도의 기후변화를 가져왔을 것이라고 예상할 수 있다. 그러나 사실, 온도 변화량은 5℃ 에서 8℃ 정도다. 어떻게 그런 큰 변화가 생길 수 있을까? 해답은 간단하다. 온도 변화의 주요 원인은 이산화탄소 농도의 변화가 아니라 지구의 자전축과 공전 궤도 요소의 변화에 의한 것이었기 때문이다.

그림 22.7의 고대 자료에 대한 추가적인 증거는 이산화탄소가 기후를 변화시킨 것이 아니라, 기후가 이산화탄소를 변화시켰다는 것을 시사한다. 이런 증거는 기후변화가 먼저 일어나고 이산화탄소 농도 변화가 후에 따라왔다는 것을 주장한 「사이언스」지 수록 논문(2003)에서 나왔다.* 이산화탄소 변화는 오차범위 200년 한도로 온도 변화보다 800년 정도 늦게 나타나고 있다. 이 결과는 대기 중의 아르곤Ar 기체의 변화를 관찰한 결과에 바탕하고 있다.** 이 변화가 온도 변화를 반영하는지는 완전히 알 수 없지만, 지구 상의 극적인 변화들이 이산화탄소 변화에 800년 앞서 일어났다는 사실은 확실하다.

이산화탄소 농도의 변동은 새로운 것이 아니다. 빙하기를 다루는 학부 강의에서도 지난 수십 년간 다뤄지던 내용이다. 그때 학생들은

* Nicolas Caillon et al. Timing of Atmospheric CO2 and Antarctic Temperature Changes Across Termination III, Science 299 (March 14, 2003), 1728–1731

** 아르곤 같은 비활성기체는 단원자 구조라서 운동온도가 감소하면 내부온도가 같은 비율로 감소하므로 열평형 연구 등에서 더 자세한 연구를 하고자 할 때 쓰인다.

이산화탄소가 기후변화에 반응했기 때문이라고 배웠다. 이유는 이산화탄소가 난류보다는 차가운 해수에 더 용해도가 높기 때문이다. 기후가 온난하면, 해수에 녹아 있던 이산화탄소가 대기 중으로 빠져나가며 대기 중의 농도가 증가한다. 기후가 차가워지면, 대기 중의 이산화탄소가 해수에 녹는 경향을 보인다.

그렇다면 왜 800년이라는 시간 차이가 나타나는가? 해저 깊은 곳의 해수가 표면까지 올라와서 이산화탄소를 내놓을 때까지 시간이 걸리기 때문이다. 우선 온난기의 시작을 예로 들어 보자. 따뜻한 표층수는 녹아 있는 이산화탄소를 대기에 방출하는 반면, 심층수는 이산화탄소를 내놓지 않는다. 공기와 접촉하지 않기 때문이다. 약 800년이 흐른 후, 사실상 대부분의 해수가 한 번씩은 표면에 도달해 따뜻한 공기와 접촉해 온도가 올라가고(적어도 잠시 동안은) 이산화탄소를 내놓는 과정을 거친다.

어떤 기후학자들은 이제 이러한 기존의 설명을 의심하고 대신 저 그래프가 이산화탄소가 기후변화의 원인임을 보여 준다고 주장한다. 흥미로운 과학적 토론이며 나도 참가자 중의 하나다. 가장 공평하게 말하자면 이 주제는 아직도 엎치락뒤치락하는 중이다. 그래서 앨 고어도 그토록 자신의 말에 조심했던 걸지도 모르겠다. 그의 말을 다시 한 번 살펴보라. 그는 이 모든 관계가 '복잡하다'고만 했다. 그가 내가 했던 것만큼 설명하지 않은 것은 보통사람들 모두가 여러분처럼 이 주제에 대해서 큰 관심을 갖고 있지 않기 때문일지도 모른다(뭐, 여러분 중에도 관심 없는 사람은 여기까지 읽지 않았을지도). 많은 사람들이 그림 22.7의 그래프를 보고 이산화탄소가 과거의 기후변화를 일으켰다고 결론을 내려 버린다. 이 시대의 이산화탄소 증가가 작은 온도 변화(0.5℃)를 일으켰다는 것은 가능성이 매우 높은 올바른 결론이지만, 그래프에서 나타난 고기후의 극적인 변화의 원인이 되는지는 불분명하다. 사람들이 불확실성을 이해한다면 이산화탄소가 아무 상관없다는 잘못된 결론을 이끌어내진 않을 것이다. 사람들은 속았다는 기분이 들면 과잉반응하게 된다. 당신이 대통령이 되면 지구 온난화의 실상과 진정한 위험에 대해서 사람들을 다시금 설득해야 할 것이다.

과학과 선전

내 친구 중 하나가 재미난 설문조사 이야기를 했다. 사람들에게 살아 있는 과학자 중에 아무나 이름을 하나 대라고 했더니 가장 많이 나온 것이 앨 고어였다는 거다. 진짠지 아닌지는 모르겠지만 그럴듯했다. 고어는 지구 온난화 방지의 도사이자 위대한 과학자였던 로저 레빌Roger Revelle(그는 또한 1991년에 작고할 때까지 나의 오랜 친구이기도 했다)에게 배웠던 적이 있다. 앨 고어는 과학자 친구들에게서 들었던 이야기를 소재로 삼고 있다. 〈불편한 진실〉에서 그는 과학자처럼 행세하지만, 스스로 그런 주장을 펼치진 않을 거라고 확신한다. 또한 그는 과학자가 아니며, 또한 과학적 기준을 따를 필요가 없기에, 오히려 더욱 효과적으로 사람들의 의견을 대변할 수도 있을 것이다.

앨 고어는 사람들에게 이산화탄소와 지구 온난화의 위험을 널리 알린 공로로 노벨 평화상을 수상했다. 그의 예술적 재능과 놀라운 글재주, 과장법에 약간의 왜곡과 상당한 양의 자료 선별의 덕이라고 할 수 있겠다. 그의 위대한 작품 〈불편한 진실〉은 강력한 선전이지만, 진실을 모두 선전으로 도배하는 것은 위험하다. 고어가 과장이 지나쳤다는 사실이 밝혀지면, 대중은 화석연료에 의한 지구 온난화에 대한 진짜 과학적 연구마저도 거부할 수 있기 때문이다. 오래된 문구를 써 보자면, 나는 사람들이 '빈대 잡으려다 초가삼간 태우는 꼴'이 되진 않을까 두렵다.

23장 실효성이 없는 해법

지구 온난화는 실제로 일어나고 있으며 인간 활동이 그 원인일 가능성이 매우 높다. 21세기가 끝날 무렵에는 지구 온도는 엄청나게 증가해 있을 것이다(지구 온난화가 인간에 의한 것이라면 말이다). 우리는 무엇을 할 수 있을까? 당신이 대통령이 된다면 무엇을 할 수 있을까? 온실기체 배출 선진국인 중국을 보자면 답이 없다. 중국의 지도자들은 중국 인민들도 다른 선진국이 누리는 높은 생활수준을 누릴 권리가 있으며, 그것을 달성하기 위해서는 에너지가 필요하다고 말한다. 맞는 말이다. 역사가 그들의 말을 지지한다. 단도직입적으로, 온실기체를 줄이는 데는 다음과 같은 문제들이 있다.*

- 가장 손쉽게 구할 수 있고 값싼 에너지 자원은 석탄이다.
- 석탄은 다른 어떤 자원보다도 단위에너지당 이산화탄소 배출량이 높다.

* 같은 이유로 2009년 덴마크 코펜하겐에서 열린 제15차 유엔기후변화협약(UNFCCC) 당사국 총회에서도 법적 구속력이 있는 합의문 도출에는 이르지 못했다.

- 중국은 장기적인 경제 성장을 감안하더라도 100년 이상 쓰고도 남을 만큼의 석탄을 보유하고 있다.
- 중국은 거의 매주 하나씩 1GW 규모의 화력발전소를 짓고 있다.

중국에게 이런 짓들을 그만두라고 해야 하는가? 우리에게 그럴 권리가 있는가? 아니면 우리에게 그럴 권력이 있는가? 유일한 합리적인 대답은 모두 '아니오'다. 만약 임의로 중국을 제재하려 든다면 상황을 악화시킬 뿐이다. 인도도 경제 성장이 이대로 지속되면 미국의 온실기체 배출량을 앞지르게 될 것이다. 물론 우리도 인도의 경제가 성장했으면 하고 바란다. 또 중국과 러시아에게도 마찬가지다.

그림 23.1은 지난 세기 세계 여러 지역의 이산화탄소 배출량을 나타낸 것이다. 선진국에 사는 국민들이 높은 생활수준을 행복하게 누리는 것만큼이나 다른 나라의 국민들도 그럴 권리가 있다. 그래프에

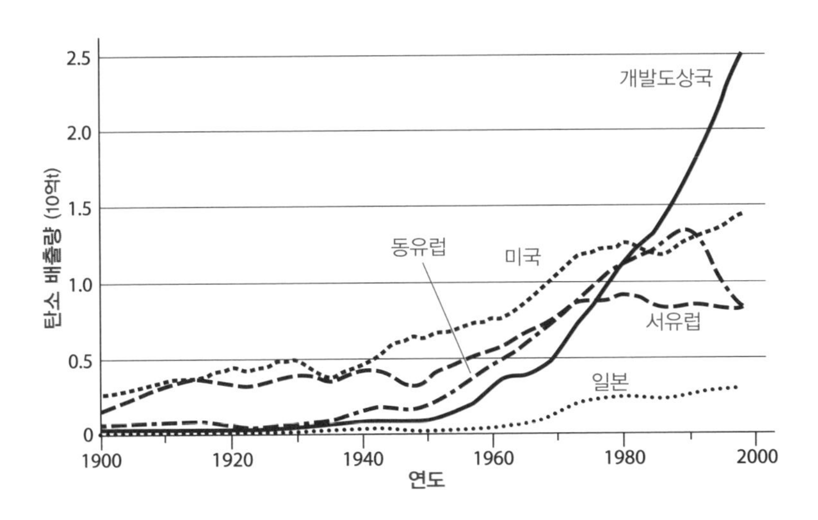

그림 23.1_20세기 각국의 이산화탄소 배출 현황

서 미국이 이산화탄소 배출 증가를 멈추었다고 생각해 보자. 사실 현재 수준에서 20%를 감축해서 15억 톤에서 12억 톤으로 줄인다고 해 보자. 이런 조치가 얼마나 도움이 될까? 인도와 중국의 이산화탄소 배출량은 지금 추세로 계속 증가할 것이고 미국이 애써 감축한 양도 3년이면 다 상쇄하고 남는다. 그 말은 2000년 현재 수준에서 20%를 감축한 채로 계속 유지한다 하더라도 지구 온난화를 3년 정도 늦출 수 있을 뿐이라는 뜻이다. 늦추는 것은 해결책이 되지 못한다. 과연 희망은 없는 걸까?

사실 난 낙관론자다. 선전 아래 숨겨진 해법들이 존재하지만, 여러 가지 가짜 해법들이 방해를 하고 있다. 이제부터 과학적인 접근으로 일반적으로 믿고 있는 접근 방법이 쓸모없다는 사실을 증명하겠다. 어떤 대통령이든 대중을 의미 있는 해법으로 인도하는 것이 숙제다. 잘못 알려진 것이 워낙 많다 보니, 과연 쉬운 일은 아닐 것이다.

이 장에서는 사람들이 해결책이라 믿고 시도하려고 하지만 실제로는 효과를 보기 어려운 것들을 다루고자 한다.

수소연료에 대한 과대광고

많은 사람들이 수소야말로 미래의 연료라고 생각한다. 같은 질량이라면 수소가 가솔린의 세 배 정도의 에너지를 갖고 있다. 게다가 부산물이라고는 물뿐이며 오염물질도 이산화탄소도 배출하지 않는다. 2006년 국정연설에서 조지 부시는 우리의 아이들이 언젠가 수소 자동차를 몰게 될 날을 기대한다고 말했다. 캘리포니아의 주지사인 아놀드 슈워제네거는 즉시 기획해서 계획을 실행에 옮길 인프라를 건설하도록 지시했다. 문제는 과연 해결되었을까? 전혀 그렇지 않다.

몇 달 후, 슈워제네거 주지사는 수소 경제 홍보에서 발을 뺐다. 더 놀라운 것은 2007년 국정연설에서 조지 부시는 수소 경제에 대해 전혀 언급하지 않았다는 사실이다. 연설에 대한 논평에서도 누구 하나 이 사실을 언급하지 않았다. 왜 가장 중요한 두 인물들도 마음을 바꿨을까? 무슨 일이 있었기에? 내 생각에는 아마 둘 다 그사이에 과학을 좀 배운 것 같다.

앞서 에너지 부분에서 다뤘던 수소 에너지에 대한 것을 다시 언급해야 할 것 같다. 수소는 가솔린과 비교했을 때 단위무게당 세 배나 많은 에너지를 갖고 있지만 밀도가 낮아서 같은 무게를 실으려면 훨씬 더 많은 공간을 소비한다. 물론 기체는 압축할 수 있지만 튼튼하고 무거운 용기가 필요한데, 이래서야 무게에 대한 이점이 줄어들어 버린다. 수소를 영하 250℃까지 냉각시켜서 액체로 만들면 몇 시간 정도는 보온 용기에 저장할 수도 있지만, 액체라도 수소가 매우 가벼운 건 어쩔 수 없다. 38L짜리 자동차 연료탱크에는 28kg의 가솔린을 실을 수 있지만 액체 수소는 2.6kg밖에 실을 수 없다. 여기서 대통령이 기억해야 할 것 딱 두 가지는 이것이다(물론 액체에 대해서).

- 수소는 단위무게당 가솔린에 비해 에너지가 세 배 높다.*
- 수소는 단위부피당 가솔린에 비해 에너지가 세 배 낮다.

예를 들어 보자. 당신이 지금 타고 다니는 차의 연비가 12km/L 라고 치자. 연료 탱크에 액체 수소를 채운다고 치면 4km/L가 된다. 같

* 기억하기 쉽도록 반올림하였다. 실제 정확한 수치는 다음과 같다. 가솔린의 밀도는 0.8g/cm^{3}이고 에너지는 10kcal/g, 액체 수소는 0.068g/cm^{3}의 밀도에 26kcal/g의 에너지를 갖고 있다.

은 크기의 연료탱크라도 갈 수 있는 거리가 1/3로 줄어 버리는 셈이다. 액체 수소 대신에 압축 수소(고압 탱크가 있다 치고)를 쓴다면 연료탱크의 무게에 따라 대충 1~2km/L 정도의 연비를 얻을 수 있다. 다시 거리로 환산해 보자. 지금 가진 차의 연료탱크가 60L들이라면, 같은 주행거리를 확보하기 위해서는 액체 수소라면 180L, 압축 수소라면 360~720L 정도가 필요하다. 그냥 짧은 주행거리에 만족하고 작은 연료탱크를 쓸 수도 있고. 압축 수소 60L면 다음 충전까지 20~70km 정도 갈 수 있을 것이다.

"누가 수소 경제를 죽였는가?" 하고 정유 회사를 욕하는 기사를 보더라도 놀라지 마시라. 정유 회사 탓이 아니다. 과학적으로 볼 때 수소 연료로는 그럴 수밖에 없다.

이런 수치들에도 불구하고 수소는 쓸모가 있다. 버스나 트럭처럼 대형 연료탱크를 싣고 자주 충전할 수 있는 대형 운송수단에서는 사용될 수 있다. 중량이 굉장히 중요시되는 초경량 비행기에서도 연료의 선택지가 될 수 있을 것이다. 수소 자체뿐만 아니라 연료 전지나 전기 모터도 가볍게 만드는 것이 가능하다. 유감스럽게도 이런 것들은 수요가 적은 다소 전문적인 응용분야인지라 도입한다고 해도 이산화탄소 문제에 크게 영향을 줄 수 없다.

그럼에도 불구하고 어느 정도는 희망이 있다. 만약 차량을 경량화한다든지 해서 연비 문제를 크게 개선한다면 수소 연료가 자동차에도 유용할 수 있다. 만약 가솔린으로 45km/L, 수소로 15km/L 나오는 자동차가 있다면 40L들이 탱크로는 주행범위가 600km 정도 될 것이다.

수소 경제의 또 다른 문제는 수소를 어딘가에서 그 상태로 캐올 수 없다는 것이다. 수소는 채취하는 것이 아니라 생산해야 한다. 물을 전기 분해해서 산소와 수소를 얻을 수 있지만, 수소를 연료로 해서 얻을 수 있는 에너지보다 전기 분해하는 데 드는 에너지가 더 많아서 결론만 이야기하자면 손해다. 수소는 이렇게 생각하자.

수소는 에너지원이 아니다.
수소는 에너지 운반 수단일 뿐이다.

전기 분해는 사실 경제적인 방법이 아닌지라, 오늘날 수소 공장에서 쓰는 생산방법은 다른 것이다. 미국에서는 보통 천연가스(메탄 CH_4)와 수증기를 반응시키는 수증기 개질steam reforming이라는 방법으로 수소를 만든다. 이 방법을 사용하면 부산물로 일산화탄소가 나오는데, 이것이 산화되면 이산화탄소가 되므로 좋은 방법은 아니다. 게다가 그냥 천연가스를 태우면 공해 없이 더 많은 에너지를 얻을 수 있다. 그렇다고 수소를 만드는 일이 쓸데없는 짓이라는 얘기는 아니다. 자동차에서 배출되는 기체는 처치 곤란이지만 수소 생산 설비에서 메탄을 변환했을 때 발생하는 이산화탄소는 지하 깊숙이 파묻는다든가 하는 식으로 격리해서 별도로 관리할 수도 있다. 이런 격리 수단에 대해서는 뒤에 신기술 부분에서 다시 다루겠다.

전기 자동차를 모는 방법

'전기 자동차'하면 듣기엔 대단해 보인다. 뉴스에서도 테슬라 로드스터Roadster와 플러그인 하이브리드 자동차에 대한 찬사로 가득하다. 벽 콘센트에 플러그를 꽂아서 차를 충전하고 이산화탄소 배출 걱정

없이 운전하면 된다. 토요타의 프리우스Prius도 반 전기식이고 꽤 성공했다. 그렇지 않은가? 게다가 가정용 전기는 싸다. kWh당 10센트밖에 들지 않는다. 갤런당 3달러 나가는 가솔린의 에너지 단가는 kWh당 36센트다. 콘센트에 플러그를 꽂고 충전하는 쪽이 가솔린을 주유하는 것에 비해 갤런당 1달러나 싼 셈이다.

어이쿠……! 하지만 전기 자동차에도 심각한 문제점들이 있다. 근본적인 문제는 배터리가 저장할 수 있는 에너지 용량이 가솔린에 비해 너무 적다는 것이다. 휴대전화나 노트북에 들어가는 고성능 배터리조차도 같은 무게로 치면 가솔린이 지닌 에너지의 1%밖에 안 된다. 심각한 숫자다. 전기 에너지가 가솔린보다 효율이 높은 것을 감안하면 배터리와 가솔린의 차이는 약 30배 정도다. 같은 주행거리라면, 가솔린 28kg, 혹은 840kg짜리 배터리를 실어야 한다. 거의 1t 무게의 배터리다. 배터리는 가솔린보다 밀도가 훨씬 높으니 30배까지는 아니고, 10배 정도의 공간을 차지한다. 테슬라 로드스터 같은 자동차들이 돌아다닐 수 있는 것도 그 덕분이다.

원가를 절감할 수 있다는 것도 환상이다. 고성능 배터리는 가격도 비싸고 700번 정도 충전을 반복하면 교체해야 한다. 계산하는 방법. 내가 쓰고 있는 노트북 배터리는 약 60Wh 정도의 전기 에너지를 담고 있다. 이것도 약 700번 정도 재충전이 가능하다. 그러니까 이 배터리는 평생 4만 3천 와트시, 즉 43kWh 정도의 에너지를 쓸 수 있다는 것이다. 다시 구입하는 데엔 130달러가 든다. 이 숫자들을 조합해보면 130$/43=3$/kWh, 즉 kWh당 3달러가 교체 비용으로 추가되는 것이다. 충전하는 데에는 kWh당 10센트지만 교체 비용으로 30배가 더 붙는다. 배터리는 충전이 문제가 아니라 교체 비용이 문제인 것이다. 테슬라 로드스터도 마찬가지다. 몰고 다니는 데는 돈이 안 든다고 생각하겠지만, 배터리 교체 시기가 오면 얘기가 달라질 것이다. 차에서 가장 비싼 부속품 중 하나니까.

배터리를 좀 싸게 만들 수 없느냐고? 물론 그럴 수야 있지만 불량품이 늘어나거나 충전 횟수가 줄어든다. 노트북, 휴대전화, 디지털카메라에 들어가는 정품 배터리 대신에 중국산 대용 배터리를 써 봤다면 무슨 뜻인지 이해할 것이다. 배터리가 비싼 이유 중 하나는 기본적으로 위험 요소가 있기 때문이다. 노트북이나 휴대전화가 불타는 사고 때문에 리콜 사태가 일어난 적도 있다. 품질 관리에는 돈이 들게 마련이다.

기술적으로 충전 횟수를 늘릴 수는 없는가? 물론, 기술자들도 그것에 매달리고 있다. 문제는 배터리 내부의 화학반응으로 전기가 만들어지는데 수명을 늘리려면 충전 과정에서 전극을 손상시키지 않으면서 화학반응을 거꾸로 되돌려야 한다는 것이다. 그것이 어려운 점이다. 기술이 발전해서 배터리를 700번이 아니라 7천 번쯤 충전할 수 있다면 단가도 가솔린의 30배가 아니라 3배 정도로 줄어들 것이다. 한 가지 문제가 더 있다. 가솔린을 주유하는 데는 2~3분밖에 걸리지 않는다. 배터리를 충전하는 데는 적어도 15분에서 30분이 걸린다. 급속 충전 배터리도 개발될 예정이지만 아마 더 비쌀 것이다.

프리우스는 어떤가? 프리우스는 하이브리드 방식으로 배터리를 사용한다. 그리고 엄청나게 잘 팔린다! 이걸 보면 내 계산이 틀린 게 증명된 거라고 생각하시겠지?

유감스럽게도 아니다. 프리우스도 배터리 문제가 있지만 아직 배터리를 교체할 만큼 오래 주행한 차가 적을 뿐이다. 프리우스는 대부분의 주행에 가솔린 엔진을 쓰는 식으로 재충전 문제를 해결한다. 배터리는 브레이크를 걸 때 우선적으로 충전되어 가솔린 연비를 향상시켜 준다. 정차 상태에서 엑셀을 밟고 출발할 때가 가장 연료 낭비가 심하기 때문에 이때도 배터리가 사용된다. 어쨌든 언젠가는 배터리를 바꿔야 할 때가 올 것이고, 교체 비용이 얼마인지 들으면 차 주인은 기겁할 것이다.

어떤 프리우스 운전자들은 차를 순수 전기 충전식으로 개조해서 집에서 충전하고 회로를 개조하여 가솔린 엔진을 쓰지 않고 전기로만 굴러가도록 만들었다. '기름 값 굳었다'고 하는데, 그 말은 맞다. 하지만 배터리를 더 많이 쓰면 쓸수록 교체 시기가 앞당겨질 뿐이다. 새 배터리를 교체할 때쯤엔 충격 좀 받을 것이다. 전기 충격 말고.

값싸고 믿을 만하면서 교체 비용도 비싸지 않은 배터리가 하나 있다. 일반 자동차에서 엔진 시동을 걸 때 사용되는 납축전지다. 값이 워낙 싸서 실제로 전기자동차에도 쓸 수 있고 교체 비용을 포함해도 가솔린과 비교했을 때 갤런당 3달러 수준의 단가를 자랑한다. 이 배터리의 가장 큰 단점은 가솔린의 1천분의 1 수준에 불과한 에너지 용량이다. 전기 모터의 효율성과 함께 생각해 보면 납축전지는 가솔린보다 300배 정도 효율이 낮다고 할 수 있다. 납축전지가 극히 제한된 짧은 거리용으로만 사용되는 이유를 알 만하다. 특히 이산화탄소로 인한 공해가 문제가 될 때. 휠체어나 지게차에는 쓸 만하지만 일반 운전에는 별로 어울리지 않는다.

누가 전기 자동차를 죽였을까? 범인은 비싼 배터리다.

핵융합 에너지를 활용하는 방법

핵융합은 태양 에너지와 수소폭탄의 에너지원이다. 핵융합의 연료로 쓰이는 수소는 바닷물에서 얻을 수 있다. 엄밀한 의미에서 재생 에너지에는 속하지 않지만, 바닷물이 마를 걸 걱정하는 사람도 있을까? 수소 핵융합으로는 같은 무게의 가솔린보다 8백만 배나 더 큰 에너지를 얻을 수 있다. 물에서 수소를 전기 분해하는 데 드는 에너지도 핵융합에서 나오는 엄청난 에너지에 비하면 아무것도 아니다.

인류가 최초로 핵융합을 일으킨 것은 1952년 수소폭탄 실험에서였다.* 수소폭탄은 우선 핵분열을 이용하는 핵폭탄으로 수백만 ℃로 가열해서 중수소와 삼중수소를 융합한다.

이를 두고 인간이 핵융합을 정복했다고 할 수도 있겠지만, 그건 인간이 산을 정복했다는 식의 이야기일 뿐이다. 다음 목표는 인간이 안전하게 사용할 수 있도록 핵융합을 길들이는 것인데, 아직 이루어지지 않았다. 핵융합로는 핵폭탄 외에 다른 방법을 써서 작은 양의 수소를 점화시켜야 한다. 핵융합을 처음 성공시킨 이후로 과학자들은 줄곧 이 기술을 원자력 발전에 이용할 날을 꿈꾸어 왔다.

언젠가 꿈은 이루어질 것이다. 원자력 부분에서도 얘기했지만 여러 기술들이 개발 중이다. 가장 두각을 나타내고 있는 것은 거대한 자기장으로 용기를 만들어서 핵융합이 일어날 정도로 뜨거워진 수소를 담아 두는 토카막과 레이저로 아주 작은 수소 연료 알맹이를 점화해서 제어할 수 있을 만한 크기의 핵융합만 일으키는 레이저 핵융합Inertia Confinement Fusion이다.

* 기술적으로는 폭탄이라고 하기엔 너무 큰 물건인지라, 수소 핵융합 장치라고 부르는 사람도 있다.

많은 사람들이 핵융합을 낙관적으로 바라보고 있지만, 그런 낙관론의 역사는 비관론으로 이어진다. 50년이 지나도록 예상은 전혀 바뀌지 않았다. 핵융합은 '앞으로 20년 이내에 가시적인 성과를 낼 수 있을 것'이라는 예상은 언제나 있어 왔다. 연구 성과가 발전함에 따라 기존의 문제가 해결되고 더 많은 새로운 문제들이 나타났지만 모두 해결 가능한 것처럼 보였다. 우리는 아직도 수십 년 이내에 핵융합 제어[CTF]가 가능할 것 같은 지점에 머물러 있다. 확신할 수 없는 것을 기대하는 것은 별로 현명한 전략이 아니다. 내 생각에 누구나 동의할 이야기는 앞으로 20년 이내에 핵융합이 상용화할 가능성은 없다는 것이다. 대통령이 알아야 할 핵심은 이것이다. 그동안 우리가 해 왔던 예측이 어느 정도 일리가 있다는 점에서는 핵융합은 아마 22세기의 에너지원이 될 수는 있을 것이다.

태양 에너지 발전을 활성화하는 방법

많은 환경운동가들은 대규모 태양열 발전소를 벌써 도입했어야 한다고 주장한다. 하지만 태양광을 상용화하기에는 앞으로 10년, 혹은 20년 이내에 산적한 문제를 해결할 수 있을 것 같지 않다. 적어도 프리미엄을 지불할 능력이 없는 개발도상국들에게는 그렇다. 태양 발전에 대한 장에서 나는 스페인 세비야의 태양열 발전소에 대해서 얘기했다. 제법 잘 운영되고 있지만 전력 단가는 kWh당 28센트로 비교적 높은 편이다. 이산화탄소 문제를 제대로 다루기 위한 관련 이슈는 결국 중국이나 인도의 전력 단가와의 비교가 된다. 태양광발전에서는 계량하기 어려운 문제인데, 땅값, 건설비용, 인건비 그리고 청천일수 등이 얽혀 있기 때문이다. 하지만 어쨌든 중국에서도 석탄이 더 싸다.

중국의 미래 에너지원을 결정할 때엔 석탄 대비 태양광발전 단가의 비율이 중요한 결정 요소가 될 것이다.

그럼 단독 주택 지붕에 설치하는 태양 패널은 어떨까? 태양열 발전을 다룬 장에서 이미 자세하게 다룬 바 있다. 거기서 돈을 절약하려면 태양 패널이 22년은 버텨 줘야 한다는 것을 계산으로 보였다. 지금 당장으로서는 태양광은 그저 돈 많은 사람들에게나 가능한, 이산화탄소를 줄이기 위한 대안이 될 뿐이다. 중국이나 인도의 입장에서는 태양광은 석탄을 대체하기엔 너무도 비싼 에너지원일 뿐이다.

내가 태양광을 해결책이 될 수 없는 것들에 포함시킨 것은 현재의 태양광 기술을 염두에 둔 것이다. 기술이 좀 더 진보하면 좀 더 희망이 있을 것이다. 뒤에 신기술을 다루는 부분에서 내 낙관적인 비전을 얘기해 보겠다.

재활용

많은 사람들이 재활용은 환경 미화에는 도움이 될지 몰라도 환경 문제에는 크게 도움이 되지 않는다고 생각한다. 잔디밭이나 바닷가에 널린 플라스틱이나 펭귄의 목을 감아 질식시킬 수 있는 박스 끈 같은 걸 보고 싶어 하는 사람은 없겠지만, 재활용은 대기의 이산화탄소에는 별 효과가 없을 것 같다. 사실 환경 분야에서 가장 아이러니한 것은, 신문지를 재활용하거나 자연 분해되는 비닐을 사용하는 것에는 지구 온난화만큼 관심을 기울이지 않는다는 것이다. 미생물에 의한 분해과정은 기본적으로 박테리아가 탄소 화합물을 이산화탄소로 바꾸는 과정이다.

이론적으로는 나무를 심어서 이산화탄소를 줄일 수 있다. 그렇지만 이건 땔감으로 써 버리면 곤란하다. 썩게 놔두는 것도 곤란하다. 사실상 천천히 연소되는 것과 마찬가지니까. 건축가인 내 아내 로즈마리는 집을 지을 때 목재를 더 많이 쓰자고 한다. 탄소를 우리 집에 두는 거지! 하지만 나무를 심는 것도 크게 효과는 없을 것 같다. GW급 발전소가 3초마다 이산화탄소를 1톤씩 쏟아낸다는 것을 생각해 보면 이 문제를 정량적으로 볼 수 있을 것이다. 이런 발전소가 1천 개라면(전 세계 에너지 사용량이 그쯤 된다) 3초마다 이산화탄소가 1천 톤씩 나오는 셈이다. 그 많은 이산화탄소를 다 어찌해 보려고 하면 엄청난 양의 나무를 심어야 할 것이다.

이 문제가 얼마나 답이 없으면 리처드 브랜슨Richard Branson이라는 백만장자 양반이 대기 중에서 이산화탄소를 제거할 실용적인 방법을 만드는 사람에게 2500만 달러를 주겠다고 했겠는가. 톤 단위의 이산화탄소만 문제가 아니라 그것을 포함하고 있는 대기는 훨씬 규모가 더 크다. 현재 대기 중 이산화탄소 농도는 100만 개 중 380개, 0.038%이다. 과학적으로, 그 어마어마한 양이 이 정도로 희석된 것을 제거하는 것이 불가능하다고 증명된 것은 아니지만, 내 생각에는 내 평생 그 상의 수상자가 나타나긴 어려울 것 같다. 당신이 대통령으로 재임하는 기간 중에도 그럴 것이고.

교토 의정서Kyoto Protocol*

1998년 부통령 앨 고어는 일본 교토에서 국제 기후변화 협약의

* 지구 온난화의 규제 및 방지를 위한 국제 협약인 기후변화 협약의 수정안이다. 1997년 12월 11일에 일본 교토의 국립교토국제회관에서 개최된 지구 온난화 방지 교토회의(COP3) 제3차 당사국총회에 채택되었으며, 2005년 2월 16일 발효되었다. 정식명칭은 기후변화에 관한 국제연합 규약의 교토의정서(Kyoto Protocol to the United Nations Framework Convention on Climate Change)다.

수정안에 동의했다. 그 후로 이 문서는 교토 의정서, 교토 협약, 교토 조약, 교토 협정, 혹은 짧게 교토 등으로 불리고 있다. 상원이 이 조약을 비준하면 미국은 이산화탄소 배출량을 1990년 기준에 대해 7% 감축하는 조치를 시행하게 된다. 배출량이 1990년부터 증가하기 시작했기 때문에 2010년 예상 배출량 기준으로는 실제로 약 29%를 줄여야 한다.

이 조약이 채택된 이후 164개국, 거의 전 세계 모든 국가에서 비준되었으나 미국은 거기서 발을 뺐고 이에 많은 국민들이 당황했다. 사실은 클린턴이나 부시 시절에는 비준안이 아예 상정된 적도 없다. 아마도 상원에서 통과되기 어렵다는 걸 미리 알고 있었으리라.

교토 협약의 주요 반대여론은 중국이나 인도 같은 나라에 대한 어떤 제재조치도 없다는 것이다. 사실상 대부분의 감축은 개발도상국에서 이루어져야 함에도 말이다. 어쨌든 미국이 문제의 주범이다. 안 그런가?

그렇다. 미국은 지난 50년간의 온도 상승에 대해 부분적으로나마 원인이 되었을 가능성이 매우 높다. 하지만 앞으로 나타날 변화에 대해서 미국이 책임질 것은 없을 것 같다. 피고는 아마도 인도와 중국이 될 것이다.

사실, 비준까지 가지는 않았지만 교토 협약에 대해 상원이 딱 한 번 표결한 적이 있었다. 그 표결은 버드-헤이겔 결의안Byrd-Hagel Resolution에 대한 것이었는데 95:0 양당 만장일치로 통과되었다. 그 결의안은 개발도상국에 대한 감축 목표와 예정안을 포함하기 전까지는 미국 상원은 교토 협정을 비준하지 않겠다는 내용을 담고 있다.

그럼 왜 그렇게 많은 사람들이 교토 의정서에 열광하는가? 교토 협약을 지지하는 사람들은 중국과 인도도 언젠가는 이산화탄소 배출량 감소에 동조할 것이라는 희망을 갖고 미국이 모범을 보여야 한다고 말한다. 반대 측은 중국과 인도는 착실하게 우리의 전철을 밟아 나갈 것이라고 얘기한다. 그들도 우리가 했던 것처럼 빠른 경제성장을 목표로 할 것이고, 먹고 살 만해지면 그때쯤에 배출량 조절을 검토할 것이라는 얘기다. 이산화탄소 배출량으로는 이미 미국을 넘어섰음에도 그들의 1인당 생산은 미국의 1/4 수준이다.* 당신이 미국이 아니라 중국의 지도자라도 감축하자고 하겠는가? 가난, 영양실조, 의료문제, 문맹, 주기적인 기근을 겪는 상황에서 몇 도의 온난화를 막기 위해 저속 성장 정책을 세우겠다고 발표하겠는가? 여기에 더해 중국에는 엄청난 양의 석탄이 매장되어 있다. 가속화되는 자원 개발은 지구 온난화 최악의 시나리오를 상정하기에 충분하다.

교토 협약에 찬성하는 또 다른 이유로는 이산화탄소 문제를 해결하는 자유 경제적 접근인 탄소배출권 거래제Carbon Trading**를 만들어 두었다는 것이다. 교토 협약을 비준한 경제적 선진국들은 이미 탄소 배출권Carbon Credit을 거래하고 있으며 미국의 대통령 후보자들 대다수도 그렇다. 만약 제한량 밑으로 배출을 조절할 수 있다면, 배출권을 다른 나라나 산업체에 팔 수 있다. 탄소배출권 거래제(이산화탄소 배출권 거래의 줄임말)와 같은 아이디어는 환경보호와 효율성을 위한 기술 개발에 경제적인 인센티브를 줄 것이다. 이런 제도에 반대하는 사람들은 속임수가 횡행할 수 있다고 지적한다. 러시아처럼 경제가 쇠퇴

* 중국의 탄소 배출량은 미국과 거의 비슷하나 중국의 인구는 13억, 미국은 3억 정도다.

** 탄소배출권 거래제도는 사업장 등 단위별로 기준 온실기체 배출량을 부여하고 기준량 초과분이나 부족분만큼의 배출권을 거래시장에서 사고팔 수 있게 하는 것이다.

할 상황에서는 만들어질 리도 없는 탄소에 대한 배출권을 팔 수도 있다는 것이다. 이런 경우에, 탄소 배출권을 거래하는 것이 탄소 배출을 유도하는 결과를 가져온다.

누구도 교토 협약이 진정한 해결책이 될 것이라고 생각하지 않는다. 그림 23.1에서 보이는 것처럼 중국과 인도가 경제 성장으로 가까운 미래에 온실기체 배출량 증가를 주도하게 될 것이다. 생산성에 대한 온실기체 배출을 고려할 때 이들 국가의 역할은 점차 두드러지게 될 것이다. 이런 기준에 가장 비효율적인 나라는 어디라고 생각하는가? 즉, GDP 대비 이산화탄소 배출량이 가장 높은 곳은? 그리고 두 번째는?

CO_2/GDP 비율을 나타내는 그림 23.2에서, 각 막대그래프 밑에

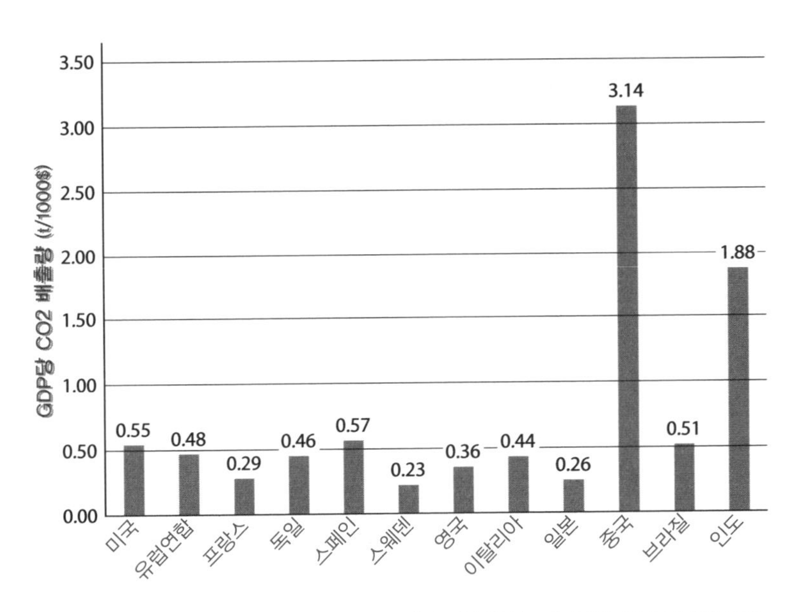

그림 23.2_온실기체 배출 강도 그래프. GDP 대비 이산화탄소 배출량을 여러 나라에 대해서 비교하고 있다.

있는 이름표를 보지 말고, 어느 막대기가 미국을 나타내는지 추측해 보고 이름표를 확인해 보라. 왼쪽 것이 미국이라는 사실에 놀랐는가? 아니면 가장 높은 막대기(소득당 오염이 가장 심한)가 중국과 인도인 것에 대해서? 이 점은 시사하는 바가 크다. 이 그래프는 해결책들이 효과를 나타내려면 개발도상국들에 적용해야 한다는 사실을 명확하게 보여 준다. 또한 에너지 효율을 증가시키는 것도 하나의 해결책이 될 수 있음을 제시한다.

이 장에서 나는 해결책이 될 수 없는 것들을 다루었다. 다음엔 가능성 있는 접근법들을 소개해 볼까 한다.

24장 식은 죽 먹기의 해결책

앞 장에서는 환경론자들과 교육자들의 사랑을 받는 아이디어들이 해결책이 될 수 없는 비현실적인 것이라고 말했었다. 그럼 뭐가 남았는가? 아직 많다. 그럼 실제로 이산화탄소를 어느 정도 적정선으로 유지시켜 줄 만한 것들에 대해서 이야기해 보자.

첫 번째인 에너지 절약은 가장 중요하고 실용적이며 값싼 대책이다. 시행이 가장 쉽다는 면에서 이것은 손만 뻗으면 닿을 수 있는 열매라고 할 수 있다. 물리학자이자 캘리포니아 주 에너지 장관인 아서 로젠펠트Athur Rosen feld는 그 정도 비유에 그치지 않고 아예 열매가 바닥에 떨어져 있다고 한다. 에너지를 절약하면 땅 속에 있는 탄소가 나올 일도 없으니 말이다. 사람들을 상대로 에너지를 절약하게 만들려면 지출을 줄일 수 있다는 식으로 설득하는 것이 가장 좋은 방법이다.

편안한 절약 방식

에너지 절약이라고 해서 언덕에서 빌빌대는 차를 타고 다니라는 얘기는 아니다. 소비자가 원하는 방식으로 측정했을 때 똑같은 성능을 내면서도 에너지가 적게 드는 것을 뜻한다. 또 여름에 에어컨을 틀지 말라거나 겨울에도 난로를 틀지 말고 스웨터를 하나 더 껴입으라는 이야기도 아니다. 원하는 대로 적절한 실내 온도를 유지하되 에너지가 적게 드는 방식이 좋다는 것이다. 세상을 위해서 불편을 감수하라는 이야기도 아니다. 편할 대로 하되, 돈도 절약해 보자는 것이다. 나는 에너지 절약도 어디까지나 편안하고 효율적인 방식이어야 한다고 생각한다.

냉장고의 효율을 예로 들면 이해가 빠를 것 같다. 좀 지겨운 얘기 같겠지만 진짜 재밌을 거다. 한번 믿어 보라. 냉장고에 약간만 투자하면 화력발전소에서도 많은 돈을 절약할 수 있고 이산화탄소 배출도 엄청나게 줄일 수 있다.

예전의 냉장고는 효율은 낮고 에너지만 많이 잡아먹는 기계였다. 1974년 미국에서 판매되던 냉장고의 평균 크기는 400L 정도였는데 연간 소비전력은 1,800kWh로 L당 4.6kWh를 소비하는 셈이다. 그런데 모터의 코일을 구리로 바꾸면 효율을 높일 수 있다는 사실이 알려졌다. 물론 그러면 돈이 좀 더 들어가지만 몇 달이면 전기세를 아껴서 본전을 뽑을 수 있는 정도였다. 매년 1,800kWh라면 냉장고만으로도 1년에 전기세가 180달러다. 이걸 반으로 줄일 수 있다면 냉장고가 돌아가는 한 매년 90달러씩을 절약하는 셈이다. 그깟 모터값 조금 비싼 정도쯤이야!

하지만 실제로는 그렇게 되지 않았다. 이 사실을 들으면 혹자는 사람들이 요구하는 그런 제품을 만들게 하는 시장 압력이 있었을 거라고 생각할지도 모르겠다. 이 수수께끼의 해답은 소비자가 접하는 정보와 관련이 있다. 역사적으로 보면 당시 냉장고 소비자들은 전력을 얼마나 소비하는지는 알 수가 없었고 제품에 붙은 딱지에는 용량과 가격만 나와 있었다. 하지만 이후에는 연방 무역 위원회에서 냉장고 라벨에 연간 예상 비용을 표기하도록 함으로써 냉장고 구매 양상이 바뀌었다. 돈을 조금만 더 들이면 돈을 아낄 수 있다는 사실을 알게 된 소비자들은 앞다퉈 저전력 냉장고를 사기 시작했다. 생산자들도 냉장고를 저전력으로 만드는 것이 매출 향상의 지름길이라는 것을 금방 눈치 챘다. 코일에는 구리 함량이 늘어나고 냉장고의 단열도 점점 좋아졌다.

결과는 놀라웠다. 1974년에 연간 1,800kWh이던 냉장고 소비전력이 현재는 500kWh까지 떨어졌다! 그동안 냉장고 평균 용량은 400L에서 650L로 증가했는데 말이다. 기술의 발전이 냉장고 시장에 영향을 미친 것이다. 고정 달러로 환산했을 때 냉장고의 가격은 50% 정도 하락한 것으로 나타났다. 이것이야말로 진정한 윈-윈 아닐까.

이런 냉장고의 변화가 환경에도 영향을 미칠까? 엄청난 영향을 미친다. 오늘날의 냉장고가 여전히 1974년의 효율로 돌아간다면 미국엔 GW급 발전소 23개가 더 필요하다. 우린 그런 상황을 피해 간 것이다. 바로 이거다! 아직도 냉장고를 놓고 물리 이야기를 하는 게 재미없으신지?

냉장고의 경우는 손쉽게 에너지를 절약하는 많은 예들 중 하나일 뿐이다. 냉장고 이야기에서는 모두가 득을 볼 수 있었다(OPEC은 아닐지도 모르겠지만). 아직도 할 게 남았냐고? 아직 많다. 실내 전체를 냉각하는 에어컨도 비슷한 개량을 거듭할 수 있다. 하지만 정말 놀라운 변화는 백열전구에서 형광등으로 이어지는 조명장치의 변화일 것이다.

소형 형광등

요즘 돌려서 꽂는 소켓식 형광등은 예전의 텅스텐 백열 전구와 같은 빛을 내지만 전력은 1/4밖에 쓰지 않는다. 예전에는 형광등이 값싼 백열전구보다 사람을 창백하게 보이게 만든다거나 지잉거리는 소리가 나고 켜지는 데 시간이 걸린다는 악평을 들어야 했다. 하지만 그림 24.1의 파리 노트르담의 샹들리에 사진이 말해 주듯, 이젠 모든 것이 바뀌었다. 소켓 형광등은 훌륭한 빛을 만들 뿐만 아니라 기존의 전구에 비해 수명도 훨씬 길어졌다. 그 결과, 노트르담처럼 조명을 바꾸기 어려운 곳에서는 빠르게 전구에서 형광등으로 교체되고 있다. 이런 신형 형광등은 소득에 비해 전기 단가가 높은 개발도상국에서도 높은 가치가 있다. 근래에 모로코, 케냐, 르완다를 방문한 경험으로는 보통 미국에서 보다 형광등의 비율이 더 높았다(우리집과 에너지 장관 로젠펠트 씨는 빼고).

그림 24.1_파리 노트르담의 샹들리에. 형광등을 사용하고 있다.

조만간 형광 램프와 경쟁하게 될 차세대 램프는 바로 발광 다이오드, LED(light-emitting diode)다. 가장 원시적인 LED는 라디오의 전원을 표시하는 적색 LED다. 적색 LED는 신호등에서 백열등과 적색 필터를 쓰던 것을 대체해 나가고 있다. 근래에 개발된 백색 LED는 극악의 효율이었던 손전등 램프를 싹 교체해 버렸을 뿐만 아니라 배터리 시간도 훨씬 늘어났다. 아직까지는 이런 LED들이 형광 램프만큼 효율적이지 않고, 가격도 비싸다. 그래서 가까운 장래에 우선적으로 쓰이는 것은 다소 전문적인 응용분야일 것이다. 현재의 백색 LED는 약간 파란 빛이 도는데 이것도 기술이 발전하면서 개량될 것으로 생각된다. LED 분야는 괄목할 만한 빠른 성장을 보이고 있다.

그 외에도 쉽게 할 수 있는 것들은 다양하다. 더운 지방에 있는 건물에 태양열 패널을 깔자고 하는 사람들도 있다. 하지만 좀 더 싸고 효율적인 방법이 있다. 지붕을 시원한 페인트로 칠하는 것이다.

시원한 페인트: 흰색 같은 갈색

건물은 지붕을 통해서 흡수되는 태양열로 가열된다. 지붕이 하얀색이라면 대부분의 태양빛이 반사된다. 이렇게 하면 에어컨 비용이 많이 절약된다. 하지만 주변 사람들이 너무 눈부시다고 민원을 넣거나 하는 문제 때문에 사람들은 이런 지붕을 선호하지 않는다.

지붕은 어두운 색(검정이나 갈색)으로 칠하면서 동시에 태양빛의 절반 정도를 반사하는 기막힌 방법이 있다. 가시광 대신 적외선을 반사하는 페인트를 쓰는 것이다. 태양열의 절반 이상은 적외선이다. 적외선은 반사하고 가시광은 흡수하는 페인트를 쓰면 실제로는 절반 이상의 에너지를 반사하지만 어둡게 보인다.

매우 더운 지방에서는 이미 이런 페인트를 사용하고 있다. 물리학자들은 일반인은 이해하기 어려운 자기네 용어로 설명하는 걸 좋아하는데 이 페인트는 그네들 식으로는 "적외선 영역에서 흰색이다"는 표현을 쓴다. 이런 기능을 할 수 있는 것이라면 무엇이든 상관없다. 그런 것으로 덮인 지붕을 쿨 루프cool roof라고 부른다. 차에도 이런 페인트를 사용하면 에어컨 사용을 줄여 연비가 늘어나게 된다. 시원한 색은 인도, 거리, 도로 포장에도 이용할 수 있으며 도시의 열섬효과를 줄일 수 있다.

낙관론을 펼치는 이유: 로젠펠트의 법칙

아서 로젠펠트(그림 24.2)는 편안한 에너지 절약 운동의 영웅 중 하나다. 1973년 미국의 석유 파동 당시, 에너지 절약을 연구하기 위해서 원래 연구하던 입자 물리학 연구를 그만두었다. 그는 로렌스 버클리 국립 연구소에서 건축 과학 센터를 설립했으며 고효율 형광등의 개발을 주도했다. 사실 내가 지금껏 설명한 것들 대부분은 로젠펠트와 그의 동료인 데이비드 골드슈타인David Goldstein으로부터 배운 것들이다. 로젠펠트의 가장 놀라운 발견 중 하나는 에너지 절약의 역사를 연구하다가 나왔다. 그가 밝혀낸 것은 우리와 개발도상국들 모두에게 희망을 주었다.

로젠펠트는 1845년부터 1998년까지 GDP 1달러를 생산하는 데 드는 에너지를 조사했는데 인플레이션을 감안한 후에도 무려 4.5배나 낮아졌음을 알아냈다. 비율로는 매년 1%씩 에너지 효율이 증가해 온 셈이다. 이런 현상은 원가절감이라는 시장의 압력으로 인해 자연스럽게 일어난 것으로, 매우 중요한 부분이다. 다른 인플레이션 현상

그림 24.2_아서 로젠펠트

과 함께, 생산에 필요한 에너지도 내려가고 있다. 이것이 낙관론을 펼치는 이유 중 하나다.

1% 이상도 가능할까? 물론이다. 1%는 그저 평균적인 수치일 뿐이다. 1970년대 석유 파동 시절에는 매년 4%씩 에너지 절약 수준이 향상되었다. 로젠펠트는 정부가 조금만 노력하면 계속해서 매년 2% 정도의 효율 향상을 이룰 수 있다고 말한다. 직접 투자할 생각이 없다면 투자할 다른 사람을 찾아보자. 투자자를 찾는 것은 어렵지 않을 것이다. 로젠펠트에 따르면 에너지 절감으로 얻은 투자 이익은 연평균 20% 수준이라고 한다. 게다가 세금도 면제라니!

매년 2% 정도 효율을 향상시킨다고 해 보자. 55년이면 3배가 된다. 즉 55년이면 에너지 효율이 3배가 되며, 같은 양을 생산할 때 에너지가 1/3밖에 들지 않는다는 뜻이다.*

* 매년 효율이 개선되는 비율이 1.02 이므로 55년 동안이라면 $(1.02)^{55}=3$이 된다.

그동안의 에너지 절감 노력은 많은 사람들의 평가보다 훨씬 더 성공적이었다. 그건 사람들이 눈치 챌 수 없을 정도로 손쉬운 방식으로 이루어졌기 때문이다. 로젠펠트는 1970년대에 미국이 석유 카르텔의 유가 조정에서 자유로워진 것은 에너지 절약 덕분이라는 점을 지적한다. 석유 파동 당시, 매년 4%씩 에너지 절감이 이루어진 덕분에 에너지 사용량을 늘리지 않은 채로 경제 성장을 지속할 수 있었다. 하지만 석유 수출기구 OPEC은 석유 파동에 이은 매출액 감소로 힘든 시간을 보냈다. OPEC은 미국이 석유 수입에 매달리는 것보다 더 미국 달러에 집착했다. 조금만 더 에너지 절약을 강화하면 OPEC 회원국들은 소득이 줄어드는 만큼 석유 생산량을 늘릴 수밖에 없을 것이다. 이 부분은 잊지 않길 바란다. OPEC은 미국의 에너지 절약에 무릎을 꿇었으며, 대부분은 에너지 절감이 진행 중이라는 것을 눈치 채지도 못하는 사이에 이루어졌다.

그런데 이런 에너지 절감 노력도 전 세계적인 인구 증가를 고려하면 제자리걸음은 아닌지? 사실 그렇지는 않다. 로젠펠트의 연구 후반부에서 그 내용을 다루고 있다.

인구폭탄은 불발탄

다른 면에선 별 문제 없지만 인구 증가로 세상이 망할 일은 없다고 주장한 것 때문에 날 도덕 파탄자라고 부르는 친구들이 있다. 그때만 해도 낙관론이 별로 인기가 없을 때였다. 이런 비관적인 시각이 득세하기 시작한 것은 역사상 최고로 히트한 연구 논문 중 하나인 맬서스Thomas Robert Malthus의 『인구론』이 발표된 1798년까지 거슬러 올라간다. 그는 저서에서 "인구는 제약을 받지 않는다면 기하급수적으로 증가하나 자원은 산술급수적으로 증가한다."고 말하고 있다. 다른 식으로 말하면, 인구는 몇 십 년마다 갑절로 증가하나, 자원은 단순 증가할 뿐이다. 여기서 알 수 있는 끔찍한 결론은, 질병과 기근은 불가피할 뿐만 아니라 인구를 줄이는 중요한 기능을 담당한다는 것이다. 여기에 개입하는 것은 비도덕적이라고 말하는 정치가들도 있었다. 이런 처절한 전망 덕분에 경제학에는 '우울한 학문'이라는 별명이 붙었다.

맬서스는 1798년 당시에 이미 이런 재난이 임박했다고 생각했다. 그때까지도 이미 인구는 계속 배로 증가했지만 식량 생산의 증가 속도는 크게 변하지 않았다. 식량 생산이 증가할 수 있었던 중요한 원인은 토질 비옥화, 농작물 관리와 병충해에 강한 고수확 작물의 개발 덕분이었다. 오늘날 기아와 굶주림은 식량 부족 때문이 아니라 식량 분배와 식량을 구입할 경제력의 불균형 현상 때문이다.

비관론은 여전히 남아 있다. 1968년 폴 에를리히Paul Ehrlich가 출간한 베스트셀러 『인구폭탄』은 1970년대에 대 기근으로 인해 위기를 겪게 될 것이라고 예측했다. 농업 혁명으로 인해 위기는 늦춰졌지만 에를리히는 조만간 위기가 올 것이라고 확신하고 있었다. 그의 예언은 아직도 바뀌지 않았다. 그는 언제나 앞으로 10년 내에 재난이 닥칠 것이라고 경고하고 있다. 지금까지 반복적으로 그가 잘못 생각했음이 증명되었지만 그는 여전히 재난은 피할 수 없으며 늦춰지고 있을 따름이라고 믿고 있다. 실패한 것으로 확인된 예언도 예언자를 굴복시키지는 못하는 것 같다.

비관적인 예측들에도 불구하고 맬서스 이후 처음으로 인구 증가에 대한 낙관론을 변호해 줄 근거가 등장했다.* 우리는 지금 누구도 예측하지 못했고 아직 완전히 이해하지 못한 인구 통계의 극적인 전환점에 서 있다. 폭발적이던 인구 증가 속도가 느려지고 있으며 조만간 감소세로 돌아설 것이다. UN의 인구 추산으로는 금세기 안에 90억에서 100억 사이의 정점을 찍을 것이라고 한다. 지금보다는 훨씬 높다. 정점이니까. 21세기 중후반에 인구는 느린 감소세로 돌아설 것이다. 이런 예측은 「네이처」지에 실린 것처럼 점점 확고한 믿음을 얻고 있다.** 맬서스(그리고 에를리히)의 인구폭탄은 불발인 것 같다.

어째서일까? 우리가 생각한 것 중에 빠진 부분이 있었나? 만약 각 가정에 3명의 자녀를 둔다면 인구는 한 세대마다 50%씩 증가하는 셈이다(2명의 부모에 3명의 자녀). 2세대가 지나면 1.5×1.5=2.25배로 늘어난다. 당연한 것 아니냐고? 질병과 기아가 없다면 인구는 빠르게 배로 늘어난다. 어떻게 이런 쉬운 계산이 틀릴 수가 있냐는 거다.

2002년 UN 회의에서 인구 통계학자들이 이 문제를 놓고 토론했다. 인구 증가가 감소세로 돌아선 것은 전 세계적으로 확대되고 있는 여권 신장 덕분이라는 주장도 있었다. 다른 설명으로는 가난의 극복이 원인일 수도 있다고 한다. 이유는 알 수 없지만, 부유한 사람일수록 자녀를 적게 둔다는 연구가 있다. 서방 TV도 한 원인으로 지목되는데, 항상 시청자들에게 한두 자녀를 둔 행복한 가정을 보여 주기 때문이다. 근래에 개발도상국에서 온 손님들(케냐, 모로코, 파라과이, 르완다, 코스타리카)을 보면, 사람들은 자식을 교육시킬 수 있는 여력을 예

* 경제학자 줄리안 사이먼 같은 사람들은 인구 증가가 멈추는 것이 경제에는 좋지 않을 것이라고 말하고 있다.

** Wolfgang Lutz, Warren Sanderson, and Sergei Scherbov, The End of World Population Growth, Nature 412 (Aug 2, 2001), 543–545

상해서 자식 수를 정하는 것 같다. 전기도 들어오지 않는 집에 살던 사람은 자식 하나라도 모든 걸 쏟아 부어서 잘 키우고 싶은 바람이 있다. 어떤 면에서는 인구 증가에 제동이 걸리는 것은 살아남은 아이들은 부모 세대보다 나은 삶을 살 수 있을 거라고 기대한 결과가 아닌가 한다.

뭐가 어떻게 돌아가는지는 몰라도, 인구 증가의 제한적인 측면과 에너지 절약의 효과를 함께 놓고 보면 행복한 기대도 할 수 있을 것 같다. 로젠펠트는 에너지 절약율이 2%씩 꾸준하게 증가하면 인구 증가를 압도할 수 있다고 말했다. 2%씩 100년이면 7.2배로 에너지 사용이 줄어든다. 2100년경에는 전 세계 인구는 100억에 달할 것이며 모두가 현재 유럽의 생활수준을 누리면서도 에너지 사용은 현재의 절반으로 떨어질 것이다. 여기엔 중국과 인도뿐만 아니라 아프리카와 현재의 개발도상국들도 포함될 것이다.

얼마나 아름다운 장밋빛 미래인가! 경제학도 더 이상 우울한 학문이 아니라 영광스러운 학문이 된다. 부는 인구 증가를 막고, 에너지 절약도 잘 이루어질 것이며, 환경은 더욱 깨끗해지고 세상은 더욱 살 만할 것이다. 하지만 꾸물거리면서 에너지 절약을 1% 수준으로밖에 이루지 못한다면 2100년경에는 현재보다 40%나 더 많은 에너지를 소비하게 될 것이다.

하지만 이 계산에도 약간의 결함이 있다. 미국의 생활수준이 계속 높아지면 개발도상국들도 거기에 맞추기 위해 에너지를 더 많이 소비할 텐데, 그렇다면 에너지 소비경감을 매년 3%씩 달성해야 한다.

2%는 특별히 힘들지 않은 목표지만 그것을 달성하기 위해서는 발전, 교통, 생산, 환경보호 분야에서 친환경적이고 효율적인 기술 개발

을 위한 정부의 의식적인 노력이 필요하다. 이런 분야의 연구 계획을 중단시킨다는 것은 자폭하는 거나 마찬가지다. 에너지 절약은 공해에 대한 대책도 될 수 있다. 이런 것들은 정치 선전에도 유용하여 핵심 공약으로 삼을 만하다.

효율을 개선할 방법은 매우 많고, 이제는 그래야 할 이유도 있다. 앞에서는 냉장고나 에어컨을 예로 들었는데 신기술을 다룰 때 좀 더 이야기할 것이다. 이 장에서 마지막 예로, 자동차를 살펴보기로 하자.

자동차의 효율

사실 물리적으로는 마찰력이 작용할 때를 제외하면 물체를 수평으로 이동시키는 데에는 에너지가 들지 않는다. 어떻게 보면 당연한 이야기 같다. 얼음 위에서는 별로 힘들이지 않고 물체를 밀 수 있다. 물론, 물체의 속도를 증가시키기 위해서는 에너지를 들여야 하지만, 감속할 때 마찰 브레이크 대신 작은 축전기를 쓴다면 처음 들인 에너지를 돌려받을 수도 있다. 하이브리드 자동차는 이런 식으로 에너지를 보충한다.

만약, 이론적으로는 우리가 움직이는 데 에너지가 들지 않는다면 자동차는 왜 그렇게 많은 기름을 소비할까? 이유는 에너지가 여러 가지 방법으로 낭비되기 때문이다. 크게 3가지 원인이 있다. 우선 엑셀을 밟아서 전환한 운동에너지는 감속할 때 모두 브레이크의 열에너지로 소비된다. 대강 1/3의 에너지를 그런 식으로 잃어버린다. 또 다른 1/3은 공기 저항으로 인해 손실된다. 공기 저항은 속도가 커질수록 증가하는데 시내 주행용 차량이 고속 스포츠카보다 연비가 좋은 것도 그런 이유에서다. 마지막 1/3은 타이어와 지면 사이의 마찰로 인한 손실이다. 이 에너지는 모두 열로 전환되어 낭비된다.

실제로는 자동차의 모든 에너지가 열로 낭비되는 셈이므로 에너지 낭비를 줄이는 것만으로도 크게 효과를 볼 수 있다. 물리학적인 한계에 도달하는 것은 무리지만(같은 속도로 수평이동할 때는 에너지가 들지 않는다는 것), 연비를 크게 증가시킬 수는 있다. 지금 우리가 타고 있는 자동차들은 기름값이나 공해 같은 건 아무도 걱정하지 않던 시대의 물건이다. 값싼 저효율 제품이 장기적으로는 소비자에게 더 많은 비용을 지불하게 만들었던 냉장고의 예를 다시 생각해 보자. 자동차는 어떤 식으로 효율을 높일 수 있을까? 연비는 어디까지 개선할 수 있을까?

첫 단계는 하이브리드 자동차를 더 많이, 더 좋게 만드는 것이다. 하이브리드 자동차는 두 가지 방법으로 연비를 증가시킨다. 일반 자동차는 브레이크를 써서 감속하면서 운동에너지를 열로 전환하지만 하이브리드 자동차는 차축을 발전기로 연결시킨다. 발전기를 돌리는 데 드는 힘으로 차를 감속하며, 에너지는 전기로 변환되어 배터리에 저장된다.

두 번째 방법은 에너지를 절약하는 것이다. 배터리로부터 에너지를 끌어올 수 있으므로 엔진 속도를 바꿀 필요가 없다. 이것은 엔진의 분당회전수rpm를 좀 더 일정하게, 경제속도에 맞게 유지할 수 있다는 뜻이다. 이 효과는 정지 상태에서 출발을 위해 가속할 때 매우 중요하다.

하이브리드 자동차는 새로운 아이디어는 아니다. 디젤-전기 기관차도 일종의 하이브리드로, 1900년대 초중반에 등장해 많은 증기기관차를 대체했다. 제2차 세계대전에 쓰인 디젤 잠수함도 하이브리드다. 디젤 잠수함은 수면에 부상했을 때 배터리를 충전해서 잠수함 아래 부분에 가득 실은 납축전지로 심해에서 조용히 돌아다닌다.

가장 유명한 신형 하이브리드 자동차인 토요타 프리우스는 공식 연비가 25km/L 정도 된다. 그 정도 연비를 뽑아 본 사람이 있는지는 모르겠지만 내가 장거리 운전에서 조심조심 몰아본 결과 21km/L까지 낼 수 있었다. 하지만 고급 세단인 프리우스는 하이브리드라는 아이디어에 높은 사회적 지위를 주기 위해 만들어진 것 같다. 이 차는 몇 가지 제약이 있다. 순수 하이브리드 자동차는(디젤 기관차와 같이) 배터리로만 운행하며 가솔린 엔진은 배터리를 충전하기 위해서만 사용된다. 가솔린 엔진은 항상 가장 경제적인 rpm으로만 작동한다. 하지만 프리우스는 이런 식으로 작동하지 않는데, 이 차에 사용되는 비싼 니켈-금속 하이브리드 충전지의 충전 횟수가 제한되어 있기 때문이다. 언젠가 충전 횟수가 개선되면 배터리 가격도 내려갈 것이다. 이상적인 하이브리드 설계에 다가갈수록 연비는 나날이 개선될 수밖에 없다. 미래에는 진정한 하이브리드 자동차가 나와서 30~40km/L, 혹은 그 이상의 연비가 나올 수도 있다. 지금 미국 자동차의 평균 연비는 10km/L 수준이다. 2007년 미 상원은 2020년까지 판매하는 자동차의 연비가 15km/L 이상이 되도록 규제하는 안을 제출했다. 합리적인 접근으로 볼 수도 있지만, 별로 위기감을 느끼지 못한 조치다. 만약 연비 개선이 정말 중요하다고 생각한다면 이보다 훨씬 목표를 높였을 것이다. 대중에게 그것이 가치 있는 일임을 설파할 수 있는 대통령만이 추진할 수 있는 일이다.

자동차의 에너지 효율을 개선하기 위한 또 하나의 혁신점은 차체의 중량을 줄이는 것이다. 차가 가벼울수록 가속할 때 에너지가 적게

든다. 순수 하이브리드는 가속할 때 쓴 에너지를 감속할 때 되돌려 받아 배터리에 저장하지만, 엔진은 효율이 100%가 아니기에 개선의 여지가 있다. 차체 경량화는 타이어의 변형으로 생기는 지면과의 마찰을 줄여 에너지를 절약한다.

경차가 중형차에 비해 안전성이 떨어진다는 이유로 자동차 경량화에 반대하는 의견도 있다. 많은 사람들이 중형차가 좀 더 안전하다고 느끼며, 부분적으로는 옳은 이야기다. 중형차를 몰고 있다면 운전자보다는 상대 차량의 승객이 크게 다칠 가능성이 더 높다. 그러나 아이러니하게도, 모든 차량이 경량화된다면 교통사고의 위험성도 개선될 것이다. 이 문제는 잘 알려진 '공유지의 패러독스'의 한 예다.* 모두가 협력하면 다 함께 행복해지겠지만, 공동의 합의를 무시하고 중형차를 선택한 사람은 전체적인 안전도가 낮아짐에도 혼자서 안전을 누릴 수 있다. 법으로 차량의 크기를 규정하지 않으면, 시장의 압력은 중형차로 흘러갈 수밖에 없을 것이다. 이와 비슷한 법을 만드는 가장 쉬운 방법이 바로 효율, 연비를 규정하는 것이다.

사실 경차도 제대로만 설계한다면 훨씬 안전하게 만들 수 있다. 섬유 복합재료로 차를 만들면 차체 중량을 줄일 수 있고, 같은 무게의 쇠보다 훨씬 단단하면서 탄력이 있어서 사고가 났을 때보다 안전할 수 있다. 항공 산업에서는 이미 비행기 재료의 많은 부분을 복합재료로 바꿨으며, 자동차 업계도 그렇게 해야 할 필요가 있다. 자동차 및 기타 용도에 사용할 복합재료 가공 및 제조 공정은 효율적인 에너지의 이용의 선구자인 애머리 로빈스Amory Lovins가 개발했다. 효율이 충

* 이 패러독스의 이름은 영국의 방목을 위한 공유지 이용에서 유래됐다.

분히 개선되면(로빈스는 40km/L는 우습고 80km/L정도까지도 가능하다고 주장했다) 수소를 연료로 사용하는 것도 다시 생각해 볼 수 있을 것이다. 만약 수백 미터를 가는 데 몇 리터만 있어도 충분하다면 수소 자동차의 단점도 대부분 사라진다. 어쨌든, 지금 당장 수소를 고려할 필요는 없다. 자동차의 연비 개선은 저절로 되는 일이 아니다. 로빈스가 자주 이야기하듯이 "에너지 효율은 무료 급식이 아니라 돈을 지불해야 하는 점심"이다.

수소 자동차는 마케팅 분야에 접목되면서 큰 호응을 얻었다. 근래에 화려하게 등장한 럭셔리 하이브리드 렉서스는 연비가 9.3km/L로 기존의 7.6km/L와 별로 다를 바 없다. 포드의 하이브리드 SUV는 15km/L라고 선전하는데, SUV치고 나쁜 편은 아니다. 하이브리드 자동차를 사는 이유는 하이브리드가 친환경적이라는 인식 때문이지만 연비가 이래서야 그런 말을 할 자격이 없다. 진짜 효율적인 자동차를 향한 변화를 자극하기 위해서는 동기가 필요하다.

나는 하이브리드 자동차가 시장을 석권할 것을 믿어 의심치 않는다. 여러분의 손자들이 몰고 다닐 것은 수소 자동차보다는 아마 하이브리드 자동차일 것이다. 평균 가솔린 연비를 법적으로 제한한다면, 비슷한 성능을 유지하면서 가솔린 사용은 줄이고 싶을 것이다. 물론 미국 전체 화석연료 사용량 중에서 교통수단(비행기를 포함한)에 사용되는 비율은 25%에 불과하기에 운송수단의 가솔린 사용을 줄이는 것만으로는 이산화탄소 배출 문제를 해결할 수 없다. 하지만 어떤 방법도 문제 전부를 해결할 수는 없으니 조금씩 해나갈 수밖에.

유지비용이 줄었다고 해서 내가 수소 자동차를 지지하는 것은 아니다. 배터리의 가격이 떨어질 때까지는 별로 경제적인 이득이 없을 것이다. 하이브리드 운송수단은 화석연료 사용을 줄여 이산화탄소 배출 감소에도 도움이 되는 훌륭한 대책이며, 석유 사용량을 줄여 국가의 에너지 자립도를 높일 수도 있다. 하지만 돈을 아껴 보려고 하이브리드 자동차를 구입하는 건 말리고 싶다.

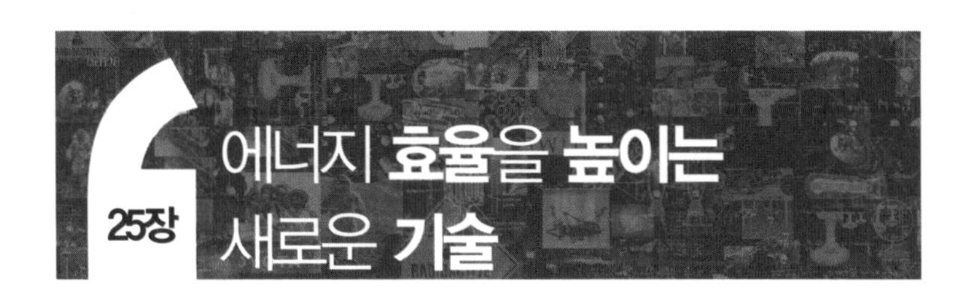

이산화탄소 증가를 막는 최우선 방법이 에너지 절약이 되어야 한다는 이야기를 하는 사람은 매우 적은 것 같다. 이런 기본적인 전략이 신기술 개발보다 주목을 받지 못하는 사실은 유감스럽지만 당신이 대통령이 되면 바뀌 나갈 수 있다. 신기술은 아마도 제2전선으로 생각할 수 있을 것이고 이것도 마찬가지로 중요하다. 이런 대책은 첨단 분야라는 이유로 언론 보도의 대부분을 차지하며 가장 많은 투자를 받는다. 여기서 그 많은 다양한 접근 방법을 모두 다루는 대신, 가장 전도유망한 것들 중 대표주자들을 선발해 보겠다.

바이오연료

식물을 재배해서 그것을 땔감으로 쓴다면 사실상 증가되는 이산화탄소 양은 없다. 식물은 필요한 탄소를 모두 대기의 이산화탄소로부터 얻기 때문에 그것을 태운다고 하더라도 그 이산화탄소를 대기로 되돌려 보내는 것뿐이기 때문이다. 그래서 식물로부터 만들어진 바이오연료는 탄소 중립적이라고 한다. 하지만 실제로는 바이오연료를 만들기 위해 식물을 키우는 데도 에너지가 들고 그것을 재배하는 데 쓰는 비료도 화석연료로부터 만들어지므로 엄밀하게는 탄소 중립적이라고 부를 수 없다. 결과적으로 옥수수 에탄올을 사용하는 것은 화석연료 사용에 비해 온실기체를 13% 정도 줄일 수 있다. 반면에 브라질에서 재배된 사탕수수에서 얻은 에탄올은 온실기체 배출을 90%까지 줄여 준다. 브라질의 자동차 연료 절반은 사탕수수에서 얻은 에탄올이다. 상황이 이러하니 바이오연료를 모두 같은 것으로 취급해선 안 된다. 쓸 만한 것도, 아닌 것도 있다. 옥수수에서 얻는 에탄올은 그중 거의 최악이라고 할 수 있다. 조심하시길. 여러분이 대통령 후보자가 되면 아이오와 주에서 옥수수 에탄올을 지지하라는 엄청난 압력을 받게 될 테니.

정치적, 경제적 요소가 이 모든 이슈에 서서히 개입하고 있다. 브라질의 에탄올 생산 계획은 이산화탄소 배출 감축의 일환이 아니라, 1973년 석유파동 때 에너지 자립을 위해 시작된 것이었다. 미국은 이제 진지한 태도로 바이오연료 개발에 뛰어들고 있다. 2005년 미국은 2012년까지 매년 250억 톤의 에탄올 연료를 의무적으로 사용하게 하는 법안을 통과시켰다. 이 법안의 명목은 이산화탄소 배출 감축과 에너지 자립이었지만, 정치적인 개입도 있었다. 에탄올을 의무적으로 사용하게 하는 법안은 결국 옥수수 가격을 인상시켰다.

미국 옥수수 수확의 1/5이 에탄올 생산에 쓰이고 있다. 경제지 「이코노미스트」에 따르면 옥수수 수요가 조만간 공급을 초과할 것이라고 한다. 옥수수 가격이 상승했으며, 콩과 밀을 재배하던 경작지도 옥수수로 바뀌었고 그에 따라 사료 곡물과 가금류, 각종 육류 가격도 인상되었다. 이런 추세를 애그플레이션agflation*이라고 부른다. 다른 좋지 않은 경제 효과들과 마찬가지로 애그플레이션도 가난한 사람들이 최대의 피해자가 된다. 멕시코에서는 토르티야 가격 인상이 식량 폭동의 원인이 되었다는 비난이 일고 있다. 이 모든 일이 겨우 13%의 이산화탄소를 감축시키기 위한 과정에서 일어났다는 사실이 믿어지는가? 기억할 점은 옥수수 에탄올은 청정에너지에 큰 도움이 되지 않지만 다른 대체 연료들은 도움이 될 수 있다는 것이다.

에탄올은 우리가 흔히 마시는 와인, 맥주와 같은 술에 들어 있는 것과 같은 것이다. 여기 관련된 물리적인 요소를 살펴보자. 에탄올은 가솔린과 섞어서 대부분의 자동차 엔진에서 사용할 수 있는 가소홀gasohol이라는 연료로 만들 수 있다. 에탄올은 연료의 옥탄가를 높여주어 엔진 내부에서 가솔린의 연소를 돕는 작용을 한다. 가소홀이 가솔린보다 리터당 단가가 싸서 좋아하는 사람도 있지만 앞서 말했듯이 잘못된 계산이다. 에탄올은 가솔린에 비해 에너지가 2/3 정도로 낮아서 리터당 가격은 쌀지 몰라도 연비를 고려해 보면 꼭 그렇지도 않다.

브라질의 사탕수수에서 얻는 에탄올은 미국의 옥수수 에탄올보다 훨씬 싼 리터당 25센트 정도다. 브라질은 땅도 넓고 강수량도 풍부하며 연중 내내 따뜻한 기후 덕분에 일 년 동안 여러 번 수확이 가능하다. 하지만 미국은 사탕수수를 재배하기엔 기후가 적합하지 않다. 하지만 한때 미국의 대평원도 초원이었던 시절이 있었는데 그것이 다시 재현될 수도 있을 것 같다. 2007년의 신년 국정 연설에서 부시 대통

* 농업(agriculture)과 인플레이션(inflation)의 합성어로, 농산물 가격 급등으로 일반 물가가 상승하는 현상을 뜻하는 신조어

령은 한 철에 3m 넘게 자라는 스위치그래스(지팽이풀)를 바이오연료에 활용하겠다고 언급했다. 좀 더 나은 것은 유럽에서 바이오연료의 재료로 쓰이는 미스컨터스(그림 25.1)다. 옥수수 밭 1에이커에서 나오는 에탄올은 연간 1,340L인데 반해, 미스컨터스는 4,350L를 생산할 수 있으니 3배가 넘는다.

하지만 이런 식물들을 자동차 연료로 사용하는 데는 기술적인 난관이 존재한다. 풀 종류에서 나오는 물질은 설탕이나 녹말이 아니라 대부분 셀룰로오스다. 셀룰로오스도 연소시켜 에너지를 얻을 수는 있지만(석탄과 섞어 쓰거나, 합성가스 연료로 변환해서) 액체 연료로 변환시킬 수 있는 효율적인 공정이 없다. 반면, 설탕이나 녹말(수수, 사탕무, 옥수수에서 얻은)은 대형 발효 탱크에 넣고 손쉽게 알코올로 변환할 수 있다. 어쨌든 미생물을 이용해서 셀룰로오스를 바로 에탄올이나 다

그림 25.1_바이오연료로 가장 적합한 식물 미스컨터스. 키가 3.5m나 된다.

른 알코올류로 바꿀 수는 있다. 가장 이상적인 알코올 연료는 가솔린과 거의 같은 에너지를 가지고 있는 부탄올이다.

바이오연료로 대체에너지 효과를 보려면 어느 정도의 농지가 필요할까? 로렌스 버클리 국립 연구소의 과학자인 제이 키슬링Jay Keasling은 미국의 운송수단에 쓰일 전체 연료 수요를 채우려면 1억 에이커 정도에 미스컨터스를 심어야 할 거라고 전망한다. 이는 미국 전체 농지의 4분의 1에 달하는 면적이다. 넓은 면적 같은가? 길이가 640km인 정사각형에 해당하는 면적이다(남한 전체 면적의 4배에 달한다). 너무 많다고? 선거 공약으로 추진하실 계획이었는지? 아니면 너무 심한가?

왜 굳이 풀을 에탄올이나 부탄올로 바꿔야 하는가? 그냥 풀을 태워서 사용하면 안 되냐고? 실없는 소리는 아니다. 초창기 미국 철도에서는 주로 인근 숲의 목재를 연료로 썼으니까. 나무는 사실 가장 전통적인 바이오연료라고 할 수 있다. 유럽에서는 미스컨터스를 직접 연소시킬 목적으로 재배하고 있다. 굳이 액체 연료로 변환하려는 이유는 액체 상태인 편이 연소할 때 재도 날리지 않으며, 자동차에 싣고 다니기에도 편리하기 때문이다.

태양광 집속

내가 앞서 태양광이 지구 온난화에 해법이 되지 않는다고 한 것은 현재 태양광 소재가 중국이나 인도와 같은 개발도상국에게는 너무 비싸기 때문이다. 하지만 아직 신기술이 개발될 여지가 남아 있으며 태양광이 미래의 주요 에너지원이 되는 것도 생각할 수 있다. 문제는 가격이다. 근래에 나온 것 중 가장 희망적인 것은 고효율 태양전지의 개발이다. 고효율 태양전지는 별도의 층에서 각각 다른 색의 빛을 흡수하는 복잡한 구조로 구성되어 있다. 이런 복잡한 구조의 태양전지가 만들어지고 있으며 주 생산회사인 보잉(당신이 생각하는 그 비행기회사가 맞다. 우주 개발에 태양전지가 필요해진 그때부터 태양전지를 만들기 시작했다)에서 곧 41% 효율을 가진 태양전지를 시판할 계획이다. 가까운 장래에 효율이 45%까지 오를 것이란다. 와우!

물론 여기에도 단점은 있다. 대량으로 구입한다고 치더라도 이 고효율 태양전지는 1cm²에 10달러 정도, 1m²라면 10만 달러나 된다. 1m²에는 410W 정도가 되겠지만 10만 달러를 투자한 것치고는 좀 부족한 것 같다. 그런데도 이게 희망적이냐고? 그 이유는 바로 태양광은 렌즈나 거울로 집속할 수 있기 때문이다. 하나에 1달러도 안 되는 플라스틱 렌즈 하나로 30cm×30cm의 빛을 1cm×1cm의 면적에 모을 수 있다. 이 정도면 10달러에 맞는 태양전지 모듈로 해결할 수 있다. 그럼 41W에 필요한 돈은 10달러로 줄었고 렌즈 값으로 1달러를 더하고 전체 모듈을 조립하는 데 드는 비용을 더하면 전체 비용이 나온다. 이 정도면 매우 쓸 만할 것 같다. 좀 까다로운 것은 태양전지가 늘 태양을 향하게 하는 구동 장치인데, 이건 기계적인 시스템이 따로 필요하다. 만약 1W 설비당 1달러를 넘기지 않는다면, 1m²에 410달러 정도가 되어야 한다. 가능할까? 확실히 불가능한 것은 아니어서 캘리포니아에 있는 몇몇 회사들이 비용 면에서 효율적으로 만들 수 있는지 시험하기 위해 이미 건물을 세우고 있다. 방금 말한 비용의 세 배 정도가 되더라도 태양 발전 시스템 중에서는 가장 저렴한 시스템이 될 것이다.

이런 방식을 태양 집광 기술이라고 한다. 이 집광 시스템의 가장 큰 단점은 태양이 보이고 집광을 할 수 있는 맑은 날에만 작동한다는 것이다. 반면, 집광을 하지 않는 시스템은 구름에 의해 산란된 약한 빛에서도 작동하기 때문에 흐린 날에도 어느 정도 발전을 할 수 있다.

1피트 정도 크기의 집광형 태양전지로 네바다 사막에 1제곱마일 정도 깔았다고 해 보자. 1마일이 5,280피트니까, 2,787만 개의 모듈이 필요하다. 각 모듈의 높이는 1피트 정도라서 바람의 영향을 별로 받지 않는다. 여기에 소형 전기 모터를 달아서 항상 모든 모듈이 태양을 보도록 만들면 각각 41W의 전력을 생산해 한낮의 총 전력 생산을 모두 더하면 1GW가 넘는다.

물론, 풀어야 할 까다로운 기술적 과제들이 있다. 여러 번 온도가 변화하면 얼마나 견딜 수 있을까? 낮은 비용으로 계속 표면을 깨끗하게 유지하고 비바람에 닳지 않도록 유지할 수 있을까? 기계적인 부분들을 싸고 안정적으로 만들 수 있는가? 이런 도전적인 과제들이 있긴 하지만 눈부신 기술력으로 이 문제를 풀지 못할 이유도 없다. 장기적으로는 태양광도 장래가 기대되는 에너지원이다.

안전한 핵

20세기 말, 미국은 원자력 발전에 대한 모라토리엄(파산)을 선언했다. 현재 가동 중인 발전소는 유지하되, 새로운 발전소를 건설하지 않을 것이라고 했는데, 표면적인 이유는 안전성 때문이었다. 사실, 원자력 발전의 안전성은 화석연료 발전과 뚜렷하게 비교된 적이 없었다. 당시 최고 위험 요소라고 지적된 것은 다음과 같다.

멜트 다운, 노심 융해. 재앙적인 사고의 위험.

유용, 어디에나 있는 원자로로부터 플루토늄이 유출될 가능성 있음.

폐기물, 핵연료의 방사능은 수천 년간 지속된다.

어떤 이들은 그때나 지금이나 원자력에 대한 공포가 과장된 것은 마찬가지라고 한다. 그중에서도 유명한 버나드 코헨Bernard Cohen*은 계산을 통해 원자력에 대한 위험이 우리가 납득할 만한 수준의 다른 것들과 비교했을 때 제법 작다는 것을 보여 주는 많은 책과 논문을 출판했다. 게다가 그때는 지구 온난화의 위험이 화석연료에 더해지기 전이었다. 오늘날, 화석연료의 위험에는 전쟁에 의한 것도 포함시켜야 한다고 주장하는 이들이 많다.

지금은 원자력 발전을 다시 고려해야 한다는 공감대가 늘어나는 추세다. 몇 가지 기술적인 성취로 인한 결과다. 괄목할 만한 과학기술의 발전으로 옛날보다 발전 시설의 안전성이 향상되었다. 가장 뛰어난 것으로는 앞서 원자력 부분에서 설명했던 페블 베드 원자로를 들 수 있다. 페블 베드 원자로는 독일에서 건설되어 운영되었는데 작은 방사능 유출 사건으로 국민들의 반대에 부딪혀 폐쇄되었다. 페블 베드 기술은 현재 미국 내에서는 MIT, 그리고 남아프리카, 네덜란드, 중국에서 활발하게 개발되고 있다. 페블 베드 방식이 기존의 원자로 설계보다 훨씬 안전하다는 점은 미래의 지도자들의 관심을 크게 끄는 부분이다. 기존에 원자력에 반대했던 사람들을 포함해 많은 분석가들은 이 새로운 원자로가 화석연료를 이용하는 발전소보다 위험이 적다고 여긴다. 연료 알맹이는 재처리하기가 어려워 플루토늄의 용도

* 그보다 덜 유명한 사람으로는 1980년대에 원자력 발전에 반대하기로 한 시점에 시에라 클럽을 사임한 저자가 있다. 나는 사임서에서 유일하게 쓸 만한 대체에너지—석탄—으로 인한 온난화 현상의 위험을 언급했다.

가 전용될 수 있다는 우려에 대해서도 안전하다. 단점은 플루토늄 자체를 연료로 사용하기 위해 펠릿에서 꺼내는 것도 어렵다는 점이다.

그럼 페블 베드 원자로가 모든 에너지 문제를 해결해 줄 수 있을까? 원자로는 우리가 사용하는 전력의 대부분을 공급할 수는 있지만 자동차에 쓰이는 휴대용 형태의 에너지를 제공하진 못한다. 게다가 채굴할 수 있는 우라늄의 공급량은 한계가 있으며, 장기적으로 원자력 발전을 이어나가기 위해서는 증식로의 사용이나 해수에서 우라늄을 정제해야 할 필요가 있다(해수에는 겨우 3ppb 정도의 우라늄이 포함되어 있지만, 바다의 양을 고려하면 적은 양은 아니다. 현재 정제기술을 개발하고 있다). 오늘날의 원자로도 충분히 안전해서 더 이상 새로운 모델을 설계할 필요가 없다는 주장도 제기될 수 있다. 페블 베드 원자로는 또한 방사능에 대한 대중들의 과장된 공포에 부딪히고 있다. 지도자는 이런 이슈를 다루어야만 한다. 하지만 페블 베드 원자로나 기타 신기술들이 상대해야 할 진짜 라이벌은 가장 값이 싼 석탄이다.

청정 석탄

미국에서 석탄은 톤당 40달러다. 호주에서는 톤당 2.5달러밖에 안 된다. 한번 생각해 보자. 같은 양의 에너지를 석유에서 얻으려면 200갤런(757L) 정도가 필요하다. 갤런당 3달러라면 600달러다. 가솔린에 비하면 석탄은 더럽게 싸다.

석탄은 값이 쌀 뿐만 아니라 풍부하다. 게다가 앞으로 많은 양의 에너지가 필요해질 나라–중국, 인도, 미국, 러시아–에는 앞으로 몇 세기 동안 사용할 만큼의 석탄이 매장되어 있다. 우리가 석유 대신 석탄을 쓰기로 마음먹었다면, 강대국들이 에너지 때문에 싸울 일이 적어질 테니 경제적으로나 세계 평화를 위해서나 좋은 소식이다. 게다가 피셔-트롭시 공정으로 석탄을 석유로 전환해서 편리하게 이용할 수도 있다.

안 좋은 소식이라면 석탄이 석유나 천연가스보다 훨씬 많은 이산화탄소를 배출한다는 점이다. 석탄의 주성분은 탄소이고, 석탄이 연소하면 모든 탄소가 이산화탄소가 되기 때문이다. 석유나 천연가스는 그와 달리 탄화수소로 이루어져 있어서 주로 수소를 산화시켜 에너지를 얻는데, 그 결과물은 우리가 잘 알고 있는 무해한 물질인 H_2O, 물이다. 석탄은 더럽게 싼 동시에 더럽다.

하지만 청정 석탄 발전도 가능하다. 중앙집중방식 발전소에서 석탄을 태워서 발생하는 이산화탄소를 포집한 다음 땅 속에 묻는 것이다. 이 과정은 탄소 포획 저장carbon capture and storage으로 부르며 약자로 CCS라고 쓴다. 규모도 크고 복잡하고 돈이 많이 드는 방식이지만 효과는 기대할 만하다. 격리조치는 새로운 아이디어는 아니다. 지금도 백만 톤의 이산화탄소가 북해의 유전에서 땅 속으로 내려보내지고 있으며 캐나다에서도 이 방법이 사용된다. 정유 회사에서는 부분적으로 고갈된 유정에서 석유를 뽑아 올리기 위해 압축 이산화탄소를 땅 속으로 주입한다. 그 외에도 노르웨이의 슬라이프니르 가스전과 알제리 살라의 설비에서도 사용하고 있다.

이산화탄소의 영향에 대한 주의 깊고 자세한 분석을 해 온 IPCC에서도 탄소 포집에 관해 연구했었다. 장기 저장에 적합한 장소로는 석유, 가스 유전, 석탄층, 지하수층이 있다. 이런 염수 대수층은 전 세계에 걸쳐 매우 흔하게 발견되는데 이전에는 전혀 경제적인 가치가 없는 것으로 생각되었다. 이산화탄소는 물에 쉽게 녹는데, IPCC는 이산화탄소가 수백만 년 정도 땅 속 깊이 남아 있을 것으로 생각하고 있다. 또 다른 탄소 저장 후보지로 심해를 꼽기도 하는데 그 주변은 발전소를 세우기엔 썩 좋은 곳은 아니다. IPCC는 이런 장소에 이산화탄소를 저장하면 1천 년 정도는 그대로 남아 있을 거라고 한다. 이산화탄소는 해저 2마일 정도의 깊은 곳에 주입되는데, 그로 인해 국소적인 해수의 산성화가 일어나 그 지역에 서식하는 종들에 해를 끼칠 수 있다는 우려도 있다. 이런 식의 격리 조치에 드는 비용은 톤당 40~80달러 정도로 추산되며, 이는 미국에서의 석탄 가격과 비슷한 수준이다. 그러면 석탄의 가격은 오르겠지만 그래도 가솔린보다는 훨씬 싸다.

미국에서는 얼마 전 세계 최초로 전체가 CCS로 운영되는 발전소를 만들겠다는 목표로 퓨처젠FutureGen이라는 특별한 화력발전소 건설을 계획하기 시작했다. 퓨처젠의 발전 용량은 약 275MW로, 천연가스나 원자력 발전소의 1/4 수준이다. 2009년에 착공해서 2012년부터 운영을 시작할 예정이다. 퓨처젠은 석탄을 이용해 예외적으로 높은 효율로 전력을 생산하도록 설계되었는데 IGCC*라고 불리는 정교한 시스템을 이용한다(석탄 가스화 복합 발전의 머리글자를 딴 이름이다). IGCC는 에너지를 최대로 짜내면서도 가능한 깨끗하게 만들 수 있는 방식이다. 우리 생각대로 운영된다면 미래에는 주요 에너지원이 될 것이다. 몇 마디 덧붙일 만한 가치가 있을 것 같다. IGCC를 이용한 시험 발전소가 미국에서 두 곳, 유럽에서 두 곳 운영되고 있다. 큰 규모의 IGCC 발전소는 네덜란드, 스페인, 이탈리아에서 개발 중이다.

* 석탄을 가스화해서 가스 및 증기터빈을 구동한다. (Integrated Gasification Combined Cycle)

IGCC 발전소에서는 우선 공기를 산소와 질소로 분리한다. 이 분리 과정에도 에너지가 들어가지만 순수한 산소를 사용하기 때문에 더 고온으로 동작할 수 있고 더 효율적이다. 그리고 석탄, 산소, 물이 동시에 서로 반응하게 된다. 결과물은 수소가스와 일산화탄소(CO) 그리고 합성가스(천연가스와 반대되는 용어다)라고 부르는 화합물이다. IGCC의 G는 바로 이 가스화를 가리킨다. 이 합성가스를 만드는 데도 에너지가 들어가지만 이 합성물을 연소시킬 때 다시 에너지를 돌려받게 된다. 이 가스 형태에서는 상대적으로 수은과 황을 포함한 유해 물질을 분리하기가 쉽다.

합성가스가 연소되면 에너지와 이산화탄소, 수증기가 만들어진다. 에너지는 터빈을 돌리는 데 쓰인다. 터빈을 지난 뜨거운 가스의 남은 열은 2차 터빈을 돌리는 물을 가열하는 데 쓰인다. 따라서 2개의 터빈이 있으며 복합 사이클 시스템이라고 부른다. 이 에너지의 일부는 맨 처음 공정인 공기에서 산소를 분리하는 데 쓰이게 된다. 그렇지만 IGCC는 석탄의 에너지 중 45~50%를 전기로 변환할 수 있을 것으로 생각하고 있는데(기술자들의 목표치고 아직 검증된 것은 아니다) 이는 현재 화력발전소의 35%보다 훨씬 높은 수준이다.

IGCC 발전소를 짓는 건 문제가 아니다. 문제는 기존의 화력발전소와 경쟁할 수 있을 정도로 낮은 비용으로 건설할 수 있느냐는 것이다.

이산화탄소 격리 방법의 가장 큰 단점은 역시 비용이다. 2005년의 IPCC 보고서에 따르면 이런 격리 조치를 함께 쓸 경우 에너지 단가는 30~60% 상승할 것으로 예상된다. 미국이야 그 정도는 감수할 수 있다 하더라도 중국이나 인도는? 그들도 국민의 다른 필요를 희생하면서 그 비용을 감수해야 할까? 탄소 배출권을 통해 그들의 비용을 보상해 주는 것이 이 문제의 해답이 될 수 있을 것이다.

탄소 배출권

이산화탄소 배출 문제의 복잡성을 고려할 때, 가장 좋은 방법은 무엇일까? 태양광발전소는 화력발전소에 비해 건설비용이 비싸긴 하지만 오염 물질을 배출하지 않는다. 경제학자들은 외부 비용을 고려할 때 석탄 연료의 실제 비용은 더 높다고 한다. 이런 시각에서 볼 때, 이산화탄소에 의한 위험을 석탄의 비용에 더한다면 태양열이 실제로는 더 싼 연료일 수도 있다. 이런 문제를 해결하기 위한 제안은 공해로 인해 발생하는 비용도 사업 예산에 포함시키자는 것이다. 그렇게 하려면 공해 세금을 부과하는 것이 하나의 방법이 될 수 있을 테지만 사람들은 더 좋은 수단으로 공해물질 배출권 거래 시장을 만들자고 제안한다. 이 시나리오에서는, 공해 물질을 배출하게 되었을 때, 공해 배출권을 사야 한다. 좀 더 듣기 좋은 말로는 탄소 배출권이라고 부른다. 탄소 배출권은 배출을 손쉽게 줄일 수 있는 사람이 배출 감축에 투자하려면 돈이 드는 사람들에게 판매할 수 있다. 탄소 배출권 시장은 전체 이산화탄소 배출을 감축하는 방향으로 조정될 것이다. 이 시장이 제대로 돌아간다면 이산화탄소 배출 비용이 사회에 미치는 비용을 반영하는 값에 맞춰지는 효과를 낼 것이다.

물론 이건 물리학이 아니라 경제학의 이론이고, 여기서 이걸 분석하려는 건 아니다. 탄소 배출권 거래는 교토 의정서에 비준한 국가들 사이에서 이루어지고 있으며 현재 가격은 이산화탄소 배출량을 기준으로 톤당 30달러 선이다. 또한 교토 의정서를 비준하지 않은 미국에서도 비공식적으로 탄소 배출권 거래가 이루어지고 있다. 엄청난 이산화탄소 배출원인 전세 비행기를 타고 세계를 누비는 대통령 후보들은 탄소 배출권을 사서 그걸 메우고 있으니 실제로는 괜찮다고 발표한다. 어떤 사람들은 이 시스템은 단지 부자들이 맘대로 공해를 일으키도록 허용하는 제도라고 불평한다. 물론 부자들은 항상 가난한 사람들보다 많은 돈을 가지고 있을 것이고, 그래서 오히려 이 거래제가 이산화탄소 감축과 부의 재분배에 기여할 수 있다고 하는 이들도 있다.

탄소 거래제 시장의 가격이 톤당 30달러로 유지된다면 청정 기술 개발자들에게는 희소식이 될 것이다. 탄소 격리의 견적이 톤당 50센트에서 8달러 선이라고 하면 이산화탄소 배출권 단가가 높은 선에서 유지되는 한 격리 처리로 돈을 벌 수 있다. 물론 이런 감축 방법들이 제한되어 있는 만큼 수요가 공급보다 많은 상황에서는 고의적으로 단가를 낮추지 않을 가능성도 있다. 탄소 배출권 시장에 투자하려면 잘 생각해 봐야 할 것이다.

탄소 거래제가 반드시 이산화탄소 배출을 감소시킬 거라고 확신할 수는 없다. 중국에서 새로 화력발전소를 세울 때 청정 발전소를 만들어 탄소 배출권을 남길 수가 있다. 공해는 늘어나는데도 배출권은 얻을 수 있는 상황이 되는 것이다. 그렇다고 하더라도 탄소 배출권은 선진국에서 개발도상국으로 부를 재분배함으로써 가치를 증명할 수 있을 것이다. 사실상, 선진국이 개발도상국에 청정에너지 개발 비용을 지원하는 셈이 될 것이다. 이런 것이 마구잡이로 증가하는 이산화탄소 배출을 막을 거의 유일한 방법이 아닐까 한다.

재생에너지

청정에너지에 대한 토론에서 거의 빠지지 않는 것인데 이 책에서

한 번밖에 언급되지 않은 단어는 무엇일까? 바로 재생에너지다. 많은 사람들이 '재생'이라고 하면 '좋은 것'이라고 생각한다. 그런 식으로 연상하는 것은 과학적인 근거가 아니라 거의 좋은 것과 거의 나쁜 것으로 나누는 것에 지나지 않는다. 어쨌든 지도자는 구체적인 사항까지 알아야만 한다.

재생에너지라는 이름을 달고 있는 것들로는 태양광, 풍력, 바이오연료, 수소전지, 지열 등이 있다. 하지만 이것 전부가 친환경적인 것은 아니다. 수력발전도 실제로는 재생에너지로 구분되지만 환경운동가들은 새로운 댐을 건설하는 것에 반대한다. 어떤 이들은 요세미티 국립공원에 있는 오쇼네시O'Shaughnessy 같이 현재 운영 중인 댐도 철거하려 하기도 한다.

비재생 에너지로 들어가는 것들로는 화석연료와 핵융합, 핵분열이 있다. 재생에너지라는 용어는 이산화탄소 문제를 반영하지 못한다는 점에서는 다소 부적절한 단어 선택이라고 할 수 있다. 에너지 절약은 가장 쉽고 돈이 들지 않는 방법임에도 에너지부의 재생에너지 리스트에 포함되어 있지 않은데, 그래서 충분히 주목을 받지 못하는 것 같다. 비재생 에너지 중에서 이산화탄소를 배출하지 않는 것으로 핵융합과 핵분열이 있다. 핵융합이 물을 연료로 사용한다는 점을 생각해보면 이를 재생에너지가 아니라고 하는 것도 별 의미가 없어 보인다.

지열 에너지는 땅에서 오는 에너지를 이용한다. 지열의 궁극적인 에너지원은 원자력이다. 지구의 지각과 맨틀에 존재하는 우라늄, 칼륨, 토륨이 방사능 붕괴를 거치면서 나오는 열이 온천, 화산 그리고 땅 속 열의 흐름에 에너지를 공급한다. 땅에서 올라오는 평균적인 열량은 $1m^2$당 0.07W 정도다. $1m^2$당 1000W에 달하는 태양광과 비교하면 1/14,000 정도로 약하다. 그래서 지열 발전은 자연적으로 지열이 집중되는 온천, 간헐천, 화산과 같은 장소에서만 실용적이다. 그 외의 지역에서는 에너지가 분산되어 지열 발전에 적합하지 않다. 지열 에너지는 결국 다른 에너지를 대체할 만한 주요 에너지원이 되기는 어려울 것 같다. 낙관적인 전망들은 보통 가장 쉬워 보이는 에너지원에서 뭔가를 추출하는 데도 엄청난 비용이 든다는 점을 간과하고 있다.

또 다른 재생에너지인 풍력은 역사 속의 멋진 풍차를 그리며 낭만적으로 묘사되고 있다. 예전에는 네덜란드에서 제방 너머로 물을 퍼 올리는 데 쓰이긴 했지만 풍차는 원래 바람의 힘으로 방앗간에서 밀을 빻을 때 쓰이던 것이다. 현대의 풍차는 역사 속에 등장하던 것들만큼 낭만적이지는 않다. 과학자들과 기술자들에 의해 바람으로부터 가능한 많은 에너지를 얻을 수 있도록 최적화된 이 풍차들은 환상적이다. 지상에서 부는 바람뿐만 아니라 높은 곳에서 부는 바람도 이용해야 하기에 현대의 풍차는 자유의 여신상보다 높다. 이런 풍차들은 이제 더 이상 밀가루를 빻는 데 쓰이지 않아서, 요즘은 보통 풍력 터빈이라고 부른다(그림 25.2).

바람을 에너지원으로 써온 것은 거의 1천 년이나 되었다. 바람은 온도 차로 발생하므로, 풍력은 결국 태양 에너지가 땅을 균일하지 않게 가열하기 때문에 생기는 셈이다. 가열이 균일하지 않게 이루어지는 원인은 태양열 흡수의 차이, 증발, 구름의 차폐 등 여러 가지가 있다. 풍차들은 너무 가깝게 배치하면 안 되는데, 풍차를 지난 바람은 풍속이 감소하고 난류가 발생하기 때문이다. 그림 25.2처럼 풍력 터빈을 사용하는 시험 운용중인 풍력 발전소가 1970년대에 캘리포니

그림 25.2_캘리포니아 알타몬트 패스에 있는 풍력 터빈

아의 알타몬트 패스Altamont Pass에 세워져 현재까지 가동 중이다.

미국의 대평원과 중국을 포함한 세계의 몇몇 장소는 풍력 발전의 잠재력이 있다. 칼텍Caltech(캘리포니아 공과대학)의 에너지 전문가인 네이트 루이스Nate Lewis의 추산에 따르면 전 지구적으로 실제 풍력에서 얻을 수 있는 에너지는 약 2천 GW이며 이는 전 세계 에너지 사용량의 15%에 달하는 양이다.

매사추세츠의 해안에서 떨어진 바다 위에 산업 전력을 공급하기 위하여 "풍력 터빈의 숲"을 건설하자는 제안이 나왔다(그림 25.3). 이 풍력 발전 단지는 170개의 대형 풍차를 8km의 정사각형 부지에 설치해 해저 케이블을 이용해 육지로 전력을 보낸다. 각 풍차는 해수면에서 날개 맨 윗부분까지 130m나 된다(40층 건물 높이). 풍차 사이의 간격은 0.5마일이다. 이 발전소는 최고 0.42GW의 전력을 생산할 수 있다. 이 풍력 발전 단지를 건설하자는 아이디어에 반대하는 논거로는 자연 경관을 해치고, 새들이 다칠 수 있으며 터빈에서 발생하는 소음이 해양 생태에 영향을 끼칠 수 있다는 점이다. 다시 말하지만 재생에너지가 항상 친환경적인 것은 아니다.

사람들은 재생에너지라는 개념에 대한 문제점 때문에 지속가능sustainable이라는 용어를 쓰기 시작했다. 이제 환경론자들은 이 매력적인 용어에 걸맞은 에너지원이 어떤 것인지를 놓고 토론을 벌이는 중이다. 이산화탄소를 펑펑 뿜어 대는 석탄도 수 세기를 지속할 수 있는 점을 들어 지속가능한 에너지원이라고 해도 될까? 대부분은 아니라고 할 것이다. 그럼 원자력 발전소는? 이산화탄소를 방출하진 않지만 채굴 가능한 우라늄도 이번 세기 안에 조만간 동이 날 것이다. 하지만 다르게 생각하면 바다 속에 녹아 있는 우라늄은 앞으로 천 년은 거뜬히 쓰고도 남는다. 그러면 방대한 양의 핵폐기물도 지속가능

그림 25.3_매사추세츠 해안가에 설치될 풍력 터빈 발전단지 예정지

한 물질인 건가? 이런 토론들은 단순히 이름을 놓고 싸우는 것이 아니다. 어떤 에너지를 매력적인 분류에 넣는 것은 사람들이 어떤 방법이 좋고 어떤 것이 나쁜지를 결정하는 간단한 방법이 되기 때문이다. 대통령은 이런 이슈들의 미묘한 부분까지도 제대로 이해할 필요가 있다.

대통령을 위한 브리핑

지구 온난화 문제에 대한 올바른 접근

모든 책임은 내가 진다

대통령으로서 당신은 전쟁, 테러, 석유고갈 그리고 국가의 안보를 위협하는 수많은 위협과 맞서게 될 테지만, 해결해야 할 가장 복잡한 물리적 이슈는 아마도 지구 온난화 문제일 것이다. 안됐지만 당신은 대기, 이산화탄소, 알려지지 않은 잠재적으로 위험한 양의 피드백 효과 같은 모든 과학적인 지식을 습득할 수는 없다. 거의 대부분의 사람들도 그렇다. 이 책에서 나는 그저 각 주제들을 살짝 건드렸을 뿐이며 대부분은 남겨 둘 수밖에 없었다. 대통령이 할 일은 무엇인가?

견해가 다른 양측의 지나친 과장 덕분에 문제는 그리 단순하지가 않다. 어떤 이들은 날씨도 따뜻해지고 수확량도 늘어난다면 온난화도 좋은 것이라는 주장을 펼친다. 또 다른 이들은 플로리다와 맨해튼이 침수지역이 되는 영상을 보여 주면서 아무것도 하지 않는다면 수많은 도시들이 뉴올리언스처럼 끔찍한 일을 겪게 될 것이라고 한다. 이렇게 과장이 만연하고 있지만 지도자에게는 전혀 도움이 안 되는 것들이다.

우리가 아는 것과 모르는 것을 한번 요약해 보자. 대기 중 이산화탄소는 인간의 활동으로 36% 증가했으며, 대부분의 증가는 이번 세기에 일어났다. 조만간, 아마도 당신의 임기 중에, 증가분은 100%를 넘을 것이다. 즉, 대기 중 이산화탄소 농도가 지난 2천만 년간 넘지 않았던 역사적 평균의 2배가 된다는 것이다. 그런 수준이 생태계에 어떤 영향을 미칠지 파악하기 위해 거대하고 복잡한 컴퓨터 모델이 사용되고 있다. 모델에 의하면 앞으로의 온도 상승은 1.6℃~5.5℃ 사이로 예측되고 있다. 그런 수치는 온도 상승 자체뿐만 아니라 그에 따른 기후 패턴의 변화로 세계정세에 극심한 혼란을 야기할 것이다. 아마도 허리케인의 발생 빈도 수가 늘어날 수도 있고, 그렇지 않을 수도 있다. 강수 패턴이 달라질 수도 있고, 아닐 수도 있다. 북극의 얼음이 대부분 녹을 수도 있고, 아닐 수도 있다. 바다의 표층수가 좀 더 산성화할 수도 있다. 이런 변화는 해양 생물들에게 큰 재난이 될 수도, 아닐 수도 있다.

온난화에 대한 확신을 과장했을 때 맞닥뜨릴 수도 있는 위험은 앞으로 몇 년은 평균 온도가 낮을 수도 있다는 점이다. 기록상 가장 더웠던 해는 1998년으로 지난 10년간은 그 온도를 넘지 않았고, 아마 앞으로 5년간의 평균 기온도 그보다 낮을 것 같다. 기후는 변동이 심하고 무작위적인 특성을 갖고 있다. 따라서 지구 온난화를 경고하는 이들은 앞으로 가까운 기간 내에 온난화가 더 이어지지 않는다면 지지자들을 잃게 될 것이다. 하지만 그렇게 된다고 하더라도 이 모든 상황보다 더 위험한 문제가 남아 있다. 현재 이산화탄소가 36% 증가함으로 말미암아 나타나는 효과는 알아보기에 미미하지만(경고론자들의 과장에도 불구하고), 증가분이 100%를 넘어가면 눈에 띄게 효과가 나타나야 할 것이다. 하늘이 무너진다고 소리치는 것의 진짜 위험한 점은 당장 무너지지 않는 경우 사람들이 그런 경고에 흥미를 잃게 되는 점이다.

모든 대통령은 불확실성을 잘 처리해야 한다. 그래서 대통령직을 수행하기가 힘든 것이다. 자칫 하다간 큰일이 날 법한 부정적인 측면들 때문에 낙관론을 펼칠 여유도 없다. 여전히 지나치게 비관적이 되는 것에도 위험성이 있다. 이산화탄소 증가 문제를 다루는 데 비용이 엄청날 수도 있다. 기억하라. 우리가 걱정하는 건 컴퓨터 모델이 내놓은 무시무시한 결과 때문이 아니다. 온실효과에 대한 단순한 물리적 계산의 결과는, 인간 활동이 환경에 엄청난 변화를 야기할 수 있는 전례 없는 불확실한 기후의 시대로 발을 내딛고 있다는 점을 시사하기 때문이다. 어느 대통령이 감히 이 문제를 소홀히 여겨 발생할지도 모르는 위험을 감수하려고 들겠는가?

어떤 단계들은 꽤 명백하다. 에너지 절약은 편하고 실제로 경제적인 이익을 가져올 수 있는 방식으로 이루어질 수 있으며, 에너지 자립과 같은 국가적인 이슈에서도 큰 가치를 지닌다. 이런 이슈들은 과거에는 주 정부의 관심을 받지 못했지만 지금은 굉장한 관심을 받을 만하다.

궁극적으로는 개발도상국이 진정한 이슈다. 미국에서 이산화탄소 배출을 동결하거나 심지어 1990년 수준으로 되돌린다고 하더라도 이산화탄소에 의한 효과를 기껏 몇 년 늦출 수 있을 뿐이다. 중국과 인도의 급격한 경제 성장은 미국의 감축분을 금방 다시 메울 것이다. 만약 지구 온난화에 관한 듣기 좋은 이야기만 늘어놓는다면(미국은 태양광발전을 장려하고 있다는 등) 지도자로서 진짜 문제를 회피하는 동시에 자신의 책임을 다하지 못하고 있는 셈이다.

무엇을 할 수 있을까? 내가 대통령이라면(다행히도 그럴 일은 없지만), 에너지 효율 개선과 에너지 절약에 과감하게 투자할 것이다. 청정 석탄 발전, 그중에서도 이산화탄소 격리를 위한 연구를 적극 지원할 것이며, 원자력발전, 특히 핵분열 발전소를 장려할 것이다(핵융합은 아직 실용화하기엔 너무 멀다고 생각한다). 또한 핵폐기물 문제는 이미 해결된 문제라는 것을 대중에게 납득시키고, 유카 산 저장소의 안전성이 입증되었음을 보이기 위해 노력할 것이다. 중국과 인도는 IGCC 석탄발전소와 원자력 발전소를 건설해서 상당량의 이산화탄소 배출권을 받게 될 것이다. 태양광발전과 풍력발전 기술 개발도 장려할 것이다. 옥수수 에탄올 보조금을 폐지하고 바이오연료에 대한 중점을 스위치그라스, 미스컨터스 그리고 좀 더 효율이 높은 작물들에 집중할 것이다. 효율적인 조명의 개발, 그중에도 형광등과 LED 기술 개발을 장려할 것이다. 단열은 난방보다 효과적이다. 쿨 루프(흰색일 필요도 없다)는 에어컨보다 더 많은 에너지를 절약할 수 있으며 때로는 지붕에 올리는 태양전지보다 더 훌륭한 대안이 되기도 한다. 또한 개발도상국도 기꺼이 사용할 수 있는 기술에 중점을 두어야 한다는 점을 잊지 않을 것이다.

정말 좋은 소식은 현재 우리가 굉장한 양의 에너지를 낭비하고 있다는 것이다. 개발도상국은 말할 것도 없다. 에너지 절약이야말로 가장 훌륭한 투자다. 결국 대기 중의 이산화탄소를 줄이는 가장 값싼 방법은 아예 올려 보내지 않는 것, 그냥 탄소의 지금 상태, 석탄, 석유, 천연가스 그대로 지하에 두는 것이다.

당신은 고를 수 있는 직업 중 가장 골치 아픈 직업을 고른 셈이다. 모든 책임은 당신에게 있다. 지금까지 당신은 과학을 배우는 데 필요한 최소한의 기초적인 지식을 익혔다. 계속해서 배우려는 노력을 게을리 하지 않길 바란다. 행운을 빈다.

색인

ㅇ

ㅊ

A~Z

1~9

10년 후 세계를 움직일 5가지 과학 코드
대통령을 위한 물리학

펴낸날 초판 1쇄 2011년 10월 27일
초판 8쇄 2014년 8월 27일

지은이 리처드 뮬러
옮긴이 장종훈
펴낸이 심만수
펴낸곳 (주)살림출판사
출판등록 1989년 11월 1일 제9-210호

주소 경기도 파주시 광인사길 30
전화 031-955-1350 팩스 031-624-1356
홈페이지 http://www.sallimbooks.com
이메일 book@sallimbooks.com

ISBN 978-89-522-1644-1 03400

※ 값은 뒤표지에 있습니다.
※ 잘못 만들어진 책은 구입하신 서점에서 바꾸어 드립니다.